2015

科学发展报告

Science Development Report

中国科学院

科学出版社

北　京

图书在版编目(CIP)数据

2015 科学发展报告/中国科学院编 . —北京:科学出版社,2015.5
(中国科学院年度报告系列)
ISBN 978-7-03-044402-8

Ⅰ. ①2… Ⅱ. ①中… Ⅲ. ①科学技术-发展战略-研究报告-中国- 2015
Ⅳ. ①N12②G322

中国版本图书馆 CIP 数据核字(2015)第 102815 号

责任编辑:侯俊琳 朱萍萍 牛 玲 / 责任校对:张凤琴
责任印制:张 倩 / 封面设计:众聚汇合
编辑部电话:010-64035853
E-mail:houjunlin@mail. sciencep. com

科 学 出 版 社 出版
北京东黄城根北街 16 号
邮政编码:100717
http://www.sciencep. com
中国科学院印刷厂 印刷
科学出版社发行 各地新华书店经销
*
2015 年 6 月第 一 版 开本:787×1092 1/16
2015 年 6 月第一次印刷 印张:25 3/4 插页:2
字数:520 000
定价:98. 00 元
(如有印装质量问题,我社负责调换)

专家委员会

(按姓氏笔画排序)

丁仲礼　杨福愉　陈凯先
姚建年　郭　雷　曹效业　解思深

总 体 策 划

曹效业　潘教峰

课 题 组

组　长：张志强
成　员：王海霞　苏　娜　裴瑞敏　叶小梁
　　　　谢光锋　刘益东　姚大志　高　璐

审 稿 专 家

(按姓氏笔画排序)

丁仲礼	王　东	习　复	叶　成	吕厚远
朱　敏	刘国诠	李　卫	李喜先	杨福愉
吴乃琴	吴善超	邹振隆	张利华	林其谁
赵见高	姚建年	聂玉忻	夏建白	顾兆炎
郭　雷	郭兴华	席　鹏	黄　矛	黄有国
龚　旭	章静波	程光胜	解思深	

深化体制机制改革　释放科技创新潜能

白春礼

党的十八大提出实施创新驱动发展战略，这是我国立足全局、面向未来的重大战略，是促进社会进步和加快转变经济发展方式、破解经济发展深层次矛盾和问题、增强经济发展内生动力和活力的根本措施。在我国从科技大国向创新强国迈进的关键历史阶段，要让创新成为引领发展的第一动力，就必须打通从科技强到产业强、经济强的通道，充分释放科技创新的潜能。

一、科技创新是强国之本

20 世纪中叶以来，成功实现现代化的国家，无不走过了一条从引进模仿向自主创新的跨越式发展道路。通过消化吸收先进技术，提升制造能力和产业发展水平，初步奠定了赶超国家的经济基础；通过加大科技投入、鼓励创新，突破产业发展的技术瓶颈，成功实现制造中心和创新中心的融合。日本曾一度比肩美国，韩国快速兴起，充分证明创新驱动和技术进步是一个国家崛起和实现现代化的根本动力。美国自己认为，"美国领导 20 世纪世界的经济，是因为领导着世界的创新"（《美国创新战略：推动可持续增长和高质量就业》）。应该看到，在追赶型国家中，一大批国家实现了由贫困向中等收入国家的转变，但最终进入发达国家行列的却屈指可数。

当前，新一轮的科学革命、技术革命和产业变革正在孕育兴起，高技术替代常规技术、智能型技术替代劳动密集型技术趋势明显，科技创新链条更加灵巧，技术更新和成果转化更加快捷，产业更新换代步伐加快，我国正处在不进则退的十字路口。新常态下，要实现保持经济中高速增长、迈向中高端水平的"双目标"，破解能源资源生态环境的瓶颈约束，提高全民生活质量和提供更多高质量就业岗位，我们只有抢抓新一轮科学革命、技术革命和产业革命历史机遇，坚定不移地走创新驱动发展道路，向创新要发展，向创新要资源，向创新要效益，向创新要质量。

二、繁荣科技创新关键在改革

实施创新驱动发展战略就是要推进以科技创新为核心的全面创新。创新本身涉及多方面，人们往往更多关注经济活动，强调的是生产要素的重新组合，产出可以是新产品或新服务，也可以是提高劳动生产效率、降低生产成本。但是在众多生产要素中，科技不同于土地、资金、劳动力等，它是最具革命性的，也是唯一能够引发生产函数改变的要素。虽然科技创新不是创新的全部，其中必须有管理创新、商业模式创新等，但其他形式的创新或多或少地都与科技发展有紧密联系。比如说，没有互联网技术的发展就一定没有阿里巴巴在电子商务领域的重大商业模式创新，没有智能终端技术的发展就一定没有腾讯微信业务带来的人们沟通和社交方式的革命性变化。

改革是释放创新潜能的关键。我国研发经费投入总量居世界第二位，研发经费投入强度也达到了中等发达国家水平。研发人员总量雄踞全球榜首，几乎是美国、日本和俄罗斯的总和。科技成果数量庞大，国内发明专利申请量全球第一，国际科技论文发表数量位居前列。为什么我们还没有实现创新驱动呢？这里面因素很多，有创新能力不够强、创新水平不够高的问题，更多的是体制机制中还有许多制约创新的藩篱，科技成果顺畅转化为现实生产力还有许多障碍。

最近两年，中央把深化体制机制改革作为实施创新驱动发展战略的根本任务，研究出台了一系列重大改革举措。特别是今年3月，党中央、国务院印发了《关于深化体制机制改革加快实施创新驱动发展战略的若干意见》，为当前和今后一个时期深化体制机制改革指明了方向。当前的工作重点应该是把国家的各项改革举措落实好，坚决破除制约科技创新的思想障碍和制度藩篱，让机构、人才、装置、资金、项目都充分活跃起来。

三、创新的目的是驱动发展

全力打造创业创新的新引擎和改造升级的传统引擎，是实现保持中高速增长和迈向中高端水平的"双目标"的根本保证。2013 年 10 月至 2015 年 3 月间，国务院常务会先后近 20 次研究创业创新工作，并推出一系列有很高"含金量"的政策措施。在多项政策措施的综合作用之下，市场需求变了，创新要求变了，发展环境变了，各种新技术、新产品、新业态、新商业模式层出不穷，对科技创新提出了更为紧迫的要求。科技创新必须与时俱进，在鼓励发表论文、申请专利和申报科技成果的同时，要更加强调切实贯彻中央经济工作会议关于"创新必须落实到创造新的增长点上，把创新成果变成实实在在的产业活动"的精神。

我们要依靠科技创新加快产业升级和结构调整，攻克高端装备、智能制造、关键元器件、新材料等关键核心技术，促进制造业向价值链中高端跃升，创造新的经济增长点和就业机会；依靠科技创新抢占空天海洋、信息安全、能源资源等战略必争领域制高点，扭转关键核心技术长期受制于人的被动局面，大幅增强我国的综合国力和国际竞争力；依靠科技创新推进云计算、移动互联网、大数据、生物技术等开发与应用，加快培育新业态和新产业，创造新的市场需求，扩大就业和创业空间；尤其要依靠科技创新保障和改善民生，让更多的人过上幸福生活，享有更好的教育、更高水平的医疗卫生服务、更优美的生活环境。

前　言

　　当今时代，科学技术的发展正呈现出前所未有的突破性发展态势，各种颠覆性技术的发展和应用正在全面塑造着新的发展业态、改变着社会思潮、引领着社会进步。科学技术的迅猛发展及其对经济与社会发展的超常规巨大推动作用，已成为当今社会的主要时代特征之一。科学作为技术的源泉和先导，作为现代文明的基石，它的发展已成为政府和全社会共同关注的焦点之一。中国科学院作为我国科学技术方面的最高学术机构和自然科学与高技术的综合研究机构，有责任也有义务向国家宏观决策层和社会全面系统地报告世界和中国科学的发展情况，这将有助于把握世界科学技术的整体发展态势和趋势，对科学技术与经济社会的未来发展进行前瞻性思考和展望，促进和提高决策的科学化水平。同时，也有助于先进科学文化的传播和提高全民族的科学素养。

　　1997 年 9 月，中国科学院决定发布年度系列报告《科学发展报告》，按年度连续综述分析国际科学研究进展与发展趋势，评述科学前沿动态与重大科学问题，报道介绍我国科学家所取得的代表性突破性科研成果，系统介绍科学发展和应用在我国实施"科教兴国"与"可持续发展"两大战略中所起的关键作用，并向国家提出有关中国科学的发展战略和政策的建议，特别是向全国人大和全国政协会议提供科学发展的背景材料，供国家宏观科学决策参考。随着国家深入实施"创新驱动发展"战略和持续推进创新型国家建设，《科学发展报告》将致力于连续揭示国际科学发展态势和我国科学发展状况，服务国家发展的科学决策。

　　从 1997 年开始，各年度的《科学发展报告》采取了报告框架基本固定的逻辑结构，一般包括"科学展望""科学前沿""诺贝尔科学奖评述""中国科学家代表性成果""公众关注的科学热点""科技战略与政策""中国科学发展概况""科学家建议"等内容，以期连续反映国际科学发展的整体态势和总体趋势，以及我国科学发展的水平在其中的位置。但受篇幅所限，每年所呈现的内容往往难以呈现国际与我国科学发展的全貌，只能重点从当年受关注度最高的科学前沿领域和中外科学家取得的重大成果中，择要进行介绍与评述。

为了进一步提高《科学发展报告》的科学性、前沿性、系统性、指导性等特点，《2015 科学发展报告》进行了一定的改版，整合或调整了"诺贝尔科学奖评述""公众关注的科学热点""科技战略与政策"等栏目，增加了"科技领域发展观察"栏目，以期更系统、全面地观察和揭示国际重要科学领域的研究进展、发展战略和研究布局。

本报告的撰写与出版是在中国科学院白春礼院长的关心和指导下完成的，得到了中国科学院发展规划局、学部工作局的指导和直接支持。中国科学院文献情报中心承担本报告的组织、研究与撰写工作。丁仲礼、杨福愉、林其谁、解思深、陈凯先、姚建年、郭雷、曹效业、潘教峰、夏建白、邹振隆、李喜先、赵见高、聂玉忻、黄矛、习复、王东、叶成、刘国诠、吴善超、龚旭、张利华、顾兆炎、吴乃琴、朱敏、郭兴华、程光胜、黄有国、章静波、李卫等专家参与了本年度报告的咨询与审稿工作，本年度报告的部分作者也参与了审稿工作，中国科学院发展规划局智库建设处刘清、张月鸿同志对本报告的工作也给予了帮助。在此一并致以衷心感谢。

中国科学院"科学发展报告"课题组

目　　录

CONTENTS

第一章

科学展望

An Outlook on Science

1.1 空间科学：基础前沿科学探索的先锋

顾逸东

（中国科学院空间应用工程与技术中心）

一、空间时代的大科学

空间科学不是一般意义上的一门独立学科，而是在人类进入空间时代后发展起来的主要利用空间飞行器来研究发生在地球、日地空间、太阳系乃至整个宇宙的物理、化学和生命等自然现象及其规律的多个科学领域的总称[1]。

1957 年 10 月 4 日，苏联成功发射了第一颗人造地球卫星，开创了空间科技发展的新纪元。短短的 50 多年中，人类登上了月球、建造了巨大的空间站、深空飞行足迹遍及太阳系所有行星、观测视野直达可见宇宙的边缘，创造了一个又一个激动人心的奇迹，取得了人类历史上划时代的巨大成就。空间科技的进步深刻地改变了社会面貌和人类认知，成为我们所处的这个时代科技发展和社会进步的显著标志。

第一颗人造地球卫星发射成功前后的国际地球物理年（IGY，1957～1959 年）期间，人类共发射了十几颗卫星，首次进行了高层大气、微流星体、宇宙射线、太阳辐射、地球辐射、行星际物质成分、地表和云图拍摄等研究。其中，美国"探险者"1 号发现并确认了范艾伦辐射带，苏联"月球"1 号发现太阳高速等离子流——太阳风等，获得了开创性的科学发现。初次在科学计划中用卫星探测获得了极大成功，使人们认识到空间科学探索的巨大潜力。

20 世纪 60～80 年代，在冷战背景下，美国和苏联在太空这个新兴战略领域开展了全方位、大规模的竞赛，促进了空间技术的快速发展，也使空间科学获得许多机会。这一时期，著名的"阿波罗"计划实现了人类首次载人登月，科学家们开展了大规模的深空探测，建造了"礼炮"号／"和平"号空间站（苏联）和天空实验室（Skylab，美国），月球和行星研究、空间生命和微重力科学研究迅速发展，成果颇丰。

20 世纪 80 年代到 21 世纪，以科学目标为牵引的空间计划贯穿于空间科学发展的整个过程，空间科学研究高潮迭起，实施了几十个大型科学计划，发射了约 900 颗科学卫星和深空探测器，建造了多个空间实验室和空间站，开展了规模巨大的空间科学活动。

当今，空间科学、空间应用和空间技术组成了航天领域的三大支柱。三者密切相关，但目的和作用不同。空间技术是由火箭等运载器、空间飞行器、测控通信系统组成的工程技术体系，是开展所有空间活动的基础和保障；空间应用包括空间通信、导航、遥感、侦察、预警等军民应用卫星及地面系统，目前已经渗透到经济、社会和军事活动各方面，产生了巨大效益；空间科学属于基础研究，致力于探索和发现。空间科学不断提出挑战航天能力极限的需求，成为牵引空间技术发展的强大动力。

空间科学是前沿科学与空间技术的高度融合，是规模宏大的科学工程，是各空间大国空间活动中政府投资的重点。国际著名的空间局包括美国国家航空航天局（NASA）、欧洲空间局（ESA）、俄罗斯联邦航天局（Roscosmos）、日本宇宙航空研究开发机构（JAXA）、法国国家空间研究中心（CNES）、德国宇航中心（DLR）、加拿大空间局（CSA）等，重点是发展空间科学，不断推出新的空间科学规划和计划。全世界发射的约 6000 个空间飞行器中，用于空间科学的约占 15%，经费约占 20%。2000 年以来，全世界每年投入空间科学的经费超过 100 亿美元，其中美国约占 60%，欧洲占 30%，空间科学成为人类空间活动和基础研究最活跃的部分之一，具有重要的战略地位。

我国空间科学通过卫星搭载和载人航天应用计划、探月工程任务和少量科学卫星，并参与国际合作，取得了显著的进步，重要领域具备深厚的学术和技术积累，造就了一批优秀带头人和科研队伍。我国空间科学在经济、科技发展和航天技术进步推动下，将迎来活跃发展的新局面。

二、空间科学成就辉煌

在太空开展科学研究，冲破了地球大气屏障和引力束缚，直接面对或深入广袤无垠的宇宙，具备在地面无法企及的特殊优势，极大地开拓了人类的视野和活动疆域，增加了发现机遇，取得了划时代的辉煌成就。当代空间科学已经涉及几乎全部自然科学领域，形成了空间物理学和太阳物理学、空间天文学、月球与行星科学、空间地球科学、空间生命科学、微重力科学（含微重力流体物理、燃烧、材料和基础物理）等分支领域，成为各自然科学学科中科学探索的先锋。

1. 太阳物理学和空间物理学

太阳是对地球和人类影响最大的恒星，是控制、影响日-地空间和太阳系空间物理过程的源头。太阳物理学研究太阳结构、能量来源与传输，太阳活动对太阳系空间的影响；空间物理学研究日-地和行星际空间的物理现象、规律，重点研究从太阳到行星际空间，再到地球和行星的磁层、电离层和高层大气整个链条的作用过程及因果关系。

50 多年来，国际上发射了 70 多颗太阳观测卫星和约 200 颗空间物理探测卫星，实施了多个联合计划，包括早期的国际磁层计划（IMP）、日地探测计划（ISEE），后续的国际日地能量计划（STEP）、国际日地物理全球联测计划（ISTP），到最近的日地联系计划（SEC）等，研究了太阳活动区物理、太阳磁场、太阳磁活动与日珥（图 1）活动的关联，揭示了太阳耀斑的非热特征；发现太阳耀斑和日冕物质抛射（CME）是太阳大气中最剧烈的能量释放过程，发现了日冕稳定向外膨胀，太阳风充斥整个太阳系空间形成日球层（图 2）及其对地球和行星磁场影响；研究了太阳风与地球磁层相互作用导致的磁场重联和磁层亚暴过程，建立了全新的较完整清晰的太阳、日-地空间和行星际空间物理图像。H. 阿尔文因创建太阳磁流体力学和宇宙磁流体力学获 1970 年诺贝尔物理学奖。近年来发展的"空间天气学"专门研究太阳和空间环境扰动对地面设施和人类空间活动的影响。

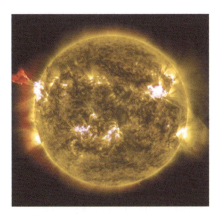

图 1　2013 年 5 月美国太阳动力学天文台（SDO）拍摄的巨大日珥爆发事件

图片来源：http://news.ifeng.com/gundong/detail_2014_01/01/32646306_0.shtml

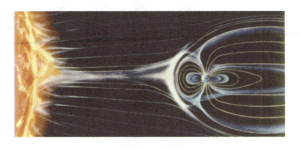

图 2　日地空间物理图像

描述从太阳的辐射区、对流层、光球层、色球层、日冕，

经过行星际空间，影响地球磁层、电离层、高层大气的耦合关系

图片来源：http://www.nasa.gov/centers

2. 空间天文学

空间天文指在外太空或大气边缘开展的天文观测。它突破了仅限于可见光、射电等波段的地面观测限制（称为大气窗口），开拓了全电磁波段天文、粒子天文和引力波天文新时代。宇宙低频无线电、微波、红外/亚毫米波、可见、紫外、X 射线到 γ 射线电磁辐射和高能带电粒子，分别来自宇宙大爆炸遗留的背景、较低到较高温度的天体或星际尘埃，以及数千万至数亿开尔文（K）的高温辐射、乃至高能天体激烈活动等不同的物理机制。空间天文观测以不受大气吸收干扰，逼近仪器物理极限的精度揭示天体和宇宙的物质状态和物理过程。

美国、欧空局和欧洲各国、日本等发射了上百颗不同波段、功能强大的天文卫星，形成不同波段的天文卫星系列。美国于 20 世纪 80 年代发起的大型天文台计划耗时 20 年，研制并发射了哈勃空间望远镜（HST，口径 2.4 米，图 3）、斯皮策空间红外望远镜（SST）、钱德拉 X 射线天文台（CXO）、康普顿伽马射线天文台（CGRO，17 吨）4 个大型轨道天文台。哈勃空间望远镜以极高分辨率和对暗弱天体观测能力发现了令人叹为观止的新奇天体现象，发现了引力透镜现象，成为近 20 年中科学产出最多的科学设施之一；从 NASA 的宇宙微波背景探测器（COBE，1988 年）和威尔金森微波各向异性探测器（WMAP，2001 年），以及 ESA 与 NASA 合作的普朗克卫星（Plank，2009 年），以不断提高的精度测量宇宙背景辐射及其不均匀性，结果符合 $2.726\pm0.010K$ 的理想黑体辐射谱，涨落在十万分之一以下，提供了宇宙的平坦模型证据，逐步修正了宇宙年龄和宇宙中重子物质、暗物质和暗能量的比例，有力支持并推动了宇宙大爆炸理论模型（图 4～图 6）。

图 3　哈勃空间望远镜

主镜 2.4 米，焦距 58 米，角分辨率 0.1″，用航天飞机进行了 5 次维修升级，已运行 25 年

图片来源：http://www.nipic.com/show/1/23/7d056f59bd97cefa.html

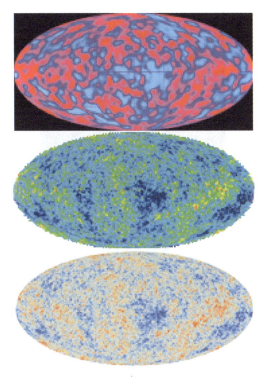

图 4　从上到下依次为 COBE、WMAP、Plank 三颗卫星获得的宇宙背景探测辐射图

最新计算结果为宇宙年龄 138.2 亿年、宇宙中重子物质占 4.9%、暗物质占 26.8%、暗能量占 68.3%

图片来源：http://en.wikipedia.org/wiki/Dark_matter

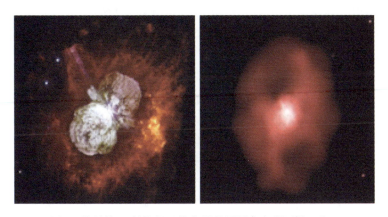

图 5　钱德拉 X 射线望远镜获得的黑洞存在的证据（左）；

哈勃空间望远镜拍摄的即将爆发的船底座 η 恒星（右）

图片来源：http://chandra.harvard.edu/photo.html

图 6　哈勃空间望远镜观测的引力透镜现象

128 亿光年的 A1689 - zD1 星系光线经过 22 亿光年的 Abell-1689 星系团形成圆弧状像，

为暗物质存在提供了另一个佐证

图片来源：http://www.astroblogs.nl/wp-content/uploads

　　空间天文观测发现了数以千万计的过去未知的红外、X 射线和 γ 射线源，发现并证实存在黑洞/中子星等致密天体，提供了类星体能源是星系中心超大质量黑洞吸积周围物质的观测证据；发现了宇宙 γ 射线暴及其多样性，确认其主要来源于超新星爆发和中子星并合，提供了宇宙重子物质循环过程的观测证据[3]；发现了大批系外行星，推动建立了恒星结构演化、宇宙大爆炸模型两大理论框架，推动了人类认识宇宙的重大飞跃。R. 贾科尼因对 X 射线天文学的开创性贡献获得了 2002 年诺贝尔物理学奖，负责 COBE 卫星的 J. 马瑟和 J. 斯穆特获得了 2006 年诺贝尔物理学奖；哈勃空间望远镜超新星爆发观测结果对获 2011 年诺贝尔物理学奖的宇宙加速膨胀研究起到了关键作用。

3. 月球和行星科学

　　月球和行星科学的研究对象是太阳系行星及其卫星、矮行星、小行星和彗星等各类天体，大部分探测采用抵近或着陆探测，因此也称为深空探测。月球和行星研究对深入理解太阳系形成演化，对探寻包括地球在内的行星发展变化规律和变化趋势，对研究地外生命、开拓人类活动疆域和开发利用空间资源等具有重大意义。

　　50 多年来，月球和行星探测高潮迭起。上百次不载人的月球探测和 6 次成功的"阿波罗"载人登月（图 7），对月球地形地貌、地质构造、内部结构进行了详细研究，获得了丰富的第一手资料：月球表面主要由玄武岩和斜长岩组成，化学元素和矿物类型类似地球，月球没有辐射带和全球性内禀磁场，月球表面存在重力异常，月球壳层的年龄约为 46 亿年。10 多次对金星、火星、水星等太阳系所有行星及卫星，以及小行星、彗星抵近观测或着陆探测，取得了前所未有的新发现：确认火星有以二氧化碳为主的稀薄大气，极冠由干冰和水冰构成；金星覆盖着浓密的高温二氧化碳大气层，星表达 90 大气压；木星是以氢氦（比例约 3：1）为主的气体行星，存在惊人的强磁场（图 8）；木星、土星、天王星、海王星均为气体行星。20 世纪 90 年代后，再次掀起了月球和行星探测热潮，火星巡视车"勇气"号、"机遇"号和"好奇"号不断取得科学发现（图 9、图 10），发现火星表面曾经有水体活动和存在地下水的证据，展示出一个可能曾经十分湿润的火星，可能支持生命存在。人类对太阳系及行星的起源、演变过程的研究对于认识宇宙具有重要意义。

图 7 "阿波罗"登月计划，采集了 381.7 千克月球样品返回地球

图片来源：http://en. wikipedia. org/wiki/Apollo 15

图 8 空间拍摄的最新木星照片

已探明木星是质量巨大的气态行星，氢氦比例约 3：1，与整个宇宙中的氢氦比例相似，符合宇宙暴胀理论预期

图片来源：http://www.nasa.gov/images/ content/192016main _ 100907 _ 11.jpg

图9　美国"勇气"号火星巡视车及其在火星上的行驶轨迹

2004年1月"勇气"号在火星着陆，主要使命是探索火星的水和生命

图片来源：http://www.chinavalue.net/Wiki/ShowContent.aspx？titleid=413269

图10　"好奇"号火星巡视车发现的火星上曾经大规模水体活动的证据

左图为干涸湖泊的沉积岩层；右图为火星上流水作用冲刷的沟渠

图片来源：http://spaceflightnow.com/2014/12/10；http://www.space.com/15887

4. 空间地球科学

　　空间地球科学通过空间观测手段研究地球作为一颗行星的整体状态及变化，对地球的大气层、水圈、生物圈、岩石圈及其相互作用进行了全球性、定量化研究。利用空间手段研究地球系统和全球变化，可在大时空尺度上对地球辐射场（图11）、大气和海洋流场（图12）、水气和二氧化碳等物质输运循环、能量传输和平衡等进行高精度系统性观测研究，具备快捷、动态、真实、多参数、全球性等独特优势。

　　各国发射了上百颗专门研究地球的科学卫星，开展了大规模的空间地球观测和全球变化研究，获取了全球重力场，发现了中高层大气放电（红色精灵/蓝色喷流）、海洋环流变化及影响，在太阳-地球辐射收支平衡、极区臭氧洞的发现及动态变化、陆/海/气能量交换及与区域气候变化的关联、地球生物量与气候变化关联、三极（南北极和青藏高原）冰雪量变化、全球温度变化等方面取得了系统观测资料和新的研究成果。B. 克鲁岑、M. 莫利纳、F. 克罗利用紫外探测器在地球极区大气层发现臭氧洞，并阐明了氯氟烃对臭氧层形成的作用及机理，因此获 1995 年诺贝尔化学奖。目前各国结合空间探测资料开展了大规模的地球系统数值模拟，进行了地球动力学过程的定量化研究，从对自然现象的定性描述向定量化发展，对预测和应对全球变化重大问题发挥了重要作用。

图 11　ESA 环境卫星的 CERES 传感器数据显示的地球太阳反照辐射分布
图片来源：http://svs.gsfc.nasa.gov/vis/a000000/a003800/a003827/

图 12　NASA 利用 2005～2007 年的卫星数据，采用可视化技术展现的
全球海洋表层洋流图像，包括海洋涡流和其他狭窄的洋流，用于分析海洋热量和碳的输送
图片来源：http://svs.gsfc.nasa.gov/vis/a000000/a003800/a003827/

5. 空间生命科学

地球生物包括人类的进化一直是在地球环境下实现的。在空间微重力、宇宙辐射、变化的节律和磁场下研究人和各种生物的响应和变化，成为深入探究生命现象本质的重要途径，也是人类长期太空探索活动的基础。

载人航天器是生命科学研究的主要平台，国际空间站（ISS）上装备了科学手套箱、空间温室和多种生命实验柜（图 13）。在空间开展的上千项研究取得了显著成就，完成了多次种籽到种籽的全周期植物生长，研究了多种植物、动物、微生物、水生生物及动植物的细胞和组织在空间的行为，发现了动植物对重力感知不同的可能机理，发现了空间辐射对生物组织的旁效应等；对人在空间长期生存的心血管、肌肉/骨骼系统、免疫功能等一系列生理问题有了基本认识，实现了人在太空长时间的生活工作，500 多位航天员进入太空，航天员单次在空间最长时间为 438 天，航天医学保障取得显著进展。

图 13　国际空间站（ISS）上的科学手套箱，用于开展生命科学实验和其他科学实验

图片来源：https://directory.eoportal.org/web/eoportal/satellite-missions/s/suomi-npp

同时，空间生物技术和转化研究成就显著。空间获得的新型靶向药物用于乳腺癌临床试验，新抗骨质疏松药物已投入市场，发现了细菌病原体高致病性途径及应对措施，空间制备的高质量蛋白质晶体加强了蛋白质结构分析，惠及生物医药行业（图 14）。

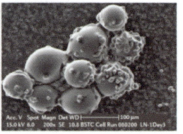

图 14　国际空间站中培养的 LN1 细胞系

左图为肿瘤细胞培养在透气的组织培养带内，封装于 BSTC 细胞培养箱中；右图为培养 3 天的 LN1 细胞系的电镜扫描图

图片来源：Nature Reviews Cancer 13，315-327（May 2013）

空间生命科学近年的重点方向之一是宇宙生物学,专门研究"在宇宙进化框架下导致生命起源、进化及分布的过程"[3],涉及形成生命的元素和分子、生物的早期进化等问题。地外生命研究发现了大批系外行星,发现了火星上的甲烷和水冰,暗示地外低等生命宜居的条件是可能存在的,发现了火星陨石上的生命痕迹、地球深海底热液口大量稀有微生物,拓展了人类对于生命存在条件的认识。

6. 微重力科学

微重力环境存在于做惯性运动或环绕地球轨道运动的物体参照系中。微重力科学包括微重力流体物理和燃烧科学、空间材料科学、空间生物技术、空间基础物理等分支[4]。国际上利用空间飞行器的长时间微重力条件开展了约 4000 项实验。国际空间站建成以来完成了近千项实验,如液桥热毛细对流实验、硅铝合金生长实验、滴液燃烧实验等(图 15、图 16)。

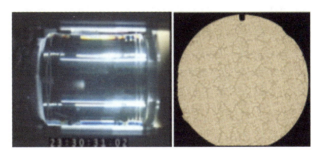

图 15 国际空间站完成的微重力实验

左图为最大尺寸(Φ50 毫米×60 毫米)液桥热毛细对流实验,模型来自提拉法半导体晶体生长;
右图为硅铝合金生长样品,由于排除了浮力对流、沉降、流体静压等重力效应,
合金生长在近乎纯扩散条件下完成,显示出均匀的枝状网络结构
图片来源:IMSPG ♯22,Orlando,FL,Nov 8-9,2013

图 16 国际空间站上进行单液滴和多液滴(流动气氛下)燃烧实验

液滴燃烧是内燃和喷气推进动力的基础,微重力下燃烧研究有助于搞清液滴燃烧的本征参数和化学动力学过程
图片来源:IMSPG ♯22,Orlando,FL,Nov 8-9,2013

　　微重力流体物理揭示了被地面重力掩盖的表面（界面）张力梯度驱动的热毛细对流和溶质梯度导致的溶质毛细对流，对微重力下气泡液滴迁移与聚集、界面现象、两相流、沸腾和冷凝过程进行了深入研究，丰富和发展了流体理论。微重力燃烧发现了火焰形态、传播、熄灭、热质输运等新现象，获取了燃烧动力学的本征特性，发现了冷焰燃烧现象。微重力材料科学研究了各种形成材料过程中熔体流态和相变机理，在晶体生长动力学、相分离与聚集、过冷、形核与非平衡相变，熔体热物性测量，新型纳米材料合成方面取得了丰硕的成果。微重力下的流体、燃烧和材料研究对指导和改进地面生产加工过程、空间流体管理、生物技术流程、发展高效低碳燃烧、改进动力系统和防治火灾等有重要的转化应用前景。

　　微重力基础物理研究的目的是检验现有物理理论，发现新的物理现象和物理规律。美国2004年发射的GP-B卫星以很高的实验精度证明了广义相对论关于测地线效应和参考系拖拽效应的理论值；利用微重力条件将量子气体温度降低到空前低温范围，以深入研究玻色-爱因斯坦凝聚体的物理特性和超冷条件下新奇量子现象并已获初步结果；对二元复合等离子体系相分离、颗粒物质速度分布与热平衡态等研究取得了新的成果；NASA分别研究了超流氦、约束态低温氦和动能态超流氦性质。此外，在航天飞机上完成的检验临界现象重整化群理论的实验结果比地面实验结果有了明显的改进。在空间开展基础物理研究的特殊优势，使之成为最新的研究重点。

　　几十年来，空间科学取得的新发现源源不断，成果极为丰富，全面更新了人类对宇宙、太阳系、地球和物质运动规律的认知，在科学发展史上具有划时代意义。

三、空间科学酝酿新的重大突破

　　空间科学已取得的成就只是自然界奥秘的冰山一角。空间科学是探索发现、获取新知识的不竭源泉。当今和未来一个时期空间科学呈现出鲜明的特点，即科学问题更加集中，采用最新的高技术手段将取得进一步突破。

1. 集中研究基础前沿和重大科学问题

　　当今空间科学研究的问题集中在最具挑战性的暗物质和暗能量本质、恒星和星系演化及黑洞性质、太阳和太阳系行星演化、外太空生命探究、基本物理规律，以及地球变化趋势等基础前沿和重大科学问题。

　　研究表明，宇宙中只有约5%的天体和星际物质是粒子物理标准模型可以解释的，其余95%是我们完全不了解的暗物质和暗能量，这对现代物理学提出了巨大挑战，被形容为笼罩在物理学上的"两朵乌云"，引发了科学界的强烈关注；宇宙中有地球上无法模拟企及的超强引力、超强磁场、超高能量和超高密度极端条件，宇观（宇宙/

天体）和微观（物质深层结构）研究汇合，成为探究物质本源的前沿；生命作为最复杂的物质存在形式是如何产生的，地外有无生命，是什么形态，生命之谜可能在空间研究中得到解答；月球和行星研究将深入了解太阳系和行星演化，并通过比较加深对地球变化趋势的认识；在空间开展基础物理实验，将推动引力规范场理论、超引力、大统一理论、后粒子标准模型、临界点附近的物质形态和量子理论的发展。地球环境的全球性变化涉及我国和全球经济社会发展，空间研究将有助于解决这一人类共同关心的重大问题。

2. 空间科学研究将推动新的科学革命

发达国家针对科学前沿和重大科学问题在空间科学规划中加大了力度，近期具有代表性的有美国的《NASA 科学任务部科学规划 2010》[5]、欧洲空间局的《宇宙憧憬 2015～2025》[6]等，各国还有各领域详细的约束性计划。未来 10 年，仅天文、空间物理（含太阳）和行星科学领域就计划发射 50 多颗卫星，其中不乏哈勃望远镜后继者詹姆斯•韦伯太空望远镜（JWST，图 17）、宽视场红外巡天望远镜（WFIRST）、高能天体先进望远镜（ATHENA）、引力波天文台（eLISA/NGO）、太阳探针加强号（SP＋）、太阳卫星（Solar-C）、金星着陆器（Venera-D）、火星着陆巡视器（Mars 2020）、木星冰月探测器（JUICE）等采用新一代技术的里程碑项目，其中大部分为大型项目（单项任务经费在 16 亿美元以上），还安排了大量高空气球、火箭探测和地面研究计划，不断发展新的科学思想和技术概念。空间地球科学另有相当大的计划。

图 17　詹姆斯•韦伯望远镜 6.5 米主镜正在测试

主镜由 7 块子镜拼成，采用主动光学，总造价超过 50 亿美元，将在 2018 年发射到日地 L2 点接替哈勃望远镜

图片来源：http://www.jwst.nasa.gov/mirrors.html

国际空间站（图18）已进入科学研究高峰期，各参与国普遍加强了科学任务规划，安排了许多新颖的项目，如冷原子钟组合（ACES）、空间光钟（SOC）、冻结原子实验室（CAL）、等离子体综合实验室（Plasma Lab）、量子破缺等效原理实验（QTEST）、超临界液体和结晶研究（DECLIC）、先进燃烧科学研究（ACME）等[7]（图19）。各国还安排了空间站先进天文和地球科学项目，确定的有日本的暗物质粒子谱仪（CALET）、宇宙线探测器（JEM-EUSD），美国暗物质设备（REAM）、中子星观测器（NICER），欧洲的大气关联监测器（ASIM）和日本气候观测设施（CLIMS）等。

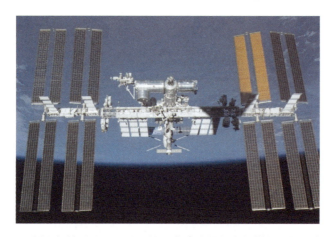

图18　国际空间站重达419吨，是人类建造的最大规模的空间研究设施，
开展数以千计的空间生命科学、微重力科学、空间天文、地球科学研究和多种技术试验
图片来源：http://www.nipic.com/show/1/31/5362855kbb033407.html

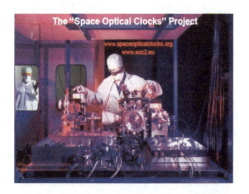

图19　欧洲生命和物理科学计划4（ELIPS-4）的空间光钟地面实验，该计划基础物理部分
包括冷原子钟、Bose-Einstein凝聚、物质波和量子性质等研究
图片来源：IMSPG ♯22, Orlando, FL, Nov 8-9, 2013

美国在 21 世纪初就以"超越爱因斯坦"为题目提出前沿空间科学研究目标。展望空间科学的发展，由于科学导向明确，各国规划突出了重点科学任务的布局安排，计划的针对性、延续性强，加上理论和观测的进一步结合，在 21 世纪将可能出现物理学、生命科学、宇宙科学研究的重大突破和对地球系统认识的重大飞跃，推动新的科学革命并带动技术革命。

一个多世纪前，以相对论、量子论创立为标志的科学革命奠定了当代科学技术的几乎全部基础，推动了新的产业革命，深刻地改变了人类社会的面貌。我国已经屡次失去了近代历次科技革命中有所作为的机遇，今天和未来我们不能无所作为，不可再错失机会。

四、我国空间科学现状和发展机遇

我国空间科学面临着重大发展机遇。中央已批准实施的载人空间站工程，将开展广泛和持续的空间科学研究，已有若干国际前沿水平的计划安排；已批准的探月三期工程和正在酝酿的深空探测计划为月球和行星科学研究提供了重要机遇；中国科学院空间科学战略性先导科技专项正在研发 4 颗高水平科学卫星。我国空间技术取得的巨大成就，为空间科学提供了强大的技术支撑。我国近期实施和规划中的主要空间科学任务如下。

1. 近期载人航天空间科学任务

载人航天前期在载人飞船（"神舟"二号～六号，1999～2005 年）和交会对接阶段（"天宫"一号、"神舟"七号～九号）开展了 40 多项空间生命、微重力流体、材料、空间天文、空间环境和地球环境监测项目。2016 年即将发射的"天宫"二号空间实验室（图 20）和 2017 年的"天舟"一号货运飞船上将开展一些重要的空间科学项目。

图 20 "天宫"二号空间实验室的空间科学和应用项目共有 14 项，
已完成正样研制、试验和系统电性联试
图片来源：中国科学院空间应用工程与技术中心提供

国际上首台激光冷却（10 微开）空间铷原子钟空间实验，稳定度将达 10^{-16} 量级；空-地量子密钥分配，开展量子科学研究、诱骗态量子密钥传输和激光通讯试验；伽马暴偏振探测，将开辟 γ 射线偏振天文新窗口，对宇宙 γ 暴进行高灵敏度偏振观测；多角度成像光谱仪，对海洋、大气、陆地的详细光谱特性进行研究；三维成像微波雷达高度计，研究海浪、海风等海洋动力环境和三维海陆地形；多波段紫外临边成像仪，测量全球大气密度、臭氧和气溶胶垂直结构及三维分布；空间生命科学和微重力科学安排了高等植物种籽到种籽生长、多种空间材料空间生长、大普朗特（Prandtl）数液桥热毛细对流的二次转捩等研究。

2. 中国科学院空间科学战略性先导科技专项科学卫星

2010 年国务院批准由中国科学院组织实施战略性先导科技专项，空间科学战略性先导科技专项正在研制 4 颗重要的科学卫星，将于 2015～2016 年发射。

（1）硬 X 射线调制望远镜（HXMT，图 21）。探测波段为 1～250 千电子伏（keV），采用我国科学家创建的直接解调方法进行硬 X 射线成像巡天，研究超大质量黑洞、宇宙 X 射线背景辐射、致密天体和黑洞强引力场中物质的动力学和高能辐射过程。

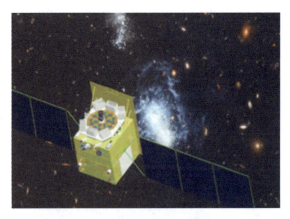

图 21　中国科学院空间科学战略性先导科技专项中的硬 X 射线调制望远镜卫星，
采用我国科学家发明的直接调制成像创新方案
图片来源：中国科学院高能物理研究所提供

（2）暗物质粒子探测卫星（DAMPE）。通过高分辨观测高能电子和 γ-射线能谱及其空间分布，寻找和研究暗物质粒子，通过测量太电子伏（TeV）以上高能电子能谱和宇宙线重离子能谱，研究宇宙射线起源、传播和加速机制。

（3）量子科学实验卫星（QUESS）。开展星-地高速量子密钥分发实验，建立广域量子通信网络，开展空间尺度量子纠缠分发与量子隐形传态实验，检验量子力学完备性。

（4）"实践"十号（SJ-10）返回式科学实验卫星。集成 19 项生命科学和微重力科学实验项目，在空间微重力和辐射环境下研究物质运动规律和生命活动规律。

空间科学战略性先导科技专项还规划启动了 8 个空间科学卫星背景型号项目研究，主要有磁层-电离层-热层耦合小卫星星座（MIT）、X 射线时变与偏振探测卫星（XTP）、太阳极轨成像望远镜（SPORT）、空间毫米 VLBI 阵列（S-LBI）等。

3. 探月工程三期和深空探测计划

我国探月工程已经完成了"嫦娥"一号、二号绕月探测和"嫦娥"三号着陆探测，取得了包括全球最高分辨率全月球地形 DEM 数据等一批科学成果。即将开展的探月工程三期将实现着陆器的月面软着陆和采样返回地球，还有正在酝酿的火星探测计划，将为月球和行星科学研究提供新的重要机遇（图 22）。

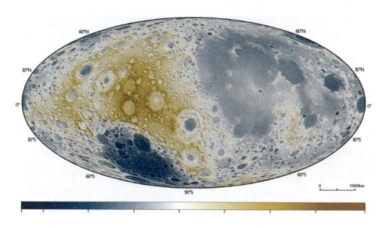

图 22　我国探月工程获得的全球最高分辨率全月球地形 DEM 数据
"嫦娥"三号成功实现月面软着陆和巡视探测，为后续计划打下坚实基础
图片来源：中国科学院国家天文台提供

4. 载人空间站空间科学任务

我国载人空间站工程已经开始实施，空间站将于 2022 年建成（图 23）。空间站空间科学规划了空间生命科学与生物技术、微重力流体物理和燃烧科学、空间材料科学、微重力基础物理、空间天文、空间物理、空间地球科学及应用、空间应用新技术 8 个领域和 31 个研究主题。规划安排了大批面向国际前沿的高水平项目，预计在 10 年内空间站运营期间将开展上千个项目。

图 23　中国空间站将于 2022 年建成，在轨寿命 10 年以上，加压舱和舱外都安排了空间科学项目，另有同轨光学舱开展大口径主动光学望远镜的巡天观测，并可与空间站对接

图片来源：http://www.xhmil.cn/html/junshixinwen/201401/25-3174.html

　　生命科学和物理科学（流体、燃烧、材料、基础物理）将开展持续系列化的科学实验，并形成科学目标明确的研究计划。主要研究计划有：重力生物学研究计划、生命起源相关分子生物研究计划、复杂流体和分散体系研究计划、两相流体和相变传热研究应用计划、先进燃烧科学研究计划、高温金属合金研究计划、材料热物性研究计划、超冷原子物理研究计划等。已经开始研制 13 个高度集成化、科学诊断测试能力完备的机柜式小型精密空间实验室。

　　其中，基础物理重点是超冷原子物理、高精度时间频率各相关物理研究、引力理论和量子力学检验等。超冷原子研究将借助微重力效应实现皮开（10^{-12} K）量级的极低温度，开辟全新的研究区域，研究超冷体系中物质形态和新量子现象；微波冷原子钟和最新的光钟组合，建造国际上最高稳定度的空间时间频率系统，开展精细结构常数测量、引力红移实验和广泛应用；量子调控与光传输研究设施将开展观测者参与下的量子力学非定域性终极检验、基于冷原子量子存储的量子隐形传态和量子中继等基础科学和应用基础科学实验研究，并开展应用示范研究；将开展精密的宏观物体和微观粒子等效原理空间实验检验。

　　我国空间站空间天文研究瞄准"一黑"（黑洞）、"两暗"（暗物质、暗能量）等重大问题。大口径光学设施将以接近哈勃空间望远镜的角分辨率和大得多的观测视场，开展多色成像与无缝光谱巡天，获取数十亿恒星、星系和行星高质量测光数据和上亿条天体光谱，研究宇宙加速膨胀的机理、暗能量本质、检验宇宙学模型，研究恒星、黑洞、星系、类星体等多种天体的形成与演化的规律，争取获得革命性的新发现；高能宇宙辐射和暗物质探测设施将采用新型探测方法，比国际同类计划灵敏度等指标提高一个数量级，争取取得新的突破。重点项目还有中子星极端天体物理探测研究、X射线全天监视、高灵敏度太阳高能辐射探测等，均具很强的国际竞争力。

利用空间站非太阳同步低轨道特点，将开展有特色的全球气候变化研究及大气、陆地和海洋应用，并发展出新一代先进对地遥感器。

科学发现只有第一，没有第二。我国空间科学的发展需要抓住机遇，经过长期持续努力，使我国成为国际上重要的空间科学大国。

五、结 语

人类进入空间时代 50 多年来，空间科学取得了辉煌成就，21 世纪的空间科学将引领和推动基础科学前沿重要领域的跨越，破解重大的科学之谜。面对新的发展态势，我国需要认真研究空间科学发展战略，在这个重大领域中有所作为。发展空间科学将推动我国基础研究的重点跨越，提升我国经济实力和综合国力，是科技发展和提高综合国力的重大战略选择。应将空间科学作为今后我国基础科学和航天领域发展的主要突破口之一，经过 20～30 年的努力使我国空间科学整体跨上新台阶，进入世界先进行列，努力在若干重点领域取得有重大影响的领先科学发现。

发展空间科学需要进一步调整我国空间科技领域发展理念，重视长远性、基础性和战略性的空间科学，全面部署，制定国家空间科学规划，完善国家空间科学领导管理体制，加大对空间科学的投入和空间科学活动的规模，建立稳定合理的投入机制；充分发挥空间站和探月工程重大专项作用，建立科学卫星系列，加强队伍培养，广泛开展国际合作和科普教育，为迎接新的科学革命、实现中华民族的伟大复兴做出重大贡献。

参考文献

[1] 全国空间科学及其应用标准化技术委员会. 空间科学及其应用术语第 1 部分:基础通用(GB/T30114.1-2013). 北京:中国标准出版社,2013.
[2] 张双南. 世界空间高能天文发展展望. 国际太空,2009,12:6-12.
[3] 格尔达·霍内克,庄逢源. 宇宙生物学. 北京:中国宇航出版社,2010.
[4] 胡文瑞. 微重力科学概论. 北京:科学出版社,2010.
[5] NASA. 2010 Science Plan For NASA's Science Mission Directorate,2010.
[6] ESA. Cosmic Vision:Space Science for Europe 2015-2025,2005.

Space Science：the Pioneer in Basic Frontier Science Exploration

Gu Yidong

This paper describes the rising of space science and the achievements in space physics and solar physics，space astronomy，lunar and planetary science，space geoscience，space life science and microgravity science. The main challenges in basic frontier of space science research have been mentioned. It is prospected that the discovery of space science in 21st century could get important knowledge leap in physics，life science，cosmological science and geo-science，and initiates a new science revolution. The science plan and recent mission of space science in China also have been introduced in this paper. The strategic importance of space science in forefront fundamental research has been expounded. It is emphasized that we should pay more attention to space science and take it as a breakthrough opportunity in cutting-edge research in China.

1.2 微纳光子学发展现状与展望

王启明

（中国科学院半导体研究所集成光电子学国家重点联合实验室）

纳米光子学是纳米技术和光子学整合的新兴前沿学科。它既为基础研究开拓了新领域，又提供了一类不可或缺的高新技术，其交叉发展遍及物理学、化学、信息工程学、生物医疗等，尤其是在航天和国防军工领域。

之所以称之为微纳，是因为在实际的纳米光子器件尺度并非三个维度都是纳米，而有的维度仍落在微米范围。微纳光子学作为当代高科技发展的宠儿，受到各国政府、科技界和企业界的巨大关注与重视，它将成为 21 世纪信息高科技领域不可或缺的重要支柱。

下文将以按纳米维度为序，介绍微纳光子学的发展成就，并在文尾就社会需求和科技深化发展阐述对若干重要方面的展望。

一、一维尺度纳米化对半导体能带改性的发展现状

半导体光子学的功能内涵中,最关键者是光频振荡器(即半导体激光器)的实现。1962 年电注入 GaAs 半导体激光器的问世,拉开了半导体光子学的序幕。然而当时的同质扩散掺杂 PN 结激光器,由于缺少对注入载流子和复合发光的光波在空间的限制,尽管内量子效率很高,但受激光发射效率不高,阈值工作电流密度高达 10^5 安/厘米^2 以上,器件只能在 10 开尔文下低温脉冲式运转,半导体光子学仍未能有实际应用[1]。

20 世纪 70 年代初,在美国 Bell 实验室工作的 Hayashi 和 M. B. Panish 等人首先采用液相外延方法研制成功 AlGaAs/GaAs/AlGaAs 双异质结(DH)激光器[2]。由于对注入电子和产生光波有了适当可调控的空域限制,发光和取出效率得到了有效提高,器件也可在室温下连续波运行 10 万小时以上,为光纤通信的发展奠定了关键基础。无疑这是半导体光子学发展史中的里程碑式突破。但它还只能作为低功率(毫瓦量级)多横模的应用,在激光器大家族中依然不够显眼。

1. 一维度纳米化有源层的半导体量子阱激光器

半导体双异质结激光器的第一次突破性发展归功于一维度纳米技术在发光有源层中的引入,随着 20 世纪 80 年代分子束外延(MBE)和金属有机物气相外延(MOCVD)的发展,使得半导体材料层的生长已能精确控制到原子层厚度。

由此,若器件设计其有源发光区厚度为与电子德布罗意波长相当的纳米尺度,则注入有源发光区的电子在阱与两势垒层侧壁面将呈现波的干涉特性,其本征值即呈现为一系列量子化的子能带,态密度分布函数由抛物线状准连续分布转变为阶梯状的分布,这就是通称的量子阱激光器。

由于第一激发态数目有限,因此注入电子很容易填满子带。它除了仍具 DH 的优点外,同时正由于发光有源区的一维度纳米化,使得注入电子的发光效率进一步得到提高,激射阈值电流密度减小 1~2 个量级。由于电子注入发光效率的提高,减低了器件的热损耗,所以量子阱激光器已能达到单个器件瓦级光功率输出。808 纳米和 980 纳米波长激光器单管输出光功率已达 10 瓦,单层棒条集成激光器可达百瓦至千瓦,多层棒条组装的激光模块输出光功率甚至已达万瓦。由此,半导体激光器的小功率帽子已经摘去,除作为泵浦光源应用外,它在测距、主动式光雷达、制导、引信以及精细机械加工,甚至在热核反应中子源超大功率激光触发中,也是一类不可或缺的激光光源。

早期 DH 结构要求两类不同带隙的材料要有良好的晶格匹配(失配度<0.5%),它限制了 DH 激光器的波长选择和性能提高。所幸的是 80 年代初在美国麻省理工学

院林肯实验室的华裔学者谢肇鑫首次发现，四元系 InGaAsP 材料通过组分的调整，能够达到与 InP 完美晶格匹配。更重要的是激光发射波长正落在 1.55 微米石英光纤最低损耗窗口，这就为今天实用化的光纤通信骨干网和引入千家万户的互联网奠定了重要基础。

2. 应变量子阱半导体激光器

在 20 世纪 80 年代后期人们利用应变使材料的能带结构发生改性。压应变的改性主要发生在价带，它使简并的价带能谷分裂移动，重空穴带向下移动，而轻空穴带向上移动，这导致电子-空穴跃迁率的提高，从而使发光效率又得到改善，激射阈值再次得到降低。

对张应变而言，应变效应主要体现在导带内，它使导带向下移动，但不同能谷移动速率不同。它对间接带隙材料的性能将产生重大的影响，例如熟知的 Si、Ge 材料，张应变效应为它提供了一条希望之路，有可能使 Γ 能谷和 L 能谷更加接近，甚至 Γ 能谷落在 L 能谷之下，于是材料便改性为高效率发光的直接带隙材料[3]。但是由于 Ge 转变为直接带隙要求的张应变大，难于达到。所幸的是近 10 年间，人们注意到 Ge 中 Sn 的引入，当 Sn 的组分 x 为 11% 以上时，能够使 GeSn 转变为直接带隙材料，带隙为 0.477 电子伏，波长对应 2.6 微米[4]。中国科学院半导体研究所成步文带领的团队，已用超高真空化学气相沉淀（UHV-CVD）方法成功研制了 GeSn/Ge/Si 光电探测器[5]，对应峰值波长 2.0 微米，高效发光与激光器的研制正在进行。无疑它是可与 Si 互补金属氧化物半导体（CMOS）工艺兼容的集成芯片中引入高速率、低功率光互连的关键所在。

3. 超晶格与带内跃迁的量子级联超长波激光器

纳米厚度超薄层半导体异构材料的贡献，不仅在基于带间跃迁改性的新一代量子阱激光器的问世，更有意思的是 1994 年由 Faist 等人提出的带内跃迁量子级联（QCL）激光器[6]。2006 年，德国弗朗霍夫学会技术物理所研制出 2.3 微米波长 GaSb 基 QCL 激光器，室温连续波光功率输出达 300 毫瓦，而 -18℃ 下连续工作光功率输出达 0.6 瓦。近 10 年来又有各类新设计的不同波长 QCL 出现，输出功率也都能达到 100 毫瓦量级以上。特别值得一提的是中国科学院半导体研究所刘峰奇研究团队采用不同阱宽组合的杂化量子阱 QCL，在 10℃ 下已能实现 800 毫瓦单横模太赫兹波功率输出，并正在往室温工作瓦级输出的国际领先水平冲刺。

QCL 超长波激光器若倒置使用就成为光电探测器，值得注意的是如果在 QCL 中设计两组不同能隙差的结构，那么就可以同时实现双波长超长波红外光探测。利用双波长探测的协同指认，可以精确捕获飞行目标所在的坐标位置。

再者如果采用非对称杂化结构超晶格，由于在阱区界面处俘获滞留电子的差异，使材料内部出现了人工构建介观极化子，对提高二阶电光效应（即线性电光系数）有重要贡献，尤其对立方对称共价键结构 Si、Ge 材料更有意义。由此为研制高速率、低功率、微尺寸的硅基电光开关、调制器提供了一条重要途径。

由上所述可见，材料、器件的一维度纳米化，在能带改性、带内利用以及电光效应增强等方面已展现了无限的生机，做出了巨大贡献。然而人们往往不把它归纳到纳米科技领域，而另冠以"量子阱工程"的介观改性。

4. 单原子层排列的"烯"类新材料

"烯"材料是近 10 年来一个研究的热点。它是一维度纳米化材料的极限，石墨是碳元素存在的最稳定形态，是一类层状结构的碳，在一定的条件下可以将原子层逐层剥落。而获得呈蜂窝状的单原子层二维材料石墨烯，也比较容易实现单原子层的生长。引人关注的是，石墨烯中电子的能带组构遵从相对论的狄拉克方程，而非量子力学的薛定谔方程，在布里渊区中有 6 个狄拉克锥，电子的行为呈现为零质量的狄拉克-费米子，因而电子空穴迁移率高达 2×10^5 厘米^2·伏/秒，带隙很小，吸收光谱覆盖了可见光与红外。在可见光波段反射率小于 0.1%，可供研制高响应光电探测器以及高效率太阳能电池，而其高迁移率特性则可供作为研制截止频率高达 100 吉赫的 Si CMOS 器件。低的声子模数有利于研制高效热电器件[7]。

但时至今日，尚未探索到可在 Si 衬底上生长出理想的石墨烯，因而在与 Si CMOS 兼容集成上尚有一定距离，剥离工艺则根本不能用在微电子芯片上。因此，近 5 年间人们对 Si 烯的探索予以很大关注。然而，对 Si 而言，最稳定的结构形态却为立方对称金刚石结构，不利于单原子层二维材料的生成。理论计算表明在 Si（111）平面上，可以生长出略为翘曲结构的单原子层 Si 烯，电子的运动也属狄拉克电子系统，有可能在这种 Si 烯中获得与石墨烯类同的新奇量子现象。中国科学院物理研究所陈岚研究团队采用分子束外延（MBE）生长法，在略高于 500 开尔文 Si 衬底温度已生长出这种 Si 烯新材料[8]。

2015 年 2 月由意大利和美国合作的研究团队首次研制出室温工作的 Si 烯场效应晶体管，在室温下初步验证了栅控场效应特性[9]。虽然这只是初步的工作，但却显露出曙光。Si 烯材料的带隙约为 0.15 电子伏（eV），与石墨烯相近，有宽的吸收谱和大的吸收系数，在红外光灵敏探测器、光电开关、长波发射光源等方面有应用潜力。

二、二维度纳米化材料与器件的研究进展

二维度纳米化材料也是微纳光子器件一个宽广的领域，涵盖了对电子、光波、电

磁波、声波直到界面的纳米化物理效应及其器件应用。

1. 纳米线与量子线

它是一类线条结构，其截面尺寸为纳米化状态，长度则比截面线度要大得多。它既可模板加工，也可以自组装生长，电子波波长为若干纳米，因此纳米线截面也应在纳米量级。由于在纳米线侧壁电子的运动几乎受限局域于纳米线轴向模式，这就是熟知的弹道效应。它不与侧壁发展碰撞散射，电子迁移率很大，电导率很高。相反由于组成纳米线的原子数不多，晶格振动模很少，这就是声子瓶颈效应。热传导功能大大降低，热阻很大。这类材料尤其适用于高效率半导体温差发电，其品质因子 ZT 可达 3 以上[10]。

纳米线太阳能电池又是应用的一例，利用纳米线线长作为对太阳光吸收层，而短的纳米线径向作为收集光生电流的输运区，从而解决了二者不同要求的互为制约，从而使光电池的效率得到提高，对高吸收系数、低迁移率的 a-Si 太阳电池尤为适用。

纳米线构成的表面或界面具有很强的陷光或减反效应。入射到含有高密度纳米线表面（或界面）的光波，由于纳米线表面（或界面）的非定向多次反射，入射光几乎被锁住陷落在表面层内，从表面的逸出率非常小。黑硅就是一例，这一特性对太阳电池提高对辐射光的利用效率很有帮助，同时它也可作为隐身材料使用。

2. 光子晶体的快速发展与应用开拓

如果在介质中布置周期与光波波长相当的折射率跃变结构，光波在这种结构材料中的传播和运动行为就如同半导体中电子在周期势场运动那样，呈现出波的相干特性。除了光子不荷电，不具静止质量外，其他行为与电子在晶格场中有相似的特性。它遵从的波动方程，也就等同电子遵从的薛定谔方程，因此把它称之为光子晶体（PC）。光子在光子晶体中的运动同样表现出一系列分裂的、以光波频率为特征的"允许态"和"抑制态"，并在波矢空间内组成一系列光子波频带。只有在某些带内，光子波的传播是被允许的，而在另一些带内光子波的传播是被抑制的，形同半导体能带中的导带和禁带。但是如果在光子晶体中某处折射率跃变量有别于整体的状况（如空缺或引入其中一个或少数几个格点），光子禁带中也将在该处出现局域化的传播态，如同半导体中的杂质缺陷电子态。光子晶体频带也有若干个带谷的存在。在带谷底光频态的一阶微分，这就使得在该频率处光子波的传播群速变为零，而在谷底附近传播速度也非常小，这就是熟知的慢光效应[11]。

就以上所述光子晶体的特性，近 10 多年人们已探索并开拓出许多新颖特性的光子晶体器件，并已在信息光电子领域中得到成功的应用。

其一，采用光子晶体盖层提高 GaN 基发光二极管（LED）的取出效率。LED 属于各向同性的自发辐射发光器件。显然 AlGaN LED 有源层注入电子复合发光的内量子效率很高（接近 100%），但由于它属于自发性复合发光，空间传播矢量不受限制，发出的光经界面表面的多次反射被内部缺陷态吸收，转化为晶格振动的热能，而真正能逸出可供用的光只占其中一部分，即取出效率小于 1。如果把器件上表层设计为光子晶体结构，使相应波段的发射光落在光子晶体的允许带内，这就降低了多次反射的概率，减少了损耗，提升了光取出效率。目前供照明用的 GaN 基 LED 产品已考虑到它的应用。

其二，基于光子晶体的无损耗宽带高速率路由器。在当今信息化、网络化的时代，用户量指数增多，对宽带和实时性的要求越来越高。当前采用电光路由的庞大系统消耗了难以承受的功耗。若以光子晶体波导为终端传输路段，而在光子晶体波导两侧有序安排有不同传播频率的缺陷，于是在一定光谱带宽内的波分复用（WDM）传输信息光波将在各处被缺陷态俘获，空间分离化后耦合发送到各个子光纤路中。光子晶体路由器无需电能的操控，几乎无功耗。而路由速率极快，保持实时性，面对信息传输带宽，仍然保留了光纤通信固有的优势。

其三，光子晶体复合谐振腔与大功率光子晶体激光器的应用。通常的半导体激光器有两类谐振腔被采用：反射型的法布里-珀罗腔和分布布拉格散射的光栅反射器，后者其实就是一维光子晶体反射镜。由于周期光栅的锐反射特性常用于单纵模、窄线宽分布布拉格反射（DBR）或分布式反馈（DFB）激光器，但通常此类反射器只在于提供反馈光的功能。

依照光子晶体传播带的特性，若设计使有源区安置在含有光子晶体的 F-B 复合腔内，并使发射波长落在光子晶体传输带的谷底附近，则光波在复合腔内的往返传播群速度就比通常 F-P 腔中要慢许多。慢光效应的参与将使光增益系数增大，从而提高了输出光功率，同时发射光束立体角也减少，从而又提高了亮度，无疑对大功率半导体激光器的发展提供了又一新途径。

其四，有源光子晶体复合波导的使用。无源光子晶体路由器也可以通过光注入或电注入电子、空穴改变材料折射率，从而移动允许传播态的峰值位置，实现开关与调制的功能。由此可见，光子功能集成芯片也完全可能在二维度纳米光子晶体人工构建材料中实现。

3. 二维度纳米化表面等离子极化元和局域化等离子极化元的研究进展

若将二维纳米化的金属薄膜（如 Au、Ag）按一定周期一维或二维安置在半导体或电介质表面或界面，金属膜在吸收外部入射光时激发产生的电子，将聚集在纳米金属电极内，成为等离子源[12]，并通过耦合产生等离子体电偶极子。而金属膜外的入射光光场的电矢量通过与等离子电偶极子在一定频率范围发生共振耦合，产生了等离子极元化的振动[12]。振动频率与金属电极几何尺寸有关，而振动仅发生在近表面处，故称为表面等离子极元化（SPP）。等离子的产生也可以用电注入方法实现。

SPP 效应的特点之一是通过共振耦合能够使入射光的传播方向改变为只沿很薄的表面层内传播，这就在很大程度上提高了入射光强度和增大了吸收层的线度。尤其对弱吸收的有源层材料，使光-电转换效率可观地提升，无疑它在光伏电池和微纳光电探测器和微纳光-电开关、调制器上有重要应用。

此类受激发的表面等离子极元化存在两种模式，即辐射模式和非辐射模式。等离子极化元激发波是一类电磁波，辐射到体外即为光波。二者之间由于介电常数的差异存在着显著波矢（动量）失调。当表面存在宏观上的周期结构时，有可能使失调得到补偿，从表层发出辐射光来。这种辐射模自然频率较高，群速度较快，称此为快模。但只有其中一部分 SPP 能传输到表面而产生光辐射。另一类电磁模频率较低，运动速度较慢，称为慢模，在未达表面之前与体内晶格不断发生非弹性碰撞，声子交换产生热耗而消失。

早在 20 世纪 90 年代末，东南大学高中林团队就曾在金属/绝缘层/半导体（MIS）结构表面[13]，使之粗糙化，通过 MIS 隧道效应注入电子，而在表面周期电极形成 SPP，通过粗糙表面的动量补偿，观察到较强的可见光发射，称此器件为 MIS 结构发光二极管（MISLETD）。但终因热功耗大，发光效率低，导致工作寿命短。若能改以创新改进克服上述缺点，即可获得高效率发光，甚至实现激射，那将是一项重大突破。因为这种发光过程无需电子、空穴通过带间复合跃迁进行，对间接带隙的 Si 也能实现。诚然，其制备工艺与 CMOS 工艺完全兼容，对片内光互连有重要应用价值。

SPP 又一重要应用即亚波长二维纳米光栅[14]。在介质表面镀上周期结构的金属（如 Au、Ag 等）二维纳米材料，周期略小于入射光的波长。根据应用需要，可以是二维周期分布，也可以是同心圆状的分布。当入射频率与所激发的 SPP 谐振频率接近时，将产生共振耦合，使入射光电磁波能量集聚在金属元下面消逝场空域内，从而使传播光强度获得很大的增强，而同时改变了传播方向。传播方向改性的应用前面已有所述。现在重点谈及光强度剧增效应的重要应用。

这类透光增强效应存在一个以共振频率为中心的频谱分布。在谐振腔中，99% 的光几乎被陷落，因此是一个理想的增透器；而在共振峰处则存在逐渐减弱的高阶吸收谱峰。若反其道而用之，入射波长处于失谐频率时，它将是一个很好的光强反射器，已用在垂直腔面发射（VCSE）半导体激光器上。如果在二维阵列中心缺失一个金属元，相当于存在一个缺陷态，则输出光即可在缺陷处会聚，从表面输出，并提高了出光亮度。

SPP 的聚光效应完全由电磁场的隧道耦合决定，不受光波衍射效应的制约，有可能被应用在纳米光刻工艺上。

SPP 效应另一重要应用是在传感与生化检测领域。例如，可以在传输光纤中的一段表面覆盖上周期分布、很薄的金属环，构成特殊敏感的传感器。由于传输光同时呈现光子和电子双重性的作用，金属表面下产生了 SPP，与传输光发生共振耦合，激发了 SPP 元，使局域光强度增强，呈现更大的非线性光学效应，对由外部环境变化引入折射率的微扰有更灵敏的反应。如果把它放入液体中，对液体中物质的物理、化学属性能够实现灵敏感知。

传感器可以是平面结构，用在生化分析、细胞学及医疗检测等领域。清华大学黄翊东研究团队就曾发展一种 SPP 单分子层感测集成芯片，可把探测光源和光电探测器同时集成在芯片上，探索出一种以 SiO_2 为基质的 SPP 介质波导异质耦合结构传感器，可用于对抗体、抗源分子反应的短程感测，实现了对化学小分子双酚 A 的探测，最小可探测浓度低达 0.1 纳克/毫升，对环保与食品安全检测有重要应用。

由上所述，基于 SPP 的高强度局域化共振耦合的奇异特性，当前已交叉发展出一门崭新学科——近场光学。无疑运用 SPP 近场光学的多方面特性，可以开拓出一系列具有各种功能的纳米化光子器件，并为集成光子学系统集成提供又一条新路。

三、三维度纳米化结构光子学器件研究与应用发展

三维度纳米化材料是一类纳米团簇结构材料，也称为纳米点。若纳米尺度小到德布罗意波长量级，则该结构中的电子运动将呈现量子波特性，这就是量子点。量子点的能态特性类同于一个原子中的能级体系，电子态在三个维度上完全呈子带分立特性，它的子带容易填满，电子-空穴复合跃迁无需声子参与，带间跃迁几率很大，发光效率高，宜于在低注入下实现子带间粒子数反转，产生受激光发射。由此可见，量子点材料不拘于基质材料，如 Si、Ge 等间接带隙特性，均能实现最低能带间直接跃迁。

量子点激光器在波长调控、极低激射阈值电流密度等方面具有优势。如在 GaAs 基质中的 InAs 量子点能发出 1.55 微米波长激光，阈值电流密度降低到 10 安/厘米^2 量级。由于量子点激光器电光转换效率高，不难实现大功率激光输出。

人们近 20 年来曾寄望在间接带的 Ge-Si 材料系中实现高效发光器件，从而满足 Si 基片上光互连的需求。然而由于 Ge、Si 中电子德布罗意波长仅为纳米级，利用自组装方法在 Si 中生长的 Ge 量子点尺寸最小也有 20 纳米。而 Ge/Si 异质界面又属于Ⅱ型结构，虽然也可采用纳米孔模板生长，但代价太高。而且Ⅱ型带排列结构也回避不了，因而这些努力逐渐被放弃。

但在另一些方面却不断受到关注，例如太阳能电池。通过纳米尺寸调控，可使光伏电池吸收光谱与太阳辐射谱更完美匹配，而量子点吸收系数又比其他类型材料大得

多。此外，采用自组装方法生长的量子点，尺寸分布有一定随机性，这对高效率太阳能电池的吸收谱匹配更为有利。由于它的温度敏感性低，波长可人构调整，并能与Si CMOS 电路兼容集成，它也是一类可供选择用于空天领域的光电探测器。

如果把一个纳米量子点置于光子晶体或微纳光子谐振腔中，由于量子点有限的电子-空穴对和谐振腔的高 Q 值锐选模特性，有希望在室温下发射少量光子，甚至单光子发射，无疑对量子密钥光通信和量子信息光电子高速处理的发展有所推动。

核壳结构三维纳米团簇又是一项重要的应用。团簇的尺度可以大于微布罗意波长，量子限制效应不是主要的，如在含有若干稀土离子的氧化物、氮化物、氟化物纳米团的表面覆盖上纳米厚金属膜，如 Au、Ag 等，再把这种核壳结构的纳米粒子在一定温度下溶入透光的有机或无机混合溶液中，之后经室温下固化为一种有源发光材料。纳米粒子外壳层的金属膜可通过入射光或外电场的激发而形成局域化的等离子极化元（LSP），贯穿于纳米团内部，人工构建引入的极化场将改变稀土离子的宇称结构，从而使未饱和内壳层中的电子跃迁几率提高。它在 Er^{3+}-Yb^{3+} 稀土离子配对体系中，利用其对 1.55 微米波长双光子吸收效应，实现了对红外光波长上转换。

若选用配对核壳结构稀土离子 Tb^{3+}-Yb^{3+}，则可将紫光的短波长（560 纳米波长）转换为对应于 Si 吸收边的 980 纳米，光子数的转换效率实验表明已接近 200%。这不但减免了由 560 纳米光在近表面处激发出热电子弛豫的热损耗，同时又使一个短波光量子剪裁为两个适宜的近红外光量子，无疑将使硅太阳电池的效率突破 S-Q 理论极限，有望超过 31%。

更有意思的是，我们曾考虑将这种核壳结构的 LSP 稀土纳米团有源发光体做成 MIS 结构[15]，通过对 I 层的隧道电子注入，既激发了核壳结构的 LSP，同时在有源区的适宜位置配置有周期结构 SPP 金属膜，经电激发的 SPP 极化元通过与受激发 LSP 的共振耦合，将能量传递给核中的稀土离子，把内壳层未填能级系统的电子从基态激发到激发态，并迅速以发光的途径回到初始基态，从而有望获得室温工作的电泵浦单光子发射。

四、对未来的展望

科学技术发展的规律，总是由简单到复杂，再回到简单，呈螺旋式上升。这样，才能推出一代代低成本的规模化生产的新高技术产品，服务贡献给社会。

而新高技术的发展其推动力源于社会发展的需求，微纳光子学的发展也离不开这条道路。从未来社会需求看，目前第一需要解决的问题是如何把计算机体系的处理速率再大幅度提升到每秒亿亿次（Z 级），这是当今国际科技先进国家谋划抢先的目标。

由于高速微电子芯片中光器件线度小于 20 纳米后，连线的 RC 延迟和焦耳热功耗迅速增加，解决这个问题的成熟途径是将光载波技术引入微电子芯片中，即在芯片内核间信息光互连的运用。但能与 Si CMOS 工艺兼容的硅基激光器尚有待突破，依靠键合Ⅲ-Ⅴ族半导体激光器作为光源不可能置于众多的核与核之间光互连应用。因此，实现硅基激光器是有深远意义的课题，相信最终能够实现。

硅芯片上构建光子网络也是一项难度很大的工作。单一的逻辑门开关或存储器的大规模高密度只要工艺线度达到纳米级，分布重复就能做到。但 Si 基光子网络要求有众多功能器件，如光源、接收、分波、路由、调制、开关等器件尺寸的优化，有其个性化，大小不一。因此，未来的微纳光子器件应兼具多功能化、可重构化的特性，无疑二维度纳米化的微纳波导环、光子晶体、等离子极化元器件以及"烯"类材料器件已露出可喜的曙光。

然而就制作工艺来说，依靠有模板的光刻技术也是难以实现的。需要发展一种纳米精度的、可聚焦离子束写入技术以及诸如 STM 探针自上而下原子布局生长技术，通过设计好的程序来控制芯片制作的全过程。例如折射率跃变的光子晶体，目前常用的是在衬底上周期性排列刻洞，以空气/衬底的折射率差构建光子晶体点阵。其实折射率微纳尺度跃变也可由离子束聚焦生长或掺入工艺来实现，对 SPP 器件也可依此法制备。

微纳光电子集成系统，在寻的、制导和机器人智能化系统中有着同样重要的应用。

"烯"类材料的研发与应用将会飞快发展，尤其是石墨烯和硅烯。然而此类材料只有一个原子层，对外部信息的感知程度或有源器件的发射功率都受到了限制。因此，必须经过系统细致的广泛探索寻找到可生长"烯"材料的导电和绝缘介质，实现理想的叠层结构，以增大有源层厚度。

总而言之，从材料角度来判断，未来的时代应该是微纳结构新时代，而微纳光子学必然走向系统集成化，并与微纳电子功能融合、硅基化、兼容化。

正如习近平主席在 2014 年 6 月召开的两院院士大会上的讲话中所寄望的要求，我们要"敢于担当、勇于超越、找准方向、扭住不放"，"在攻坚、克难中追求卓越"。

参考文献

[1] 王启明. 中国半导体激光器的历次突破与发展. 中国激光, 2010, 37(9): 2190-2197.

[2] Kazarinov R F, Suris R A. Possibility of the amplification of electromagnetic wave in semiconductor with a superlattice, Sov Phys Semicond, 1977, 5: 707-709.

[3] Liu Z, Li Y, He C, et al., Direct-bandgap electroluminescence from a horizontal Ge p-i-n ridge waveguide on Si(001) substrate. Applied Physics Letters, 2014, 104: 191111.

[4] Wirths S, Geiger R, Driesch N, et al. Lasing in direct-bandgap GeSn alloy crown on Si. Nature Pho-

tonics,2015,9:88-92.

[5] Su S,Cheng B,Xue C,et al. GeSn p-i-n photodetector for all telecommunication bands detection. Optics Express,2011,19(7):6400-6405.

[6] Faist J,Capasso F,Sivco O L,et al. Quantum cascade laser,Science,1994,264:553-556.

[7] Geim A K,Novoselov K S. The rise of graphene. Nature Materials,2007,6:183-191.

[8] 陈岚,吴克辉. 硅烯:一种新型的二维狄拉克电子材料,物理,2013,2013,42(9):604-612.

[9] Li T,Engnio C,Daniele C,et al. Silicene field-effect transistors operating at room temperature. Nature Nanotechnology,2015,10:227-231.

[10] 冯孙齐,俞大鹏,赵清,等. 纳米线——宏观牛顿世界与微观量子动力学世界的理想桥梁. 中国科学,2013,43(11):1470-1508.

[11] Notomi M. Manipulating light with strongly modulated photonic crystals. Rep Prog Phs,2010,73:1-57.

[12] Jette-Charbonneau S,Charbonneau R,Lahand N,et al. Bragg gratings based on long-range surface plasmon-polariton waveguides. J Quantum Electronics,2005,41:1480-1491.

[13] 俞建华,孙承林,高中林,等. 金属/绝缘层/硅(MIS)隧道二极管的发光机理. 半导体学报,1999,20(5):421-424.

[14] Xie Z,Yu W,Wang T,et al. Plasmonic nanolithography. Plasmonics,2011,6:565-580.

[15] Zheng J,Tao Y,Zuo Y,et al. Highly efficient 1.53 μm luminescence in $Er_x Yb_{1-x} Si_2 O_7$ thin films grown on Si substrate. Materials Letters,2011,65:860-862.

Development Prospect of Micro/Nano-Photonics

Wang Qiming

Micro/Nano-photonics is a newly emerging subject,which is currently in the cross-development period. It is developed to meet the requirement of the very high operating rate for high performance computer and the applications of all optical network system in communication, artificial intelligence, aerospace engineering, and airborne radar etc. This paper introduced the nanometer size material properties in one, two and three dimensions and the device applications. Based on the outlook of future development,the general objective of Si-based integrated Micro/Nano-optoelectronics is proposed. The requirements for the novel technologies and materials are also discussed.

第二章

科学前沿

Frontiers in Sciences

2.1　追逐彗星的"罗塞塔"号探测器

刘建军　邹小端　李春来

（中国科学院国家天文台）

生命源于何处？千万年来，人类从未停止过对这个问题的探索。天文学界普遍认为解开太阳系和生命起源的关键就在于彗星，彗星不仅是行星形成的基础，也可能是地球水和生命的来源之一。在太阳系形成的初期，有一个巨大而炙热的气体盘围绕着位于中心的恒星旋转。随着温度迅速降低，气体慢慢凝结成微小的尘埃。之后的几百万年，尘埃在引力作用下收缩和聚集，不断成长，形成了无数的数公里级别的小天体。他们中的一部分由石质物质构成，还有的则富含易挥发的水冰、干冰、一氧化碳冰、甲烷冰以及有机物等，这就是彗星。大部分彗星继续在引力作用下吸积，参与形成了今天太阳系巨行星的内核和他们的卫星；极小部分的彗星则被大行星的引力作用弹射出太阳系，或者弹射到离太阳非常遥远、温度极低的地方，在形成至今的 46 亿年里，物理结构和化学成分基本没有发生明显的变化。相比大行星剧烈的活动和受到大量的太阳辐射，这些遥远的彗星没有发生复杂的演化，他们像时间胶囊一样，保存了太阳系形成之初的物质。和行星系统非常不同，研究彗星能帮助我们解开太阳系和行星形成的演化过程，以及如何从气态星云形成太阳系与今天的地球。

"彗"意为"扫把"，彗星因其独特的长尾外形格外受人瞩目。关于彗星的观测和记录最早可以追溯到公元前 1000 年。自 20 世纪 70 年代以来，欧美各国陆续对 7 颗彗星开展了 12 次深空探测（表 1）。"罗塞塔"号的任务是人类历史上第一次大胆尝试对彗星进行着陆探测。科学家们对"罗塞塔"号寄予了厚望，希望它能解开地球上水和生命的起源之谜，因此以破译古埃及象形文字的关键石碑"罗塞塔"为任务命名。而准备登陆彗星的着陆器"菲莱"，则得名于配合"罗塞塔"石碑进行比照研究的菲莱方尖碑。

表 1　彗星探测项目一览表

任务	目标彗星	探测方式	发射时间	抵达时间
ISEE3/ICE	21P/Giacobini-Zinner	飞越	1978 年	1985 年
Giotto	1P/Halley	飞越	1985 年	1986 年
Sakigake	1P/Halley	飞越	1985 年	1986 年
Vega2	1P/Halley	飞越	1984 年	1986 年
Suisei	1P/Halley	飞越	1985 年	1986 年

续表

任务	目标彗星	探测方式	发射时间	抵达时间
Vega1	1P/Halley	飞越	1984 年	1986 年
Deep Space1	19P/Borrelly	飞越	1999 年	2001 年
Deep Impact	9P/Tempel1	撞击/飞越	2005 年	2005 年
Stardust	81P/Wild2	飞越 采样返回	1999 年	2004 年 2006 年
EPOXI	103P/Hartley2	飞越	2005 年	2010 年
Stardust-NExT	9P/Tempel-1	飞越	1999 年	2011 年
Rosetta	67P/Churyumov-Gerasimenko	交汇 着陆	2004 年	2014 年

一、"罗塞塔"号项目简介

"罗塞塔"号由欧洲空间局（ESA）研发，美国国家航空航天局（NASA）也贡献了 3 个科学仪器。"罗塞塔"号于 1993 年立项，从研发到发射经历了 11 年，从发射到抵达目标彗星又经历了 10 年飞行，行程达 60 亿千米，项目总耗时 21 年，斥资 14 亿欧元。"罗塞塔"号项目最初的目标是彗星"维尔塔宁"（46P/Wirtanen，直径约 1.2 千米），但在研制过程中由于火箭问题，计划推迟，探测目标变更为 67P/楚留莫夫（Churyumov）-格拉西门科（Gerasimenko）（直径 4.1 千米）。"罗塞塔"号计划工作 12 年，"菲莱"着陆器计划着陆后寿命为 30 天。

"罗塞塔"号是首个伴飞彗星、首次着陆彗星、首次采用微波辐射计和紫外光谱仪探测彗星的探测器，也是首个仅以太阳能电池为主要能源飞往木星轨道的探测器。2004 年，"罗塞塔"号携带着当时最顶级的仪器设备开始了漫长的追彗之旅，在它的飞行历程中还执行了多项行星探测任务，包括 2005 年参与协助"深度撞击"（Deep Impact）任务对彗星 Tempel-1 的观测；2007 年在火星借力轨道调整中途观测火星；2008 年观测小行星 Steins；2010 年观测小行星 Lutetia。"罗塞塔"号的飞行路线图如图 1 所示。

2014 年 8 月 6 日，"罗塞塔"号抵达目标彗星 67P/Churyumov-Gerasimenko，11 月 12 日，"罗塞塔"号释放"菲莱"着陆器，在 67P 彗星成功着陆并传回数据，创造了行星探测的历史。"菲莱"着陆器在彗星着陆的过程通过电视和网络直播，在全球范围内引起了巨大的轰动，"登陆彗星"在网络上成为轰动一时的最热门话题。

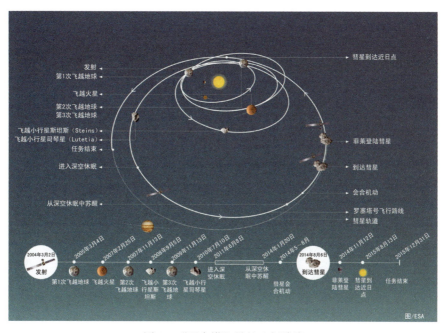

图1　"罗塞塔"号的飞行路线

图片来源：http://www.esa.int/spaceinimages/Images/2014/10/Rosetta＿s＿journey＿and＿timeline

二、"罗塞塔"号的科学目标

目前已知的彗星大约有 5000 多颗，观测发现，它们的物理性质和化学成分有很大不同。相比数百万计的小行星，彗星神秘而稀有，彗核因为大量尘埃和气体（彗发）的包裹更是难以观测。而登陆彗星，把科学实验室带到彗核上零距离地开展研究，将为我们带来全新的认识。"罗塞塔"号的使命就是探究彗星的起源，探究它们是形成于太阳系还是来自太阳系外的星际空间。"罗塞塔"号将帮助科学家研究彗核的形态和动力学特性，并获取化学、矿物学和同位素组成的完整清单；细化分析彗星的物理特性，研究其挥发物和其他成分的相互作用；分析彗发如何形成，彗发的分层特性和随着太阳风的生长特性；解释彗星的起源、形成的地方、原料、星际物质的相关性，以及它是否见证了太阳系的形成。

三、彗星目标

彗星大体可以分为两大类，即长周期彗星（轨道周期长于 200 年）和短周期彗星

（轨道周期短于 200 年）。短周期彗星又可再细分为两类，哈雷族彗星和木星族彗星。木星族彗星，顾名思义，其轨道受木星的引力控制，轨道周期在 20 年以内。"罗塞塔"号探测的这颗彗星的全称是 67P/Churyumov-Gerasimenko（简称 67P/C-G，图 2），其中，67 是它的编号，P 代表它是周期短于 200 年的彗星，后面则是它的发现者的名字——苏联天文学家楚留莫夫（Churyumov）和格拉西门科（Gerasimenko）。它是一颗木星族彗星，它的轨道面相对于日地平面的夹角比较小，有利于航天器登陆。67P/C-G 彗星于 1969 年被发现，直径约 4～5 千米，自转周期约为 12.4 小时。它的形状很不规则，从某些角度看起来就像一只橡皮鸭。67P/C-G 的密度相当低，只有水的 40% 左右。它围绕太阳公转的轨道周期为 6.45 年，最高飞行速度为 18 万千米/小时（50 千米/秒），将于 2015 年 8 月 13 日到达近日点。届时距离太阳将有 1.85 亿千米，意味着它接收到的阳光将会增长 8 倍。"罗塞塔"号也将是第一艘与彗星"亲密接触"，并得以见证其因太阳辐射强度急剧增大而变化的飞船。

关于 67P/C-G 彗星的数据如下。

（1）尺寸：①"头"：2.5 千米×2.5 千米×2.0 千米。②"身"：4.1 千米×3.2 千米×1.3 千米。

（2）质量：10^{13} 千克。

（3）体积：25 千米^3。

（4）密度：0.4 克/厘米^3。

（5）重力加速度：$g/10000$。

（6）已探测到气体成分：水、一氧化碳、二氧化碳、氨、甲烷、甲醇、钠、镁。

（a）在"罗塞塔"号探测时刻，地球上拍摄到的彗星 67P/C-G 的影像。由位于智利的欧洲南方天文台 8 米口径望远镜于 2014 年 8 月 11 日拍摄

（b）"罗塞塔"号于 2014 年 8 月 3 日在 285 千米距离外拍摄的彗星 67P/C-G，图像像元分辨率 5.3 米

图 2　67P/楚留莫夫（Churyumov）-格拉西门科（Gerasimenko）彗星的影像

图片来源：（a）https://www.eso.org/public/images/potw1436a/；

（b）http://sci.esa.int/rosetta/544 72-comet-67p-on-3-august-2014/，

Credit：ESA/Rosetta/MPS for OSIRIS Team MPS/UPD/LAM/IAA/SSO/INTA/UPM/DASP/IDA

四、惊心动魄的旅程

要追上并登陆高速运行的彗星，就需要让"罗塞塔"号和彗星以匹配的速度汇合并实现伴飞。为了与彗星在相似轨道上运行，"罗塞塔"号在发射后经历了三次近地球飞越和一次近火星飞越，借助地球和火星的重力实现助推和变轨，最终在 2014 年夏天接近了彗星 67P/C-G 并实现了绕飞。"罗塞塔"号靠太阳能帆板供电，为节省能源，在发射后的 10 年中它休眠了约 31 个月。在极其寒冷且有高能射线的宇宙深空沉睡了两年半的"罗塞塔"号，是否能被正常唤醒是对任务的一大挑战。2014 年 1 月，"罗塞塔"号成功醒来，在经历了漫长的 10 年旅行后，"罗塞塔"号及其搭载的科学载荷依然能开展精密的科学探测，证明其在严苛的空间环境下经受住了考验。

"罗塞塔"号飞抵彗星 67P/C-G 后，开始了近距离的观测。图像数据显示，67P/C-G 的彗核表面地形复杂，有巨大的撞击坑、峭壁和巨石。不仅如此，随着彗星迅速接近太阳，它的挥发作用也逐渐变强，"菲莱"着陆器必须赶在彗星活动大幅增强前尽快降落。于是，选择着陆点就成了科学家们头疼的问题。在综合考虑了阳光照射、通讯、科学意义、降落轨迹和地形等因素后，项目团队提出了 5 个候选着陆点，并最终选出第一个候选点着陆。

由于"罗塞塔"号和地球距离 3 个天文单位，指令回复需要等待近 1 小时，所以"菲莱"的着陆过程只能是自动完成。"菲莱"到达预定着陆点后发生了两次弹跳，最终落在 1 千米以外的一个峭壁旁，光照条件很糟糕。但是靠着自带的 60 小时电池，"菲莱"争分夺秒地开展探测工作。红外和可见光分析仪拍摄了全景照片，降落相机拍摄着陆点图像。采样和分发装置开展钻探采样，并测定轻元素的同位素比值和开展样品成分分析。表面与地下科学多用途传感器探测了彗核表面和地下的特征，α 粒子-X 射线光谱仪分析了彗核表面的化学成分，SESAME 仪器探测了彗核表面的力学和电学性质，并对彗核表面释放的尘埃进行了研究，磁力计和等离子体监测仪探测了磁场和等离子体环境。"罗塞塔"号还发射了无线电波来探测彗核的内部和结构。"菲莱"在传回探测数据之后因电力耗尽而进入休眠，地面科学家们既为之振奋又非常担心，都希望"菲莱"接近太阳后会得以充电并苏醒。"菲莱"的未来仍充满了变数。

五、"罗塞塔"号的成果和未来

着陆探测数据的第一批结果发布在了《科学》（Science）杂志上。初步结果显示了彗星 67P/C-G 复杂多样的地貌构造、次表面和表面特征、大气成分、磁场、喷流和彗核内部结构与活动特征等，67P/C-G 彗星大气的主要成分是水，也包含少量的有机物，该彗星在过去的 4 年中表面吸附了大量的尘埃。"罗塞塔"号还探测到 67P/C-G 上的远高于地球的氘氢比，并首次在彗星上检测到了氮分子。

"罗塞塔"号将继续追随彗星 67P/C-G，并伴飞观测它进出近日点，近距离观测彗核和彗发，测量彗星活动及其变化；观测彗星在离开太阳系内部轨道过程中，随着极点转向造成的季节变化及相关影响。在今后的旅程中，"罗塞塔"号仍需要适应探测环境的巨大变化，它要从距离太阳 3 个天文单位的地方一直跟踪彗星到 1.2 个天文单位附近的近日点。在这个过程中，太阳照射强度的变化会超过 6 倍，彗星的活动强度变化可能超过 10 倍。飞船本身需要承受巨大的温度变化，同时要对彗星的难以预测的变化作出迅速反应，并且保护自己不被彗发里的尘埃颗粒损坏。

"罗塞塔"号任务是人类历史上一次伟大的冒险，"罗塞塔"号和"菲莱"着陆器对彗星 67P/C-G 的探测是人类前所未有的尝试，探测过程极具挑战，而结果也必然是突破性的，值得未来所有的探测任务借鉴。

参考文献

[1] 方晨,李荐扬. 登陆彗星. 科学世界,2015,1:4-13.

[2] 欧空局"罗塞塔"任务官方网站. sci. esa. int/rosetta.

[3] Altwegg K,Balsiger H,Bar-Nun A,et al. 67P/Churyumov-Gerasimenko,a Jupiter family comet with a high D/H ratio. Science,2015,347(6220):1261952.

[4] Capaccioni F,Coradini A,Filacchione G,et al. The organic-rich surface of comet 67P/Churyumov-Gerasimenko as seen by VIRTIS/Rosetta. Science,2015,347(6220):aaa0628.

[5] Gulkis S,Allen M,Allmen P,et al. Subsurface properties and early activity of comet 67P/Churyumov-Gerasimenko. Science,2015,347(6220):aaa0709.

[6] Hässig M,Altwegg K,Balsiger H,et al. Time variability and heterogeneity in the coma of 67P/Churyumov-Gerasimenko. Science,2015,347(6220):aaa0276.

[7] Nilsson H,Wieser G S,Behar E,et al. Birth of a comet magnetosphere:A spring of water ions. Science,2015,347(6220):aaa0571.

[8] Rotundi A,Sierks H,Corte V D,et al. Dust measurements in the coma of comet 67P/Churyumov-Gerasimenko inbound to the Sun. Science,2015,347(6220):aaa3905.

[9] Sierks H,Barbieri C,Lamy P L,et al. On the nucleus structure and activity of comet 67P/Churyumov-Gerasimenko. Science,2015,347(6220):aaa1044.

[10] Taylor M G G T,Alexander C,Altobelli N,et al. Rosetta begins its Comet Tale. Science,2015,347(6220):387.

[11] Thomas N,Sierks H,Barbieri C,et al. The morphological diversity of comet 67P/Churyumov-Gerasimenko. Science,2015,347(6220):aaa0440.

The Rosseta Mission：Catching A Comet

Liu Jianjun，Zou Xiaoduan，Li Chunlai

Comets are the best samples of primitive solar nebula material presently available to us，dating back 4. 6 billion years to the origin of our planetary system. Past missions to comets have all been "fast flybys"，they provided only a snapshot view of the dust and ice nucleus，the nebulous coma surrounding it，and how the solar wind interacts with both of these components.

Rosetta is now taking a more prolonged look. The spacecraft is an ESA mission，with contributions from member states and from NASA，and it currently orbits the Jupiter family comet 67P/Churyumov-Gerasimenko. Rosetta met the comet nucleus on 6 August 2014，at 3. 7 astronomical units(AU)from the Sun，and delivered the Philae lander to the nucleus surface on 12 November 2014，when the comet was 3. 0 AU from the Sun.

The data from the Rosetta allow us to build a detailed portrait of comet 67P. These initial observations provide a reference description of the global shape，the surface morphology and composition，and the bulk physical properties of the nucleus. Subsequent measurements with the orbiter and with the Philae lander will further describe the comet over time.

As a milestone in the history of science，the Rosetta mission is very useful for designing the framework of deep space exploration for our own country.

2. 2　核物理前沿科学问题

叶沿林

（北京大学物理学院）

物质结构以层次划分，复杂性与简单性交替，根源于相互作用（含有效相互作用）的种类和各层次内外的既显著区别又密切的关联[1]。原子核是物质结构的一个微观层次，是典型的量子多体复杂体系。原子核中包含了丰富的内秉自由度与多种基本相互作用，储存着宇宙间绝大部分已知的可释放能量。近百年来，核物理处于物质科学的前沿，对人类的生存发展和国家的地位与安全发挥了重大作用，成为衡量综合国力的一项重要指标。在自身发展的同时，核物理还为其他学科提供了重要的理论基础和研究手段。进入21世纪，核能和核安全在国家核心利益中的地位愈加显著。在基础研究方面，以兴建若干大科学工程为标志，国际上核物理研究正在继续蓬勃发展且面临重大的突破，并对各国的国防、能源、交叉领域等的发展起重要的推动作用[2~4]。

核物理前沿主要涉及核结构与动力学、强子物理、核物质性质和相变、核天体物理、基本相互作用与对称性等。基于各国的学术传统、装置和技术发展、队伍传承等，这些前沿领域的研究在不同国家和地区各有侧重[2~4]。

一、不稳定核结构和动力学

当今中低能核结构与动力学的前沿研究主要针对不稳定原子核，称为放射性核束物理或稀有同位素物理等（可通称 RIB 物理）。自1896年核科学诞生直到20世纪80年代初，人类研究的原子核（核素）只有几百个（其中稳定核不到300个）。这些核通常有比较大的结合能（平均每个核子若干兆电子伏），因此可称为深束缚原子核（或稳定原子核）。它们的结构基本上可以通过平均场、壳模型等加以描写。自1985年在美国柏克莱国家实验室的放射性束实验开始，人类研究的核素数目迅速扩大，目前实验上已产生了近3000种，而理论预言总共有8000~10 000个核素。不稳定线原子核的结合能逐渐减小，直到最后一个核子结合能为0的边界（滴线）。在滴线区，原子核成为弱束缚的开放体系（open system），体积可以大大扩张，结构形态和有效相互作用的性质发生显著变化，传统核理论的描写面临根本性变革。在初期的研究中已有的重大发现包括：三体力和张量力等在非稳定核有效相互作用里的突出作用；幻数和壳层在非稳定核区发生系统演变；晕和集团等新的结构自由度在滴线区明显加强；软巨共振等新的集体运动模式；核反应中的多步过程和强耦合效应；同核异能素大量出现，等等。但受实验装置条件的限制，过去的研究还集中在较轻核的范围，质子滴线到电荷数 $Z=30$ 左右，中子滴线只到 $Z=8$ 左右。大部分滴线区域，特别是丰中子一侧，仍然难以企及。可以期待随着研究区域继续向更重和更靠近滴线的弱束缚区域扩展，还会发现更加丰富的科学宝藏。

远离稳定线核的研究又与平稳和爆发性天体过程以及核物质状态方程密切相关，涉及当今国际重要前沿交叉科学问题。合成超重元素、登上"超重核稳定岛"，是人类近半个多世纪的梦想。非稳定丰中子核的大量产生和深入研究，特别是关键丰中子核的熔合反应或大质量转移反应机制的研究，有可能提供进入"超重核稳定岛"的新途径，实现重大突破。在原子核稳定性极限区域探索新现象、新规律的基础研究，必然产生众多新的核样本和核数据，引起实验方法和技术的重大变革和创新，从而有可能在核材料、核能装置、核探测等方面带来难以估量的重大应用。为此，不稳定核的研究成为世界上所有科技大国均重点部署的领域。目前，各国在建和已经批准建设的大型装置包括日本理化学研究所的 RIBF、美国的 FRIB、德国的 GSI-Super-FRS、法国的 GANIL-SPIRAL2、韩国的 RAON、我国的 HIAF 等。

二、强子物理

强子包括介子和重子，它们是能分离出来的最小物质单元。强子内部的夸克-胶子结构是由强相互作用决定的。量子色动力学（QCD）是描述微观世界强相互作用的基本理论。但是由于 QCD 具有非微扰特性，很难从 QCD 基本拉氏量出发直接推导出强子的性质和结构，因而人们对禁闭区的非微扰 QCD 知识还很贫乏，这也是对粒子物理标准模型最主要的挑战。目前主要是通过实验观测和基于 QCD 思想的唯象模型及有效理论，探索在 QCD 非微扰区夸克-胶子是如何通过色禁闭构成强子，从而解释现实世界物质的构成和性质。强子中的核子是可见物质世界的基础。但核子质量的90% 不是来源于夸克质量，而是 QCD 理论的手征对称性自发破缺。所以，研究强子内部结构和强子谱对于质量起源具有十分重要的意义。

强子物理实验主要可分为三类：一是测量自然界存在的稳定强子，也就是核子的夸克-胶子结构函数；二是研究各种强子激发态能谱及其衰变性质；三是研究核力的宇称破坏过程。经过半个多世纪的努力，人类已经在这些方面取得了很大的进展，但是依然存在许多根本性的具有挑战性的问题有待进一步研究。正负电子对撞机及更高亮度的超级 τ-粲工厂对强子谱研究方面有很多独到之处，在高能强流质子和重离子加速器以及未来的电子-离子对撞机上可以深入开展强子谱、核子结构和核子宇称破坏等方面的研究。

三、核物质性质和相变

高能重离子碰撞可以产生高温低重子密度的夸克-胶子等离子体（QGP），这可以与早期宇宙的物质状态相比拟；另一方面，在低温和常规密度附近核物质会经历液-气相变；在更高密度时，核物质可能会产生类似中子星、超新星物质的环境。

美国的相对论重离子对撞机（RHIC）是世界上第一个高能重离子对撞机，以核子－核子质心能＝200 吉电子伏（GeV）开创了极端条件下 QCD 物质研究的新时代。而在 2010 年开始运行的欧洲大型强子对撞机（LHC）上的重离子碰撞实验，使重离子碰撞达到了前所未有的初始能量密度。目前已经知道在对心核-核强烈的碰撞中产生了强相互作用物质体系，初始的能量密度估计比冷核物质高出两个数量级，远高于预期的退禁闭临界密度。这种物质显示出近似于理想的强耦合流体的性质。

中低能重离子碰撞中也有核物质性质相关问题，如核物质状态方程、对称能、输运模型、液气相变等。

这一领域目前仍有很多关键的科学问题没有解决，如 QCD 相变临界点的确定、强耦合的夸克-胶子物质的性质、对称能的密度依赖性等。

四、核天体物理

核天体物理是研究微观世界的核物理与研究宇观世界的天体物理相融合形成的交叉学科，其主要研究目标是：宇宙中各种化学元素核合成的过程、时间、物理环境、天体场所及丰度分布；核反应（包括带电粒子、中子、光子及中微子引起的反应、β 衰变及电子俘获等）如何控制恒星的演化过程和结局。

宇宙中存在 3 种元素核合成过程。

（1）大爆炸后最初几分钟发生的原初核合成。按丰度排序，^{1}H、^{4}He、^{3}He、^{2}H、^{7}Li 和 ^{6}Li 是可观测到的原初核素。

（2）恒星平稳氢、氦、碳、氖、氧和硅燃烧阶段的核合成。这里主要涉及铁峰以下的稳定和长寿命核素的热核反应。其中氢燃烧阶段的持续时间最长，基本上决定了恒星的寿命。

（3）新星、X 射线暴和超新星等爆发性事件中的核合成。这些反应主要在沿远离稳定线的路径上发展，有大量不稳定核素卷入核燃烧过程。这些过程发生在高温物理环境中，反应率高，持续时间短。铁以上元素的天体形成过程，被认为是 20 世纪留给物理学的最重大疑难问题之一。

五、基本相互作用与对称性

在核物理中的基本相互作用与对称性研究通常依靠一些特殊的微弱过程和特殊手段（如双 β 衰变等）。我国在这方面参与不多。

参考文献

[1] Anderson P W. More is different. Science，1972，177：393-396.

[2] Report to the Nuclear Science Advisory Committee. Implementing the 2007 Long Range Plan，2013.

[3] Pespectives of Nuclcear Physics in Europe，NuPECC Long Range Plan 2010.

[4] 我国核物理和核科学装置发展研讨 . 香山科学会议简报，2015：501.

Major Research Problems in the Frontier of Nuclear Physics

Ye Yanlin

For more than a century nuclear physics has been a main frontier of the physical science and has made great impact on the human society and the national security world wide. Presently the frontiers of nuclear physics may be classified in nuclear structure and dynamics, hadron physics, nuclear matter and phase transition, nuclear astrophysics, fundamental infraction and symmetry. Based on the traditions, existing facilities and working forces, each country or region has its own focus on some of these frontiers.

2.3 中微子物理研究进展与趋势

王贻芳

（中国科学院高能物理研究所）

我们所知道的物质世界由 12 种基本粒子构成，包括 6 种夸克、3 种轻子和 3 种中微子。其中只有中微子不带电，仅参与非常微弱的弱相互作用，极难探测。但宇宙中存在大量的中微子，每种约为 100 个/厘米^3，与光子数相等。由于中微子数量巨大，其质量是否为零，对粒子物理、天体物理以及宇宙学都具有根本性的影响。如果中微子具有极微小的质量，就会影响宇宙的形成和演化，影响宇宙中大尺度结构的形成，影响我们今天看到的整个世界。因此，中微子在微观的粒子物理规律和宏观的宇宙起源及演化中都起着十分重大的作用。

直到现在，我们对中微子的研究仍集中在以下几个基本问题：中微子质量是多少？它有没有内部结构？它的反粒子是像光子一样就是它本身，还是像电子一样，有其对应的另一个粒子？而这其中，由于中微子质量对天体物理及宇宙学的重要性，居于中心地位。

中微子有一个特殊的性质，即中微子振荡。20 世纪 60 年代，意大利裔苏联物理学家彭特·科尔沃（B. Pontecorvo）提出如果中微子有质量，且其质量本征态不同于弱作用本征态，由量子力学的基本原理可推知不同的中微子在飞行中能够互相转换，即由一种中微子变为另一种中微子，这称之为中微子混合或中微子振荡。中微子振荡之所以得到大家的重视，成为中微子物理研究乃至粒子物理研究的中心之一，是因为它与中微子质量有关，是判断中微子质量是否为零的最灵敏办法。

三种不同的中微子之间两两相互转换时，其规律如图 1 所示。

图 1　三种中微子振荡示意图

其中，混合角 θ_{23} 描述了通常所说的大气中微子振荡，混合角 θ_{12} 描述了太阳中微子振荡。它们已分别由 Homestate、Super-K、SNO 与 KamLAND 等实验证明不为零，即中微子之间发生了振荡。由于在粒子物理、天体物理及宇宙学中的重要意义，负责 Homestate 与 Super-K 实验的美国科学家雷蒙德·戴维斯（R. Davis）和日本科学家小柴昌俊分享了 2002 年的诺贝尔物理学奖。

在混合角 θ_{23} 和 θ_{12} 测定以后，θ_{13} 就成为大家关注的焦点。它除了是中微子物理中基本的参数之外，其数值的大小决定了中微子振荡中的 CP 相角（phase）δ 是否能被实验观测到，而该 CP 相角与宇宙中"反物质消失之谜"有关。决定了未来中微子物理研究的发展方向。

我国的大亚湾反应堆中微子实验就是要测量混合角 θ_{13}。由于得天独厚的优势，包括反应堆的总功率大、附近有山、可以建立地下实验室，再加上创新性的探测器设计，大亚湾反应堆中微子实验工程的精度设计是国际上最高的。其布局及探测器布置如图 2、图 3 所示。

大亚湾反应堆中微子实验工程于 2007 年年底开工建设，2011 年 12 月 24 日全部建设与安装调试工作完成，开始物理取数。经过 55 天的数据采集及数据分析[1]，远厅测量到的中微子事例比预期大约少了 6%，即

$$R = 0.940 \pm 0.011 （统计误差）\pm 0.004 （系统误差）$$

这就说明反应堆发出的电子反中微子消失，同时中微子的能谱畸变也与中微子振荡的预期符合，如图 4 所示。这个消失现象如用中微子振荡解释，则振荡几率的振幅为

$$\sin^2 2\theta_{13} = 0.092 \pm 0.016 （统计误差）\pm 0.005 （系统误差）$$

以上结果证明，大亚湾反应堆中微子实验发现了 θ_{13} 不为零的证据，其信号显著性为 5.2 倍标准偏差，即振荡不存在的概率为千万分之一。其科学意义在于发现了一种新的中微子振荡模式，使我们对物质世界的基本规律有了新的认识。

大亚湾反应堆中微子实验的结果比预期要大很多，使全球的科学家可以规划下一代中微子实验，结果如表 1 所示。这主要是为了解决中微子振荡中的下一个主要问

图 2 大亚湾中微子实验的总体方案图

包括 2 个近实验厅和 1 个远实验厅，用水平地下隧道相连

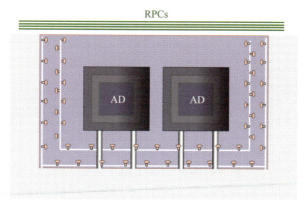

图 3 大亚湾中微子实验探测器示意图

中微子探测器置于水池中，上下与四周均被 2.5 米以上的水包围以屏蔽本底。

水池顶部采用阻性板探测器（RPC）作为反符合探测器

题——中微子质量顺序，即中微子质量平方差 ΔM_{23}^2 的正负号是怎样的，或者说 2 型中微子与 3 型中微子哪个更重。这与中微子振荡中是否有宇称和电荷反演破坏有极大关系，也是其前期必要的准备。这里，HyperK 和 ELBNF 也可以（如果运气足够好的话）测量宇称和电荷反演破坏相角（CP phase）。

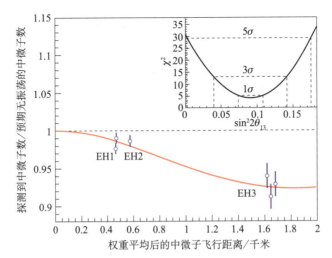

图 4　观测到中微子数与预期中微子数随距离的变化

红线为中微子振荡的预言，右上图表示在 χ^2 最小值处，$\sin^2 2\theta_{13}$ 的最可几值

表 1　目前国际上测量中微子质量顺序的大型中微子实验

国家	实验	现状	开始时间（预期）	所需时间
美国	NOVA	运行中	2014 年	6 年（在特别情况下）
印度	INO	建设中	2020 年	10 年
美国	PINGU	申请中	2020 年	3 年
美国	ELBNF	申请中	2028 年	1.5 年
日本	Hyper K	申请中	2025 年	3 年
中国	JUNO	建设中	2020 年	3 年

注：表中列出了测定中微子质量顺序达 3 倍标准偏差所需的时间。这里 3 倍标准偏差指错误率为千分之一。

　　江门中微子实验（Jiangmen Underground Neutrino Observatory，JUNO，图 5）是继大亚湾反应堆中微子实验后我国下一代中微子实验[2~4]。实验位于广东江门的开平市金鸡镇，距阳江和台山核电站 53 千米，通过精确测量这两个核电站发出的中微子能谱，可以测定中微子质量顺序，同时还可以提高中微子振荡参数（θ_{12}，ΔM_{21}^2，ΔM_{32}^2）的精度约 10 倍，并研究超新星中微子、地球中微子、太阳中微子等，具有重要的科学意义。

　　除中微子振荡之外，国际上的中微子研究还有以下几个主要方向：①通过原子核的 β-衰变测量中微子的绝对质量，代表性的研究组为德国的 KATRIN 实验。经过十几年的努力，计划 2016 年开始运行；②通过寻找无中微子双 β-衰变事例，研究中微子与反中微子是否为同一种粒子，即所谓中微子是 "Dirac 粒子" 还是 "Majorana 粒子"。国际上目前有十几个实验正在运行和在计划之中。我国也有讨论是自行研制还

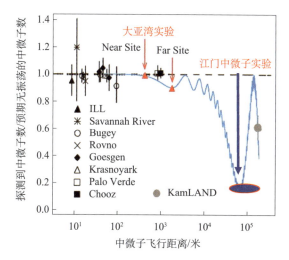

(a)中微子振荡几率与飞行距离的关系及
江门中微子实验选址依据

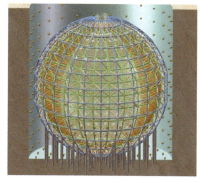

(b)江门中微子实验探测器的概念设计

图5　江门中微子实验示意图

是参加到国际上有竞争力的实验组中去。在未来的 10～20 年内，无论是否能寻找到无中微子双 β-衰变事例，这类实验与中微子质量顺序的实验结果结合，将有可能判定中微子是"Dirac 粒子"还是"Majorana 粒子"。

参考文献

[1] An F P，Bai J Z，Balantekin A B，et al.［Daya Bay collaboration］Observation of electron-antineutrino disappearance at Daya Bay. Phys Rev Lett，2012，108：171803.

[2] Zhan L，Wang Y F，Cao J，et al. Determination of the neutrino mass hierarchy at an intermediate baseline. Phys Rev D，2008，78：111103.

[3] Zhan L，Wang Y F，Cao J，et al. Experimental requirements to determine the neutrino mass hierarchy using reactor neutrinos. Phys Rev D，2009，79：073007.

[4] Wang Y F. Reactor Neutrino Experiments and the future. ICFA seminar，2008. http：//www-conf. slac. stanford. edu/icfa2008/Yifang_Wang_102808. pdf.

Research Progress and Prospect of Neutrino Studies

Wang Yifang

Neutrino studies，in particular neutrino oscillation studies，are the most exciting topics in the world particle physics community. Currently there are still many unknowns, such as neutrino oscillation parameters, absolute neutrino mass and some of the neutrino properties. Daya Bay experiment in China for the first time measured one of the unknown parameters θ_{13}, while JUNO experiment under construction now will measure another parameter-mass hierarchy. JUNO will be able to detect supernova neutrinos and solar neutrinos, hence contribute significantly to astrophysics and cosmology. This paper also reviewed other major neutrino experiments in the world.

2.4　手性科学与技术

——一个跨尺度、跨领域的物质科学前沿方向

丁奎岭

（中国科学院上海有机化学研究所）

手性是自然界的普遍特征，特别是在生命过程中，手性的均一性是生命物质最基本的结构特征之一，不同的手性在生命过程中发挥着独特的功能。由于生命物质的手性均一性，人们越来越认识到与之相互作用的手性药物、农药等的手性对其生理作用的重要影响[1]。据统计，药物中近 50% 具有手性，开发中的药物有 2/3 以上是手性的，仅手性药物一项 2013 年全球销售额就达到 4000 亿美元①，因此开发单一对映体的手性药物已经成为制药行业的必然趋势。另外手性在液晶显示、分离、隐身、传感、存储等材料和信息科学领域也显示出重要应用前景。手性合成特别是催化不对称选择性合成属于环境友好的合成技术，它能够最大限度地消除无用异构体的生成，同时又是物质创造过程中最具挑战性的方法之一。因此，手性科学和技术与合成科学、生命科学、人类健康、材料科学、环境科学乃至国民经济有着非常密切的关系。本文对手性科学与技术这一前沿领域的发展现状和态势作一简要介绍。

---

① 据 2014 全球药品市场规模超过 1 万亿美元（参见：http://www.imshealth.com/portal/site/imshealth/menuitem.c76283e8bf81e98f53c753c71ad8c22a/?　vgnextoid＝96bdd595ae072410VgnVCM10000076192ca2RCRD&vgnextchannel＝2e11e590cb4dc310VgnVCM100000a48d2ca2RCRD&vgnextfmt＝default），而手性药物占所有药物一半以上推算而来。

一、手性催化合成——手性药物创新
和绿色制造不可或缺的技术支撑

　　与手性科学与技术相关的科学研究，从现象发现、物质获取到结构与功能，经历了两个世纪的发展。而手性催化合成领域则异军突起，从 20 个世纪 60 年代起步，到新世纪以来进入黄金时期，经过半个世纪的发展，取得了众多突破性进展，包括从新配体、催化剂设计到新反应的发现、从新概念、新策略到新方法的提出、从有机金属催化到有机分子催化、从均相催化到多相催化、从催化效率的不断突破到越来越多的工业应用等。手性物质的获取，除了来自天然以外，手性催化是获得光学活性手性化合物最有效的方法，因为一个高效的手性催化剂分子可以诱导产生成千上万乃至上百万个手性产物分子，达到甚至超过了酶催化的水平。2001 年的诺贝尔化学奖授予三位从事手性催化研究的科学家威廉 S. 诺尔斯、野依良治和巴里·夏普雷斯，以表彰他们在这一领域的卓越贡献。

　　手性催化合成之所以异军突起，一方面是由于科学上的挑战性，另一个更重要原因是手性医药、农药以及手性材料等产业对手性催化技术的需求所带来的巨大机遇。我国对于手性催化合成的研究始于 20 世纪 80 年代，从 90 年代逐渐引起重视[2~4]。在过去 20 多年的研究中，我国科学家发展了一批具有自主知识产权和国际影响力的手性配体及催化剂，包括手性联吡啶双膦配体、手性螺环骨架配体、手性双烯配体、手性二茂铁配体、手性双氮氧有机催化剂和配体等。特别是在手性催化氢化方面，我国科学家周其林发明的催化剂打破并保持了手性催化效率的世界纪录；此外，还发现了一些高效、高选择性的不对称催化新反应，包括人名反应 Roskamp-Feng 反应和 Shi 反应等；提出了包括组合不对称催化、手性催化剂自负载、手性催化剂设计的边臂效应、不对称去芳构化等一些具有重要国际影响的手性催化合成新方法、新概念；运用手性催化技术，实现了一些具有抗肿瘤、抗病毒等生理活性的复杂天然产物分子的全合成，一些不对称催化合成方法与技术已成功应用于手性药物的生产[4,5]。虽然我国科学家在手性催化方面的一些研究工作已经进入有关领域的领跑行列，但总体而言，我国在这一领域的发展现状是"点"上有突破和引领，而"面"上与发达国家和地区（如美国、欧洲和日本）等还有较大差距，除了表现为我国重大原创性基础成果不多以外，在手性催化技术的工业应用方面，发达国家更领先于国内的状况。一方面的原因是国内基础研究的投入不够，真正好的原创性手性技术不多；另一方面尽管我国医药和农药等产业的发展对手性催化技术的需求强劲，但是从基础研究原始创新到技术创新和产业化的链条中还存在诸多瓶颈。例如：企业对新技术、新方法的敏感度不够，对技术创新重视不够；大部分企业不仅创新能力差，对新技术的工程化能力也不

够；科学家对企业的真正需求了解不多，科学研究工作的针对性不强；实验室技术成熟度不够，缺少放大和工程化经验；真正有实际应用价值的手性技术不多，不能满足数以千计手性药物生产的需求；等等。

既然这一领域在科学上已经实现了重大突破，也有一些工业应用的例子，那么还有什么挑战性的问题没有解决？简单地说，目前能够提供的催化合成方法还远远不能满足与之相关的巨大产业需求！手性催化不仅需要在三维空间上实现立体选择性的精准控制，更具挑战的是需要在时间尺度上发展出更加高效的手性催化合成技术，发展具有万级乃至百万级催化转化数、能够超越酶的高效催化体系将成为未来手性催化技术需要挑战的重要目标，也是实现手性催化技术在工业上的应用的关键所在。

二、手性科学研究超越分子层次——从手性起源到手性材料

手性科学研究正不断超越分子层次，朝着更广泛的时空尺度不断深入，科学家不仅实现了超分子层次上的手性放大与手性分子开关等，还在手性多孔材料及其性能研究方面不断取得新的突破。探索非手性分子形成手性晶体、手性聚集体、手性表面等的成因以及利用它们进行不对称诱导的可能性，提出手性诱导的模型、认识手性传递的规律、理解手性放大的机制，将可能为从化学角度认识自然界手性起源和手性均一性成因提供科学基础和实验依据；而手性材料的研究在国际上尚处于萌芽阶段，研究不同层次的手性结构与手性性质之间的关系，实现手性材料的精准、有序、可控创造，对于发展包括手性催化材料、手性光电材料、手性界面材料、人工手性超材料等在内的手性功能材料具有重要意义，建立和发展手性材料有序、可控组装和构筑新反应、新方法和新概念，实现功能性手性材料的精准组装和构筑是手性材料研究的重要方向。

三、结　束　语

综上所述，手性科学与技术正孕育着新的发展机遇。发展新型高效的手性试剂及催化剂，发展手性合成新反应、新方法、新概念、新策略，发展高效手性控制策略，以实现手性药物和复杂天然产物的精准创造已成为学科发展前沿和焦点；手性材料合成研究正在兴起，也为我们精准、有序可控地创造手性功能材料带来曙光；与生命、材料、信息以及环境等领域的跨学科结合，更为手性科学与技术研究注入了新的活力。手性科学与技术正向着更加精准、高效、注重可持续方向发展，并突破分子层次的手性精准控制，向宏观尺度手性控制发展，与生命、环境、材料和信

息等多学科的交叉融合也日益显著，真正成为了一个跨尺度和跨学科领域的物质科学前沿研究方向。这是一个既可以顶天、又能够立地的领域，发展手性科学与技术，对于促进我国实施创新驱动发展、引领医药产业转型升级具有基础性和战略性意义。

致谢：本文根据香山科学会议第 512 次学术讨论会《手性科学与技术》会议纪要整理，特别感谢参加此次会议的各位科学家所付出的努力和在会议上的真知灼见。

参考文献

[1] 林国强，孙兴文，陈耀全，等 . 手性合成：不对称反应及其应用(第五版). 北京：科学出版社，2013.

[2] Ding K L，Dai L X. Organic Chemistry：Breakthroughs and Perspectives. Weinheim：Wiley-VCH，2012.

[3] Ma S. Asymmetric Catalysis from a Chinese Perspective. Berlin：Springer，2011.

[4] 国家自然科学基金委员会化学科学部，政策局 . 化学十年：中国与世界，2011.

[5] Zhou Q L. Privileged Chiral Ligands and Catalysts. Weinheim：Wiley-VCH，2011.

Chiral Science and Chiro technology：A Multidimensional and Interdisciplinary Frontier in the Arena of Chemical Science

Ding Kuiling

New opportunities are emerging in the R&D of chiral science and chiro technology, for which numerous innovative methodologies are being sought after that allow for maximum precision, high efficiency, and sustainable development in the chiral material production. The state of the art in this field of research is transcending from the concise chirality control of molecular events to macroscale processes, to encompass a large span of disciplines involving life, environment, material sciences, as well as informatics, and hence rendering chiral science and chirotechnology a truely multidimensional and interdisciplinary frontier for material research.

2.5 光子功能金属-有机框架材料研究进展

崔元靖　钱国栋

（浙江大学材料科学与工程学院，硅材料国家重点实验室）

一、光子功能金属-有机框架材料的发展概述

金属-有机框架材料（metal-organic frameworks，MOFs）是一种由金属离子或金属簇与有机桥联配体通过配位作用组装形成的新型多孔晶体材料。金属-有机框架材料不仅具有特殊的拓扑结构、内部排列的规则性以及特定尺寸和形状的孔道，同时它还能够通过引入不同结构的有机配体或对配体的后功能化修饰，达到设计、剪裁和调控框架材料结构与物理化学性质的目的。这些优点是沸石等无机多孔材料所不具有的。具有光子功能的金属-有机框架材料由于能够将传统配合物的优良光学性质和框架多孔材料的独特优势有效结合在一起，因此在化学传感、显示照明和生物医学等领域显示出极大的应用前景，相关研究已成为化学和材料科学的一个新兴研究方向与热点领域[1]。

在光子功能金属-有机框架材料的设计合成中，使用具有光功能特性的有机分子作为桥连配体或采用稀土离子作为金属中心来获得光子功能是目前的常用方法，相关研究也已有众多报道。例如，鲍尔（Bauer）等人使用苯乙烯二羧酸作为配体获得了两种具有不同发光颜色的框架材料[2]，钱德勒（Chandler）等使用联吡啶化合物与稀土离子配位制备了一系列具有稀土特征发射的框架材料[3]。除了上述方法之外，利用框架材料作为载体负载光功能物质（如有机染料、量子点、稀土离子等）从而产生光子功能的方法也正受到越来越多的关注。钱国栋和陈邦林等人在阴离子型框架材料 ZJU-28 中引入吡啶半菁染料 DPASD，通过框架材料孔道的约束效应使 DPASD 分子定向排列，获得了优良的二阶非线性光学响应，此外，他们还将具有大的双光子吸收系数的染料 4-(p-二甲氨基苯乙烯)-1-甲基吡啶（DMASM）组装到金属-有机框架材料 bio-MOF-1 的一维孔道中，成功实现了室温下的双光子泵浦激光发射（图 1）[2,3]。

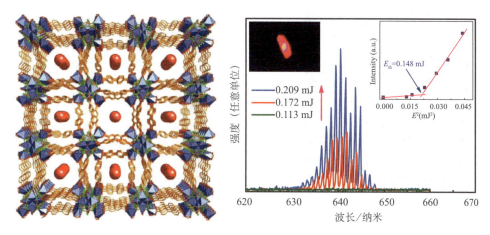

图 1　DMASM 分子在金属-有机框架材料 bio-MOF-1 中的组装及其双光子泵浦激射[3]

二、金属-有机框架材料的光子功能应用

金属-有机框架材料（尤其是稀土-有机框架材料）的发光性能对于框架结构、离子配位环境、孔道的表面特性以及框架材料与客体分子之间的弱相互作用（如氢键、范德华力、π-π 作用等）十分敏感，从而使得金属-有机框架材料在荧光探测领域具有极大的应用前景。钱国栋和陈邦林等利用框架材料中的不饱和位点与待检测物的相互作用，有效实现了对有机小分子、重金属阳离子以及阴离子等物质的高选择性荧光检测[4~7]。例如，使用稀土铕（Eu）与有机配体均苯三甲酸（H_3BTC）合成的金属-有机框架材料 EuBTC 能够有效实现对有机丙酮分子的高选择性探测（图 2）。含稀土元素铽（Tb）的金属-有机框架材料 TbBTC（BTC 为均苯三甲酸根）对阴离子 F^- 具有优良的荧光探测效果。利用含 N 配体 3,5-吡啶二羧酸（H_2PDC）与稀土 Eu 制备的框架材料 EuPDC 能够有效检测重金属 Cu^{2+} 离子。此外，北川（Kitagawa）等人使用具有互穿结构的框架材料实现了对苯、甲苯、二甲苯、苯甲醚和碘代苯等有机小分子的识别[8]。Harbuzaru 等还利用框架材料成功实现了对 pH 的荧光检测。上述结果促进了发光金属-有机框架材料在生物和环境领域的荧光检测应用[9]。

在现有报道的金属-有机框架材料的荧光探测中，其工作原理主要基于稀土离子某一特征峰的荧光强度与待分析物的依赖关系。然而，单一荧光强度的测量往往容易受到外界干扰，如激发光源的能量波动、探测器的漂移以及测量条件等因素都将直接影响荧光强度的大小，导致测量精度的下降，因此在判断荧光强度变化的同时往往需要结合荧光寿命的测量和计算。为了克服这一缺陷，钱国栋和陈邦林等采用双稀土离

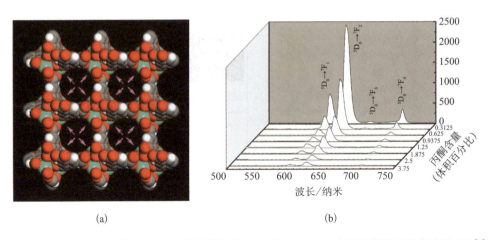

(a)   (b)

图 2　金属-有机框架材料 EuBTC 的晶体结构（a）和 EuBTC 对有机小分子的荧光检测（b）[4]

子 Eu^{3+} 和 Tb^{3+} 制备了金属-有机框架材料 $Eu_{0.0069}Tb_{0.9931}$-DMBDC，利用 Eu^{3+} 和 Tb^{3+} 的荧光强度比值与温度的关联实现了自校准的荧光温度检测（图 3）[10,11]，此外，他们还利用在含 Eu 的稀土-有机框架材料 ZJU-88 中组装荧光染料二萘嵌苯获得双峰发射，成功实现了在生理温度区域的荧光温度检测（图 4）[12]。上述方法与基于单峰荧光强度的检测方法相比，具有自动校准的优势，能够有效消除外部干扰，提高测量精度，因此，开展基于强度比值的自校准荧光探测应是今后金属-有机框架材料荧光探测的一个重要发展方向。

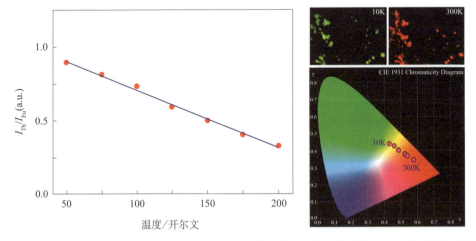

图 3　金属-有机框架材料 $Eu_{0.0069}Tb_{0.9931}$-DMBDC 的荧光强度比值以及发光颜色与温度的关系[10]

　　金属-有机框架材料不仅在荧光探测领域获得大量应用，在发光显示领域也引起了较多关注。白色发光的半导体材料作为一种新型的固体光源，相对传统的白炽灯和

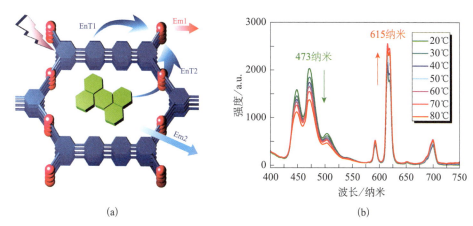

(a)　　　　　　　　　　(b)

图 4　组装有二萘嵌苯的金属-有机框架材料 ZJU-88 在生物温度区域的荧光温度检测[12]

荧光灯具有节能、寿命长、亮度高和环保无污染等优点，在照明和显示领域有着巨大的应用前景。在金属-有机框架材料中，除了可以产生稀土离子的特征发射之外，还可获得有机配体的发光，通过对配体结构、稀土离子的种类和浓度以及稀土离子之间能量传递的调节可以方便地改变框架材料的发光颜色，并获得白色发光输出（图 5）[13,14]。白色发光材料要在固态光源和显示领域获得实际应用，除了要考虑其发光的色坐标之外，还必须满足显色指数（CRI）高于 80 和相关色温（CCT）大于2500 开尔文（K）的指标要求，然而目前报道的白色发光金属-有机框架材料在这方面的研究还不多见。

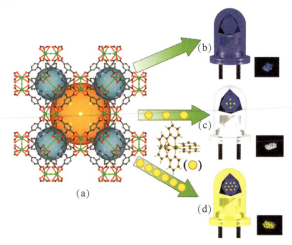

图 5　在金属-有机框架材料（Cd_2Cl）$_3$（TATPT）$_4$
中组装 Ir 配合物 Ir（ppy）$_2$（bpy）获得白光发射[13]

最近 10 多年来，纳米技术的出现使生物医学和技术获得了迅猛发展，并形成了纳米医学这一新兴的交叉学科。纳米药物能够将分子靶向物质、显影剂和治疗药物结合在一起，从而极大地提高了治疗效果。因此，研制发展新型的纳米药物用于疾病的诊断和治疗已成为纳米医学领域的一个重要目标。金属-有机框架材料极大的比表面积使它们能够在孔道中容纳更多的药物，其表面结构易修饰的特点使它们可以通过后期修饰的方法来提高材料的生物相容性，因而可望作为纳米医药中的载体部分而获得广泛应用。目前，纳米金属-有机框架材料尤其是稀土-有机框架材料已在生物和医学领域取得了一定的研究进展[15]，如用于生物细胞的成像、诊断和给药等（图 6）。稀土元素除了独特的发光优势之外，它们还具有顺磁性特性，从而有助于提高生物组织成像时的弛豫率，使它们可用于磁共振成像（MRI）的光谱造影剂。

图 6　金属-有机框架材料 Gd（BDC）$_{1.5}$（H$_2$O）$_2$ 的形貌以及掺杂 Eu^{3+}、Tb^{3+}
之后的发光照片[15]

三、结语与展望

经过近 20 年的发展，光子功能金属-有机框架材料已经取得了大量进展，根据 ISI Web of Science 数据库的检索，有关光子功能金属-有机框架材料的研究论文约占整个金属-有机框架材料领域论文总数的 20% 左右。相比金属-有机框架材料在天然气储存、分离和多相催化等应用领域的研究来说，光子功能金属-有机框架材料的研究仍处于早期阶段，目前报道的很多工作还局限于框架材料的制备、晶体结构的表征以及简单的性能测试，往往缺乏与实际应用的结合与联系。因此，以功能应用为导向，开展光子功能金属-有机框架材料的设计与可控制备应是今后发展的一个重要趋势。可以预期，随着化学、材料科学、光子学以及工程技术等不同学科的交叉合作和相关学者的共同努力，光子功能金属-有机框架材料可望在环境、生物医学和光子器件等领域获得更为广阔的应用，为人类健康和社会发展起到巨大的推动作用。

参考文献

[1] Cui Y,Yue Y,Qian G,et al. Luminescent functional metal-organic frameworks. Chem Rev,2012,112 (2):1126-1162.

[2] Yu J,Cui Y,Wu C,et al. Second-order nonlinear optical activity induced by ordered dipolar chromophores confined in the pores of an anionic metal-organic framework. Angew Chem Int Ed,2012,51 (42):10542-10545.

[3] Yu J,Cui Y,Xu H,et al. Confinement of pyridinium hemicyanine dye within an anionic metal-organic framework for two-photon-pumped lasing. Nat Commun,2013,4:2719.

[4] Chen B,Yang Y,Zapata F,et al. Luminescent open metal sites within a metal-organic framework for sensing small molecules. Adv Mater,2007,19 (13):1693-1696.

[5] Chen B,Wang L,Xiao Y,et al. A luminescent metal-organic framework with lewis basic pyridyl sites for the sensing of metal ions. Angew,Chem Int Ed,2009,48 (3):500-503.

[6] Chen B,Wang L,Zapata F,et al. A luminescent microporous metal-organic framework for the recognition and sensing of anions. J Am Chem Soc,2008,130 (21):6718-6719.

[7] Dou Z,Yu J,Cui Y,et al. Luminescent metal-organic framework films as highly sensitive and fast-response oxygen sensors. J Am Chem Soc,2014,136 (15):5527-5530.

[8] Takashima Y,Martínez V M,Furukawa S,et al. Molecular decoding using luminescence from an entangled porous framework. Nat. Comms. ,2011,2 (1):168.

[9] Harbuzaru B V,Corma A,Rey F,et al. Metal-organic nanoporous structures with anisotropic photoluminescence and magnetic properties and their use as sensors. Angew. Chem. Int. Ed. 2008,47(6):1080-1083.

[10] Cui Y,Xu H,Yue Y,et al. A luminescent mixed-lanthanide metal-organic framework thermometer. J Am Chem Soc,2012,134 (9):3979-3982.

[11] Rao X,Song T,Gao J,et al. A highly sensitive mixed lanthanide metal-organic framework self-calibrated luminescent thermometer. J Am Chem Soc,2013,135 (41):15559-15564.

[12] Cui Y,Song R,Yu J,et al. Dual-emitting MOF ⊃Dye composite for ratiometric temperature sensing. Adv Mater,2015,27 (8):1420-1425.

[13] Sun C Y,Wang X L,Zhang X,et al. Efficient and tunable white-light emission of metal-organic frameworks by iridium-complex encapsulation. Nat Commun,2013,4:2717.

[14] Sava D F,Rohwer L E,Rodriguez M A,et al. Intrinsic broad-band white-light emission by a tuned,corrugated metal-organic framework. J Am Chem Soc,2012,134 (9):3983-3986.

[15] Rieter W J,Taylor K M L,et al. Nanoscale metal-organic frameworks as potential multimodal contrast enhancing agents. J Am Chem Soc,2006,128 (28):9024-9025.

Photonics Functional Metal-Organic Frameworks

Cui Yuanjing ,Qian Guodong

Metal-organic frameworks（MOFs）are permanently microporous materials synthesized by assembling metal ions with organic ligands in appropriate solvents. Because of the inherent advantages of both traditional metal complexes and porous materials，MOFs will open a land of promising applications in photonics fields. The MOF approach can also offer a variety of other attractive characteristics such as the straightforward syntheses，predictable structures and porosities，and collaborative properties to develop new photonics materials and important applications，including chemical sensors，light-emitting devices，and biomedicine. Over the past ten years，the design and construction of MOFs for photonics functionality has been a very active field of chemistry and materials science.

2.6　煤炭清洁高效转化中的
碳一化学与催化研究进展

郭向云　王建国

（中国科学院山西煤炭化学研究所煤转化国家重点实验室）

　　煤炭通过燃烧为人类社会发展提供了大量的能源，但同时也释放了大量的 CO_2，带来了严重的生态环境问题。实际上，自然界中的碳资源，如煤炭、石油、天然气及生物质等，其能源利用的最终结果都是产生 CO_2[1]。由于生物质本身源于 CO_2 和水的光合作用，因而可以看做是碳中性的。石油是液体燃料和化学品的主要来源，其炼制和加工技术基本成熟，形成了独特的有机化学分支，其基本原理就是将长链分子中的C—C键断开，形成烷烃、烯烃、芳烃以及含氧、氮、硫等的化合物。煤炭转化也是要断开其中的C—C键，有直接转化和间接转化两种。前者包括热解和加氢液化，后者则是将煤首先气化转化为一氧化碳和氢气（一般称合成气），再在催化剂作用下合成烃、醇、醚、酯及芳烃等。天然气可以直接转化为芳烃（无氧芳构化），或经氧化

偶联转化为 C_2、C_3 等烃类，但主要还是经过合成气转化为液体燃料和化学品，这与煤间接转化相同。

碳一化学[2]，又称 C1 化学或一碳化学，是以含一个碳原子的化合物——甲烷、CO、CO_2、甲醇、甲醛等为初始反应物，反应合成一系列重要的化工原料和燃料的化学，其核心是选择性催化转化。本文将简要介绍国内外在碳一化学方面取得的一些进展，包括合成气化学、甲醇转化、二氧化碳的化学利用等。

一、合成气催化转化为液体燃料和化学品

合成气主要由 CO 和 H_2 组成，一般由含碳物质（如煤、石油、天然气、生物质以及焦炉煤气、炼厂气等）转化得到，可用来生产多种化学品，其中合成氨、合成甲醇等早已工业化。目前合成气化学的重点仍然是费托合成液体燃料、合成醇类等化学品。

合成气在催化剂和适当条件下可转变为直链烃类和含氧化合物。该过程于 1925 年由两位德国科学家弗朗兹·费歇尔（Franz Fischer）和汉斯·托罗普施（Hans Tropsch）首次开发成功，因此称为费托合成（Fischer-Tropsch Synthesis）过程[3]。常规费托合成产物经加工可作为高品质的燃料来替代汽油、柴油，因其不含硫、氮和芳烃，所以表现出优于传统石油基燃料的环境友好特性。通过改进费托合成技术，也可直接获得 α-烯烃或 $C_2\sim C_4$ 的低碳烯烃。费托合成是转化非石油资源（如煤、天然气、生物质等）为清洁燃料或化学品的关键技术。典型的催化剂包括铁（Fe）、钴（Co）和钌（Ru），其中 Ru 具有最好的催化活性，但因其价格昂贵，所以研究重点主要集中在 Fe 和 Co 基催化剂上。目前国外仅有南非沙索（Sasol）公司和荷兰壳牌（Shell）公司实现了以费托合成为核心的煤制油和天然气制油的工业化。沙索公司在南非的煤制油产能达 750 万吨/年，主要采用高温流化床合成工艺（铁催化剂，300～340℃）和低温浆态床合成工艺（铁/钴催化剂，200～250℃），在卡塔尔投运了两套 80 万吨/年天然气制油装置（低温钴基浆态床）。壳牌公司于 1993 年采用低温固定床合成工艺（钴催化剂 190～220℃）在马来西亚投运了一套 75 万吨/年天然气制油装置，但至今未推广到煤制油领域。

20 世纪 80 年代，中国科学院山西煤炭化学研究所（简称山西煤化所）开始了费托合成技术研发，2004 年开发出与国外水平相当的浆态床技术。2006 年，山西煤化所联合国内多家能源企业共同投资组建中科合成油技术有限公司，专门从事自主费托合成技术的工业化研究，实现了我国煤炭间接液化技术的真正产业化，目前正在实施百万吨级的高温浆态床费托合成商业化项目。与此同时，山西煤化所的钴基催化剂固定床费托合成技术也取得了显著进展，开发的 ICC 系列钴催化剂固定床费托合成技术

已完成小试和工业侧线实验，目前正处于中试放大阶段。山东兖矿集团也已完成低温浆态床和高温流化床5000吨/年中试试验。费托合成在非石油基碳资源转化为燃料和化学品方面具有重要意义。传统费托催化剂产物的分布较宽，限制了费托产品的广泛应用，也增加了后续处理的成本。未来研究方向将侧重于开发高性能催化剂，有效控制费托产物的选择性和调控产物的组成，缩小产物的分布范围，直接获得接近单一组分的化学品。

合成气在合适的条件下也可以转化为醇类，如甲醇、乙醇、异丁醇以及低碳混合醇等。利用铜催化剂合成甲醇的技术已经工业化，但是从合成气直接合成其他醇类的过程国内外均未实现工业化。目前合成乙醇研究较多的是铑（Rh）基催化体系，但是该催化剂价格昂贵，并且CO的转化率较低，乙醇的选择性也较低（小于50%），产物中含有大量的酯、酸等副产物，后续分离过程复杂。因此，高选择性合成乙醇的新催化剂体系仍在不断开发之中。异丁醇是重要的化工原料及油品添加剂，主要来自丙烯羰基法制丁醇的副产品。以煤基合成气定向合成异丁醇是一条全新的非石油技术路线，目前存在的问题是催化剂活性及异丁醇选择性偏低。意大利的斯纳姆普罗盖蒂公司（Snamprogetti）开发的MAS工艺曾在20世纪80年代建成15 000吨/年示范装置，之后有关异丁醇的研究及生产几无报道。山西煤化所开发出了新型的ZnCr和CuZr基催化剂，异丁醇的选择性分别达到了24.1%（质量百分比）和40%（质量百分比）。目前正在与陕西延长石油（集团）有限责任公司合作进行工业单管实验。

低碳混合醇指$C_1 \sim C_6$的醇类混合物，是重要的化工原料和液体燃料添加剂。由合成气在催化剂作用下制备低碳混合醇是煤转化的主要过程之一，目前研究的重点仍然是开发高性能的催化剂。就催化反应机制而言，低碳醇合成是介于费托合成和甲醇合成之间的CO加氢转化过程。费托催化剂要求C—O键断裂的表面解离吸附，而甲醇催化剂则要求C—O键保留的表面非解离吸附。前者导致烃链的增长，后者导致含氧化合物的形成。低碳醇催化剂的设计思想是将这两类活性组元进行优化组合实现高级醇的形成。山西煤化所通过优化催化剂设计，增强催化剂CO吸附能力，控制H_2解离速率，将总醇时空收率提高到每克催化剂每小时0.30克以上，C_{2+}醇选择性在60%以上，CO_2选择性降低到10%以下。目前，这一技术正在神华集团进行千吨级工业侧线试验。

二、甲醇定向催化转化

合成气制甲醇技术的相对成熟使甲醇成为最为重要的煤转化平台化合物。甲醇催化转化主要包括氧化、羰化和制烃三条路线[4,5]。甲醇氧化制备甲醛、甲酸，进而通过聚合、缩合和酯化反应生产三聚甲醛/多聚甲醛、甲缩醛及甲酸甲酯的技术已实现工业化。目前，甲醇氧化反应研究主要集中在一步法制备甲缩醛及甲酸甲酯。其中，钒钛催化剂显示出良好的催化性能，具有工业应用前景。甲醇经二甲醚羰化反应制备酸酐和乙酸技术也已规模化应用，大大降低了酸酐和乙酸的制备成本。

甲醇在酸性分子筛催化剂上可以转化为二甲醚（MTD）、低碳烯烃（MTO）、芳烃（MTA）和汽油（MTG），实现这些过程的关键是选择性的调控。通过调变分子筛的孔道结构、组成、晶粒尺寸和酸性成功研制了性能优良的催化剂，并开发出与之匹配的反应工艺和反应器。一些甲醇转化技术已经成熟，如MTD已进入大规模商业运行阶段，由中国科学院大连化学物理研究所自主研发的DMTO技术（60万吨/年烯烃）也于2013年投入商业化运行。美国环球油品公司（UOP）和法国道达尔（Total）公司将MTO和长链烯烃裂解（OCP）工艺耦合到一起，于2010年完成了工业示范，现正在进行商业化推广。MTG技术也于2010年由美国美孚公司（Mobil）在山西晋城煤业集团实现了商业化运行。随后，山西煤化所于2014年在云南先锋化工有限公司实现了工业化。同年，清华大学完成了万吨级流化床MTA技术工业试验。随着市场对丙烯、芳烃，（特别是对二甲苯）需求量的增加，甲醇选择性转化为丙烯（MTP）、芳烃和对二甲苯（MTPX）技术受到了特别的重视。德国鲁奇（Lurgi）固定床MTP工艺在神华宁煤和大唐虽然实现了工业化，但丙烯收率较低，经济性有待提高，仍然需要研发新型高选择性、高稳定性的催化剂。同样，MTA和MTPX过程也因缺乏性能优异的催化剂而不能实现商业运行。因此，揭示影响产物选择性的本质原因、阐明分子筛催化剂的作用机制和甲醇的转化历程显得尤为重要。

聚甲氧基二甲醚（$DMM_{3\sim8}$）是性能优良的清洁柴油添加剂，可以大幅提高柴油的燃烧效率和十六烷值。通过氧化和缩合反应的有效耦合，甲醇可以高效转化为$DMM_{3\sim8}$。2013年，中国科学院兰州化学物理研究所以离子液体为催化剂，在山东菏泽完成了万吨级工业示范，现正在进行工艺过程的完善和产品应用性能指标的测试。但是，新型高效固体催化剂的研发更符合经济性和环保要求，这就需要催化剂具有良好的酸性和氧化性能协同效应，以实现醚链的可控增长。

三、二氧化碳的化学转化

所有含碳物质能源利用的最终产物都是CO_2，其化学转化不仅是解决温室效应的重要途径，而且可以缓解化工产品对煤、石油、天然气等化石资源的依赖。目前仅有合成尿素、水杨酸和碳酸乙（丙）烯酯等少数几个过程实现了工业化。国外的合成尿素技术主要被荷兰的斯塔米卡邦、意大利的斯纳姆和蒙特爱迪生、日本的东洋及美国的孟山都等多家公司掌握。水杨酸和碳酸乙（丙）烯酯技术相对比较简单，已经被国内外的许多公司所掌握。其他的二氧化碳化学利用过程由于面临经济性及廉价能量来源等问题，仍处于研发阶段。

尿素作为一种 CO_2 的载体，与 $1,2$-丙二醇经碳酸丙烯酯间接合成碳酸二甲酯，可以取代现有的石油路线生产碳酸二甲酯的过程，大大降低生产成本，提高原料的利用率，因此具有很好的应用前景。由山西煤化所开发的该过程已经于 2014 年完成了千吨级示范装置的建设和运转。可行性研究表明，山西煤化所的万吨级装置上碳酸二甲酯的生产成本在 5000 元/吨以内，即将启动万吨级工业化示范装置的建设。

CO_2 加氢合成甲醇也是利用 CO_2 的有效途径之一。随着 MTO、MTP、MTG、MTA 和甲醇燃料电池技术的发展，该过程将有效地缓解人们对化石资源的依赖[6]。如果与富产氢气的盐化工或焦化过程相结合，该过程能够有效提高合成甲醇的经济性。自 20 世纪 90 年代以来，各国的研究人员对 CO_2 加氢合成甲醇的催化剂和反应工艺进行了大量研究，目前该过程已经接近工业化。

CO_2 与 CH_4 重整转化制备合成气过程同时实现了两种温室气体的高效利用，并实现了资源价值的提升。由于该反应需在较高温度下进行，催化组分的活性、稳定性和抗积碳性能就成为该反应工业化需要解决的关键技术性问题，因此需要深入研究催化剂表面微环境和反应条件对失活行为的影响，进而指导新型高效催化剂的设计和制备。

利用太阳能高温分解 CO_2 可得到 CO 和 O_2[7]。CO_2 高温分解反应的研究，目前国内外都还处于起步阶段，主要研究的体系包括 ZnO/Zn、SnO_2/SnO、Fe_3O_4/FeO、CeO_2/Ce_2O_3 等。但是上述催化剂在反应条件下很容易发生烧结导致活性下降，因此催化体系和催化反应机理仍有待更深入的研究，从而实现结构和性能的提升以满足实际应用的需求。利用太阳能光催化还原二氧化碳制备燃料或化学品是一种非常理想的二氧化碳转化途径，但是目前仍然存在效率低下的问题。另外，采用光电结合催化二氧化碳还原也是近年来的研究热点。总之，不断创新的二氧化碳化学转化技术有可能解决煤炭利用过程中二氧化碳的大量排放问题。

经过几十年的发展，我国的煤炭转化技术取得了长足的进步，在某些领域已经处于国际领先水平。尽管煤炭的大规模利用给我们的环境带来了一些问题，但是我们国家的可持续发展离不开煤炭。只有加大科技投入，深入研究煤炭相关科学问题、发展煤炭清洁高效转化新技术，才能确保煤炭在我国能源战略中继续发挥重要作用，同时又不影响我们赖以生存的生态环境。

致谢：感谢樊卫斌、杨国辉、温晓东、赵宁、杨利为本文提供相关资料。

参考文献

[1] He M Y,Sun Y H,Han B X. Green carbon science:Scientific basis for integrating carbon resource processing,utilization,and recycling. Angew Chem Int Ed,2013,52:9620-9633.

[2] 蔡启瑞,彭少逸. 碳一化学中的催化作用. 北京:化学工业出版社,1995.

[3] Reetz M T. One hundred years of the Max-Planck-Institut für Kohlenforschung. Angew. Chem Int Ed,2014,53:8562-8586.

[4] Olah G A,Goeppert A,Prakash G K S. Beyond Oil and Gas:The Methanol Economy. Berlin:Wiley-VCH,2009.

[5] Olsbye U,Svelle S,Bjørgen M,et al. Conversion of methanol to hydrocarbons:How zeolite cavity and pore size controls product selectivity. Angew Chem Int Ed,2012,51:5810-5831.

[6] Olah G A. Beyond oil and gas:The methanol economy. Angew Chem Int Ed,2005,44(18):2636-2639.

[7] Service R F. Sunlight in your tank. Science,2009,326(5959):1472-1475.

C1 Chemistry and Catalysis in Clean and Efficient Conversion of Coal

Guo Xiangyun,Wang Jianguo

As one of the most important fossil resources,coal will continue to play dominant roles in the sustainable production of energy and chemicals. C1 chemistry and catalysis provide fundamentals for the clean and efficient conversion of coal. This paper briefly introduces recent scientific and technological advances in the catalytic chemistry of syngas,orientational conversion of methanol,and chemical utilization of carbon dioxide.

2.7　新一代基因组编辑技术的崛起与发展趋势

高彩霞　单奇伟

（中国科学院遗传与发育生物学研究所）

对生物体基因组进行改造是探索生物体奥秘的重要手段，也是遗传工程的基础。

基因组编辑技术（genome editing）是近些年出现的能够精确改造生物基因组 DNA 的一项新技术。它可以利用序列特异核酸酶（SSN）在基因组任何位置对 DNA 双链进行定向切割，进而激活细胞自身的修复机能来实现对目标基因的改造：通过非同源末端连接（NHEJ）修复方式可以在目标基因中插入或删除少量核苷酸，造成基因功能缺失；通过同源重组（HR）修复方式，可以实现外源模板 DNA 在目标基因的定点插入或替换（图1）[1]。

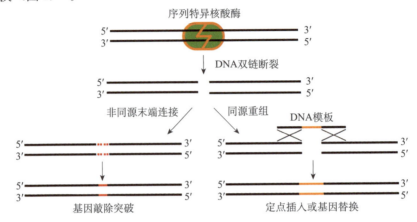

图 1 基因组编辑技术原理

利用序列特异核酸酶产生 DNA 双链断裂（DSB），再通过细胞修复机制——非同源末端连接（NHEJ）或同源重组（HR），实现对基因组的定点修饰

基因组编辑技术大致分为三类。早期的锌指核酸酶［zinc finger nuclease，ZFN，图 2 (a)］和大范围核酸酶［meganuclease，图 2 (b)］这两种核酸酶设计复杂，成功率低且成本高，目前已基本被取代。2009 年发明的类转录激活因子效应物核酸酶［transcription activator-like effector nuclease，TALEN，图 2 (c)］采用蛋白质-DNA 互作方式靶向基因组目标位点，由于 TALEN 蛋白组装是模块化的，因此设计要简单得多。2012 年发明的成簇的规律间隔的短回文重复序列及其相关系统［clustered regularly interspaced short palindromic repeats/CRISPR associated9，CRISPR/Cas9 系统，图 2 (d)］，是通过引导性 RNA（gRNA）与 DNA 互补配对的方式将 Cas9 核酸酶引导到目标位点进行切割，更加简单、高效。TALEN 和 CRISPR/Cas9 系统各有所长，代表了新一代的基因组编辑技术，已广泛用于基因功能研究、作物遗传改良和分子育种、人类疾病的基因治疗等[2,3]。2012 年和 2013 年，《科学》（Science）杂志分别将 TALEN 和 CRISPR/Cas9 技术评为年度世界十大科学进展之一；2014 年，《自然·方法学》（Nature Methods）杂志将基因组编辑技术评为近十年中对生物学研究最有影响力的方法之一，堪称与分子克隆、聚合酶链式反应（PCR）扩增技术媲美的技术突破，应用前景广阔。

（a）锌指核酸酶(ZFN)

（b）大范围核酸酶(Meganuclease)

（c）类转录激活因子效应物核酸酶(TALEN)

（d）成簇的规律间隔的短回文重复序列及其相关系统(CRISPR/Cas9)

图2　4种序列特异核酸酶示意图

一、基因组编辑技术主要应用领域及现阶段取得的重要成果

　　基因组编辑技术作为"DNA 剪刀"，主要用于创建动植物突变体，进行基因功能的解析。传统的创制突变体方法，如物理或化学诱变、基因打靶技术和 RNA 干扰（RNAi）等，不具有靶向特异性，随机性很大，效率低或不能稳定遗传；而基因组编辑技术克服了上述诸多缺点。目前，基因组编辑技术已成功应用于人类细胞系、酵母、线虫、果蝇、斑马鱼、小鼠、大鼠、拟南芥、烟草、水稻、小麦、大麦、玉米、大豆等模式生物及经济作物的基因定向修饰[1]。我国的科技工作者在这一领域做出了重要贡献，有多项研究成果世界领先，发表在《细胞》（Cell）和《自然·生物技术》（Nature Biotechnology）等顶级杂志上。2014 年，中国科学家利用 CRISPR/Cas9 技术培育出世界首例靶向基因编辑猴。猴基因编辑的成功将有助于建立猴疾病研究模型，更好地模拟人类疾病，未来有望定向改造人类基因，治疗人类遗传性疾病[4]。2013 年，中国科学院遗传与发育生物学研究所高彩霞实验室首次在世界上在农作物水稻、小麦中[5,6]，中国科学院动物研究所周琪实验室首次在大鼠中，利用 CRISPR/Cas9 系统实现了基因定点编辑[7]，这进一步证明我国科学家在基因组编辑技术的研究和应用中处于领先地位。

基因组编辑技术在作物遗传改良和分子育种领域也具有不可估量的应用前景[8]。例如，研究人员对水稻感病基因 *OsSWEET14* 进行基因组编辑，导致水稻白叶枯菌分泌的效应蛋白不能结合该基因的启动子，从而提高了水稻对白叶枯病的抗性；2014年，美国 Cellectis Plant Sciences 公司利用基因组编辑技术同时敲除整个大豆脂肪酸脱氢酶-2 基因家族，将大豆中油酸含量从 20% 提高到 80%，并同时降低了大豆中对人体健康有害的亚油酸含量，显著改善了大豆油的品质。我国科技工作者在这方面也做了重要工作。例如，高彩霞实验室通过基因组编辑技术敲除了水稻甜菜碱乙醛脱氢酶基因（*OsBADH2*），改善了稻米的香味品质。在小麦中，高彩霞实验室和中国科学院微生物研究所邱金龙实验室合作同时敲除了 *MLO* 基因在小麦 A、B 和 D 基因组上的 3 个拷贝，获得了对白粉病具有广谱和持久抗性的小麦材料，该研究结果对小麦遗传改良具有重要的价值。由此可见，基因组编辑技术为植物分子育种应用提供了前所未有的新机遇。通过基因编辑技术获得的作物新品种只在靶向基因的特定位点上有几个碱基的缺失，与传统育种具有相似的生物安全性，但大大加快了生物育种的进程。迄今，美国农业部（USDA）已认可至少 3 项利用基因组编辑技术创制的植物品种不属于转基因作物的范畴，我们相信，随着时间的进程，此数量一定会呈直线上升的趋势。可以说，基因组编辑技术是新型的植物育种技术。

在人类疾病的预防和治疗方面，基因组编辑技术和诱导性多能干细胞（iPSC）等干细胞技术相结合，可以帮助人们修复受损伤的基因或破坏有害的基因，从而治疗或预防人类疾病。例如，研究者们用 ZFN 破坏艾滋病（AIDS）患者自身免疫 T 细胞中的艾滋病病毒（HIV）受体基因 *CCR5*，显著提高了患者对 HIV 的抵抗力，这一治疗方法显示出了相当可观的应用前景[9]。基因组编辑技术还给其他一些疾病，如镰刀形红细胞贫血症、β-地中海贫血病及乳腺癌等的治疗提供了新的思路。基于 TALEN 和 CRISPR/Cas9 的基因治疗方法也在积极开发中，在效率和安全性方面提供了较 ZFN 更优越的选择。此外，在人类疾病的基因治疗中对基因编辑技术的靶向特异性提出了更高的要求，特别是 CRISPR/Cas9 系统，不能有任何脱靶突变，科学家们在这方面开展了很多研究并取得了较大的进展，例如，采用成对的 Cas9 切口酶结合成对的 sgRNA 可以代替 Cas9 核酸酶能极大地提高 CRISPR/Cas9 系统的特异性，减少脱靶效应。

二、未来发展趋势展望

尽管基因组编辑技术在创制突变体方面已趋向成熟、高效，但在更精确的基因修饰方面的应用，即通过 HR 途径实现基因的定点插入或替换的效率还有待提高，这是未来一段时间内最迫切需要解决的问题之一。首先，NHEJ 是 DNA 断裂的主导修复途径，而 HR 只发生在特定的细胞周期和类型中，因此通过 DNA 修复机制的研究有望了解提高 HR 效率的途径。其次，通过优化模板 DNA 的数量、长度、类型及导入方式等来提高 HR 效率是另一条途径。2014 年，Baltes 等利用双生病毒（Geminivirus）载体表达了 TALEN 和 DNA 模板，病毒载体在植物细胞内能够大量复制，提高了 DNA 模板数量，与常规载体相比，HR 效率提高 1～2 个数量级[10]。

CRISPR/Cas9 系统的简便和低成本使全基因组水平编辑（genome-wide editing）变为现实。研究人员通过构建靶向几千甚至几万个基因的大规模 gRNA 文库，再结合功能性筛选平台和深度测序技术，以高通量方式进行功能基因组学研究。2013 年，《科学》杂志报道了美国麻省理工学院张锋实验室在人类细胞中通过慢病毒载体传递 CRISPR/Cas9 敲除文库，靶向 18 080 个基因进行敲除，鉴定得到了影响癌细胞和多能干细胞活力的基因，进而利用一个黑色素瘤模型筛选了与药物维罗非尼（vemurafenib）耐药性相关的基因[11]。2014 年，北京大学魏文胜实验室利用 CRISPR/Cas9 系统的慢病毒聚焦型人源细胞文库，成功鉴定出对两种细菌毒素侵染宿主所必需的宿主受体[12]。目前，这一技术只在人类细胞系中建立并应用，未来全基因组水平基因编辑文库在其他模式生物中的建立和应用将有助更大尺度上研究生物问题。

此外，科学家将序列特异性核酸酶 DNA 结合蛋白与其他功能蛋白融合，开发了一系列基因组编辑的衍生技术。例如，将 TALE 或 dCas9（dead Cas9）蛋白与负责转录激活、转录抑制、表观调控和荧光表达等蛋白融合，融合蛋白可以用于调控目标基因的转录水平、改变靶基因的表观状态、对基因组特定位点的荧光成像技术。这些基因组编辑衍生技术为生物学研究提供了更多的遗传学工具，为探索生命科学的奥秘开拓了空间。

综上，新一代基因组编辑技术已经在生物学基础研究、作物遗传改良及医学和基因治疗等领域取得了一系列重要研究成果，但目前还有很多问题和大量未探索的领域需要进行研究。新一代基因组编辑技术迅猛发展势头及广泛应用也预示着它将如分子克隆、PCR 一样正在改变未来生命科学研究和生物技术发展的进程。我国应在已有成就基础上，继续保持在该领域的领先地位，以促进我国生物产业的发展。

参考文献

[1] Carroll D. Genome engineering with targetable nucleases. Annu Rev Biochem，2014，83（1）：409-439.

[2] Gaj T，Gersbach C A，Barbas Iii CF. ZFN，TALEN，and CRISPR/Cas-based methods for genome engineering. Trends Biotechnol，2013，31（7）：397-405.

[3] Hsu P D，Lander E S，Zhang F. Development and applications of CRISPR-Cas9 for genome engineering. Cell，2014，157（6）：1262-1278.

[4] Niu Y Y，Shen B，Cui Y Q，et al. Generation of gene-modified cynomolgus monkey via Cas9/RNA-mediated gene targeting in one-cell embryos. Cell，2014，156（4）：836-843.

[5] Shan Q，Wang Y，Li J，et al. Targeted genome modification of crop plants using a CRISPR-Cas system. Nature Biotechnology，2013，31：686-688.

[6] Wang Y，Cheng X，Shan Q，et al. Simultaneous editing of three homoeoalleles in hexaploid bread

wheat confers heritable resistance to powdery mildew. Nature Biotechnology,2014,32:947-951.

[7] Li W,Teng F,Li TD,et al. Simultaneous generation and germline transmission of multiple gene mutations in rat using CRISPR-Cas systems. Nature Biotechnology,2013,31: 684-686.

[8] Voytas D F,Gao C. Precision genome engineering and agriculture:Opportunities and regulatory challenges. PLoS Biol,2014,12(6):e1001877.

[9] Tebas P,Stein D,Tang W W,et al. Gene editing of CCR5 in autologous CD4 T cells of persons infected with HIV. N Engl J Med,2014,370(10):901-910.

[10] Baltes N J,Gil-Humanes J,Cermak T,et al. DNA replicons for plant genome engineering. Plant Cell,2014,26(12):151-163.

[11] Shalem O,Sanjana N E,Hartenian E,et al. Genome-scale CRISPR-Cas9 knockout screening in human cells. Science,2013,343(6166):84-87.

[12] Zhou Y,Zhu S,Cai C,et al,High-throughput Screening of a CRISPR/Cas Library for Functional Genomics in Human Cells. Nature,2014,509:487-491.

Genome Editing:Development,Applications and Opportunities

Gao Caixia ,Shan Qiwei

TALEN and CRISPR/Cas9 are emerging as new tools for engineering targeted modifications in genomes. They have been developed to generate targeted DNA double-strand breaks (DSBs). DSBs are then repaired mainly by either error-prone non-homologous end joining (NHEJ) or high-fidelity homologous recombination (HR),which will lead to gene knockout,chromosome rearrangement,gene knock-in or replacement. Here,we describe the development,applications and opportunities of genome editing technologies for a variety of research ortranslational applications,and highlight challenges as well as future directions.

2.8 "脑功能联结图谱"研究进展

郭爱克

（中国科学院生物物理研究所，
中国科学院上海生命科学研究院神经科学研究所）

人类大脑是自然通过漫长进化而产生的最精细、最复杂、最优美和最成功的器官，是智力演化最伟大的奇迹，是人类智力产生的源泉，是人类灵性的家园；它以其非凡的能力造就了人类知识和文明的社会传承。

脑科学是研究心-智（brain and mind，或曰"神-智"、"脑-智"）的科学，它是研究人、动物和机器的认知与智能的本质与规律的科学。回答智力的本质是什么，创造性是从哪里来的，什么是理性？什么是记性？什么是忘性？什么是个性？什么是人性？什么是创造性？我们怎样做决策？如何防范脑疾病的定时炸弹？如何推迟衰老？能否创造脑式的人工智能系统？等等。其科学目标是认识和理解脑，保护和促进脑，开发和创造脑。

脑科学将拓展人类对自然和人类自身的认识，它对人类的知识创新，对人民的健康和幸福，对信息科学和人工智能，对文化科学、社会科学、教育学、语言等都将产生极大的辐射作用，对人类社会的进步和经济发展有着深远的影响。

经历了 60 年的电生理记录、40 年的分子生物学介入、20 年的脑核磁成像（MRI），脑研究正在实现研究策略的革命性转变。大数据时代的脑科学必将是将基因组、蛋白质组、神经联结组、脑网络组等进行有效的集成和大规模会聚的大科学前沿。大量神经元相互作用、相互协作时，整个系统会自发地涌现出动态重构等复杂自组织行为，这种自组织模式被认为是脑高级认知功能产生的物质基础。复杂动力学系统通过个体间相互作用产生全新的自组织整体行为的过程，存在于脑系统的各个层次。所以，对脑功能的破译需要在多个层次上的解析脑网络系统的联结方式与规则，最终得到脑网络实现其功能的"线路设计图"，这是脑科学的战略制高点[1~5]。一旦拿到了脑功能的"线路设计图"，我们就能深度了解脑是怎样工作的、退行性认知是怎样发生的。同样，根据这些"线路设计图"，我们才有机会突破冯·诺依曼计算机体系原理；才有可能构建出新型脑机智能技术体系，研发出低耗、高速、具备自适应能力的类脑神经元和神经网络芯片、新一代计算机及通信网络、类脑智能机器人机。2013 年，美国的"创新性神经技术推动的脑计划"（BRAIN Initiative）希望通过获取每一个神经元的每一个放电信息，从而揭示脑的工作原理和认知、情感障碍为主的脑重大疾病发生机制，其目标是不仅引领科学发展，同时将带动相关高科技产业革命；欧盟的"人脑计划"（Human Brain Project）开展用超级计算机对脑联结与脑功能的模拟研究。

中国科学院经过约两年的酝酿、准备和凝练，于 2012 年 11 月启动了中国科学院战略性先导科技专项（B 类）"脑功能联结图谱计划"（Mapping Brain Functional Connections，MBFC，简称"脑功能图谱 2012～2020 年"）。其科学内涵是针对特定脑功能神经联结通路及其网络结构的解析及模拟，不是全脑神经联结组学，而是限定在对特定脑功能的神经联结网络作图。该专项研究下设 5 个项目：感知觉联结图谱、学习记忆与阿尔茨海默病联结图谱、情绪与抑郁症联结图谱、抉择与成瘾联结图谱、脑功能联结图谱关键技术。来自中国科学院 9 个院所的共 23 个课题组参加该专项研究。研究含 4 个层次：在纳米尺度主要聚焦神经元间突触连接的信息传递及其分子调控；在微米尺度主要聚焦相互联结且数量庞大的神经环路及其网络；介观层次对应数百微米分辨率，主要考察类似皮质功能柱的基本单元之间的联结规律；宏观层次指毫米级空间分辨率的不同功能脑区的联结结构。

该专项的目标（2012～2020 年）是力求完整地描述大脑的四类重要脑功能（感觉、情绪、记忆、抉择等）在正常态和病态期的神经网络联结的构造、运作方式和机制。其目标并不在于描述全体神经细胞的全部电活动，而在于描述各脑区特殊种类神经细胞群之间有功能的联结和运作。

"脑功能联结图谱计划"的总体目标有以下三方面。

（1）在脑功能联结图谱研究中取得原创性理论突破，阐明感知觉、学习记忆、情绪、抉择等脑功能联结的组织构架规律。

（2）揭示脑功能联结图谱异常与感知觉疾病、脑发育及神经退行性病变、抑郁、成瘾等脑疾病的关系，研发相关认知疾病诊断与治疗的新策略。

（3）研发一批先进的高时空分辨率的显微技术和设备、神经示踪等技术；建立脑功能联结数字文库、脑功能联结图谱和公共信息中心。

两年来，专项在理解脑、保护脑、脑图谱和脑技术等四个方面取得了若干实质性进展。

一、在感知觉联结图谱方面

（1）背根节神经元的分子和功能分类是构建小鼠痛觉等躯体感知觉的脑功能联结图谱的十分重要的基础。应用单细胞 RNA 测序（RNA-seq）技术，完成了小鼠背根节（DRG）神经元转录本的建库、测序和分析工作；将背根节神经元分为 8 类小神经元及 6 种亚类和 4 类大神经元及 2 种亚类，并鉴定了各类神经元的标志物，及其神经元功能的相关性。相关论文待发表。

（2）揭示了成纤维细胞生长因子-13（FGF-13）对感知觉等起调节作用的机制，发现 FGF-13 是调控脑发育和智力的重要基因；观察到 FGF-13 基因敲除小鼠呈现出大脑皮层和海马的组织结构分层异常，学习记忆能力受到明显损害，相关论文发表在《细胞》（Cell）[6] 杂志。

（3）发现数字的本质是基于拓扑性质确定的知觉物体，获取支持视觉认知基本单元的拓扑学定义的脑功能联结组证据。脑功能成像研究发现拓扑性质激活杏仁核，支持"大范围首先"理论假设的神经表达可能是皮层下通路（相关论文待发表）。

（4）嗅觉信号对生物运动信息知觉的调制的研究表明雄甾二烯酮和雌甾四烯可在

个体间有效地传递性别信息，从而为人类性信息素的存在提供了有力证据（图 1）。相关论文发表在《细胞》杂志的子刊《当代生物学》（*Current Biology*）[7] 上，并引起广泛媒体关注，《科学》（*Science*）、《科学美国人》（*Scientific American*）、《时代周刊》（*Time*）等国际知名媒体予以深度报道。该文目前的 Altmetric 分数为 305，在 *Current Biology* 历史上发表的所有文章中排名 35，跨期刊全部发表文章中排名位于前 1% 。

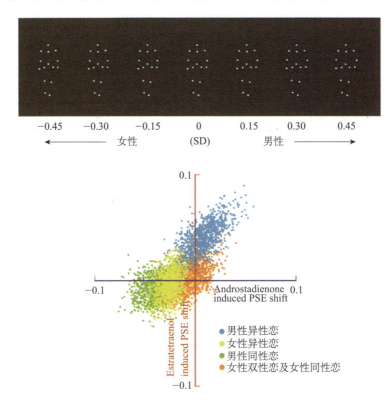

图 1　嗅觉信号对生物运动信息知觉的调制

研究发现闻取雄甾二烯酮使得女性异性恋被试倾向于将生物运动的性别知觉为男性，而对男性异性恋被试则不起作用；相反，闻取雌甾四烯使得男性异性恋被试倾向于将生物运动知觉为女性，而对女性异性恋被试则不起作用。男性同性恋被试的反应模式类似于女性异性恋被试；女性双性恋及女性同性恋被试的反应模式则介于男性异性恋被试与女性异性恋被试之间

二、　在情绪的神经环路编码机制方面

（1）绘制了情感价值的神经"地图"。利用神经元活性标志分子 c-fos（原癌基因，也是一个即早基因）的信使 RNA（mRNA）和蛋白（protein）在表达时间上的差异，

在同一动物脑中分别标记吗啡注射所激活的快感环路与足部电击所活化的负面情绪环路，系统地观察了这两种相反情绪刺激在同一个脑中所对应的神经环路。相关论文发表在《自然·神经科学》（*Nature Neuroscience*)[8]。

（2）通过蛋白定量质谱分析、脑区定点基因表达、电生理及行为学等手段发现并证明了钙调蛋白激酶家族成员 β-CaMKⅡ在抑郁核心症状的形成中起关键作用，首次确定了 β-CAMKⅡ是导致缰核过度兴奋和抑郁表型的关键分子，为理解抑郁症的发病机理及治疗抑郁症的核心症状提供了新的视角和分子靶点（图 2）。相关论文发表在 2013 年的《科学》（*Science*)[9]杂志上。

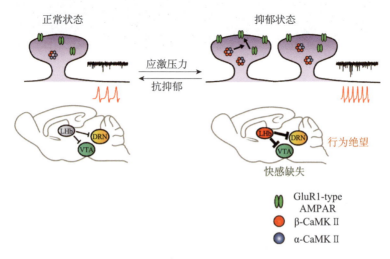

图 2　β-CaMKⅡ在抑郁核心症状的形成中起关键作用

在诱导抑郁的压力刺激下，外侧缰核（LHb）中 β-CaMKⅡ的表达上调并通过促进 α-氨基-3-羟基-5-甲基-4 异噁唑受体（AMPAR）进入突触等变化导致缰核过度兴奋，从而增强了外侧缰核对下游脑区腹侧被盖区（VTA）与中缝背核 DRN 的抑制，进而导致了快感缺失与行为绝望

三、在学习记忆与阿尔茨海默病联结图谱方面

（1）发现听觉恐惧记忆的形成和储存机制。在听觉恐惧记忆形成后，在小鼠听皮层第五层的锥体细胞的表层树突棘有显著增加；进一步发现在恐惧记忆形成 2 小时后和 3 天后，前额叶（PFC）投射到初级听皮层（A1）的轴突终扣形成与消失均无显著变化，但外侧杏仁核（LA）投射到 A1 的轴突终扣的形成和消失均有显著变化，且此变化与恐惧记忆的强度相关。

（2）采用动物口服甲醇（其代谢产物为甲醛）的方式分别建立了小鼠和恒河猴的阿尔茨海默病（AD）动物模型，通过行为学、免疫组化等方式检测发现，后者是国内外第一个同时具有 Tau 蛋白过度磷酸化（神经纤维缠结的前体）、淀粉样蛋白沉淀和永久记忆损伤 3 个 AD 核心症状的猕猴 AD 模型。

（3）在源于中国汉族人群的 1021 例 AD 病例和 2062 例正常对照组中，对线粒体能量代谢通路、神经免疫通路和学习记忆通路中的关键基因进行遗传关联分析，发现神经免疫通路基因 *CFH* 和线粒体能量代谢通路基因 *PARL* 与 AD 遗传易感相关，*CFH* 基因位点 rs1061170（Y402H）和 *PARL* 基因位点 rs7653061 与内嗅皮层厚度等大脑结构改变显著相关。

四、在抉择的联结图谱方面

（1）发展了一种新的神经元双色钙成像方法，实现了光学显微镜和电镜的联合使用，对果蝇脑蘑菇体单个神经元的输入联结组绘图，发现蘑菇体神经元的反应特性是由前级的投射神经元组的线性相加来决定。该项工作对神经元的功能联结组作图提供了一种新策略，并为果蝇脑蘑菇体中的信息传递和整合的过程研究提供了一种全新视角（图 3），相关论文发表在《美国国家科学院院刊》（*PNAS*）[10] 上。

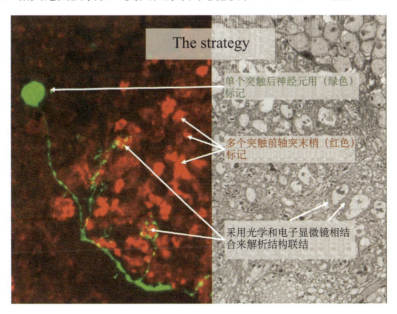

图 3　一种新型的神经细胞的双色钙成像技术，用于研究神经元之间、
突触前与突触后之间在结构和功能上的相互关系
神经元突触前（红色）和突触后（绿色）双色钙成像技术用于揭示参与特定功能和行为的神经环路中
不同神经元之间信息传递和整合的准确机制研究

（2）发现斑马鱼视觉逃跑环路的信息传递受到下丘脑多巴胺能神经元和后脑甘氨酸能抑制性神经元组成的功能模块的控制。该工作为感觉-行为控制提供了神经环路机制，揭示了神经调质系统可以区分视觉刺激的行为意义，从而对相应的视觉-运动信号处理进行特异性调节，产生适应性的动物行为。

五、在脑功能联结图谱关键技术方面

（1）基于新的基因操作方法，建立精神疾病非人灵长类动物模型；实现了食蟹猴 *MECP2*、*FMR1* 等基因的转入和敲除，获得了与孤独症等神经发育性疾病相关的转基因或基因敲除食蟹猴模型。

（2）研发基于嗜神经病毒的神经回路结构与功能研究工具，建立了系统的基因重组嗜神经病毒库，包括伪狂犬病毒（PRV）、单纯疱疹病毒（HSV）、狂犬病毒（Rabies virRV）、水疱性口炎病毒（VSV）等，以实现对神经环路的特异标记。

（3）在微观成像方面，现有的随机光学重构（STORM）方法由于对背景噪音敏感，通常只能用于厚度小于 1 微米的样品。为克服此技术局限，研发了基于扫描光片照明的新方法和装置，可实现百微米至数毫米量级的组织厚样品的超微荧光成像，并在线虫上初步验证了可行性。

六、在资源库与平台建设方面

进一步建立和完善了光感基因病毒资源库、转基因动物资源库、突触相关蛋白单克隆抗体库、基于基因定点敲进的光遗传与探针工具、Cre 依赖和非依赖的表达 TVA 和不同荧光蛋白的 AAV 和用于神经环路标记的示踪工具病毒库等多种资源库。同时，初步建立了宏观和微观成像平台、光遗传学技术平台、病毒示踪平台技术和高效基因操作平台。

创新是科学的生命。我们要力争提出新问题、新观念、新原理、新技术，做到"有所发现，有所发明，有所创造，有所前进"，引领脑科学雁阵飞向更蔚蓝的天空。

参考文献

[1] 郭爱克. 大数据时代的大脑科学-绘制智力的蓝图. 生物化学与生物物理进展，2014，41（10）：1034-1040.

[2] 拉菲尔·尤斯蒂，乔治 M. 邱奇. 攻克大脑. 冯泽君译. 环球科学，2014，6（102）：24-29.

[3] Kandel E R, Markram H, Matthews M, et al. Viewpoint, neuroscience thinks big (and collaborative-

ly). Nature Review/Neuroscience,2013,14:659-664.

[4] Alivisatos A P,Chun M,Church G M,et al. The Brain Activity Map Project and the challenge of functional connectomics. Neuro View,Neuron,2012,74:970-974.

[5] Mu-ming Poo. Whereto the mega brain projects? National Science Review,2014:12-14.

[6] Wu Q F,Yang L,Li S,et al. Fibroblast growth factor 13 is a microtubule-stabilizing protein regulating neuronal polarization and migration. Cell,2012,149:1549-1564.

[7] Zhou W,Yang X,Chen K,et al. Chemosensory communication of gender through two human steroids in a sexually dimorphic manner. Current Biology,2014,24(10),1091-1095.

[8] Xiu J,Zhang Q,Zhou T,et al. Visualizing an emotional valence map in the limbic forebrain by TAI-FISH. Nature Neuroscience,2014,17:1552-1559.

[9] Li K,Zhou T,Liao L,et al. βCaMKII in lateral habenula mediates core symptoms of depression. Science,2013,341:1016-1020.

[10] Li H,Li Y,Lei Z,et al. Transformation of odor selectivity from projection neurons to single mushroom body neurons mapped with dual-color calcium imaging. Proc Natl Acad Sci USA,2013,110 (29):12084-12089.

Progress in the Study of "Mapping Brain Functional Connections"

Guo Aike

Chinese Academy of Sciences launched a brain science project ＜Mapping Brain Functional Connections＞,in September 2012 with the goal to "*understanding*","*protecting*",and "*simulating*" brain. It focuses on mapping and analyzing the neural circuits and neural connections underlying some particular brain functions. The MBFC consists of 5 research areas:①The sensory perception and perception disorder;②The learning and memory,and Alzheimer's disease;③Emotion and Depression;④Decision making and Substance abuse;⑤The development of different scale imaging method and key technology of the brain functional connectivity maps. The research spans multiple levels: the nanometer scale; the microscopic level; the mesoscopic level, and the macroscopic level. Here we highlight some significant progress of MBFC in the past two years (2012—2014).

2.9 乳腺癌分子靶向治疗的现状及展望

徐兵河　王佳玉

（中国医学科学院；北京协和医学院肿瘤医院内科）

一、乳腺癌的发病情况概述

乳腺癌是女性最常见的恶性肿瘤，全世界每年约有 167 万妇女患乳腺癌，52 万人死于乳腺癌。在西欧、北美等发达国家，乳腺癌发病率占女性恶性肿瘤首位。我国虽属乳腺癌的低发区，但近年来的发病率增长趋势明显。2008 年，我国乳腺癌新发病例数 16.9 万。据《2013 年中国肿瘤登记年报》，我国乳腺癌新发病例高达 21 万。在全球范围内，中国占据新诊断乳腺癌病例的 12.2%，占据乳腺癌死亡的 9.6%。乳腺癌已经成为我国女性发病率第一的恶性肿瘤，严重威胁我国妇女的健康。

近年来，随着乳腺癌分子生物学研究的不断深入，逐渐认识到乳腺癌是由不同分子亚型组成的一大类疾病，乳腺癌的治疗不能采用一种方法适于所有乳腺癌的模式，而应该针对不同分子亚型，采取"量体裁衣"的个体化治疗模式，才能取得更好的效果，由此开发了一系列更具针对性的分子靶向药物。分子靶向药物的临床应用，大大提高了乳腺癌的治疗效果。

二、乳腺癌分子分型与个体化治疗策略

目前，临床上一般以雌激素受体（ER）、孕激素受体（PR）、人表皮生长因子受体（HER2）以及 Ki67 将乳腺癌分成四种亚型，即管腔（Luminal）A 型、管腔 B 型、HER2 过表达型和基底细胞样型（三阴性乳腺癌）。不同亚型的乳腺癌应采取不同的治疗策略。

1. 管腔 A 型

管腔 A 型（luminal A）指 ER 阳性、PR＞20%、Ki67＜14%。该类型乳腺癌一般发展相对缓慢，对内分泌治疗敏感，除了淋巴结转移数目≥4 个、核分级Ⅲ级、21 基因或 70 基因检测评分高等高危险因素的患者需要化疗以外，一般建议可单用内分泌药物治疗。

2. 管腔 B 型

管腔 B 型（luminal B）分为两种。一种是 ER 阳性、PR≤20%，HER2 阴性，Ki67≥14%。建议给予内分泌治疗±化疗。另一种是 ER 和/或 PR 阳性，HER2 阳性，无论 Ki67 的值是多少。一般应考虑化疗＋抗 HER2 治疗＋内分泌治疗，目前尚无资料显示这类患者可免于化疗。

3. HER-2 过表达型

这一类型乳腺癌的特点是 ER 和 PR 阴性，HER2 阳性。除了对非常低危（如 pT1a 和淋巴结阴性）的患者可考虑不用辅助治疗以外，一般应采用化疗＋抗 HER2 治疗。

4. 三阴性乳腺癌

三阴性乳腺癌（triple negative breast cancer，TNBC）是指 ER、PR 和 HER2 均阴性的一类乳腺癌，由于 ER 和 PR 阴性，不能进行内分泌治疗，又因 HER2 阴性，抗 HER 治疗无效，因此，主要治疗手段是化疗。

三、乳腺癌的靶向治疗概述

靶向治疗，是在细胞分子水平上，针对已经明确的致癌位点（该位点可以是肿瘤细胞内部的一个蛋白分子，也可以是一个基因片段），来设计相应的治疗药物，药物进入体内会特异地选择致癌位点来相结合发生作用，使肿瘤细胞特异性死亡，而不会波及肿瘤周围的正常组织细胞，所以分子靶向治疗又被称为"生物导弹"。靶向治疗与手术、化疗、放疗及内分泌治疗一起被称为乳腺癌综合治疗的重要手段。

表皮生长因子受体（epidermal growth factor receptor，EGFR）属于具有受体功能的酪氨酸蛋白激酶家族亚类，与乳腺癌关系最密切，包括 erbB-1/HER1/EGFR、erbB-2/HER2、erbB-3/HER3 和 erbB4/HER4。配体与其相应受体结合并发生酪氨酸磷酸化，从而调节细胞增殖、分化、运动等，在正常乳腺的发育、成熟、退化过程中发挥着重要作用。HER2 与 EGFR 家族的其他成员形成异源二聚体，进而活化 MAPK、PI3K 等信号转导通路调节细胞功能，引起细胞增殖、黏附、运动、血管发生以及凋亡等。目前我们熟知的 HER2 在 20%～25% 的乳腺癌患者过表达，HER2 始终为治疗乳腺癌的一个重要靶点。

四、乳腺癌靶向治疗现状

近年来，随着乳腺癌分子生物学研究的不断深入，涌现出越来越多的分子靶向药物。分子靶向药物的临床应用大大提高了乳腺癌的治疗效果。

1. 激素受体（HR）阳性乳腺癌的靶向治疗

激素受体（HR）阳性乳腺癌中有约 50% 存在对内分泌治疗的原发耐药。抗雌激素和抗 HER2 联合治疗可以克服这一由下游信号通路上受体（如 PI3K/Akt/mTOR）间相互作用而致的耐药问题。相关研究显示在曲妥珠单抗基础上增加芳香化酶抑制剂（AI）可以改善患者预后。HER3 作为潜在的乳腺癌治疗靶点，国外一系列抗 HER3 单克隆抗体正在研发中，该制剂联合 AI 的研究已经进入Ⅱ期临床阶段。磷脂酰肌醇 3-激酶（phosphatidylinositol 3-kinases，PI3K）激活第二信使分子驱动一系列下游生理细胞代谢和存活功能。较为成熟的 PI3K 抑制剂如 mTOR 抑制剂——依维莫司。已证实依维莫司与依西美坦（一种 AI）联合能显著改善内分泌治疗耐药患者的预后。2012 年 7 月美国食品药品监督管理局（FDA）批准依维莫司用于治疗激素受体阳性、HER2 阴性绝经后晚期乳腺癌患者。

2. HER2 阳性乳腺癌

基于曲妥珠单抗强大的临床数据和广泛的循证医学证据，其已经被批准用于 HER2 阳性乳腺癌的新辅助治疗及晚期乳腺癌的治疗，并获得国内外指南的一致推荐。对 HER2 阳性乳腺癌患者，在术后辅助治疗上，应考虑选择含曲妥珠单抗的联合方案。对肿瘤直径≥1.0 厘米或淋巴结阳性的乳腺癌患者，推荐用曲妥珠单抗辅助治疗；对肿瘤直径＞0.5 厘米者，也要考虑曲妥珠单抗辅助治疗。依据目前的研究，最佳的曲妥珠单抗的辅助治疗时间为 1 年。

拉帕替尼是一种可逆的小分子 HER1/HER2 双重抑制剂，能同时抑制受体自身磷酸化，阻断下游信号通路，促进肿瘤细胞凋亡。2007 年美国 FDA 批准可与卡培他滨联合，用于治疗 HER2 过表达，既往接受过蒽环类、紫杉类药物和曲妥珠单抗治疗的晚期乳腺癌。但拉帕替尼在晚期乳腺癌一线治疗和辅助治疗与曲妥珠单抗头对头比较的临床试验中，均未取得阳性结果。

帕妥珠单抗是第二个以 HER2 为靶点的人源化单克隆抗体，可与 HER2 胞外区（ECDⅡ）结合，抑制二聚体形成，阻断信号转导。帕妥珠单抗不仅适用于 HER2 过表达者，对 HER2 低表达者也有效。研究显示，帕妥珠单抗与曲妥株单抗联合应用较单独应用帕妥珠单抗临床获益率显著提高。CLEOPATRA 研究为帕妥珠单抗、曲妥珠单抗与多西他赛联合化疗应用于 HER2 阳性的晚期乳腺癌。研究取得了令人瞩目的结果。2012 年 6 月帕妥珠单抗获得 FDA 批准上市用于治疗 HER2 阳性乳腺癌，多西他赛联合曲妥珠单抗以及帕妥珠单抗方案成为治疗 HER2 阳性转移性乳腺癌患者新的标准方案。帕妥珠单抗联合其他化疗药物疗效的临床研究正在进行中。

抗体药物偶联物（trastuzumab emtansine，T-DM1），是将曲妥珠单抗和化疗药物美坦新（maytansine）派生物经过特殊的偶联技术开发的全新靶向化疗药物。T-DM1 具有曲妥珠单抗的活性，可以与 HER2 的细胞外区域结合，通过阻断 HER2 的活化，产生抑制肿瘤增殖的作用。EMILIA 研究表明，T-DM1 单药治疗较拉帕替尼联合卡培他滨显著降低患者疾病进展和死亡风险，且对改善患者生活质量有优势。2013 年 2 月美国 FDA 基于该研究结果批准 T-DM1 上市，用于治疗既往接受过曲妥珠单抗及紫杉醇治疗失败的 HER2 阳性转移性乳腺癌患者的二线治疗。

3. 抗血管生成治疗

肿瘤新生血管的形成是肿瘤生长和转移的一个重要因素，而血管内皮生长因子（vascular endothelial growth factor，VEGF）是血管生成的关键因素。贝伐珠单抗可选择性地与 VEGFA 亚型结合并阻断生物学活性，抑制新生血管生成，从而抑制肿瘤。研究发现，贝伐珠单抗联合化疗可显著延长乳腺癌患者的 PFS 和提高总有效率，但 OS 并没有显著延长。2012 年美国 FDA 出于其安全性和有效性的原因撤销了贝伐珠单抗用于乳腺癌治疗的适应证，但美国 NCCN 却保留了贝伐珠单抗联合紫杉醇用于转移性乳腺癌的治疗。目前还无足够的证据证明贝伐珠单抗能使晚期乳腺癌患者 OS 获益。目前，许多抗血管生成靶向药物处于临床前或临床研究中，如抗 VEGF-1 单抗 IMC-18F1、抗 VEGF 单抗 IMC-1121B 及针对 VEGF 的酪氨酸激酶抑制剂舒尼替尼和索拉非尼等，这些药物能否使乳腺癌患者临床获益，还有待进一步研究。

五、我国乳腺癌靶向治疗的问题及展望

受到专利和昂贵价格等方面的限制，靶向治疗对于中国相当一部分乳腺癌患者来说，都是可望而不可即的。治疗 HER2 阳性晚期乳腺癌的重要药物——帕妥珠单抗、TDM1 等靶向药物近年来陆续被欧美等国批准上市，但遗憾的是，这类药在中国尚未获批。新的治疗靶点的发现及相应靶向治疗药物的研发方兴未艾，为乳腺癌的治疗带来了新的希望。但中国医生和患者在国际新药研发中的参与度并不高，具有指南意义的重要研究多数是在国外开展的。近年来，我国药企开展了一系列乳腺癌分子靶向治疗的临床研究，但多数药物为进口靶向药物的仿制品。研究瓶颈在于具有独立知识产权的新药研发非常有限，并且受资金、技术、监管等条件限制，相关工作进展缓慢，真正成功上市进入临床的国产靶向药物鲜见。展望未来，我们应当：①深入开展乳腺癌的基础研究，探索我国乳腺癌的分子生物学特征。②大力开展乳腺癌分子靶向药物，特别是有自主知识产权的靶向药物的研发。③加强国内前瞻性多中心临床研究，特别是有可能改变临床实践的分子靶向药物的临床研究。④积极开展基于分子分型的

个体化治疗研究。⑤在亚细胞水平探索乳腺癌细胞生物靶点及其信号传导通路的研究国际上已有大量的报道。我们应加大国际合作与信息交流，建立和优化与细胞增殖相关的生物靶点及药物评估平台和实验动物平台。⑥鼓励更多的年轻科学家投身于乳腺癌的基础研究，勇于创新，敢于探索。我们迫切需要在医院、企业、科研机构以及执行与监管等部门之间鼎力合作，大力研发具有我国自主知识产权的乳腺癌分子靶向治疗药物，努力提高我国乳腺癌的治疗水平。

参考文献

[1] 徐兵河. 乳腺癌的分子靶向治疗进展. 中国医科大学学报，2013，42(12)：1057-1064.

[2] Anido J, Matar P, Albanell J, et al. ZD1839, a specific epidermal growth factor receptor (EGFR) tyrosine kinase inhibitor, induces the formation of inactive EGFR/HER2 and EGFR/HER3 heterodimers and prevents heregulin signaling in HER2-overexpressing breast cancer cells. Clin Cancer Res, 2003, 9 (4): 1274-1283.

[3] Bachelot T, Bourgier C, Cropet C, et al. Randomized phase II trial of everolimus in combination with tamoxifen in patients with hormone receptor-positive, human epidermal growth factor receptor 2-negative metastatic breast cancer with prior exposure to aromatase inhibitors: A GINECO study. J Clin Oncol, 2012, 30 (22): 2718-2724.

[4] Baselga J, Cortés J, Kim S B, et al. Pertuzumab plus trastuzumab plus docetaxel for metastatic breast cancer. New EnglJ Med, 2012, 366 (2): 109-119.

[5] Clark O, Paladini L, Engel T, et al. Costs of HER 2 negative, Hormonal Receptor Positive, Metastatic Breast Cancer (MBC-HR+) Treated with Everolimus (EVE)+Exemestane (EXE) in the brazilian private system (BPS): A Real World (RW) and published Literature Analysis. Value in Health, 2013, 16 (7): A405.

[6] Cortés J, Baselga J, Petrella T, et al. Pertuzumab monotherapy following trastuzumab-based treatment: Activity and tolerability in patients with advanced HER2-positive breast cancer. J Clin Oncol, 2009, 27 (15S): 1022.

[7] Geering B, Cutillas P R, Nock G, et al. Class IA phosphoinositide 3-kinases are obligate p85-p110 heterodimers. PNAS, 2007, 104 (19): 7809-7814.

[8] Geyer C, Martin A, Newstat B, et al. Lapatinib (L) plus capecitabine (C) in HER2+ advanced breast cancer (ABC): Genomic and updated efficacy data. ASCO Annual Meeting Proceedings, 2007: 1035.

[9] Gianni L, Romieu G H, Lichinitser M, et al. AVEREL: a randomized phase III Trial evaluating bevacizumab in combination with docetaxel and trastuzumab as first-line therapy for HER2-positive locally recurrent/metastatic breast cancer. J Clin Oncol, 2013, 31 (14): 1719-1725.

[10] Giordano S B, Kaklamani V. Lapatinib in combination with paclitaxel for the treatment of patients with metastatic breast cancer whose tumors overexpress HER2. Breast Cancer Management,

2013,2（6）：529-535.

［11］Hopp T A,Weiss H L,Parra I S,et al. Low levels of estrogen receptor β protein predict resistance to tamoxifen therapy in breast cancer. Clin Cancer Res,2004,10（22）：7490-7499.

［12］Johnston S,Pippen J,Pivot X,et al. Lapatinib combined with letrozole versus letrozole and placebo as first-line therapy for postmenopausal hormone receptor-positive metastatic breast cancer. J Clin Oncol,2009,27（33）：5538-5546.

［13］Lee-Hoeflich S T,Crocker L,Yao E,et al. A central role for HER3 in HER2-amplified breast cancer：implications for targeted therapy. Cancer Res,2008,68（14）：5878-5887.

［14］Lee J W,Soung Y H,Kim S Y,et al. PIK3CA gene is frequently mutated in breast carcinomas and hepatocellular carcinomas. Oncogene,2005,24（8）：1477-1480.

［15］Lu K V,Chang J P,Parachoniak C A,et al. VEGF inhibits tumor Cell invasion and mesenchymal transition through a MET/VEGFR2 complex. Cancer Cell,2012,22（1）：21-35.

［16］Mariani G,Fasolo A,De Benedictis E,et al. Trastuzumab as adjuvant systemic therapy for HER2-positive breast cancer. Nature Clin Practice Oncol,2008,6（2）：93-104.

［17］O'Regan R,Ozguroglu M,Andre F,et al. Phase Ⅲ,randomized,double-blind,placebo-controlled multicenter trial of daily everolimus plus weekly trastuzumab and vinorelbine in trastuzumab-resistant,advanced breast cancer（BOLERO-3）. J Clin Oncol,2013,31（15 Suppl）：505.

［18］Pegram M D,Blackwell K,Miles D,et al. Primary results from EMILIA,a phase Ⅲ study of trastuzumab emtansine（T-DM1）versus capecitabine（X）and lapatinib（L）in HER2-positive locally advanced or metastatic breast cancer（MBC）previously treated with trastuzumab（T）and a taxane. J Clin Oncol（Meeting Abstracts）,2012：98.

［19］Pivot X,Romieu G,Bonnefoi H,et al. PHARE Trial results of subset analysis comparing 6 to 12 months of trastuzumab in adjuvant early breast cancer. Cancer Res,2012,72（24 Suppl）：104s.

［20］Raymond E,Faivre S,Armand J P. Epidermal growth factor receptor tyrosine kinase as a target for anticancer therapy. Drugs,2000,60（1）：15-23.

［21］Ryan Q,Ibrahim A,Cohen M H,et al. FDA drug approval summary：lapatinib in combination with capecitabine for previously treated metastatic breast cancer that overexpresses HER2. The Oncologist. 2008,13（10）：1114-1119.

［22］Semiglazov V,Eiermann W,Zambetti M,et al. Surgery following neoadjuvant therapy in patients with HER2-positive locally advanced or inflammatory breast cancer participating in the NeOAdjuvant Herceptin（NOAH）study. Eur J Surg Oncol,2011,37（10）：856-863.

［23］Serra V,Markman B,Scaltriti M,et al. NVP-BEZ235,a dual PI3K/mTOR inhibitor,prevents PI3K signaling and inhibits the growth of cancer cells with activating PI3K mutations. Cancer Res,2008,68（19）：8022-8030.

［24］Valachis A,Polyzos N,Patsopoulos N,et al. Bevacizumab in metastatic breast cancer：a meta-analysis of randomized controlled trials. Breast Cancer Res Treat,2010,122（1）：1-7.

［25］Wan X,Harkavy B,Shen N,et al. Rapamycin induces feedback activation of Akt signaling through an IGF-1R-dependent mechanism. Oncogene,2007,26 (13):1932-1940.

[26] Xu B,Guan Z,Shen Z,et al. Association of phosphatase and tensin homolog low and phosphatidyli-nositol 3-kinase catalytic subunit alpha gene mutations on outcome in human epidermal growth factor receptor 2-positive metastatic breast cancer patients treated with first-line lapatinib plus pa-clitaxel or paclitaxel alone. Breast Cancer Res,2014,16(4):405.

[27] Yakes F M,Chen J,Tan J,et al. Cabozantinib (XL184),a novel MET and VEGFR2 inhibitor,sim-ultaneously suppresses metastasis,angiogenesis,and tumor growth. Mol Cancer Therap,2011,10 (12):2298-2308.

Current Status and Prospect of Molecular Targeted Therapy for Breast Cancer

Xu Binghe, Wang Jiayu

Efficacy of breast cancer treatment has been improved greatly due to the clini-cal application of molecular targeted drugs. Discovery of new therapeutic targets and targeting drug research and development is to be just unfolding, which brings new hope for the treatment of breast cancer. Research in this area in China lags behind the developed countries, we need to rouse oneself to catch up, vigorously develop molecular target drugs for breast cancer with our own intellectual proper-ty, and strive to improve the efficacy of breast cancer treatment in China.

2.10 艾滋病病毒的潜伏与治疗研究新进展

庞 伟 郑永唐

（中国科学院昆明动物研究所）

人类免疫缺陷病毒（HIV）感染所引发的艾滋病（AIDS）严重威胁人类健康、社会稳定和经济发展。由于缺乏预防 HIV 感染的有效疫苗，高效抗逆转录病毒疗法（HAART）是目前临床上最行之有效的防治 HIV/AIDS 手段，可最大限度地抑制 HIV 复制，但并不能彻底地根除病毒，在停止 HAART 治疗后病毒载量将会迅速反弹，其根本原因是潜伏于细胞的病毒（潜伏病毒库，简称潜伏库）造成的。

一、潜伏病毒库的形成及在 HAART 治疗过程中的维持机制

HIV 感染后数天内，潜伏病毒库即可产生。潜伏是 HIV 特有的生存方式之一。HIV 病毒为双股正链的 RNA 反转录病毒，主要感染活化的 CD4＋T 细胞，其基因组反转录后整合于宿主基因组中，而后进行基因转录、蛋白表达、装配和出芽，从而产生新的病毒颗粒进行新一轮的感染。在感染过程中，机体免疫系统能够识别感染的细胞和病毒，将其大量杀死。抗 HIV 药物能作用于病毒复制的各个阶段，阻断新病毒颗粒的产生和感染。但 HIV 在与宿主的协同进化中，产生了一种巧妙的生存策略：少量 CD4＋T 细胞被感染后，能够转化为静息性 CD4＋T 细胞（resting CD4＋T cells），病毒 DNA 整合于宿主基因组中，不转录病毒基因和表达蛋白。由于病毒复制的停滞，抗病毒药物对其无效，这部分细胞不会被病毒所破坏，也不会被宿主免疫系统识别而能够存活下来。在体内环境变化或外界刺激的条件下，潜伏在这部分 T 细胞中的病毒又能再次活化。由于该种 T 细胞半衰期非常长（约 44 个月），HAART 治疗对其无效，从而构成体内最主要潜伏病毒库。

在长期接受 HAART 治疗的患者中，据估计每 10^6 个静息性 CD4＋T 细胞含有 10^2 个整合的 HIV-1 基因组 DNA，其中约 1/300 的前病毒能够被再次活化释放病毒，即 1 个具复制活性的潜伏病毒。人体中大约有 10^{12} 个静息性 CD4＋T 细胞，即 10^6 个潜伏病毒库。研究估计至少连续 HAART 治疗 60 年后，潜伏病毒库才能被消除。但通过对其他不能激活的整合病毒测序和多次体外激活，发现静息性 CD4＋T 细胞中潜伏病毒库的活性（数量）可能被严重低估了 60 倍左右，减少或清除患者体内的病毒库可能比预期的要复杂和困难得多[1]。

另外，在其他一些免疫细胞（如初始 CD4＋T 细胞、巨噬细胞、单核细胞、滤泡状树突细胞、自然杀伤细胞）中都发现有潜伏的 HIV，这些细胞自身也能形成潜伏的病毒库或在静息性 CD4＋T 细胞潜伏病毒库的形成和维持中发挥重要作用。一般研究认为，这些细胞的半衰期较短，在长期接受 HAART 治疗患者中不是主要的 HIV 潜伏病毒库[2]。

二、减小和消除 HIV 潜伏病毒库的策略

HIV 潜伏病毒库的存在是阻碍艾滋病治愈的根本原因。减小和消除 HIV 潜伏病毒库的关键在于从源头上阻断新的 HIV 潜伏病毒库的形成或促进已存在 HIV 潜伏病毒库的加速凋亡（图 1）[3]。

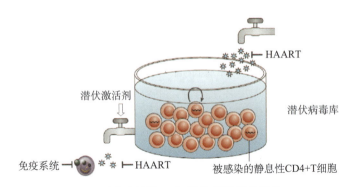

图 1 　减小和消除 HIV 潜伏病毒库的策略

HAART 疗法阻断新感染；潜伏激活剂激活现存潜伏病毒库；增强免疫系统杀灭活化的潜伏细胞

1. 强化 HAART 疗法与阻断潜伏病毒库的产生

目前多数观点认为，现有的 HAART 疗法如果能一直抑制血浆病毒载量反弹，HIV 病毒就处于不复制的状态，新的病毒库形成将被阻断。其证据在于，体内整合的病毒经测序后发现没有突变逃逸，而且停药后再次复制的病毒序列和原始序列一致；在治疗期间出现的偶尔血浆病毒跳跃信号（blip）或是潜伏病毒库活化的结果。但也有部分观点认为目前的 HAART 疗法还处于"亚理想"状态，在一些免疫器官和组织中，药物浓度还不足以阻断病毒复制，病毒在 HAART 治疗下处于低水平复制状态，潜伏病毒库可能持续增多[4]。一个明显的证据是在现有的 HAART 疗法中配伍抑制 HIV-1 整合的药物雷特格韦后，非整合的 HIV-1 DNA 明显增多。在猴免疫缺陷病毒（SIV）感染猕猴模型中，也发现在现有 HAART 疗法中加入 HIV-1 进入抑制剂马拉维诺后，能更有效地抑制 HIV 复制和停药后的病毒反弹。因此，在新型抗 HIV-1 药物不断问世之后，进一步准确比较强化 HAART 疗法与当前 HAART 疗法对潜伏病毒库的影响势在必行[5]。

2. 清除现存潜伏病毒库

由于 HAART 治疗和机体的免疫系统对已形成的潜伏库无效。可能的解决策略有两种：①使潜伏病毒永远沉寂；②激活潜伏病毒，在 HAART 治疗下阻断新感染，通过宿主的免疫反应杀灭感染的宿主细胞。基于体内复杂的环境，前一种方法或不可行，后者被称为"激活并杀灭"的策略是 HIV-1 治疗研究的热点领域之一[6]。

（1）激活潜伏病毒

近年来，在体外已构建 U1、Ach2、J-Lat T 等多种 HIV 潜伏细胞系（这些细胞含 HIV 整合病毒 DNA，但不释放游离病毒），也从经 HAART 治疗后的病人中分离出原代静息性CD4＋T细胞。通过这些细胞筛选和发现了大量的 HIV 潜伏激活剂，主要包括组蛋白去乙酰化酶（HDAC）抑制剂、溴蛋白（BRD）抑制剂、正转录延伸因子 b（P-TEFb）激活剂和蛋白激酶 C（PKC）激活剂及细胞因子几大类。它们与 HIV 转录阶段不同步骤的细胞因子或调节基因相互作用，激活了 HIV 的转录过程，从而激活了潜伏病毒的复制。

一些体外效果较好的 HIV 潜伏激活剂已开始用于临床研究，如组蛋白去乙酰化酶抑制剂丙戊酸、伏立诺他、罗米地辛和一种用于戒酒的药物戒酒硫（disulfiram）。但它们的临床效果都很微弱，远不如体外结果。临床试验结果较好的是伏立诺他，它能有效地促进体内潜伏病毒活化。在 HAART 治疗下，没有一种激活剂能够减少 HIV-1 潜伏病毒库，其原因可能在于：①没有一种体外 HIV-1 潜伏细胞模型能够很好地模拟 HIV-1 的潜伏状态；②单个潜伏激活剂的效果较差，需机制不同的潜伏激活剂联合使用；③需进一步激活机体特异性 HIV-1 免疫反应杀灭潜伏感染细胞[7]。

（2）增强宿主的免疫反应杀灭潜伏细胞策略

体外研究发现，激活潜伏细胞后，只有同时增强和激活机体免疫反应，如激活宿主 HIV-1 特异性细胞毒性 T 细胞（CTL）的作用，才能达到减少 HIV-1 潜伏病毒库的目的[5]。增强和激活宿主的免疫反应主要有以下一些策略。

早期治疗。近年来出现的"功能性治愈"患者均出现在早期治疗中，他们在停止 HAART 治疗后的 6～10 年中血浆病毒载量并没有反弹，也没有出现任何 AIDS 症状。著名的"密西西比婴儿"就是在出生 30 个小时后进行抗病毒治疗 18 个月，停药一年内仍能控制病毒反弹。究其原因，一方面可能在早期治疗后，有效地控制了病毒复制，减少了潜伏病毒库的产生，较小的潜伏病毒库有利于机体免疫系统的控制；另一方面，早期治疗保护了机体免疫系统受病毒的攻击和破坏，较完整的免疫系统能更好地减少潜伏病毒库[2]。但"功能性治愈"患者只占早期治疗患者的 5%～15%，对绝大多数早期治疗患者和慢性期患者而言，进一步增强机体 HIV-1 特异性免疫反应，才是切实可行的方法。

治疗性疫苗。体外研究发现，增强 HIV 特异 CD8＋T 细胞的细胞毒性 T 淋巴细胞（CTL）反应能够减小潜伏病毒库。对 HIV-1 精英控制者①的研究也发现，其特异性 CTL 反应能很好地控制病毒复制。在 SIV 感染猕猴模型中，通过 Ad5、Ad26、CMV 和 MVA 等载体，携带多段 SIV 病毒抗原基因免疫猕猴后，能激发感染猕猴特异 CTL 反应，部分限制病毒复制。虽然在临床研究中，Ad5 载体的预防性疫苗已宣告失败，但目前这些病毒载体疫苗和 HAART 联用，在激活潜伏病毒库前增强细胞免

———————————

①　有极少一部分人天生具有遏制病毒复制的能力，可使病毒水平保持在临床无法检测的水平，这部分人被称为精英控制者。

疫，达到削弱病毒库的作用，应该具有较好的前景[8]。

广谱性中和抗体。中和抗体能很好地阻断病毒进入细胞。在 SIV 或 SHIV 感染猕猴动物模型中，中和抗体显著地抑制病毒复制。更重要的是，广谱的中和抗体在识别细胞表面抗原的同时，其 Fc 段能介导 HIV-1 特异的"抗体依赖细胞介导的细胞毒性作用"（ADCC），从而有效杀灭感染细胞。最近，在 HIV 人源化小鼠动物模型中，发现中和抗体与多种 HIV 潜伏激活剂联用，能有效地抑制病毒复制，减小 HIV 潜伏病毒库[9]。

免疫调节剂。HIV-1 感染诱导了持续性免疫活化，导致 T 细胞和 B 细胞免疫功能的耗竭。免疫调节剂 PD-1 抑制剂能促进 T 细胞免疫功能的重建；雷帕霉素能够抑制 T 细胞的活化；在慢性期注射高剂量 I 型干扰素可诱导天然免疫反应限制 HIV 的复制等[10]。

基因或细胞治疗。在 2 例"波士顿病人"中，研究人员发现骨髓造血干细胞移植能明显减少潜伏病毒库。唯一 HIV 潜伏病毒库清除的病例为 1 例"柏林病人"，其进行纯合子 CCR5Δ32/CCR5Δ32（CCR5 基因缺失 32 个碱基后抑制 HIV-1 进入 CD4＋T 细胞）供体骨髓移植后，HIV-1 被彻底清除了。骨髓移植减少病毒潜伏库的机制尚不明确，也可能与移植物抗宿主病相关。但 CCR5Δ32 基因型的移植为干细胞治疗提供了新的方向。替换 HIV-1 感染者 CD8＋T 细胞的 TCR 受体，使之具有 HIV-1 精英控制者 CD8＋T 细胞特异的杀伤能力，该研究目前也已进入临床试验[5]。

三、结语和展望

清除 HIV-1 潜伏库，达到治愈的效果，是艾滋病治疗的最终目标。但目前还存在很多悬而未结的问题[3]。

（1）HIV-1 潜伏库的准确评价体系，究竟哪些整合前病毒能够在体内再次复制？

（2）HIV-1 潜伏库在各器官和组织的分布特征？

（3）HAART 治疗的最佳时机？在 HAART 治疗中，HIV-1 潜伏库的变化规律？

（4）在 HAART 治疗下，潜伏激活剂是否能减少体内的潜伏病毒？

（5）HIV-1 潜伏库减小到何种程度才能控制病毒反弹？

（6）诱导哪种免疫反应能更好地杀灭潜伏细胞？

对这些问题的探讨，有赖于进一步创建适合评估 HIV-1 潜伏的细胞模型和动物模型，以及对病毒潜伏确切机制的深入研究。

参考文献

[1] Ho Y C, Shan L, Hosmane N N, et al. Replication-competent noninduced proviruses in the latent

reservoir increase barrier to HIV-1 cure. Cell,2013,155(3):540-551.

[2] Dahabieh M S,Battivelli E,Verdin E. Understanding HIV latency:The road to an HIV cure. Annu Rev Med,2015,66:407-442.

[3] Archin N M,Sung J M,Garrido C,et al. Eradicating HIV-1 infection:Seeking to clear a persistent pathogen. Nat Rev Microbiol,2014,12(11):750-764.

[4] Fletcher C V,Staskus K,Wietgrefe S W,et al. Persistent HIV-1 replication is associated with lower antiretroviral drug concentrations in lymphatic tissues. Proc Natl Acad Sci USA,2014,111(6): 2307-2312.

[5] Katlama C,Deeks S G,Autran B,et al. Barriers to a cure for HIV:New ways to target and eradicate HIV-1 reservoirs. Lancet,2013,381(9883):2109-2117.

[6] Shan L,Deng K,Shroff N S,et al. Stimulation of HIV-1-specific cytolytic T lymphocytes facilitates elimination of latent viral reservoir after virus reactivation. Immunity,2012,36:491-501.

[7] Bullen C K,Laird G M,Durand C M,et al. New ex vivo approaches distinguish effective and ineffective single agents for reversing HIV-1 latency in vivo. Nat Med,2014,20(4):425-429.

[8] Deng K,Pertea M,Rongvaux A,et al. Broad CTL response is required to clear latent HIV-1 due to dominance of escape mutations. Nature,2015,517(7534):381-385.

[9] Halper-Stromberg A,Lu C L,Klein F,et al. Broadly neutralizing antibodies and viral inducers decrease rebound from HIV-1 latent reservoirs in humanized mice. Cell,2014,158(5):989-999.

[10] Barouch D H,Deeks S G. Immunologic strategies for HIV-1 remission and eradication. Science, 2014,345(6193):169-174.

HIV-1 Latent Reservoir and Therapy

Pang Wei ,Zheng Yongtang

The HIV-1 latent reservoir is believed as the main barrier to cure HIV-1/AIDS,so understanding of latent infection and developing new methods to AIDS therapy highlight to attenuate and purge HIV-1 reservoir. This report introduces the formation and maintenance of HIV-1 latency,and sums up some current strategies to reactivate and eradicate the persistent viral reservoir. These progresses might provide certain references and potential avenues for our recent researches.

2.11 大气中超细颗粒物的健康效应研究进展

朱 彤 韩逸群

（北京大学环境科学与工程学院）

一、大气细颗粒物的健康影响与粒径效应假设

大气细颗粒物指空气动力学粒径小于 2.5 微米的颗粒物，用 $PM_{2.5}$ 来表示。$PM_{2.5}$ 对人体健康影响的研究已经开展多年。已有的研究表明，大气细颗粒物对人体的暴露会导致人体的呼吸和心血管疾病，乃至死亡。最新的全球疾病负担的报告指出，每年因环境空气中细颗粒物污染暴露，导致全球 320 万人过早死亡，其中导致中国 123 万人过早死亡[1]。此外，大气细颗粒物还对人体的神经、免疫、代谢、生殖发育系统产生危害。

$PM_{2.5}$ 作为所有粒径小于 2.5 微米的细颗粒物的总称，其来源复杂，化学成分多样，因此大气细颗粒物的暴露对人体健康影响的机制有多种可能。目前普遍接受的观点是，大气细颗粒物主要通过诱发体内细胞氧化应激和系统炎症，进而对全身系统产生健康效应。$PM_{2.5}$ 的粒径大小，决定了其在呼吸系统的沉积效率，而其携带的化学组分，则可能使氧化应激和细胞毒性作用机制和强度有所不同。空气动力学模型模拟结果显示大气颗粒物在人体呼吸系统的沉积比例差别非常大。颗粒物越小，越能沉积到呼吸系统的深部。其中，纳米级颗粒物，或粒径小于 100 纳米（0.1 微米）的颗粒物，主要沉积在支气管和肺泡，难以从肺部清除出去，甚至可能转移到人体其他的器官，加上其很大的比表面积，吸附更多的毒性物质，从而有可能对人体健康产生更为不利的影响。

粒径小于 100 纳米（0.1 微米）的颗粒物统称为超细颗粒物，可用 $PM_{0.1}$ 表示，见图 1。考虑到不同粒径颗粒物本身的物理化学特性，如来源和经历的化学反应差别很大，因此大气细颗粒物健康效应研究中一直在尝试检验"粒径效应假设"：即不同粒径颗粒物的健康效应可能会有较大差异，而超细颗粒物的健康效应要比其他粒径颗粒物的效应更大。

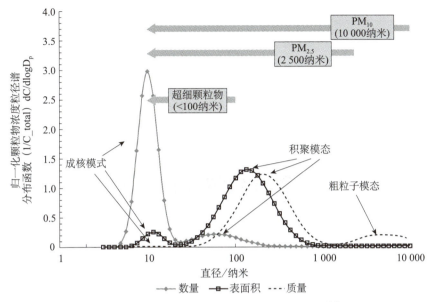

图1　道路边气溶胶颗粒物的归一化粒径分布[2]

二、大气中超细颗粒物及其健康效应研究

大气中的超细颗粒物来源多样。其中，一次来源主要是不完全燃烧产生的颗粒物，如柴油车尾气中的超细颗粒物，燃煤、生物质燃烧等均可产生纳米级颗粒物：烟炱或黑炭。此外，大气化学反应生成的产物，如硫酸盐、有机物，它们具有较低的蒸气压，会从分子团簇凝聚成核，逐渐长大成数十纳米大小的颗粒。当大气颗粒物浓度较高时，由于颗粒物的碰并和聚集效应，超细颗粒物更趋向在较大颗粒物上聚集，导致其浓度降低。因此，大气中超细颗粒物的停留时间相对较短，而在城市大气中，超细颗粒物的浓度空间分布与排放源的距离密切相关。

在过去十来年，关于超细颗粒物的健康效应开展了相当数量的毒理学和流行病学研究。美国健康效应研究所（Health Effect Institute，HEI）对此作了全面的综述报告[2]。除了超细颗粒物的采集和暴露测量不一样外，超细颗粒物健康效应的研究方法与同期开展的 $PM_{2.5}$、气态污染物等的健康效应研究基本一致。其中，毒理学的研究与同期开展的纳米材料毒性研究互相借鉴，主要借助于模型颗粒物和浓缩的大气超细颗粒物开展细胞、动物和人体控制暴露实验，研究细胞毒性、颗粒物在靶器官的沉积及各种机制通道。通过这些研究结果，提出了大气超细颗粒物对心血管、脑及呼吸系统的影响机制假说（图2）。

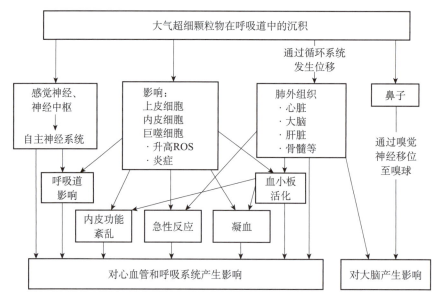

图 2 大气超细颗粒物对心血管、脑及呼吸系统的影响机制假说[2]

由于缺乏大气超细颗粒物的长期连续观测,关于超细颗粒物健康效应的流行病学研究缺乏针对长期效应的队列(Cohort)研究。已有的研究主要集中在超细颗粒物的短期急性效应,采用时间序列和定组(Panel)研究方法,研究超细颗粒物与多种健康终点的关联,已研究的健康终点包括死亡率、患病率,呼吸系统症状,肺功能,心率变异率,心律不齐,局部缺血,血压,以及各种炎性和氧化应激标记物。

有关超细颗粒物健康效应的流行病学研究主要集中在北美和欧洲。亚洲地区的韩国、中国内地及台湾地区也开展了少量研究,如在北京开展的时间序列研究[4]。随着对颗粒物健康影响的粒径效应的重视和观测仪器的发展,目前在中国也越来越重视超细颗粒物的健康效应,并有较重要的研究发现。如在中国沈阳开展的总死亡和心血管及呼吸系统死因的时间序列研究,得出粒径小于 0.5 微米的细颗粒物与死亡率的关联更强,研究者提出细颗粒物的健康效应可能主要由小于 0.5 微米的颗粒造成[4]。在北京开展的儿童定组(Panel)研究,发现导致儿童呼吸系统炎症的主要是细颗粒物中的黑炭,而黑炭作为不完全燃烧排放的颗粒物,在刚排放进大气时的粒径仅在几十纳米。这些研究间接说明超细颗粒物的健康效应可能比其他粒径的颗粒物更重要。

三、结论与展望

有关大气超细颗粒物的健康效应研究已有 10 余年时间,尽管有关于超细颗粒物健康效应更强的粒径效应假设,但这一假设目前还没有得到系统的证据支持,有关的研究结果，特别是流行病学研究结果的结论往往不一致[2]。主要的原因包括：①超细颗粒物在毒性效应上有着其特有的作用通道，如体内的转移、组织器官中的蓄积等，目前还很不清楚；②超细颗粒物的暴露测量和其物理化学特性的表征目前还存在很大的技术上的难度。而超细颗粒物在大气中的停留时间短、时空变异大，也给准确测量人体暴露带来了更大的技术挑战。

　　针对超细颗粒物健康效应的研究，需要在毒理上对其沉积、体内的转移和蓄积机制开展深入研究，在流行病学上需要解决超细颗粒物的高时空分辨的暴露测量技术，特别要解决超细颗粒物化学组分的测量技术，结合严格设计的流行病学实验，开展短期和长期效应的研究。

参考文献

［1］Lim S S,Vos T,Flaxman A D,et al. A comparative risk assessment of burden of disease and injury attributable to 67 risk factors and risk factor clusters in 21 regions,1990-2010:A systematic analysis for the Global Burden of Disease Study 2010. Lancet,2012,380:2224-2260.

［2］Health Effects Institute. HEI Review Panel on Ultrafine Particles,Understanding the Health Effects of Ambient Ultrafine Particles. 2013,http://pubs. healtheffects. org/view. php? id=394

［3］Breitner S,Liu L,Cyrys J,et al. Sub-micrometer particulate air pollution and cardiovascular mortality in Beijing,China. Sci Total Environ,2011,409:5196-504.

［4］Meng X,Ma Y,Chen R,et al. Size-fractionated particle number concentrations and daily mortality in a Chinese city. Environ Health Perspect,121:1174-1178.

［5］Lin W,Huang W,Zhu T,et al. Acute respiratory inflammation in children and black carbon in ambient air before and during the 2008 Beijing Olympics. Environ Health Perspect,2011,119(10),1507-1512.

Health Effects of Ultrafine Particles in Ambient Air

Zhu Tong,*Han Yiqun*

　　Ultrafine particles (UFPs) in ambient air are the particles with size smaller than 100 nm. With high surface/volume ratio,UFPs can absorb large amount of toxic chemicals,penetrate deeper into respiratory tract and deposit on bronchiole and alveoli,it is hard to be cleared out and can translocate to other issues through circulation. Therefore,it is hypothesized that UFPs could pose higher adverse health effects than particles in other size ranges.

A number of toxicological and epidemiological studies have been conducted to study the health effects of UFPs. However, the evidences from these studies are not consistent, the hypothesis about the potent health effects of UFPs has not been proved. Further studies are required to reveal the deposition, translocation, and accumulation of UFPs in human body, to overcome the technological challenges in obtaining highly temporal and spatial resolution of exposure, as well as chemical composition of UFPs, and to carry out well designed short term and long term epidemiological studies.

2.12　冷冻电子显微学研究与应用进展

王宏伟　隋森芳

（清华大学生命科学学院）

一、冷冻电子显微学概述

冷冻电子显微学是现代生物学研究中的一种重要技术方法。该技术利用高分辨率透射电子显微镜对迅速冷却于超低温下的生物大分子及其组成的细胞器、细胞等生命单元进行观察，并揭示这些生命单元的高分辨率结构信息。近年来，随着硬件设备及软件算法上取得的长足进展，冷冻电子显微学的结构解析的分辨率显著提高，在生命科学诸多领域中取得越来越广泛的应用，正在成为结构生物学研究的有力手段。在过去的短短两年里（2013～2014 年），应用冷冻电子显微学技术解析的近原子分辨率结构增加了 3 倍之多（图 1）。越来越多的结构生物学家开始应用冷冻电子显微学技术作为他们进行生物大分子结构解析工作的主要研究手段。

冷冻电子显微学获得青睐的原因主要在于该技术的一些独特优点：①生物大分子在水溶液环境下被快速冷结，使天然结构最大限度地得以保留，所获得的结构接近于其生理状态；②快速冷冻过程具有较高的时间分辨率（＜毫秒），故可用于生物大分子的动态过程研究；③样品需求量少，而且可以对不均一状态的样品进行结构分析；④电子显微学的分辨率解析范围（0.2～10 纳米）介于 X 射线晶体学与光学显微镜之间，适合从蛋白质分子到细胞和组织结构的解析，尤其适合膜蛋白、蛋白质复合体、病毒、细胞器、细胞和组织的三维结构分析。在冷冻电子显微学结构解析的具体实践中，依据不同

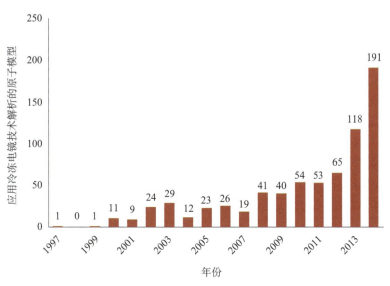

图1　1997～2014年，应用冷冻电子显微学技术所解析的原子模型变化趋势

生物样品的性质及特点，可以采取不同的显微镜成像及三维重构方法。目前主要使用的几种冷冻电子显微学结构解析方法包括电子晶体学、单颗粒重构技术、电子断层扫描重构技术等，可分别针对不同的生物大分子复合体及亚细胞结构进行解析（表1）。

表1　不同冷冻电子显微学技术的目前应用情况

冷冻电子显微学技术名称	适合样品	分子量范围	目前最高分辨率/埃
电子晶体学	高度有序的一维、二维及三维晶体	10千道尔顿～500千道尔顿	1.9
单颗粒重构	提纯的溶液状态的生物大分子及其复合物	80千道尔顿～50兆道尔顿	2.7
电子断层扫描成像技术	细胞、细胞器、超大分子复合体等	1兆道尔顿以上	8.9

二、冷冻电子显微学国际发展现状

冷冻电子显微学作为结构生物学与细胞生物学的研究手段，其目前的国际发展状况如下。

1. 研究对象更加多样化

冷冻电子显微学在分子水平上的研究对象更加广泛，越来越多地包括无对称性的、分子量较低的、柔性较大的生物大分子及其复合体。至今，对分子量在300千道尔顿以上的生物大分子复合体，冷冻电子显微学单颗粒技术几乎都可以进行高分辨率结构解析。最近的一些工作报道了分子量在 200 千道尔顿以下的蛋白质分子的冷冻电镜结构。其中，清华大学的施一公研究组与英国医学研究委员会（Medical Research Council，MRC）的佘瑞斯（Sjors Scheres）研究组合作，获得了 γ-分泌酶复合物的 4.5 埃分辨率结构，解析了该酶复合物中 170 千道尔顿的蛋白质部分，取得了新的突破[1]。在细胞水平，随着冷冻样品制备技术的进步，细胞、亚细胞结构的高分辨率解析正在迅速发展，冷冻电子显微学技术作为膜蛋白及其复合体的结构研究手段，越来越受到重视。我国科学家在 2014 年里利用冷冻电镜技术分别解析了 r 分泌酶与 RyR 钙通道等膜蛋白复合物的高分辨率结构，已经在该领域占据制高点。最近的工作已经可以对细胞内的未成熟病毒衣壳蛋白结构解析至亚纳米分辨率[2]。

2. 结构解析分辨率的大大提高

冷冻电子显微学在近几年里的一个革命性技术突破是高分辨率图像采集设备的开发与应用。基于互补金属氧化物半导体（complementary metal-oxide-semiconductor transistor，CMOS）技术开发的直接探测电子成像的装置（direct electron detection device）使电子显微放大图像的信噪比大大提高，从而提高了成像质量[3]。这项重要的技术突破导致过去短短的一年里十几个生物大分子复合体的结构解析突破 4 埃的分辨率，从而直接获得原子模型。美国加利福尼亚大学旧金山分校的程亦凡研究组利用该技术对瞬时受体电位香草酸亚型-1（transient receptor potential vanilloid 1，TRPV1）的结构解析达 3.4 埃分辨率，标志着该技术的里程碑式突破[4]。对病毒及核糖体的冷冻电镜三维结构解析目前已经突破 3 埃[5]，很多更高分辨率的结构不断涌现。

3. 冷冻电子显微学与其他技术的融合

正在发展中的微晶体电子衍射技术将几百纳米大小的生物大分子微晶体置于冷冻电子显微镜内并利用电子衍射技术获得这些微小晶体的衍射图谱从而进行结构解析[6]。该技术将大大扩展目前蛋白质晶体学可以研究的样品范围，使结构解析效率更高。光学显微镜与电子显微镜的耦联（correlative microscopy）正在成为细胞生物学的一个重要分支手段。通过对细胞样品的荧光显微镜与冷冻电子显微镜的分别观察并将图像相关联，可以使研究者同时获得细胞中荧光标记分子的细胞定位及其细胞定位附近的高分辨率结构信息，甚至可以将细胞中该分子的动态过程与其高分辨率结构信息联系起来，有助于更深入地理解相关生物学过程[7]。

三、冷冻电子显微学的未来发展与展望

过去几年，在软硬件方面的长足进展解决了冷冻电子显微学很多关键性的技术难

点，使该技术的应用普及成为趋势。在未来几年，冷冻电子显微学技术如果在以下问题上取得进一步突破，将有可能成为结构生物学的主要技术手段。

1. 样品制备技术

样品制备一直是冷冻电子显微学研究的关键步骤。对于生物大分子结构研究来说，需要保证单颗粒分子以合适的密度均匀分布于厚度合适的无序冰中，才有可能获得良好的电子显微数据从而进行结构解析。类似地，对于细胞结构研究来说，需将本身很厚的细胞样品进行减薄处理，才适合冷冻电镜观察。目前，样品制备已经成为冷冻电子显微学结构解析的限速步骤。因此，冷冻电子显微学要成为结构生物学研究的主要应用手段，必须在样品制备这一步骤取得重要的突破。

2. 构象不均一性的分析

冷冻电子显微学单颗粒结构解析技术可以直接获得溶液中的生物大分子结构。但生物大分子尤其是大分子复合体本身的构象柔性亦因此反映在电子显微图像中，这常常是导致三维重构无法获得高分辨率结构的根源。将不同构象的分子分开分析，是提高重构分辨率的重要过程。此外，分子在溶液中的不同构象很可能反映了分子发挥功能的不同结构形态，理解这些构象差异对于解释分子功能的机制非常重要。目前，对生物大分子构象不均一性的分析是冷冻电子显微学结构解析中的技术难点和热点。

3. 电子光学新技术方法在生物样品研究中的应用

材料科学超高分辨率研究在过去十几年里发生了很多重要的技术进步，包括电子显微镜光学系统的不断完善和提高，以及新的成像手段的进步。新的技术（如球差矫正、色差矫正、扫描透射电子显微镜系统等）都在材料科学领域结构分辨率的显著提高中发挥了重要作用。如何应用材料科学领域证明对超高分辨成像卓有成效的新的电子显微学方法来提高生物样品的结构解析分辨率，是摆在所有冷冻电子显微学家面前的新机遇和挑战。

4. 体内结构的研究

自 20 世纪中期建立以来，结构生物学主要是通过对分离纯化的生物大分子结构进行解析。至今解析出来的多达 10 万个的生物大分子结构对于我们理解生物学过程的分子机制发挥了重要的作用。但迄今，我们仍无法通过直接观察获得细胞内乃至体内的生物大分子的原子分辨率结构。如何利用冷冻电子显微学尤其是三维断层扫描重构技术对细胞内的特定分子的结构进行重构和统计分析，从而获得它们的高分辨率结构，是冷冻电子显微学结构研究面临的下一个主要技术问题。如果能实现以上目标，冷冻电子显微学将可能真正填补结构生物学与细胞生物学之间的空隙，使得我们从不同空间与时间尺度上对生物体的理解更加完整。

参考文献

[1] Lu P,Bai X C,Ma D,et al. Three-dimensional structure of human gamma-secretase. Nature,2014,512(7513):166-170.

[2] Schur F K,Hagen W J,Rumlová M,et al. Structure of the immature HIV-1 capsid in intact virus particles at 8.8 Å resolution. Nature,2015,517(7535):505-508.

[3] Li X,Mooney P,Zheng S,et al. Electron counting and beam-induced motion correction enable near-atomic-resolution single-particle cryo-EM. Nature Methods,2013,10(6):584-590.

[4] Liao M,Cao E,Julius D,et al. Structure of the TRPV1 ion channel determined by electron cryo-microscopy. Nature,2013,504(7478):107-112.

[5] Fischer N,Neumann P,Konevega A L,et al. Structure of the E. coli ribosome-EF-Tu complex at <3 Å resolution by Cs-corrected cryo-EM. Nature,2015,520(7548):540-567.

[6] Shi D,Nannenga B L,Iadanza M G,et al. Three-dimensional electron crystallography of protein microcrystals. eLife,2013,2:e01345.

[7] Zhang P. Correlative cryo-electron tomography and optical microscopy of cells. Curr Opin Struct Biol,2013,23(5):763-770.

Cryo-Electron Microscopy is Becoming the Major Research Tool of Structural Biology

Wang Hongwei,Sui Senfang

Recently,significant technical breakthroughs in both hardware equipment and software algorithms have enabled cryo-electron microscopy (cryo-EM) to become one of the most important techniques in biological structural analysis. The technical aspects of cryo-EM define its unique advantages and the direction of development. As a rapidly emerging field,cryo-EM has benefited from highly interdisciplinary research efforts. Here we review the current status of cryo-EM in the context of structural biology and discuss the technical challenges. It may eventually merge structural biology and cell biology at multiple scales.

2.13　高效蓝光二极管
——2014 年诺贝尔物理学奖评述

李晋闽　王军喜　刘　喆

（中国科学院半导体研究所）

　　回首 2014 年，发光二极管（LED）行业最值得纪念的日子莫过于 2014 年 10 月 7 日。当天下午，诺贝尔奖委员会主席皮尔·德尔辛（Per Delsing）教授正式宣布 2014 年的诺贝尔物理学奖联合授予日本科学家赤崎勇（Isamau Akasaki）、天野浩（Hiroshi Amano）以及美国加利福尼亚大学圣巴巴拉分校的美籍日裔科学家中村修二（Shuji Nakamura，图 1），以表彰他们在发明一种新型高效节能光源方面所做出的贡献——发明了高效蓝光二极管，为人们带来了节电效率高、持久性强的白色光源。获奖消息一经公布，整个 LED 行业都顿时为之沸腾了。此次获得物理学的全球最高荣誉奖项，无疑是对半导体照明产业予以最大程度的肯定。

赤崎勇　　　　　　天野浩　　　　　中村修二

图 1　2014 年诺贝尔物理学奖获奖者

一、　半导体领域的获奖情况

　　1901 年首次颁发了诺贝尔奖，迄今已有超过百年的历史。从获得诺贝尔物理学奖最多的十大领域（图 2）来看，粒子物理学拔得头筹，然后依次为原子物理、凝聚态物理、仪器装置、核物理、电磁学、天体物理、量子力学、光学、超导等。

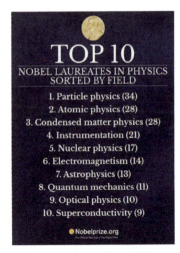

以 Si、Ge 为代表的第一代半导体材料和以 GaAs、InP 为代表的第二代半导体材料，曾分别多次获得了诺贝尔物理学奖。1947 年，第一只 Ge 晶体管诞生，该发明是 20 世纪中叶科学技术领域有划时代意义的大事，它的诞生使电子学发生了根本性的变革。1956 年诺贝尔物理学奖授予了晶体管的发明。1958 年发明的集成电路于 2000 年获得诺贝尔物理学奖。1958 年发现的半导体和超导体中的隧道效应于 1973 年获得诺贝尔物理学奖。1980 年发现的量子霍尔效应获得了 1985 年的诺贝尔物理学奖。1965 年高锟提出了利用石英纤维传输光信号（Fiber-optic communication）的概念，获得了"光纤之父"的称号并于 2009 年获得了诺贝尔奖。第三代半导体材料以 GaN、SiC 为代表。1993 年发明的 GaN 蓝光 LED 是第三代半导体材料产业化应用的第一

图 2　诺贝尔物理学奖
获奖领域

个突破口，获得了 2014 年诺贝尔物理学奖。

二、高效蓝光二极管的研发历程

研究初期，赤崎勇与天野浩采用低能电子辐照 Mg 掺杂 GaN[1]，获得了较高的空穴浓度，成功地制备出了 p-n 结二极管 LED，相对 MIS[①] LED 亮度提升明显[2,3]，打破了业界中 GaN 中难以实现 p 型化的难题[3]，使 LED 的发展迈出了关键的一步。1992 年，中村修二利用原位退火的方式实现了高效的 Mg 原子的激活，并且减少了低能电子辐照激活的工艺步骤[4,5]。同质 pn 结蓝光发光二极管虽然较 MIS 结构的 LED 发光亮度提升很高，但仍不能满足实际应用需要，中村修二在 p-GaN 与 n-GaN 之间插入了一层 InGaN，成功制备了 p-GaN/n- InGaN/n-GaN 双异质结构[6]，极大地提升了 LED 的发光效率，比同期 SiC 蓝光 LED 发光亮度高 100 倍。最终，赤崎勇、天野浩及中村修二成功研制出 GaN 基蓝光 LED，在此基础上研制出白光 LED 并提出了半导体照明的概念，开辟了 GaN 蓝光 LED 研发与应用的新纪元。

三、高效蓝光二极管的发明意义

该项发明改变了人类照明历史，带来了照明方式的革命；节约了大量能源，与传

---

①　即：metal-insulator-semicondutor，金属–绝缘层–半导体。

统照明技术相比，半导体照明电光转换效率可达到 70%，同时无汞、无频闪的特点在很大程度上减少了环境污染，预计 2015 年 LED 灯具将占领照明市场 30% 份额，年节电 1000 亿度，减少碳排放 9899 万吨，到 2020 年预计可增长到占照明市场 50% 份额，年节电 3400 亿度[7]；另外，LED 作为光源的应用领域迅速扩展，由特种照明逐步向通用照明、通信、智能控制扩展，并带动农业与生物领域、数字家电、信息、汽车、材料、装备等各相关产业。目前世界各发达国家都纷纷大力发展支持半导体照明产业。2010 年日本经产省将"灯泡型 LED 灯"列入环保积分制度进行扶持，相当于每盏灯补贴 50%；预计到 2015 年末，LED 照明产品替代率可达到 50%；到 2020 年，替代率将达到 100%，2030 年使用率将达到 100%。韩国已将太阳能、半导体照明、混合动力汽车列为绿色增长三大引擎；2012 年政府办公照明 LED 产品替代率为 30%，并力争在 2015 年成为半导体照明产业世界前三强；欧盟已投入 4000 万欧元建设半导体照明共性技术研发平台。全球产业总体呈现出美、日、欧三足鼎立，韩国、中国内地及台湾地区奋起直追的竞争格局，产业整合速度加快，商业模式不断创新，半导体照明专利、标准、人才的竞争达到白热化。根据 CSA Research 数据[8]，2013 年我国半导体照明产业整体规模达到了 2576 亿元，较 2012 年的 1920 亿元增长了 34%。截至 2014 年，我国半导体照明产业更是达到了 3507 亿元人民币，较 2013 年有了 36% 的增长，继续保持了高速增长的态势（图 3）。但是半导体照明是革命性的技术，也是基础性的技术，国际上半导体照明技术的发展"日新月异"，我国半导体照明无论产业还是研发都仍旧面临着巨大的挑战。

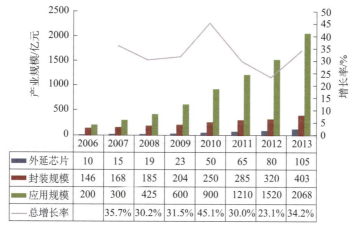

	2006	2007	2008	2009	2010	2011	2012	2013
外延芯片	10	15	19	23	50	65	80	105
封装规模	146	168	185	204	250	285	320	403
应用规模	200	300	425	600	900	1210	1520	2068
总增长率		35.7%	30.2%	31.5%	45.1%	30.0%	23.1%	34.2%

图 3　中国半导体照明产业规模

此次蓝光 LED 成功摘得诺贝尔奖对整个 LED 行业产生了巨大的影响，获奖不仅让人们对 LED 照明在能源节约与环境保护方面做出的巨大贡献有了更加直观的理解与认识，更是对整个 LED 产业起到了积极的推动作用，带动了巨大的产业链，引导了第三代半导体的发展。

参考文献

[1] Amano H, Kito M, Hiramatsu K, et al. P-type conduction in Mg-doped GaN treated with low-energy electron beam irradiation (LEEBI). Jpn J Appl Phys, 1989, 28(12): 2112-2114.

[2] Ohki Y, Toyoda Y, Kobayashi H, et al. Fabrication and properties of a practical blue-emitting GaN m-i-s diode. Inst Phys Conf. 1981, 63: 479-484.

[3] Akasaki I, Amano H. Crystal growth and conductivity control of group Ⅲ nitrides semiconductors and their application to short wavelength light emitters. Jpn J Appl Phys, 1997, 36 (1, 9A): 5393-5408.

[4] Nakamura S, Mukai T, Senoh M, et al. Thermal annealing effects on P-type Mg-doped GaN films. J Appl Phys, 1992, 31(2, 2B): 139-142.

[5] Nakamura S, Wasa N, Senoh M, et al. Hole compensation mechanism of P-type GaN films. J Appl Phys, 1992, 31(1, 5A): 1258-1266.

[6] Nakamura S, Senoh M, Mukai T. P-GaN/N-InGaN/N-GaN double-heterostructure blue-light-emitting diodes. J Appl Phys, 1993, 32(2, 1A/B): 8-11.

[7] 新华社. 李克强考察中科院半导体所：依靠体制改革，积极培育市场，发展新兴产业. http://www. cas. cn/xw/zyxw/ttxw/201206/t20120620_3602631. shtml [2012-6-19].

[8] CSA Research. CSA 产研：2013 年中国半导体照明产业数据及发展概况. http://www. china-led. org/article/20140101/3979. shtml [2014-1-1].

Efficient Blue Light-emitting Diode
—Commentary on the 2014 Nobel Prize in Physics

Li Jinmin, Wang Junxi, Liu Zhe

Nobel Prize in Physics is awarded to those who have made significant contribution to the field. In 2014, three scientists working on 3rd generation semiconductor material were granted the prize for their achievement in obtaining blue LEDs which are a promising candidate for artificial light source. The efficiency of the devices benefits from a series of their scientific discoveries including the approach to reaching high hole concentration, double heterostructure of nitrides and Metal Organic Chemical Vapor Deposition (MOCVD) technique for nitrides epitaxial growth. The discoveries successfully lead to the invention of GaN based light source and the conception of solid state lighting which promotes the formation of industrial chain and sustainable development of 3rd generation semiconductor.

2.14　超分辨率荧光显微技术
——2014 年诺贝尔化学奖评述

席　鹏[1]　孙育杰[2]

（1. 北京大学工学院；2. 北京大学生命科学学院）

"工欲善其事，必先利其器"。要想探究生命的奥秘，首先就需要能够看清楚。然而不幸的是，很多亚细胞结构、细胞器和生物大分子的典型尺寸在几到数百纳米，而光学显微术的分辨率早在 200 年前就因光的衍射被限定在 200 纳米左右，远远不能满足生命科学的需求。在生命科学需求的推动下，最近的 10 年中，一系列的超分辨率荧光显微技术得以诞生，并最终获得了 2014 年诺贝尔化学奖而得以认可[1]。

2014 年诺贝尔化学奖授予发明超分辨率荧光显微成像技术的三位科学家（图 1），他们分别是来自美国霍华德·休斯医学研究所的埃里克·白兹格（Eric Betzig）教授、德国马克斯-普朗克生物物理化学研究所的施泰方·海尔（Stefan W. Hell）教授和美国斯坦福大学的威廉姆·莫纳尔（William E. Moerner）教授。

埃里克·白兹格　　　施泰方·海尔　　　威廉姆·莫纳尔

图 1　三位获奖人

传统的分辨可以定义为：如果点扩展函数较大，那么对于两个靠得很近的点，则不能分辨。在此基础上，实现超分辨的方法可分为两类：①基于点扩展函数调制的超分辨技术，使得点扩展函数变小；②基于随机单分子定位的超分辨技术，使得没有靠得很近的两个点同时发光。

基于点扩展函数调制的超分辨技术的代表为受激发射光淬灭（STED）技术。其基本思想是，在一个点扩展函数 PSF1 的基础上，用另一个环形点扩展函数 PSF2 去擦除 PSF1 的外围（抑制其外围发荧光），导致 PSF1-PSF2 剩下的光子为仅从 PSF1 中心发出，也就是点扩展函数变得更小。早在 1994 年，此次获奖的罗马尼亚裔德国科学家施泰方·海尔当时还是博士后，他最先提出了打破光学衍射极限的构思，并最终于 2000 年在实验上得以实现[2]。在物理上，他通过受激辐射的原理，利用受激辐射进行环状擦除。由于这一方法所产生的点扩展函数不再受到衍射极限的限制，而仅仅取决于擦除的程度（擦除后剩下的区域大小），因此它的分辨率可表达为

$$d = \frac{\lambda}{2n\sin\theta \, \sqrt{1+I/I_s}}$$

从 2000 年开始，他不断改进 STED 技术，使其更加适用于生物研究。2006 年，他展示了 STED 在绿色荧光蛋白上的应用[3]；2008 年，他实现了细胞囊泡运动的 STED 实时超分辨观察[4]；2012 年，他报道了利用 STED 进行活小鼠的神经突触生长过程的连续观测的成果[5]。另外，他还通过其他光调制原理发明了一系列的超高分辨率技术，统称为可逆饱和荧光跃迁（RESOLFT），为超分辨率荧光显微成像技术（图 2）的发展做出了巨大贡献。

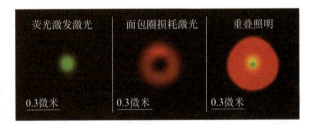

图 2　STED 超分辨率成像原理示意图

基于结构照明原理的超高分辨率技术是美国科学家麦茨·古塔弗森（Mats Gustafsson）于 2000 年发明的，非常适于细胞研究，但可惜分辨率只能提高 1 倍[6]。该技术是基于两个高空间频率的图案重叠可以形成低频率莫尔条纹的原理，通过解析低频莫尔条纹实现超高分辨率成像。在此基础上，古塔弗森发明了饱和 SIM，能够利用荧光饱和实现更高的分辨率，其本质也是点扩展函数的缩小。可惜古塔弗森于 2011 年因癌症去世，享年仅 51 岁，无缘分享此次诺贝尔化学奖。

基于随机单分子定位的超分辨技术的核心是，如果图像上的点不是同时亮起来，也就是不会有两个靠得很近的点同时亮，就可以通过定位的方式实现超分辨。虽然一次定位只能得到少数几个分子，但是通过数千张图片对数十万个单分子的定位，就可以获得一张高分辨率的图像。

基于随机单分子定位的超分辨技术发明于 2006 年，由本次诺贝尔奖得主埃里

克·白兹格［光活化定位显微术（PALM 技术）］[7]、哈佛大学庄小威教授［Xiaowei Zhuang，随机光学重构显微术（STORM 技术）］[8]，以及萨缪尔·海斯［Samuel Hess，荧光活化定位显微术（fPALM 技术）］[9]三个研究组分别同时独立发明，分别发表在《科学》（*Science*）、《自然·方法学》（*Nature Methods*）和《生物物理学杂志》（*Biophysical Journal*）上。三种技术的原理非常像，都是基于荧光分子的光转化能力和单分子定位，通过用光控制每次仅有少量随机离散的单个荧光分子发光，并准确定位单个荧光分子点扩展函数的中心，通过多张图片叠加形成一幅超高分辨率图像（图 3）。

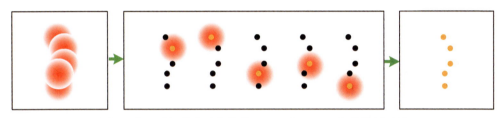

图 3　基于随机单分子定位的 PALM/STORM 超分辨原理图

威廉姆·莫纳尔现为美国斯坦福大学讲座教授，是单分子荧光技术的先驱人物。他在 1989 年任职于美国 IBM 研究中心时在世界上首次实现了单个分子的光吸收的测量[10]，并在 1997 年与因发展绿色荧光蛋白技术而获得 2008 年诺贝尔化学奖的钱永健教授（Roger Y. Tsien）合作，发现了绿色荧光蛋白的光转化效应。埃里克·白兹格是美国的教授，是荧光显微技术领域的领军人物。他在 1994 年提出了基于单分子信号实现超高分辨率成像的思想，并于 2006 年在实验中得以实现。庄小威教授作为 STORM 超分辨技术的发明人，一直领导并推进着超高分辨率显微技术的发展和应用，是近 8 年来这个领域最活跃的研究团队。庄小威教授本科毕业于中国科学技术大学少年班，34 岁获得哈佛大学的正教授职位，40 岁成为美国科学院院士。

在中国，目前有数十家单位在进行超分辨率显微方面的工作，在研究上紧跟国际潮流。例如，北京大学席鹏研究员于 2010 年首次在国内实现了 STED 超分辨[11~13]；其后，浙江大学刘旭教授[14]、中国科学院化学研究所方晓红教授[15]等课题组也报道了 STED 超分辨技术的进展。在 PALM/STORM 研究方面，北京大学孙育杰研究员课题组一直在进行单分子成像和层状光成像方面的研究[16,17]、中国科学院生物物理研究所徐涛、徐平勇课题组研发新型光开关蛋白[18]、华中科技大学黄振立课题组开发新型定位算法等[19]。在结构光成像方面，中国科学院西安光学精密机械研究所姚保利课题组报道了基于 DMD 光调制的 SIM[20]。在高速并行三维超分辨成像方面，席鹏课题组最近报道了一系列基于 SOFI 的超分辨技术[21~23]。当前，我国在超分辨率显微技术方面，已经有一支完善的研究队伍。摆在我们面前的首要问题，是如何结合这些超分辨技术和其他光学技术，取长补短，实现更清（更高空间分辨率）、更快（更高时间分辨率）、更深（组织三维成像）方面的突破，向着活体三维动态超分辨方向不断推进。

超分辨率显微作为一类很新的技术，突破了光学成像中的衍射极限，把传统成像分辨率提高了 10～20 倍，成为研究细胞结构的利器。在过去的七八年间，这些技术不断推进，先后实现了多色、三维和活细胞高速成像。其生物应用也很广泛，包括细胞膜蛋白分布、细胞骨架、线粒体、染色质和神经元突触等。超高分辨率技术一经出现就引起广泛关注，在 2006 年被《科学》评为年度十大技术突破，随后被生物医学方法学最好的期刊《自然·方法学》评为 2008 年度方法。2014 年 9 月，在《自然·方法学》的 10 周年特刊评出的 10 年十大技术中，超高分辨率成像和单分子技术也都出现在榜中。

虽然经过 10 年的发展，超分辨显微在三维空间分辨率的提升上有了长足进步，然而这往往是以牺牲时间分辨率为代价的。未来的技术进步，需要在并行化、高速、活细胞和活组织方面，通过与其他技术如组织透明化、层状光成像等有机结合，实现超高时空分辨活体成像。

参考文献

[1] 席鹏, 孙育杰. 超分辨率荧光显微技术——解析 2014 诺贝尔化学奖. 科技导报 2015,33(4): 17-21.

[2] Hell S W, Wichmann J. Breaking the diffraction resolution limit by stimulated emission: Stimulated-emission-depletion fluorescence microscopy. Optics Letters, 1994,19(11):780-782.

[3] Willig K I, Kellner R R, Medda R, et al. Nanoscale resolution in GFP-based microscopy. Nature Methods, 2006,3(9):721-723.

[4] Westphal V, Rizzoli S, Lauterbach M, et al. Video-rate far-field optical nanoscopy dissects synaptic vesicle movement. Science, 2008,320(5873):246.

[5] Berning S, Willig K I, Steffens H, et al. Nanoscopy in a living mouse brain. Science, 2012, 335 (6068):551-551.

[6] Gustafsson M G. Surpassing the lateral resolution limit by a factor of two using structured illumination microscopy. Journal of Microscopy 2000;198:82-87.

[7] Betzig E, Patterson G H, Sougrat R, et al. Imaging intracellular fluorescent proteins at nanometer resolution. Science, 2006,313(5793):1642-1645.

[8] Rust M J, Bates M, Zhuang X. Sub-diffraction-limit imaging by stochastic optical reconstruction microscopy (STORM). Nature Methods, 2006,3(10):793-796.

[9] Hess S T, Girirajan T P K, Mason M D. Ultra-high resolution imaging by fluorescence photoactivation localization microscopy. Biophysical Journal, 2006,91(11):4258-4272.

［10］Moerner W，Kador L. Optical detection and spectroscopy of single molecules in a solid. Physical Review Letters，1989，62(21)：2535.

［11］Liu Y，Ding Y，Alonas E，et al. Achieving λ/10 resolution CW STED nanoscopy with a Ti：Sapphire oscillator. PLoS One，2012，7(6)：e40003.

［12］Xie H，Liu Y，Santangelo P J，et al. Analytical description of high-aperture STED resolution with 0-2pi vortex phase modulation. Journal of Optical Society of America A，2013，30 (8)：1640-1645.

［13］Yang X，Tzeng Y K，Zhu Z，et al. Sub-diffraction imaging of nitrogen-vacancy centers in diamond by stimulated emission depletion and structured illumination. RSC Advances，2014，4：11305-11310.

［14］Wang Y，Kuang C，Li S，et al. A 3D aligning method for stimulated emission depletion microscopy using fluorescence lifetime distribution. Microscopy Research and Technique，2014，77 (11)：935-940.

［15］Yu J，Yuan J，Zhang X，et al. Nanoscale imaging with an integrated system combining stimulated e-mission depletion microscope and atomic force microscope. Chinese Science Bulletin，2013，58(33)：4045-4050.

［16］Zong W，Zhao J，Chen X，et al. Large-field high-resolution two-photon digital scanned light-sheet microscopy. Cell Research，2014，25：254-257.

［17］Liu Z，Xing D，Su Q P，et al. Super-resolution imaging and tracking of protein-protein interactions in sub-diffraction cellular space. Nature Communications，2014，5：4443.

［18］Chang H，Zhang M，Ji W，et al. A unique series of reversibly switchable fluorescent proteins with beneficial properties for various applications. Proceedings of the National Academy of Sciences USA，2012，109(12)：4455-4460.

［19］Quan T，Li P，Long F，et al. Ultra-fast，high-precision image analysis for localization-based super resolution microscopy. Optics Express，2010，18(11)：11867-11876.

［20］Dan D，Lei M，Yao B，et al. DMD-based LED-illumination Super-resolution and optical sectioning microscopy. Scientific Reports，2013，3：1116.

［21］Chen X，Zeng Z，Wang H，et al. Three dimensional multimodal sub-diffraction imaging with spin-ning-disk confocal microscopy using blinking/fluctuation probes. Nano Research，2015：doi：10.1007/s12274-015-0736-8.

［22］Zeng Z，Chen X，Wang H，et al. Fast super-resolution imaging with ultra-high Labeling density achieved by joint tagging super-Resolution optical fluctuation imaging. Scientific reports，2015，5：8359.

［23］Zhang X，Chen X，Zeng Z，et al. Development of a reversibly switchable fluorescent protein for super-resolution optical fluctuation imaging (SOFI). ACS Nano 2015.

Super-resolution Fluorescent Microscopy
—Commentary On the 2014 Nobel Prize in Chemistry

Xi Peng，*Sun Yujie*

The 2014 Nobel Prize in Chemistry is awarded to three scientists（Eric Betzig，Stefan W. Hell and William E. Moerner），for the development of super-resolved fluorescence microscopy. Based on the principle of the resolution in optical microscopy，we gave an in-depth analysis of the origin of super-resolution microscopy. We also present an outlook for the future development of optical microscopy.

2.15　大脑的"内置 GPS"
——2014 年诺贝尔生理学或医学奖评述

叶　菁[1,2]　张生家[1,3]

（1. 挪威科技大学卡弗里系统神经科学研究所神经计算中心；
2. 清华大学医学院；3. 清华大学生命科学学院）

2014 年 10 月 6 日，诺贝尔生理学或医学委员会秘书长格兰·K. 汉松（Göran K. Hansson）教授在位于瑞典斯德哥尔摩卡罗林斯卡学院的 Nobel Forum 宣布，2014 年度的诺贝尔生理学或医学奖一半授予英国伦敦大学学院的约翰·奥基夫（John O'Keefe），另一半则由挪威科技大学的梅-布里特·莫泽（May-Britt Moser）和爱德华·莫泽（Edvard Moser）夫妇共同分享（图 1），以表彰他们在发现构建大脑空间定位系统的重要功能细胞方面所做出的杰出贡献。

一、获奖成果介绍

正如诺贝尔生理学或医学奖新闻发布会上所说，约翰·奥基夫、梅-布里特·莫泽和爱德华·莫泽所发现的大脑空间定位系统解决了困扰哲学家和科学家数个世纪的问题。

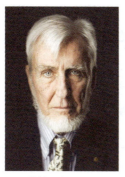

约翰·奥基夫　　　　　梅-布里特·莫泽　　　　　爱德华·莫泽

图1　三位获奖人

大脑的空间定位系统是人类进化史上最高级的侦探系统。自远古以来，人类为了在复杂且危险的外部环境中生存，需要能敏锐地感知自我的空间位置并能迅速决策一条最佳路径，因此大脑每时每刻都在思考着与生活息息相关的问题：如何记得自己曾经去过哪里？如何知道现在自己身处何方？又怎样将去过所有地方的路径进行存储和加工，以便需要时能迅速提取并计算出最优化的路径？

对于大脑空间定位系统的实验性研究已有很长的历史。爱德华·托尔曼（Edward Tolman）于1948年就提出了"认知地图"这一假说[1]。但直至1971年，约翰·奥基夫才首次将微电极植入自由移动的大鼠脑中的海马体内，观测到海马体中CA1亚区的锥体神经元可以对某一环境中的特定位置产生特殊的放电效应，他将这种对特定位置敏感的细胞命名为"位置细胞"[2]，位置细胞的发现首次为托尔曼认知地图的假说提供了神经层面上的直接证据。

在发现"位置细胞"34年后，莫泽教授夫妇于2005年在大脑的内嗅皮层中找到了另一类与空间定位系统相关的"网格细胞"[3]。这类细胞组成了非常规则的一种以正三角形为单位的正六边形网格点阵，形成了一种坐标体系。网格细胞能将与空间相关的距离、速度及方向以"路径整合"的方式记录下来。位置细胞只是对某一特定环境中的特定位置产生单点放电，而有规则的多点放电的网格细胞能反映出全局的整体环境空间信息，同时网格细胞位置细胞会受到所处环境的影响，从而让精确定位与路径搜寻成为可能。网格细胞的放电模式所构成的这种简洁规则的六边形点阵图谱是哺乳动物大脑进化史上的一个奇迹（图2）。

除了位置细胞与网格细胞，1984年1月15日，美国纽约州立大学布鲁克林分校的詹姆斯·兰克（James Ranck）教授记录到了一种放电模式与头部方向相关的细胞，被命名为头方向细胞[4,5]。此外，约翰·奥基夫和他的同事汤姆·哈塔里（Tom Hartley）在2000年就通过理论模型预测到第四种组成大脑内置GPS的细胞——负责环境边缘感应

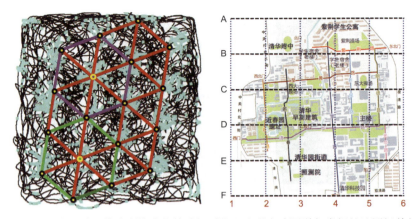

图 2　网格细胞的放电模式所构成的简洁规则的六边形点阵图谱与常规的地图极其相似

和距离推算的边界细胞，并发表在《海马》（*Hippocampus*）杂志上[6]。2008 年，莫泽夫妇在《科学》（*Science*）杂志中报道了边界细胞[7]，初步证实了约翰·奥基夫等的预测。

简单来说，位置细胞绘制我们所处单个位置的地图，头部方向细胞指引我们朝哪个方向前进，网格细胞则通过一个类似航海中使用的经纬仪告诉我们已经行进的距离，而边界细胞则为我们探测和画出清晰的边界线。这样，位置细胞、网格细胞、头部方向细胞和边界细胞共同负责计算和编码大脑中认知地图，形成了大脑中的"内置 GPS"，对空间位置的记忆、存储和提取起到了关键作用（图 3）。

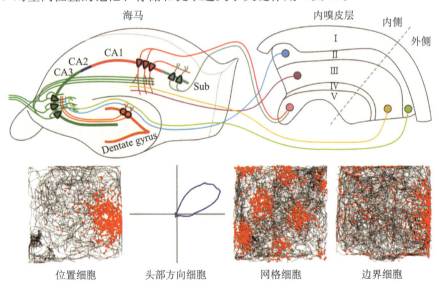

图 3　位置细胞、头部方向细胞、网格细胞和边界细胞共同
负责计算和编码大脑中认知地图，形成了大脑中的"内置 GPS"

二、当前国际研究进展

当今国内外关于大脑空间定位系统的研究大多仍然只局限在体内或体外电生理和神经解剖的层面上，因为在体胞外电生理技术记录的是神经细胞细胞外的放电模式，其技术的局限性使我们根本无法知道所记录的是何种细胞，也许这里记录到的某种空间定位神经细胞并不是单一种类的细胞，而是多种神经细胞在网络水平上的整合。所以，诺贝尔奖官方网站所提到的"从细胞水平上阐释了这种高级认知功能的原理"并不是非常确切的。事实上，目前全世界与空间记忆相关的研究正致力于从分子、细胞、网络等多个层面，去理解空间定位细胞是如何来将外部世界的时间空间转化成大脑内部的特殊放电模式，继而形成认知记忆图谱。同时对于组成大脑认知地图的这些神经细胞的分子机制至今仍然无人探索，未来研究的重点也将会转到空间定位系统的遗传和分子机制方面。

虽然大脑空间定位系统的研究尚处于起步阶段，但随着全球兴起的"大脑破译计划"的开展，包括光遗传学、靶向基因组编辑、钙成像技术、单细胞测序、高通量电信号记录、纳米技术等在内的新技术的进步，以及同计算神经科学、统计物理学等交叉学科的互补，科学家们现在可以利用更为先进的多种技术手段来开展研究，将为解开空间定位系统的奥秘，推动认知科学其他领域研究的进步，甚至战胜那些困扰人类已久的神经系统疾病提供不竭的动力。

三、转化医学和信息工业前景

发现构建大脑空间定位系统的多种特异性空间细胞，不仅为弄清楚大脑其他脑区的认知功能提供了一个极好的研究平台，也打开了治疗阿尔茨海默病和其他各种神经性疾病一扇全新的窗口。随着全世界人口老龄化的加快，据预测全球阿尔茨海默病患者的数量将超过 1.4 亿，然而迄今还没有开发出一种有效的药物来治疗甚至减缓这一大脑疾病。

大脑如何记录我们所走过的路径，与我们如何存储和提取记忆的方式是类似和相关联的。因此，大脑如何记住和回忆我们在时间和空间中所走过的路径也是研究学习和记忆的基石。阿尔茨海默病与大脑空间记忆环路的关系非常紧密，大量的临床数据表明，阿尔茨海默病患者脑内区域中最容易受到损害和最早死亡的是大脑内置 GPS 的发源地——海马-内嗅皮层。笔者实验室将来的部分工作将试图利用网络基因治疗手段来修复受损的定位细胞，延缓定位细胞的衰老，以及阻止定位细胞的病变。这些方法也许可以为阿尔茨海默病治疗提供新的途径。正如诺贝尔委员会在这次生理学和医学奖获奖原因中提到，弄清楚空间定位系统的细胞和分子机制，以及怎样的变化导致阿尔茨海默病中与学习记忆密切相关的空间记忆环路，对深入了解阿尔茨海默病的发病机制及开发治疗药物至关重要。同样，随着对大脑空间定位系统分子和细胞机制的深入研究，将为治疗其他神经相关疾病（包括神经退行性疾病、神经发育性疾病、神经精神性疾病、自闭症）提供全新的思路和方案。

网格细胞所编码的简洁而优美的正六角形结构，犹如一位卓越的数字大师或精巧的工程师所设计或雕刻的正六角形水晶球，赋予了人类大脑快速的空间计算能力、多样的时空编码组合和高超的神经计算效率。人类的大脑是如何利用这一美轮美奂的空间编码原理来精确定位空间方位和即时计算整合路径将是今后研究的热点。解密这一简洁而高效的时空计算密码，将有助于开发下一代具有人工智能的计算机芯片，与我国正在筹划的大脑计划中的类脑计算紧密相关，也许会对信息工业革命产生深远的影响。

四、机遇与挑战

挪威作为一个人口不足 500 万的国家，在历史上却产生了 10 位诺贝尔奖获得者，涵盖了文学、和平、经济、化学和生理学或医学各个领域。从笔者在诺贝尔奖得主实验室近 8 年工作的经历来看，两位获奖者也只是从 1996 年起在挪威一个非常不知名的地方建立他们的第一个实验室，前后只用了不到 20 年的时间，就做出了令世人瞩目的里程碑式的工作。值得一提的是，莫泽夫妇所共用的实验室每年的研究经费，即使在网格细胞报道后的最近 10 年，也不及国内任何一个"863"或"973"计划中的一个子项目，这其中有许多值得我们国内相关决策者、管理者和科学工作者学习的经验和思考的问题。

2013 年 4 月 2 日，美国总统奥巴马宣布了"脑活动图谱计划"（Brain Activity Map，BAM），这是继"人类基因组计划"之后的又一伟大工程。同年，欧盟也宣布了 10 亿欧元的新兴旗舰技术项目"人脑计划"（Human Brain Project，HBP）。2014 年，日本启动了大型脑研究计划，主要以绒猴为实验动物模型来研究各种脑功能和脑疾病的神经机理。继美国、欧盟、日本率先启动人类大脑计划这又一跨时代的科技竞赛后，"中国脑计划"也酝酿很久，现在已达成从认识脑、保护脑和模拟脑三个方向开启中国特有的大脑计划，我们需要抓住这一机遇。正如奥巴马总统在美国国会年会上所说，美国政府过去在"人类基因组计划"上投资的每 1 美元，都已得到了 141 美元的回报。他们预期正在推动的大脑研究计划将会产生更大的经济回报或更深远的社会效应。

约翰·奥基夫、梅-布里特·莫泽和爱德华·莫泽以对科学的执著、激情和远见，将大脑的空间定位系统精确地用各种特殊的空间细胞描述出来，不仅为认知和计算神经科学领域搭建了非常强大的研究模式平台，而且将有助于我们对大脑其他重要的认知功能进行研究（譬如人类是如何学习、记忆、思考、推理、计划、感知、意识、决策、反馈和想象的），这些研究必将有更广泛的意义和更深远的影响，也最终能让我们更接近神经科学的终极目标——大脑是如何控制和产生各种行为和情感的。

参考文献

[1] Tolman E C. Cognitive maps in rats and men. Psychol Rev,1948,55:189-208.

[2] O'Keefe J,Dostrovsky J. The hippocampus as a spatial map. Preliminary evidence from unit activity in the freely-moving rat. Brain Research,1971,34:171-175.

[3] Fyhn M,Molden S,Witter M P,et al. Spatial representation in the entorhinal cortex. Science,2004,305:1258-1264.

[4] Taube J S,Muller R U,Ranck J B. Head-direction cells recorded from the postsubiculum in freely moving rats. I Description and quantitative analysis. J Neurosci,1990,10(2):420-435.

[5] Taube J S,Muller R U,Ranck J B. Head-direction cells recorded from the postsubiculum in freely moving rats. II. Effects of environmental manipulations. Neurosci,1990,10(2):436-447.

[6] Hartley T,Burgess N,Lever C,et al. Modeling place fields in terms of the cortical inputs to the hippocampus. Hippocampus,2000,10(4):369-379.

[7] Solstad T,Boccara C N,Kropff E, et al. Representation of geometric borders in the entorhinal cortex. Science,2008,322:1865-1868.

[8] Zhang S J,Ye J,Miao C,et al. Optogenetic dissection of entorhinal-hippocampal functional connectivity. Science,2013,340:1232627.

[9] 叶菁,张生家. 大脑的内置 GPS:2014 年诺贝尔生理学或医学奖解析. 科学通报,2014,34:3346-3349.

The Brain's Inner Global Positioning System (GPS)

—Commentary on the 2014 Nobel Prize in Physiology or Medicine

Ye Jing ,Zhang Shengjia

How to navigate our way in any novel complex environment is the most important for our everyday life as well as survival，occupying both scientists and philosophers for thousands of years. The 2014 Nobel Prize in Physiology or Medicine was awarded one half to John O'Keefe of University College London in UK and the other half to May-Britt Moser and Edvard Moser of Norwegian University of Science and Technology in Norway "for their discoveries of cells that constitute a positioning system in the brain". We highlight the history of study in the brain's spatial navigation system, the discovery of all different functionally specialized spatial cells including place, head-direction, grid and border cells, the current trend in the research field of space memory circuit, the application in translational medicine and information technology as well as the challenge and opportunity during the age of world-wide brain activity plan.

第三章

2014年中国科研代表性成果

Representative Achievements of Chinese Scientific Research in 2014

3.1　希尔伯特第十八问题获重要进展

刘小平

（中国科学院文献情报中心）

早在 2300 多年前，古希腊先哲们就发现了五种正多面体（图 1）：正四面体、正方体、正八面体、正十二面体和正二十面体。它们被通称为柏拉图多面体。由于它们如此重要，先哲们赋予它们灵性：正四面体代表火，正方体代表土壤，正八面体代表空气，等等。

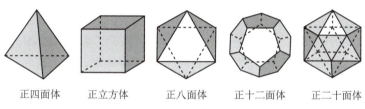

|正四面体|正立方体|正八面体|正十二面体|正二十面体|

图 1　五种正多面体

亚里士多德研究过正四面体的堆积并且断言：全等的正四面体能无缝隙地砌满整个空间，就像立方体一样。然而，1800 多年后人们发现亚里士多德的断言是错误的。也就是说，无论怎样摆放全等的正四面体都会产生一些缝隙。1611 年，开普勒研究了球的堆积并提出了如下猜想：在一个容器中放置同样的小球，所有小球的体积之和与容器的容积之比不超过 $\pi/\sqrt{18}$。

1900 年，希尔伯特在巴黎举行的世界数学家大会上作了一次名垂青史的演讲，总结强调了 23 个著名数学问题。这些问题在过去的一个世纪对数学的发展起到了引导作用。基于亚里士多德的错误和开普勒的猜想，他在第十八问题中写道："如下问题不仅在数论中重要，而且可能在物理和化学中有应用：如何堆积（或平移堆积）无穷多个全等的几何体，如等半径的球或者固定边长的正四面体使得堆积密度最大？"

在过去的一个世纪中，许多杰出的数学家对这一问题及其高维推广做出了重要贡献，如大数学家闵可夫斯基、布里西费尔特（Blichfeldt，美国科学院院士）、布尔甘（Bourgain，菲尔兹奖得主）、赫劳卡（Hlawka，奥地利科学院院士）、罗杰斯（Rogers，英国皇家学会会员）、西格尔（Siegel，首届沃尔夫奖得主）、费耶·托斯（Fejes Toth，匈牙利科学院院士）等。早在 1904 年，闵可夫斯基研究了正四面体的格堆积（即晶体状堆积），提出了一套巧妙方法，但他没能得到最终结论。直到 1970 年，美国数学家 Hoylman 利用他的方法才得以论证：正四面体的最大格堆积密度是 $18/49 = 0.36734\cdots$。与此同时，许多其他领域的科学家，如著名科学家贝尔纳（英国皇家学会会员）和著名地质学家叶大年（中国科学院院士），通过具体实验研究了球和正四面体的随机堆积，得到了一些重要数据。近年来，多位杰出的数学家、物理学家和材料科学家，如 Conway（英国皇家学会会员）、Glotzer（美国科学院院士）、Torquato（美国艺术与科学院院士）等，致力于正四面体堆积的研究，通过计算机辅助构造了一系列较高密度的周期堆积（即准晶形态的堆积），建立了一些材料模型。然而希尔伯特第十八问题的正四面体情形至今远未解决，人们至今还不能确定正四面体 T 的最大平移堆积密度 $\delta'(T)$ 和最大全等堆积密度 $\delta(T)$。

北京大学宗传明教授刻苦钻研希尔伯特第十八问题 20 多年，终于获得重大进展。1991 年，宗传明在维也纳师从当代著名数学家 Hlawka 院士和 Gruber 院士攻读博士学位期间，开始研究这一问题并且发现了如下现象：在正四面体的格堆积中（晶体状），密度最大（18/49）时每个正四面体跟 14 个相接触；然而与每个正四面体接触的个数最多（18 个）时密度却只有 1/3。这一现象揭示了希尔伯特第十八问题的本质困难，并且预示了常规的局部化方法难以成功。20 多年来，为了研究这一著名问题，宗传明系统地发展了堆积空隙的几何结构理论。通过深入研究堆积空隙中的阴影结构并且引入一个全新的局部密度，宗传明于 2012 年得到了 $0.36734\cdots \leqslant \delta(T) \leqslant 0.38406\cdots$ 中的上界。换句话说，他证明：无论怎样平移堆放正四面体，其堆积密度都不可能超过 $0.38406\cdots$。这是关于正四面体最大平移堆积密度的第一个重要上界，论文长达 61 页，于 2014 年发表在纯数学领域的权威杂志《数学进展》（*Advances in Mathematics*）上。这一成果被欧美著名数学家（Gruber，Henk，Szemeredi，Ziegler 等）称为是一项"辉煌的工作"和"让人敬畏的工作"。

2012 年，美国数学家 Lagarias 教授和宗传明教授在《美国数学会纪要》（*Notices Amer Math Soc*）上系统、深入地评述了正四面体堆积理论的发展历史，重点报道了宗传明的上述突破进展（当时还没有发表），并且提出了一系列新问题和新猜想。由于这一工作，Lagarias 和宗传明荣获美国数学会 2015 年度 Levi L. Conant 奖。

参考文献

[1] Bernal J D,Mason J. Co-ordination of randomly packed spheres. Nature,1960,(188):910-911.

[2] Hilbert D. Mathematische Probleme. Arch Math Phys,1901(1),44-63;Bull Amer Math Soc. 2000 (37),407-436.

[3] Hoylman D J. The densest lattice packing of tetrahedra. Bull Amer Math Soc. 1970,(76):135-137.

[4] Lagarias J C,Zong C. Mysteries in packing regular tetrahedra. Notices Amer Math. Soc. 2012,(59): 1540-1549.

[5] Zong C. On the translative packing densities of tetrahedra and cuboctahedra. Advances in Mathematics,2014,(260):130-190.

[6] http://english. cntv. cn/2015/01/15/VIDE1421267877907164. shtml

Progress in Hilbert's 18th Problem

Liu Xiaoping

Regular tetrahedral packings is one of the oldest problems in Mathematics, which was once studied by Aristotle and listed as Hilbert's 18th problem among his 23 mathematical problems. Although many prominent mathematicians and scientists have worked on this problem, up to now we do not know the density of the densest tetrahedral packings. Professor Zong has worked on this problem for more than two decades. In 2012, he obtained the first upper bound for the density of the densest translative tetrahedral packings. For related works, he was awarded a Levi L. Conant Prize by the American Mathematical Society.

3.2　黑洞热吸积领域的研究突破

袁　峰

（中国科学院上海天文台）

2014 年 8 月，中国科学院上海天文台的袁峰研究员应邀以第一作者的身份在《天文和天体物理年度综述》（*Annual Review of Astronomy and Astrophysics*，简写 *ARA&A*）杂志发表了题为《黑洞热吸积流》的论文[1]。这表明中国的黑洞吸积研究已经获得了国际同行的高度认可，在国际上处于领先地位。

什么是黑洞吸积？黑洞是宇宙中神秘的、也是广泛存在的一种天体，是天体物理的重要研究对象。黑洞吸积是宇宙中的一个基本物理过程，描述的是黑洞对周围气体的吞噬。这些气体在黑洞引力的作用下朝向黑洞下落，引力能会转化为气体的内能，进而释放出强烈的辐射。黑洞吸积被公认为是包括活动星系核、伽马射线暴以及黑洞 X 射线双星等现象的核心理论。此外，恒星和行星形成的基础理论也是吸积。活动星系核中的吸积导致的辐射与外流还被认为是影响星系形成与演化的关键。由于黑洞以及吸积过程的重要性和普遍性，被誉为"东方诺贝尔奖"的邵逸夫奖分别于 2008 年和 2013 年授予了黑洞以及吸积理论研究方面的 3 位天文学家。尽管天体物理学家们取得了很大的成就，但黑洞吸积领域仍然有很多重要的问题没有解决，因此其一直是天体物理中一个非常活跃的前沿领域。

根据吸积气体的温度，吸积模型有冷吸积盘和热吸积流两类。冷吸积盘的辐射效率很高，一般认为存在于明亮的活动星系核中。该理论 20 世纪 80 年代就已经发展成熟，并由剑桥大学的两位教授分别在 1981 年和 1984 年为 *ARA&A* 撰写了综述[2,3]。与冷吸积盘模型不同，热吸积流中释放出的引力能大部分没有辐射出去，而是储存在吸积气体内部，以内能的形式被最终带入黑洞。宇宙中大部分星系中心可能都是热吸积流，这就是为什么大部分星系核心的辐射比较弱。虽然这一模型早在 20 世纪 70 年代就被人发现了，但是一直到了 90 年代，才由于哈佛大学的拿亚扬（Narayan）教授（该《黑洞热吸积流》一文的第二作者）等天体物理学家的系列工作（图 1）重新引起人们的关注，天文学家们也从此真正开始了关于热吸积盘模型的系统性研究。近年，Narayan 教授因为对该领域的重要贡献而当选为英国皇家学会会士以及美国科学院院士。

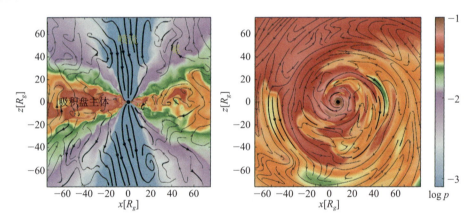

图 1　旋转黑洞周围热吸积流的三维相对论性磁流体动力学数值模拟[1]

左图和右图分别是在某方位角和轨道平面上的密度分布图

袁峰研究员较早就投入了该领域，十几年来完成了一系列重要工作，为该领域的发展做出了杰出贡献。一个例子是关于热吸积流中的外流问题。1999 年，黑洞吸积的国际上首个数值模拟发现了一个重要结果，即吸积率随着半径的减小而降低。为解释这一现象，国际上两个权威学派提出了两个模型，分别假设该现象是由于外流以及对流导致的[4,5]。这两派意见争论了十几年没有结果。这一问题之所以重要，是由于它是吸积理论的一个基本问题，涉及了黑洞吸积的几乎各个方面。为解决这一问题，袁峰研究员进行了吸积的磁流体力学数值模拟，结合对吸积流的对流稳定性分析，首次从理论上证明热吸积流必定存在很强的外流[6]，从而彻底解决了这一问题。这一理论研究被第二年发表在《科学》（Science）杂志上的观测研究工作完全证实[7]。袁峰研究员的其他贡献还包括：发现了一个新的黑洞热吸积流解，是目前已知的两个热吸积流模型之一；提出了解释间歇性喷流形成的磁流体动力学模型；应用热吸积流模型成功解释了包括银河系中心黑洞在内的许多活动星系核、黑洞 X 射线双星等各种不同类型和尺度下的与黑洞有关的天体的大量观测结果。

因此，袁峰研究员被同行以及 *ARA&A* 期刊编委会推选为第一作者，与 Narayan 教授一起，总结评述该领域 20 年来的进展。在这篇综述文章中，他们系统性地总结了从 20 世纪 90 年代至今黑洞吸积流研究取得的研究成果，包括吸积流的动力学、辐射过程、微观物理过程、喷流形成问题、吸积理论在银河系中心黑洞、活动星系核、黑洞双星以及活动星系核反馈等几方面的应用，并对这一领域的未来发展进行了展望。

ARA&A 是天文学和天体物理领域国际公认最权威的综述性杂志。它每年出版 1 期，每期发表 20 篇左右的论文。该杂志的编委会由国际上天文和天体物理学各主要领域的顶级科学家构成，职责就是在同行推荐的基础上，负责遴选并邀请各个领域做出了重要贡献、处于领先水平的专家撰写综述文章。截至 2013 年，中国国内的天文学家仅为该杂志贡献过 1 篇论文，袁峰研究员的这一文章是在该杂志上发表的第 2 篇。

参考文献

[1] Yuan F,Narayan R. Black hole hot accretion flows. ARA&A,2014,52:529-588.

[2] Pringle J E. Accretion discs in astrophysics. ARA&A,1981,19:137-162.

[3] Rees M J. Black hole models for active galactic nuclei,ARA&A,1984,22:471.

[4] Blandford R D,Begelman M C. On the fate of gas accreting at a low rate on to a black hole. Monthly Notices of the Royal Astronomical Society,1999,303:1-5.

[5] Narayan R,Igumenshchev I V,Abramowicz M A. Self-similar accretion flows with convection. The Astrophysical Journal,2000,539:798-808.

[6] Yuan F,Bu D,Wu M. Numerical simulation of hot accretion flows (II):nature,origin,and properties of outflow and their possible observational applications. The Astrophysical Journal,2012,761:130.

[7] Wang Q D,Novak M A,Markoff S B,et al. Dissecting X-ray-emitting gas around the center of our galaxy. Science,2013,341:981-983.

Chinese Astronomer was Invited to Review Our Current Understanding of Black Hole Accretion

Yuan Feng

Black hole accretion is a fundamental physical processes in the universe because it plays a key role in many astrophysical fields such as active galactic nuclei, Gamma-ray bursts, and black hole X-ray binaries. Black hole accretion flows can be divided into two broad classes: cold and hot. Hot accretion flows are believed to exist in center of most galaxies in the universe and is the main research topic in this field in recent 20 years. Because of his important contributions to this field, last year Dr. Feng Yuan from Shanghai Astronomical Observatory of Chinese Academy of Sciences was invited to publish a review article in Annual Review of Astronomy and Astrophysics, which is the top review journal in the field of astronomy and astrophysics. In this review, they critically overview the processes in the field of hot accretion flow, including the dynamics, radiation, microphysics, jet formation, applications to various kinds of objects such as AGNs and black hole X-ray binaries, AGN feedback, and their prospects.

3.3 在常温固态系统中实现抗噪的几何量子计算

清华大学交叉信息研究院

清华大学量子信息中心段路明教授研究组在量子计算研究领域取得了重要突破，首次在常温固态系统中实现了抗噪的几何量子计算。抗噪是实现量子计算的核心问题。通过利用一种新型的计算形式——几何量子计算，段路明研究组在常温金刚石系统中实现了更能抵御噪声影响的量子计算（图1）。该成果的研究论文 *Experimental Realization of Universal Geometric Quantum Gates with Solid-state Spins*（利用固态自旋实验实现普适几何量子逻辑门）发表于国际著名期刊《自然》（*Nature*）上，并被审稿人称为量子计算领域激动人心的进展[1]。

现代社会需要强大安全可靠的信息处理能力。基于量子物理原理的量子计算提供

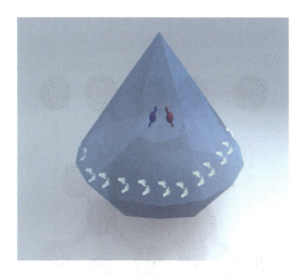

图 1　金刚石中的几何量子计算

金刚石中的电子自旋和核自旋在激光控制下，其量子态在高维几何空间里沿着不同足迹行进，
导致几何量子计算

自动并行计算，并行程度随着比特数目按照指数函数形式爆炸式增长，因而它具有经典计算机无法比拟的计算能力和安全性能。实现量子计算机是各国竞争的一个科技制高点。

常温固态系统具有可规模化和可集成化的优点，它为经典计算机提供硬件技术基础，也是实现量子计算机的理想系统。然而，常温固态系统具有很强的噪声，量子计算对噪声的影响又异常敏感，因此抗噪成为实现量子计算机的核心问题。

为了更好地抵御噪声的影响，段路明研究组首次在常温固态金刚石系统中实验实现了一种新型的量子计算——几何量子计算。在几何量子计算中，量子态的演化被映射为一个几何体在高维空间的变换。几何变换具有整体性的特点，噪声的起伏被平均化，因此几何量子计算的抗噪性能明显提高[2]。早在 2001 年，段路明与希拉克（Cirac）、祖勒（Zoller）合作，提出了几何量子计算的首个物理实现方案[3]。但该方案的实现对实验技术有很高的挑战。虽然经过多个研究组的努力，普适几何量子计算仍然有待实验证实。

最近，段路明研究组利用一个巧妙的方案，在全新的常温固态金刚石系统中首次实现了普适几何量子计算。金刚石虽然光彩夺目，但在显微镜下细看总有一些微小的光学缺陷，缺陷周围会束缚一个电子自旋和一些核自旋（图 2），这些单电子自旋和核自旋提供了实现量子计算的理想物理载体——量子比特。段路明研究组利用激光、微波和射频波对金刚石样品中的这些量子比特进行几何调控，在常温下实现了高保真度的普适量子逻辑门。普适量子逻辑门是量子计算的单元,其组合即能实现任意的量子计算。

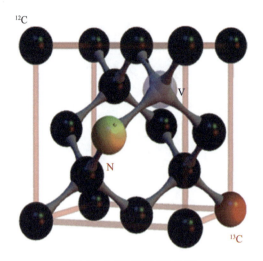

图 2　金刚石原子结构图

标注原子的核自旋可用于量子计算

此项研究结果是清华大学量子信息中心近期取得的研究进展之一,论文第一作者祖充为中心在读博士研究生。2011 年,在姚期智教授领导下,清华大学成立了量子信息中心,致力于量子计算和全量子网络的研究。密歇根大学费米讲席教授段路明受聘为清华大学"姚期智讲座教授",负责清华大学量子信息中心物理实现团队的组建。几年来,该中心建立了固体量子计算、离子量子计算和光量子网络等多个实验研究平台,在量子信息领域已取得一系列重要研究结果。除上述工作外,清华大学量子信息中心于 2014 年,在离子量子计算实验、光子量子仿真实验及量子信息理论方面均有结果发表在《自然·物理学》(*Nature Physics*)、《自然·光子学》(*Nature Photonics*)、《自然·通讯》(*Nature Communications*)上。

参考文献

[1] Zu C, Wang W B, He L, et al. Experimental realization of universal geometric quantum gates with solid-state spins. Nature,2014,514 (7520):72-75.

[2] Pachos J, Zanardi P, Rasetti M. Non-Abelian Berry connections for quantum computation. Phys. Rev. 2000,A61,010305 (R).

[3] Duan L M, Cirac J I, Zoller P. Geometric manipulation of trapped ions for quantum computation. Science,2001,292:1695-1697.

Experimental Realization of Universal Geometric Quantum Gates with Solid-state Spins

Institute for Interdisciplinary Information Sciences，Tsinghua University

Luming Duan's research group has reported the first experimental realization of all-geometric quantum computation in a room-temperature solid state system. Combating noise is a key issue for implementation of quantum computation and geometric quantum computation offers intrinsic robustness to certain experimental noise. Using a new form of geometric manipulation of solid-state spins，Duan's group has demonstrated high-fidelity universal geometric quantum gates using the spin defects in a room-temperature diamond. This result，published in *Nature*，represents an important advance in the field of quantum computation.

3.4　纳米催化剂的活性界面从一维向三维发展

陈光需　傅　钢　郑南峰

（能源材料化学协同创新中心，厦门大学）

金属催化剂广泛应用于能源、环保、食品加工等重要化工领域。负载型多相金属催化剂参与的催化机理研究很具挑战性，而 2007 年格哈德·埃特尔（Gerhard Ertl）获得诺贝尔化学奖的主要贡献就在于发展了将特定单晶表面作为研究复杂催化过程的模型催化剂[1]。然而，单晶表面模型催化剂的研究与实际应用的催化剂存在着材料和压力两大鸿沟，往往难以直接应用于实际催化剂的性能优化。如何构筑可在真实条件下研究复杂催化过程的高比表面积纳米模型催化剂一直是学术界亟待解决的重要科学难题，问题的破解将对当前能源、环保等领域产生重要影响。

负载型金属催化剂多是将金属纳米颗粒负载于高比表面积的氧化物等载体上实现颗粒的分散和稳定，而金属-载体界面往往在催化反应中扮演着非常重要的甚至是决定性角色。但是实际催化剂却存在着其界面精细结构调控和表征难、构-效关系本质难被揭示的特点[2]。合成表界面结构确定的纳米颗粒，并将它们进一步转化为可用于研究复杂催化反应的表界面效应的模型纳米催化剂，所得到的模型催化剂兼具结构确定、比表面积大的特点，更接近实际工业催化剂，是近年纳米材料、催化领域相互交叉的重要研究方向[3,4]。

基于在金属纳米晶表面、界面结构调控方面的多年研究积累，我们运用湿化学方法巧妙地构筑了方便研究贵金属-氧化物界面效应的模型纳米催化剂。6 个课题组紧密协作，经过三年的共同努力，利用亚埃级球差校正高分辨透射电子显微镜、同步辐射 X 射线吸收光谱、高灵敏低能离子散射谱等先进表征手段解析了所构建铂-过渡金属氢氧化物界面的精细结构，并结合理论模拟和同位素标记实验深入揭示了 Fe(Ⅲ)-OH-Pt 界面协同促进一氧化碳催化氧化的机理。研究发现，一氧化碳一旦吸附于界面上的铂位点，即可与相邻的氢氧根发生偶联生成二氧化碳，表明界面上的氢氧根是氧化一氧化碳的活性物种。二氧化碳脱附后，界面上生成了配位不饱和的低价铁，这些铁位点容易吸附并活化氧气，活化后的氧物种可氧化吸附于邻近铂位点的一氧化碳分子，并在水分子的辅助下恢复到原有 Fe(Ⅲ)-OH-Pt 活性界面，使得该过程可以不断循环。实验上还观测到，Fe(Ⅲ)-OH-Pt 界面易在反应过程中失水，导致催化剂失活，而这个问题可以通过引入二价镍得以解决。基于对催化机理的认识，我们又进一步发展了更为实用的催化剂制备方法，所合成的新型纳米颗粒催化剂表面凹凸不平，铂与氢氧化铁/镍相互地三维交织在一起，使催化活性界面从传统催化剂的一维向三维发展（图 1），活性位与总铂原子数的比例可达 50% 以上，降低了催化剂成本。所研发的催化剂不仅能在室温下快速和完全清除潮湿空气中的一氧化碳，持续工作 1 个月不衰减，还能高效催化富氢条件下一氧化碳的氧化清除，应用于氢燃料电池氢气原料气中痕量一氧化碳的高效消除。

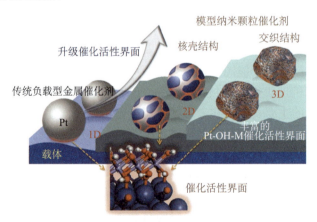

图 1　界面研究推动贵金属纳米催化剂的催化活性界面从一维向三维发展

该研究成果以"Report"形式发表在 2014 年 5 月 2 日出版的美国《科学》（*Science*）杂志上[5]。工作发表后，美国化学会的《化学与工程新闻》（*Chemical & Engi-*

neering News）杂志和《自然中国》（Nature China）网站分别以 "New Nanocatalyst Strategy Pays Off"（新纳米催化剂策略获成功）、"Hybrid nanoparticles：Triple win for catalysis"（杂化纳米颗粒：三重复合赢得催化）为题进行了专文评述，认为相关工作很好地展示了纳米科学的发展如何推动催化科学的发展。以结构、组成可调控的金属复合纳米颗粒为模型催化剂来深入研究催化剂的复杂界面效应，这一策略相应也适用于其他催化体系的研究，将有助于我们开发更为高效、低廉的实用贵金属催化剂。

参考文献

[1] Ertl G. Reactions at surfaces：From atoms to complexity（Nobel Lecture）. Angew Chem Int Ed，2008，47：3524-3535.

[2] Fu Q，Li W X，Yao Y，et al. Interface confined ferrous sites for catalytic oxidation. Science，2010，328：1141-1144.

[3] Yamada Y，Tsung C K，Huang W，et al. Nanocrystal bilayer for tandem catalysis. Nat Chem，2011，3：372-376.

[4] Cargnello M，Doan-Nguyen V V T，Gordon T R，et al. Control of metal nanocrystal size reveals metal-support interface role for ceria catalysts. Science，2013，341：771-773.

[5] Chen G X，Zhao Y，Fu G，et al. Interfacial effects in iron-nickel hydroxide-platinum nanoparticles enhance catalytic oxidation. Science，2014，344：495-499.

Upgrade Catalytic Interfaces of Nanocatalysts from One-Dimensional to Three-Dimensional

Chen Guangxu，Fu Gang，Zheng Nanfeng

By fabricating sub-5nm iron nickel hydroxide-platinum hybrid nanoparticles，we demonstrated a smart，collaborative transition metal-OH-Pt interface that is highly efficient for oxidative catalysis at room temperature. The OH groups at the Fe(Ⅲ)-OH-Pt interfaces readily react with CO adsorbed nearby to yield CO_2 and simultaneously produce coordinatively unsaturated iron sites for O_2 activation. More importantly，being stabilized by the Ni^{2+} incorporation helps to stabilize the catalytic Fe(Ⅲ)-OH-Pt interface. Based on the understanding，an alloy-assisted strategy is successfully developed to produce hybrid PtFeNi nanocatalysts for practical use. The designed Pt-based nanocatalyst readily fully removes CO in humid air or H_2-rich stream without any decay for months. The work has nicely demonstrated how the development of nanoscience significantly contributes to catalysis science. The developed strategy provides an effective method to understand complicated interfacial phenomena in other catalytic systems as well, helping to develop efficient practical noble metal nanocatalysts.

3.5 麦克斯韦妖式量子算法冷却的实现

李传锋

（中国科学技术大学中国科学院量子信息重点实验室）

中国科学技术大学中国科学院量子信息重点实验室李传锋研究组和其他研究组合作，在量子算法冷却的研究中取得重要进展。他们提出一种新型的麦克斯韦妖式的量子算法冷却，并在光学系统中利用量子模拟技术实验演示了这种量子冷却方法的工作原理（图1）。这项研究成果 2014 年 1 月 19 日在线发表在《自然·光子学》（*Nature Photonics*）杂志上。麻省理工学院著名的量子物理学家 Seth Lloyd 教授在同期杂志上的 News & views 栏目以 "Cool computation, hot bits" 为题发表专文评述本项工作。

图 1 麦克斯韦妖式算法冷却原理
抽象示意图

现代低温物理学的发展主要得益于有效冷却方法的发展。特别地，激光冷却技术的发展使人类可以实现十亿分之一度（纳开，nK）的极低温，从而能够研究一些奇特的量子物理现象，如玻色-爱因斯坦凝聚等。在这种极低温下，热运动带来的消相干极小，系统能够处于量子状态，然而要实现量子计算、量子模拟等量子信息过程，通常需要系统初始时处于能量最低的量子态。即基态，这就需要量子冷却。一般说来，量子冷却的研究目标就是要降低量子态的平均能量，直至系统处于基态。研究组的理论合作者提出了一种量子冷却的新方法，通过引入一个辅助量子比特，实现与待冷却系统的控制耦合。通过对辅助量子比特的测量，实现待冷却系统高能量部分和低能量部分的区分。将高能量部分剔除后就可以实现系统的量子冷却。这就像一只量子的麦克斯韦妖可以轻而易举地除去量子态中能量高的部分，因此这种方法被称为麦克斯韦妖式量子算法冷却。

李传锋教授研究组利用偏振依赖的干涉装置搭建成冷却模块，其中入射光子的路径信息作为辅助量子比特，而光子的偏振信息模拟待冷却系统，最后通过对路径信息的探测后选择即可降低光子偏振态的平均能量。研究组还利用光纤将不同的冷却模块连接起来从而形成了一个光学冷却网络，通过多次调用冷却模块来实现量子系统的逐步冷却（图 2）。研究组在实验上实现并比较了蒸发冷却和循环冷却两种不同的量子冷却策略，实验结果和理论预言吻合的非常好，保真度达到 97.8% 以上。

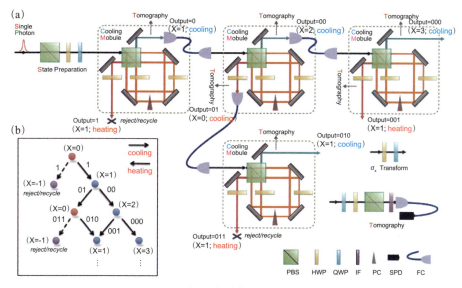

图 2　实验装置图

在光学系统中模拟了三级连麦克斯韦妖式算法冷却过程，冷和热的状态用光子的水平偏振和竖直偏振表示
Single Photon：单光子；State Preparation：态制备；Cooling Mobule：冷却模块；Tomography：态层析；
reject/recycle：丢弃/循环；Output：输出；heating：热的部分；cooling：冷的部分；PBS：偏振分束器；
HWP：半波片；QWP：四分之一波片；IF：干涉滤波片；PC：补偿片；SPD：单光子探测器；FC：光纤耦合器

本成果提供一种新的途径用于量子模拟经典方法难以实现的物理系统和化学系统的低温性质。另一方面，由于平均能量接近基态能量的量子态与真实基态有很高的重合度，并可通过量子算法估计的方法以很高的概率来得到量子基态，因此这项工作还可以用来为普适的量子计算和量子模拟提供初始量子态资源。

参考文献

[1] Xu J S，Yung M H，Xu X Y，et al. Demon-like algorithmic quantum cooling and its realization with

quantum optics. Nature Photonics, 2014, 8(113).

Demon-Like Algorithmic Quantum Cooling and Its Realization with Quantum Optics

Li Chuanfeng

Simulation of the low-temperature properties of many-body systems remains one of the major challenges in theoretical and experimental quantum information science. We present and demonstrate experimentally a universal (pseudo) cooling method applicable to any physical system that can be simulated by a quantum computer. This method allows us to distil and eliminate hot components of quantum states like a quantum Maxwell's demon. The experimental implementation is realized with a quantum optical network, and the results are in full agreement with theoretical predictions (with fidelity higher than 0.978). Applications of the proposed pseudo-cooling method include simulations of the low-temperature properties of physical and chemical systems that are intractable with classical methods.

3.6 等离激元诱导的非线性电子散射现象

陈向军

（中国科学技术大学近代物理系，合肥微尺度物质科学国家实验室，
量子信息与量子科技前沿协同创新中心）

　　中国科学技术大学的陈向军教授研究组与罗毅教授合作，利用自主研制的扫描探针电子能谱仪，通过针尖场发射电子激发石墨表面银纳米结构的局域表面等离激元振荡，发现了全新的非线性非弹性电子散射现象，该现象的发现有可能发展出一种革命性的表面单分子探测技术。研究结果发表在 2014 年 10 月的《自然·物理学》（Nature Physics）月刊上。

　　一百年前的 1914 年，德国物理学家詹姆斯·弗兰克（James Franck）与古斯塔夫·赫兹（Gustav Hertz）在以他们名字命名的著名实验中发现，电子与汞蒸气原子碰撞时，电子只会损失 4.9 电子伏特特定的能量值。这一发现不仅强有力地证明了玻尔提

出的原子内部能量量子化的假设，而且也使电子能量损失谱学成为分析材料化学组成的一种重要手段。电子打到样品上会损失能量而发生非弹性散射，能量损失取决于样品原子及它们所处的状态，通过测量非弹性散射电子人们可以获得样品中元素分布和原子相互作用等信息。然而在常规的电子散射中，非弹性电子只占极少的比例，大多数电子是没有能量损失的弹性散射电子。这个特性严重阻碍了高空间分辨、高灵敏度电子能谱技术的发展和应用。另一方面，由于激光的强场特性和相干性，20 世纪 60 年代初人们就从实验上观测到了光子与物质相互作用的非线性现象，并发展出具有广泛应用的非线性光学。电子与物质相互作用虽然也存在高阶项，但由于常规电子束无论电子数密度还是相应的电场强度与激光相比都要弱得多，因此从来没有观察到电子散射的非线性现象。

我们将具有化学分析能力的电子能谱学技术与具有单原子空间分辨能力的扫描探针技术相结合，自主研制了一台扫描探针电子能谱仪，如图 1 所示。针尖场发射电子与固体表面样品相互作用，利用一个环形能量分析器分析散射电子的能量损失，获得样品的能量损失谱；沿固体表面两维扫描探针的位置，即可实现扫描探针电子能谱成像，从而实现空间分辨的固体表面电子态的测量。仪器研制的工作发表在 2009 年 10 月的《科学仪器评论》（*Review of Scientific Instruments*）杂志上，论文审稿人评价"这篇文章标志着在一个大计划中完成了一个里程碑的工作"。

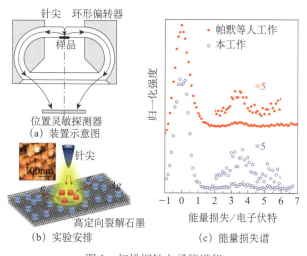

图 1　扫描探针电子能谱仪

在此基础上，我们利用针尖场发射电子与石墨表面银纳米结构作用，研究了不同针尖-样品距离和偏压下，电子诱导的银表面等离激元振荡激发。我们发现当针尖-样品偏压达到一定值后表面等离激元振荡的能量损失峰显著增强，其强度甚至可以达到弹性散射的 60%。图 2 给出了不同针尖-样品距离下，非弹性与弹性散射的强度比随针尖-样品偏压或样品电流的变化关系。从图中我们可以看到，当针尖电压高于一定值后，强度比与偏压的平方成正比。这种等离激元振荡激发的增强本质上源于样品表面的电场强度，这可以从图2强度比与样品电流之间的非线性关系看出。这是首次观察到非线性电子散射现象。表明银纳米结构激发出的局域等离激元场可以导致非线性的电子散射现象，使得非弹性电子的强度显著增强。

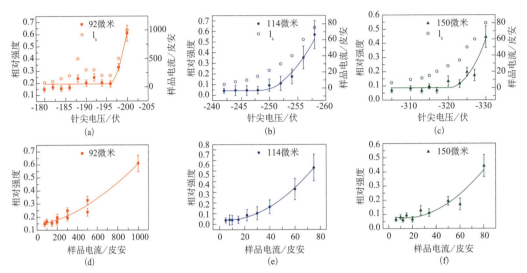

图2　不同针尖-样品距离下表面等离激元振荡能量损失峰的相对强度随针尖电压和样品电流的关系

在理论上，我们提出一种单电子两步过程的模型解释了这种新现象。在该模型中，针尖偏压带来的较强电场与极强的银纳米颗粒表面等离激元振荡场共同作用，使得电子非弹性散射过程中的高阶作用项（两步过程）被大大增强，超过了一阶作用项（直接散射），从而显示出非线性效应。

非线性电子散射不仅是一种全新的物理现象，还会带来一种新的、具有潜力的谱学技术，即"非线性电子散射谱学"，未来可以用于研究吸附在金属纳米结构上的原子分子。非线性电子散射过程会大大提高信噪比，从而实现固体表面纳米空间分辨的电子谱学测量，使得电子能谱技术在高空间分辨、高灵敏度方面实现突破。

相关工作正式发表在2014年10月的《自然·物理学》上，文章一经发表，《亚洲科学家》杂志即作了题为"Nanosilver Gives Electron Microscopy A Boost"的报道，报道中称"科学家利用银纳米颗粒将高灵敏度的电子能谱技术信号增强了近20倍，可能成为新的原子尺度上的探测手段。"英国著名科技新闻网站Phys.org也作了题为"Researchers boost electron energy loss spectroscopy signal using silver nanoparticles"的报导，报道中写道"……发现了一种提高非弹性碰撞概率的方法……从而增强接收的信号并揭示更多的关于组成样品的原子信息。"其后，《人民日报》、《科技日报》等多家媒体对该研究成果做了报道。

参考文献

[1] Xu C K,Liu W J,Zhang P K,et al. Nonlinear inelastic electron scattering revealed by plasmon-enhanced electron energy-loss spectroscopy Nature Phys,2014,10:753-757.

[2] Xu C K,Chen X J,Zhou X,et al. Spatially resolved scanning probe electron energy spectroscopy for Ag islands on a graphite surface Rev Sci Instrum,2009,80:103705.

Nonlinear Inelastic Electron Scattering Revealed by Plasmon-enhanced Electron Energy-loss Spectroscopy

Chen Xiangjun

Electron energy-loss spectroscopy is a powerful tool for identifying the chemical composition of materials. It relies mostly on the measurement of inelastic electrons,which carry specific atomic or molecular information. Inelastic electron scattering,however,has a very low intensity,often orders of magnitude weaker than that of elastically scattered electrons. Here,we report the observation of enhanced inelastic electron scattering from silver nanostructures,the intensity of which can reach up to 60% of its elastic counterpart. A home-made scanning probe electron energy-loss spectrometer was used to produce highly localized plasmonic excitations,significantly enhancing the strength of the local electric field of silver nanostructures. The intensity of inelastic electron scattering was found to increase nonlinearly with respect to the electric field generated by the tip-sample bias,providing direct evidence of nonlinear electron scattering processes.

3.7　核酸适体在分子药物中的应用

谭蔚泓

（湖南大学化学化工学院，湖南大学生物学院，
化学生物传感器与计量学国家重点实验室，分子科学与分子医学实验室）

癌症已成为危害人民健康最主要的疾病，给国家和社会带来了沉重的经济压力。

目前，利用小分子药物阻止癌细胞的增殖、浸润、转移，直至最终杀灭癌细胞的化学药物治疗已成为癌症治疗的一种常规手段。然而，作为一种全身性治疗手段，化学药物治疗选择性不强，在杀灭癌细胞的同时损伤人体正常细胞，从而造成严重的副反应。如何增加小分子药物在癌细胞内的富集，以提高药效和减少副作用一直是科学研究的热点。细胞膜蛋白作为细胞行使功能的重要"工具"，承担着各种生物功能。随着人类基因组学、蛋白质组学和表观遗传学的发展，人们逐步了解到细胞膜蛋白在癌症的发生、发展过程中扮演重要角色。因此，膜蛋白已成为癌症生物学标记和药物作用的重要靶标。但是，膜蛋白两亲性和低丰度等特点增加了蛋白组学在膜蛋白方面的研究难度，限制了其作为生物学标记和药物作用靶点的发展。因此，发展高灵敏、高特异性区分癌细胞和正常细胞之间分子差异的分子工具，有助于分子药物的开发。一个最近较热的研究领域，核酸适配子，有潜力成为有效的抗重大疾病的分子工具。核酸适配子（也称核酸适体，aptamers）是人工合成的核酸序列，能以高的亲和力同各种靶分子（小分子、蛋白质，甚至整个细胞）特异性结合[1~3]。由于其还具有高特异性、生物活性稳定、易于合成和保存等独特性质，成为一种极富应用潜力的识别探针，可与抗体相媲美。

在发展识别癌细胞与正常细胞之间分子差异的分子工具技术中，湖南大学化学生物传感与计量学国家重点实验室的分子科学与分子医学组开发的以完整癌细胞为靶标的指数富集配体系统进化技术（Cell-SELEX）[1,4,5]具有较大的优势。Cell-SELEX 是指以活性细胞为靶标，通过 DNA/RNA 文库在细胞表面重复吸附分配、洗脱回收及聚合酶链扩增三个基本步骤，从人工合成的 DNA/RNA 文库中筛选得到的、能够高亲和性高特异性结合靶细胞的单链寡核苷酸（即核酸适体）[3]。活细胞作为筛选靶标具有以下优点[4]：细胞表面膜蛋白保持天然构象和生物学功能；不需了解蛋白分子信息即可筛选获得能识别肿瘤细胞的核酸适体；通过以正常细胞作为反筛靶标，可以获取区分正常细胞和病变细胞之间分子差异的核酸适体；整个筛选过程是在细胞膜上进行，细胞膜上蛋白的多样性使同时筛选得到识别不同蛋白的核酸适体成为可能。

利用 Cell-SELEX 技术，我们组已经成功获得了多种癌细胞（如白血病、肺癌、结肠癌、卵巢癌、乳腺癌、前列腺癌和胰导管腺癌）高亲和性、高特异性的核酸适体。另外，核酸适体还具有容易合成和进行化学修饰、免疫原性小和快速的组织穿透能力等优点。目前，核酸适体已广泛用于肿瘤细胞的分子图谱、分子影像、肿瘤外周血细胞捕获、靶向治疗和肿瘤标志物发现等方面研究（图 1）。下面将介绍我们课题组利用能区分肿瘤细胞与正常细胞之间分子差异的核酸适体作为分子工具在分子药物中的应用[1,6~10]。

图1　核酸适体在抗癌研发中的应用

一、基于核酸适体的靶向药物输送体系

为了提高小分子药物在肿瘤细胞中的富集，我们课题组利用双硫键或光敏感模块桥联核酸适体和小分子药物，构建了肿瘤细胞内谷胱甘肽激活或光激活的小分子药物-核酸适体复合物的输送体系，通过核酸适体肿瘤细胞靶向功能增加药物在肿瘤细胞内的聚集，减少药物副作用。然而在上述体系中，核酸适体只能桥联一个或多个药物分子，药物输送效率低。为了提高药物输送效率，我们进一步利用核酸为构建材料通过杂交链反应、滚环扩增技术、疏水作用力和光交联技术分别构建了 DNA 纳米火车、DNA 纳米花、DNA 胶囊和水凝胶等纳米结构用于装载大量小分子药物，同时通过整合核酸适体，发展了一系列新型肿瘤细胞靶向的药物输送体系，有效提高了药物治疗效果。

二、基于核酸适体识别的疾病标志物发现研究技术

肿瘤标志物在肿瘤早期诊断、治疗和预后等方面有着非常重要的意义。目前蛋白质组学作为寻找肿瘤标志物的一种常用工具，仍存在很多不足，如低丰度蛋白质的分辨能力有待提高、极端酸碱性蛋白和难溶性蛋白的分离以及癌组织成分的复杂性给蛋白质图谱分析带来困难。但是当以肿瘤细胞为靶细胞时，细胞表面一些与瘤细胞的增殖、凋亡或分化相关的已知或未知蛋白（如跨膜受体、整联蛋白和黏附分子）都能成为 SELEX 筛选的靶标。因此 Cell-SELEX 为发现新的肿瘤标志物提供了可能。而且，通过核酸适体对靶标的特异性识别，靶蛋白可以得到进一步纯化和分离以用于蛋白质组学研究。通过利用上述两个步骤，我们成功发现了蛋白酪氨酸激酶-7 和磷酸化应激诱导蛋白（stress-induced phosphoprotein，STIP 1）等潜在肿瘤标志物。上述成果主要发表在《美国国家科学院院刊》（*PNAS*）、《美国化学会志》（*Journal of American Chemical Society*）、《德国应用化学》（*Angew. Chemie.*）、《自然·医学》（*Nature Medicine*）、《自然·实验手册》（*Nature Protocol*）等国际著名杂志上，在分子药物

的设计和研发领域产生了重要影响。

我们期待，基于核酸适体识别的标志物发现策略能为肿瘤细胞的生物学标记和靶向药物提供新的研究靶点。

参考文献

[1] Tan W H, Fang X H. Aptamers Selected by Cell-SELEX for Theranostics. Berlin: Springer, 2015: 352.

[2] Tuerk C, Gold L. Systematic evolution of ligands by exponential enrichment: RNA ligands to bacteriophage T4 DNA polymerase. Science, 1990, 249: 505-510.

[3] Ellington A D, Szostak J W. In vitro selection of RNA molecules that bind specific ligands. Nature, 1990, 346: 818-822.

[4] Shangguan D H, Li Y, Tang Z W, et al. Aptamers evolved from live cells as effective molecular probes for cancer study. Proc Natl Acad Sci USA, 2006, 103: 11838-11843.

[5] Tan W H, Donovan M J, Jiang J H. Aptamers from cell-based selection for bioanalytical applications. Chem Rev, 2013, 113: 2842-2862.

[6] Fang X H, Tan W H. Aptamers generated from cell-SELEX for molecular medicine: A chemical biology approach. Acc Chem Res, 2010: 43: 48-57.

[7] Liang C, Guo B, Wu H, et al. Aptamer functionalized lipid nanoparticles targeting osteoblasts as a novel RNA Interference based bone anabolic strategy. Nature Medicine, 2015, 21: 288-294.

[8] Wang R W, Zhu G, Mei L, et al. Molecular train: Automated and modular synthesis of aptamer-drug conjugates for targeted drug delivery. Journal of the American Chemical Society, 2014, 136: 2731-2734.

[9] Zhu G, Zheng J, Song E, et al. Self-assembled, aptamer-tethered DNA nanotrains for targeted transport of molecular drugs in cancer theranostics. Proc Natl Acad Sci USA, 2013, 110: 7998-8003.

[10] Hu R, Zhang X B, Zhao Z L, et al. DNA nanoflowers for multiplexed cellular imaging and traceable targeted drug delivery. Angewandte Chemie-International Edition, 2014, 53: 5821-5826.

Aptamers for Theranostics: Molecular Drug

Tan Weihong

Aptamers are single-stranded RNA/DNAs generated through Systematic Evolution of Ligands by EXponential enrichment (SELEX), can bind to their targets with high affinity and specificity. Aptamers generated by using Cell-SELEX developed by our research group can efficiently differentiate the differences between two kinds of cells at the molecular level, even tumor cells and normal cells. Aptamers could be also easily synthesized and modified with chemical function groups. Based on their advantages, we have developed varied of aptamer-targeting delivery systems integrated, such as drug-aptamer complexes, DNA nanotrain, DNA nanoflower, DNA micelle and DNA nanogel. Moreover, a strategy with using aptamer to purify target protein has been developed for biomarker discovery.

3.8　高性能、低成本的量子点发光二极管

金一政[1,2]　戴兴良[2]　彭笑刚[1]

（1. 浙江大学化学系高新材料化学中心；

2. 浙江大学材料系硅材料国家重点实验室）

发光二极管（LED）将电能直接转换为光，是现代照明与显示两大产业的核心器件。LED 作为典型的大面积器件，追求高性能、低成本。

目前业界主流的氮化镓（GaN）基量子阱 LED 性能优越。但其制备依赖于与单晶衬底晶格匹配的外延生长技术，需要超高真空、超纯原料，而且后期加工需要复杂的切割和封装工艺，导致高成本和高能耗的问题。此外，GaN 基量子阱 LED 在显示产业中只能用于背光模组，不能直接用于制造更高效的自发光型主动矩阵显示屏像素。

相对于无机量子阱 LED，有机发光二极管（OLED）以有机小分子或导电高分子为发光中心。近年来，OLED 取得了很大发展，器件效率逐步提升，但是器件寿命尤其是大功率蓝光器件的寿命问题仍未得到解决。究其原因，在蓝光 OLED 中，宽禁带的分子发光中心在激发态条件下既是强电子给体，又是强电子受体（即既是强氧化剂，又是强还原剂），化学稳定性/热稳定性不够好。

量子点发光二极管（QLED）有可能结合高效稳定无机发光中心和溶液加工的优势。胶体量子点是溶液中合成、加工的无机半导体纳米晶，其发光波长连续可调、发光光谱半峰宽窄、色纯度高，因而在高色域的显示屏和高显色指数的白光光源调制方

面具有独特的优势。相比无机量子阱 LED，QLED 可以采用高速度溶液工艺低成本地制备大面积器件，并可以与轻薄、柔性的塑料衬底兼容。另外，采用喷墨打印工艺可以制造图形化的 QLED，实现自发光的主动矩阵 QLED 显示屏。QLED 的发光中心通常采用核壳结构的量子点，是稳定性优异的无机晶体。壳层在保护发光中心的同时起到了隔离不同发光中心的作用，可以抑制强激发/大电流条件下的激子-激子相互作用带来的发光猝灭。这些优势使得 QLED 在理论上可以解决蓝光器件稳定性差、大功率器件效率低等难题。

但是，经过了 20 年的不懈努力，QLED 的综合性能，包括效率、寿命、加工工艺，还远远落后于人们的期待（图 1）。这在很大程度上是因为早期 QLED 器件的载流子传输层过多地借鉴了 OLED 的经验，没有为 QLED "量身定制"界面层材料。这一局面在近年得到部分改善。三星公司、佛罗里达大学等将氧化钛、氧化锌等具有较高电子迁移率的无机 n 型氧化物作为电子传输层[1,2]，极大地提高了电子注入效率。2013 年 MIT 和 QD vision[3]进一步优化器件，将最高最大外量子效率（EQE）提高到18%。这些工作肯定了载流子高效注入的重要性，但并未实现高性能 LED 器件的另一必要条件：载流子平衡注入，导致器件稳定性差，工作状态下寿命远不能满足实用需求。

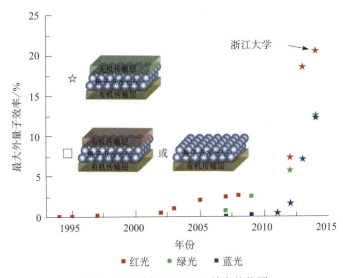

图 1　不同结构的 QLED 效率趋势图

2014 年 11 月，浙江大学高新材料化学中心的金一政研究组与彭笑刚研究组联合报道了一种新型 QLED[4]。首先，基于彭笑刚课题组在量子点合成化学的深厚积累和最新进展，为 QLED "量身定制"了量子点[5]。第二步，创新设计器件结构［图 2

(a)]，实现了载流子的高效、平衡注入，解决了多年困扰 QLED 领域的难题。一方面制备了三层、具有阶梯式能级结构的空穴传输层，大幅提高了空穴注入效率；另一方面在量子点层与 ZnO 电子传输层间插入超薄绝缘层，延缓了电子注入、实现载流子平衡注入的同时抑制量子点/ZnO 界面的自发电子转移，保留了量子点优越的发光性能。

需要强调的是，该新型器件所需的多层膜结构（除顶电极外）是建立在充分理解并调控对各功能层材料的加工性/溶解性的基础之上，通过全溶液工艺制备的。

这样低成本路线的 QLED 具有非常优异的性能和重复性，展现出高色纯度深红色光发射、1.7 伏的亚带隙开启电压、高达 20.5% 的外量子效率、改善的效率滚降性能（在 100 毫安/厘米^2 的电流密度下外量子效率仍高达 15.1%）、在 100 坎德拉每平方米工况下超过 10 万小时的长工作寿命（远优于之前的文献报道）等性能（图 2）[3]。这是迄今通过溶液制备的性能最好的红光 LED，综合性能可与目前真空沉积制备的性能最好的 OLED 相媲美，验证了 QLED 应用于照明和显示产业的实用性。

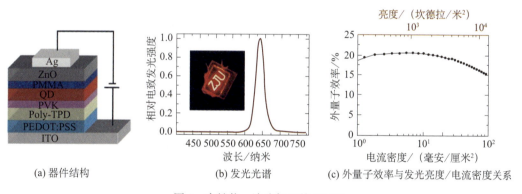

(a) 器件结构　　　　(b) 发光光谱　　　　(c) 外量子效率与发光亮度/电流密度关系

图 2　高性能、溶液加工的 QLED

PEDOT PSS/Poly-TPD/PVK—空穴注入传输层；QD—量子点发光层；PMMA—绝缘层；

ZnO—电子注入传输层；ITO/Ag—导电电极

这个突破性进展发表于《自然》（*Nature*，2014，515，96），入选了 2014 中国十大科学进展。美国材料学会《材料研究学会通报》（*MRS Bulletin*，2015，40，8）撰文专题报道，文中评论："由浙江大学金一政和彭笑刚领导的中国九人小组最近在发展溶液工艺 LED 的道路上向前迈出了重要的一步"。

该成果已经引起了产业界的强烈兴趣。目前量子点产业龙头企业杭州纳晶科技公司已投入 1000 万元，以成立纳晶-浙大联合实验室的方式共同推进 QLED 的产业化。

参考文献

[1] Cho K S, Lee E K, Joo W J, et al. High-performance crosslinked colloidal quantum-dot light-emitting diodes. Nature Photonics, 2009, 3(6): 341-345.

[2] Qian L, Zheng Y, Xue J, et al. Stable and efficient quantum-dot light-emitting diodes based on solution-processed multilayer structures. Nature Photonics, 2011, 5(9): 543-548.

[3] Mashford B S, Stevenson M, Popovic Z, et al. High-efficiency quantum-dot light-emitting devices with enhanced charge injection. Nature Photonics, 2013, 7(5): 407-412.

[4] Dai X L, Zhang Z Z, Jin Y Z, et al. Solution-processed, high-performance light-emitting diodes based on quantum dots. Nature, 2014, 515(7525): 96-99.

[5] Qin H Y, Niu Y, Meng R Y, et al. Single-Dot Spectroscopy of Zinc-Blende CdSe/CdS Core/Shell Nanocrystals: Nonblinking and Correlation with Ensemble Measurements. Journal of the American Chemical Society, 2014, 136(1): 179-187.

Solution-processed, High-performance Light-emitting Diodes Based on Quantum Dots

Jin Yizheng, Dai Xingliang, Peng Xiaogang

Light-emitting diodes (LEDs) form the basis of modern display and solid-state lighting technologies. LEDs that can be processed from solution are appealing as they offer the potential for low-cost, large-area fabrication on a variety of substrates. Solution-processed LEDs are generally less efficient than their vacuum-deposited counterparts, but a team from Zhejiang University, Hangzhou, China shows how innovations in materials chemistry and device architecture can be used to address the key problem of solution-processed quantum-dot LEDs, with balanced and efficient charge injection. The authors achieve performance levels comparable to those of state-of-the-art organic LEDs produced by vacuum deposition, while retaining the advantages of solution processing. The device is efficient and has a long operational lifetime of more than 100,000 hours at working conditions, making this device the best-performing solution-processed red LED to date. This work demonstrates that quantum-dot LEDs are promising for both display and solid-state lighting.

3.9　过渡金属元素高氧化研究获得重要进展

周鸣飞

（复旦大学化学系）

氧化态是化学中最重要的基本概念之一，是门捷列夫发现元素周期律的基础。氧化态是元素的固有性质，它反映了元素在化合物中及其在反应过程中电子的得失能力。目前实验已知的化学元素最高氧化态为Ⅷ价。相应的化合物主要包括几种含氙的化合物，如 XeO_4 和 XeO_3F_2，以及过渡金属氧化物 RuO_4 和 OsO_4 等[1]。这些高氧化态化合物由于具有高氧化性，被广泛用作工业反应中的氧化剂和催化剂。

科学家推测周期表中的元素还可能存在更高的价态，其中具有9个价电子的过渡金属元素铱（Ir）最有可能存在高于Ⅷ价的氧化态。然而实验已知的化合物中铱的最高价为Ⅵ价。2009年我们通过金属铱原子和氧气分子反应的方法首次在低温稀有气体基质中制备了四氧化铱中性分子，红外吸收光谱实验结合量子化学理论计算证明该分子中的铱具有 d^1 价电子组态，处于Ⅷ价态，表明除了钌、锇和氙三种元素以外，铱元素也可以形成Ⅷ价态化合物[2]。

在此项工作的基础上，考虑到若进一步将中性四氧化铱分子的d电子电离生成四氧化铱正离子，则铱将有可能处于更高的Ⅸ价态。最近的理论计算研究表明，具有Ⅸ价态的四氧化铱正离子具有正四面体构型，是所有化学式为 $[IrO_4]^+$ 的异构体中最稳定的结构[3]。为了从实验上验证具有Ⅸ价态的四氧化铱正离子的稳定存在，我们采用脉冲激光溅射-超声分子束载带技术在气相条件下制备了四氧化铱正离子。质谱探测结果显示 $[IrO_4]^+$ 离子具有最大的信号强度（图1），表明该离子具有较高的热力学稳定性。为了获得该离子的红外振动光谱，进而得到其结构信息，我们制备了氩原子贴附（Tagging）的 $[IrO_4]^+Ar_n$（$n=1\sim4$）离子。采用自行研制的串级飞行时间质谱-红外光解离光谱实验装置通过红外预解离光谱方法成功获得了 $[IrO_4]^+Ar_n$ 离子的红外振动光谱。结合同位素取代实验和量子化学计算结果证实气相 $[IrO_4]^+$ 离子存在两种异构体，即具有正四面体结构的四氧化铱正离子以及二氧化铱离子-过氧络合物 $[(\eta^2\text{-}O_2)IrO_2]^+$。量子化学理论计算表明，虽然 $[(\eta^2\text{-}O_2)IrO_2]^+$ 络合物结构没有四氧化铱正离子结构稳定，但由于两者之间的转化存在很高的能垒（图2），使得两种异构体能同时稳定存在。研究结果证实了气相四氧化铱离子具有正四面体构型，其中铱具有 d^0 电子组态，处于Ⅸ价态，从而首次在实验上确定了元素Ⅸ价态的存在。

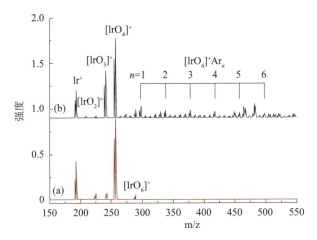

图 1　激光溅射-超声分子束载带离子源产生的铱氧化物离子的质谱图

（a）氦载气；（b）氩载气

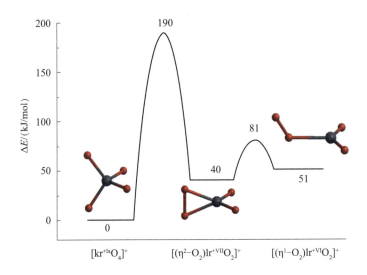

图 2　理论计算预测三种［IrO_4］$^+$离子同分异构体的结构和相对能量

　　该项工作发表在 2014 年 10 月 23 日出版的国际著名学术期刊《自然》杂志上[4]。这一成果对氧化价态的拓展以及对高价态化合物成键特性的理解具有重要科学意义，也为进一步宏观合成该类高氧化态化合物及其在化学反应体系中的应用提供了基础。美国化学会《化学与工程新闻》（Chemical & Engineering News）杂志将该项研究选为"2014 年度十大化学研究"。美国 Science News 评论认为该项工作"改变了所有化学教科书的内容"。

参考文献

[1] Riedel S, Kaupp M. The highest oxidation states of the transition metal elements. Coord Chem Rev, 2009, 253: 606-624.

[2] Gong Y, Zhou M F, Kaupp M, et al. Formation and characterization of the iridium tetraoxide molecule with iridium in the oxidation state VIII. Angew Chem Int Ed. 2009, 48: 7879-7883.

[3] Himmel D, Knapp C, Patzschke M, et al. How far can we go? Quantum chemical investigations of oxidation state IX. Chem Phys Chem, 2010, 11: 865-869.

[4] Wang G J, Zhou M F, Goettel J T, et al. Identification of an iridium-containing compound with a formal oxidation state of IX. Nature, 2014, 514: 475-477.

Identification of An Iridium-containing Compound with A Formal Oxidation State of IX

Zhou Mingfei

The concept of formal oxidation states is one of the most fundamental ideas in general chemistry, especially because it is the basis on which elements in the periodic table are grouped and arranged. The preparation and characterization of compounds containing elements with unusual oxidation states is of great interest to inorganic chemists. The highest experimentally known formal oxidation state of any chemical element is at present VIII. Iridium, which has nine valence electrons, is predicted to have the greatest chance of being oxidized beyond the VIII oxidation state. We report the formation of $[IrO_4]^+$ and its identification by infrared photodissociation spectroscopy. High-level quantum chemical calculations predict that the iridium tetroxide cation, with a T_d-symmetrical structure and a d^0 electron configuration, is the most stable of all possible $[IrO_4]^+$ isomers. Thus, $[IrO_4]^+$ represents the first example of a compound with formal oxidation state IX, the highest oxidation state known so far.

3.10 乙炔法制氯乙烯无汞催化剂的研究进展
——氮掺杂的纳米碳复合催化材料 SiC@N—C

潘秀莲 马 昊 包信和

（中国科学院大连化学物理研究所催化基础国家重点实验室）

聚氯乙烯（PVC）是五大通用塑料之一，广泛应用于工业、农业、国防、化学建材等重要领域。我国是聚氯乙烯生产和消耗大国，2014 年产量 1620 多万吨[1]。聚氯乙烯由氯乙烯单体聚合得到，目前国际上主要采用乙烯法和乙炔法工艺。乙烯法是将乙烯经氯化或氧氯化反应合成 1，2-二氯乙烷，然后裂解生成氯乙烯，是目前西方国家普遍采用的技术。但乙烯法生产工艺流程较长，而且其生产成本受控于石油价格。对中国、印度等石油资源相对贫乏而煤炭资源相对富足的国家来说，仍主要依赖于由煤经电石法制得的乙炔在氯化汞催化剂的作用下，经过氢氯化反应生成氯乙烯，即乙炔法。该方法合成工艺简单，技术较成熟，我国氯乙烯 75% 左右是由电石法制备而来[2]。

然而，乙炔法制氯乙烯工艺面临的一个重要问题是，汞的排放对环境造成严重污染和对人类健康造成威胁。2010 年，工业和信息化部下发了《电石法聚氯乙烯行业汞污染综合防治方案》，规定到 2015 年，全行业全部使用低汞催化剂，加大无汞催化剂的研发力度，力求实现非汞催化剂研究的实质性进展，从根本上杜绝汞的消耗和污染[2]。联合国 2013 年 1 月通过了旨在全球范围内控制和减少汞排放的国际公约，规定 2020 年禁止生产和进出口含汞类产品[3]，这给仍依赖于氯化汞技术的氯乙烯产业带来了巨大的压力。

在这种形势下，国内外科研人员在非汞催化剂的研发方面做了大量工作，并取得了一系列重要进展。如英国的 Hutchings 研究组，我国的石河子大学、天津大学张金利研究组、新疆天业集团、清华大学罗国华和魏飞研究组等采用不同过程和不同催化剂，均取得了非常出色的研究结果。Hutchings 等考察了一系列金属离子的标准电极电位与气相反应乙炔转化率的关系，发现 Au 的活性最高，与其他金属的催化活性顺序为 Au>Ir~Pt~Pd>Hg[4]。在 180℃，体积空速 1140 小时下，活性炭负载的氯金酸（Au/C）催化乙炔转化率可高达 68%[5]。Zhang 等针对 Au 催化剂的稳定性不够的问题，添加了 Co 和 Cu 作为助剂，得到的 Au-La-Co 催化剂上乙炔转化率可达

99％以上，氯乙烯选择性高于 99.6％，并展示了很好的稳定性[6]。Zhang 等报道 Ru 基催化剂同样展现出了良好的活性和稳定性[7]。受限于贵金属 Au 的价格及其稳定性，人们同时也在积极探索非贵金属甚至非金属催化剂。

我们实验室的研究发现，N 原子掺杂的类石墨烯纳米结构可以直接催化乙炔氢氯化反应生成氯乙烯（图 1）。在对纳米碳催化材料深入研究的基础上，通过控制 SiC 材料的处理过程，在其界面制造纳米碳结构，并采用氨化等方法实现了氮原子在碳结构中原位掺杂，形成了以高强度、耐腐蚀、高导热的 SiC 为基底、表面覆盖了氮掺杂的纳米碳复合材料 SiC@N—C，其中纳米碳层的形貌、孔结构和氮含量可以通过合成条

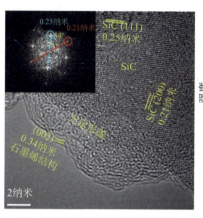

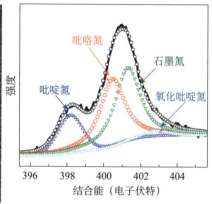

(a) 透射电镜图(TEM)显示催化剂的
结构特征

(b) X射线光电子能谱(XPS)显示催化剂中
掺杂氮原子的结构特征

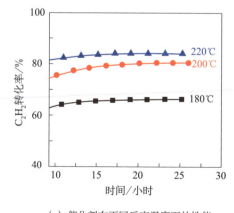

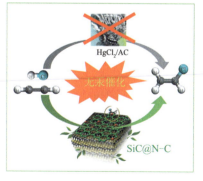

(c) 催化剂在不同反应温度下的性能

(d) 示意图显示该材料具有替代汞
催化剂的潜能

图 1　无汞纳米碳复合材料 SiC@N—C 直接催化乙炔氢氯化反应制氯乙烯

件来控制。该纳米碳复合材料显示了优良的催化乙炔氢氯化的性能：在传统氯化汞催化过程类似的空速条件下，该 SiC@N—C 催化剂上乙炔的单程转化率为 80%，氯乙烯的选择性为 98%，催化剂经 150 小时实验显示出了出色的稳定性能。通过模型催化剂的设计，分别制备了以吡咯结构的 N 原子和吡啶结构、石墨结构的 N 原子掺杂占优的碳材料作为催化剂，通过实验对比和密度泛函理论计算研究结果显示，与吡咯 N 相连的碳原子为活性位，乙炔分子在该活性位上得到活化，并与氯化氢发生反应，从而生成氯乙烯。该工作以研究快报的形式发表在《自然·通讯》（Nature Communications)[7]杂志。

最近，我们进一步对催化剂的制备方法和催化剂的组成结构进行优化，目前该无汞催化剂经过 300 小时稳定性测试，乙炔的单程转化率保持在 95% 以上，氯乙烯选择性大于 98%。该项研究为无汞无贵金属催化剂的研制打下了基础，为最终实现聚氯乙烯的无汞化生产开辟了一条崭新的途径。这种氮掺杂的纳米碳结构也为涉及其他炔类反应物分子活化的催化剂设计提供了科学参考，而且具有高强度、耐腐蚀、高导热的纳米碳复合材料 SiC@N—C 本身就可能替代其他应用领域中的活性炭催化剂载体。

该项成果已经与中国中化集团公司和相关企业合作，正在进行实际体系实验验证和进一步的小试试验。

参考文献

［1］中商情报网 . 2014 年中国聚氯乙烯树脂产量数据统计分析 . http：∥www. askci. com/chanye/2015/02/09/16514nyq8. shtml[2015-02-09].

［2］中华人民共和国工业和信息化部 . 电石法聚氯乙烯行业汞污染综合防治方案. http：∥www. miit. gov. cn/n11293472/n11293832/n11295091/n11299314/13249409. html[2010-05-31].

［3］UNEP. Minamata Convention on Mercury. http：∥www. mercuryconvention. org/Convention/tabid/3426/Default. aspx.

［4］Hutchings G. Vapor phase hydrochlorination of acetylene-Correlation of catalyticn activity of supported metal chloride catalysts. J Catal,1985,96：292.

［5］Nkosi B,Coville N J,Hutchings G. Reactivation of a supported gold catalyst for acetylene hydrochlorination. J Chem Soc-Chem Commun,1988,71.

［6］Zhang H Y,Dai B,Wang X G,et al. Hydrochlorination of acetylene to vinyl chloride monomer over bimetallic Au-La/SAC catalysts. J Catal,2014,316：141.

［7］Li X,Pan X,Yu L,et al. Silicon carbide-derived carbon nanocomposite as a substitute for mercury in the catalytic hydrochlorination of acetylene. Nature Commun,2014,5：3688.

Research Progress on Mercury-free Catalyst for Synthesis of Vinyl Chloride Via Acetylene Hydrochlorination: Nitrogen Doped Carbon Nanocomposites SiC@N—C

Pan Xiulian, Ma Hao, Bao Xinhe

Polyvinylchloride is one of the most widely used plastics in different areas of human life. However, in developing countries, production of its monomer, vinyl chloride. It still relies on coal-based-acetylene technology catalyzed by $HgCl_2$. With the economic development and increasing attention on the environment protection, this technology is plagued by the sever pollution of mercury and the scarcity of mercury resources. We reported a nanocomposite of nitrogen-doped carbon derived from silicon carbide, which is mercury free and noble metal free, can catalyze directly the hydrochlorination of acetylene to vinyl chloride. Under a space velocity close to the industrial process, a single pass conversion of acetylene remains >95% and selectivity to vinyl chloride >98% within a 300 h test. This research provides a new approach for development of mercury-free process for vinyl chloride synthesis from acetylene.

3.11 染色质二级结构的突破
——30 纳米染色质双螺旋结构解析

李国红 朱 平

（中国科学院生物物理研究所，生物大分子国家重点实验室）

1953 年 4 月 25 日，英国剑桥大学卡文迪许实验室的沃森（James Dewey Watson，1928～）和克里克（Francis Harry Compton Crick，1916～2004）发表了一篇划时代的论文[1]，向世界宣告他们发现了 DNA 的双螺旋结构［图 1（a）］，从而开启了现代分子生物学时代，成为 20 世纪最伟大的科学发现之一。他们也因为这项开创性的研究与威尔金森分享了 1962 年的诺贝尔生理学或医学奖。

然而，高等真核生物的基因组 DNA 不是裸露存在的，而是与细胞核内的组蛋白结合形成染色质。基因组 DNA 首先缠绕在组蛋白八聚体上形成染色质的基本单元——核小体[2]［图 1 (b)］，然后进一步经过多次折叠形成结构复杂的染色质[3]［图 1 (c)］。在真核细胞中，任何与 DNA 相关的生命活动（包括基因转录、DNA 复制、修复和重组等）都不是在裸露的 DNA 上完成的，而是在染色质这个结构平台上进行的。随着人类基因组计划的完成，一个重要的生物学问题随之而来：人体内 200 多种具有相同基因组，但形态和功能迥异的细胞的命运是如何决定和维持的？这其中，染色质的三维空间结构及其动态变化起了非常重要的作用，它们决定了人体内的某一种特定基因表达的组织特异性和时空特异性。

在高等生物个体的发育和分化过程中，生命体通过各种表观遗传机制调控染色质高级结构（特别是 30 纳米染色质纤维）的动态变化，进而调控基因的开放、关闭和转录水平，从而决定细胞的组织特异性和细胞命运［图 1 (d)］。因此，研究细胞核内染色质高级结构动态变化及其调控机理，是现代分子生物学的基本问题之一，对于理解个体发育和分化过程中细胞命运决定及其表观遗传学机理有着重要意义。

核小体以何种方式组装形成 30 纳米染色质高级结构，以及该结构受什么因素调控一直是研究者希望获得的信息。由于缺乏一个系统性的、合适的研究手段和体系，这个问题一直困扰了研究者 30 余年。30 多年来，虽然国内外对这一问题进行了大量的研究，但是对于 30 纳米染色质纤维的精细结构及其结构模型还具有很大的争议[4,5]。因此，30 纳米染色质纤维的三维高级结构及其调控研究一直是现代分子生物学领域面临的最大的挑战之一。

中国科学院生物物理研究所染色质结构与表观遗传学研究团队瞄准 30 纳米染色质纤维的高级结构及其调控这一重大基本科学问题，进行战略部署和联合攻关。我们研究团队内几个具有不同专长的研究组经过多年的紧密合作，发挥各自的专长和优势，利用染色质体外组装体系和冷冻电镜三维重构方法，在国际上首次解析了 30 纳米染色质纤维的高分辨率结构[6]，在染色质高级结构这一重大科学问题上取得了突破性的进展。我们的结构显示：30 纳米染色质纤维以 4 个核小体为基本结构单元［图 2 (a)］；结构单元的形成和单元之间的扭转由不同方式的作用力介导；连接组蛋白 H1 在单个核小体内部及核小体单元之间的不对称分布及相互作用促成 30 纳米高级结构的形成，首次明确了连接组蛋白 H1 在 30 纳米染色质纤维形成过程中的重要作用［图 2 (b)］。同时，我们的研究还发现，四聚核小体结构单元之间的空隙可能是组蛋白修饰、染色质重塑等重要表观遗传现象发生的调控控制核心区域［图 2 (c)］；不同结构单元之间通过相互扭曲折叠形成一个左手双螺旋高级结构［图 2 (d)］。这一研究成果解决了 30 纳米染色质结构这一分子生物学领域一个 30 多年悬而未决的重大科学问题，是染色质结构与表观遗传学领域一个重要的进展；同时，也为预测体内染色质结构建立的分子基础以及各种表观遗传因素（包括组蛋白变体、组蛋白化学修饰等）对染色质结构调控的可能机理提供了结构基础。

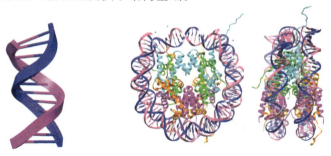

(a) DNA右手双螺旋结构[1]　　　(b) 由DNA缠绕在组蛋白八聚体上形成的核小体的晶体结构[2]

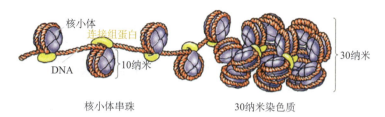

(c) 由核小体串珠通过连接组蛋白缩聚形成的30纳米染色质结构

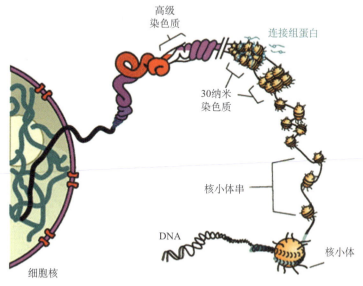

(d) 细胞核内的DNA-核小体-染色质-高级染色质等基因组（染色质）逐级凝缩模型，
其中30纳米染色质纤维的结构和动态变化对于基因的表达或沉默起了重要作用

图 1　DNA、核小体与染色质的结构示意图

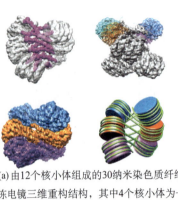
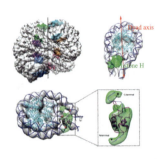

(a) 由12个核小体组成的30纳米染色质纤维冷冻电镜三维重构结构，其中4个核小体为一个基本结构单元，以不同颜色表示

(b) 连接组蛋白H1的不对称分布促进了染色质高级结构的形成

(c) 4个核小体组成的基本结构单元之间的空隙提供了表观遗传调控的一个重要窗口

(d) 30纳米染色质纤维的左手双螺旋高级结构模型（左为原子结构模型，右为结构模式图）

图 2　30 纳米染色质纤维的冷冻电镜三维重构和高级结构模型[6]

非常有趣的是，我们的研究发现作为染色质二级结构的 30 纳米染色质纤维具有一种和 DNA 右手双螺旋结构类似的左手双螺旋高级结构（图 3）。这一研究成果不仅揭开了染色质二级结构这一困扰科学界 30 余年的"黑箱"，而且还为破译生命体中"表观遗传信息"建立、维持和传承的分子机理提供了结构基础和理论指导。在 DNA 双螺旋结构发现后的整整 61 年后的同一天（2014 年 4 月 25 日），这一成果在《科学》（Science）杂志上以长幅研究论文（Research Article）形式报道[6]。

这一重大发现受到国内外学者的密切关注，被认为是"目前为止解析的最有挑战性的结构之一"，"在理解染色质如何装配这个问题上迈出了重要的一步"，解决了"30 纳米染色质结构这一困扰了研究人员 30 余年的最基本的分子生物学问题之一"。《科学》编辑部以"Double Helix, Doubled"（双螺旋，无独有偶）为题对这篇论文进行了专门介绍。同时，来自 DNA 双螺旋结构模型的发源地——英国剑桥大学的安德鲁特·拉弗斯（Andrew Travers）教授为此文撰写了题为"The 30-nm Fiber Redux"

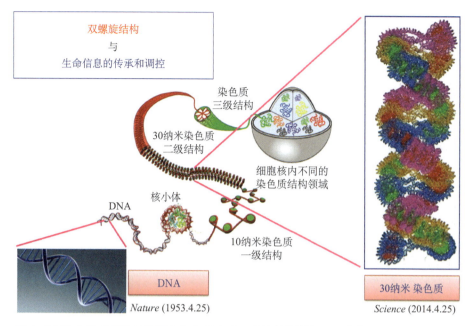

双螺旋结构
与
生命信息的传承和调控

染色质
三级结构

30纳米染色质
二级结构

细胞核内不同的
染色质结构领域

核小体

DNA

10纳米染色质
一级结构

DNA

Nature (1953.4.25)

30纳米 染色质

Science (2014.4.25)

图 3　DNA 右手双螺旋结构[1]和染色质左手双螺旋结构[6]与"生命信息"的传承和调控

（30 纳米纤维的归来）的视点评论[5]。他指出："30 纳米染色质纤维的精细分子构成是长期、激烈地争论不休的问题。（本文）结果明确地界定了染色质纤维中 DNA 的走向，解决了染色质到底是单股纤维还是双股纤维这个根本性的问题。同时，这个模型还解决了另一个有争议的问题，即连接组蛋白 H1 的位置问题。本来似乎已经陷入困境的 30 纳米染色质纤维结构研究，又会重新成为生物学家们继续关注的焦点。"文章发表以后，受到了国内外学术界的广泛关注，在领域内引起了轰动，有数十家世界著名实验室来信交流和寻求合作。加拿大维多利亚大学的胡安（Juan Ausio）教授在《生物短评》（*BioEssays*）杂志上为本文撰写了题为"The shades of gray of the chromatin fiber"的评述文章[7]。同时，我们的 30 纳米染色质纤维的三维电镜结构也被帕特里克·克莱默（Patrick Cramer）博士的"A Tale of Chromatin and Transcription in 100 Structures"收录[8]。本研究团队还应邀在《欧洲生化学会联合会快报》（*FEBS letters*）的"3D Genome Structure"专刊上撰写综述文章，展开论述 30 纳米染色质结构及其调控机制。此外，该研究成果也引起了较大社会反响，国内外多家媒体如中央电视台、新华社、《人民日报》、《光明日报》、《经济日报》、《科技日报》，《化学与工程新闻》（*Chemical & Engineering News*）和世界科技研究新闻资讯网（Phys. org）等进行了广泛报道。

参考文献

[1] Watson J D,Crick F H C. Molecular structure of nucleic acids. Nature,1953,171:737-738.

[2] Luger K,Mäder A W,Richmond R K,et al. Crystal structure of the nucleosome core particle at 2. 8 Å resolution. Nature,1997,389:251-260.

[3] Kornberg R D. Chromatin structure:A repeating unit of histones and DNA. Science,1974,184:868-871.

[4] Li G,Reinberg D. Chromatin higher-order structures and gene regulation. Current Opinion in Genetics & Development,2011,21:175-186.

[5] Travers A. The 30-nm Fiber Redux. Science,2014,344:370-372.

[6] Song F,Chen P,Sun D,et al. Cryo-EM study of the chromatin fiber reveals a double helix twisted by tetranucleosomal units. Science,2014,344:376-380.

[7] Ausió J. The shades of gray of the chromatin fiber:Recent literature provides new insights into the structure of chromatin. BioEssays,2015,37:46-51.

[8] Cramer P. A tale of chromatin and transcription in 100 structures. Cell,2014,159:985-994.

The Secondary Structure of Chromatin
—Double Helical Model of the 30-nm Chromatin Fiber

Li Guohong ,Zhu Ping

How nucleosomal arrays fold into 30-nm chromatin fibers has been remained as one of the fundamental questions in molecular biology for over three decades. How the nucleosomes interact with each other to form a condensed 30-nm chromatin fiber—typically regarded as the secondary structure of chromatin—still remains controversial. Using cryo-EM 3-D reconstruction technique,we determined the higher order structures of 30-nm chromatin fibers reconstituted *in vitro* from arrays of 12 nucleosomes at resolution of 11Å,which clearly show a histone H1-dependent left-handed twist of the repeating tetra-nucleosomal structural units. The cryo-EM structures and the double helical model of the 30-nm chromatin fiber shed lights onto the "black box" of how genomic DNAs compact into higher-order chromatin fibers and provides a new paradigm for further investigation into the epigenetic regulation of chromatin architectures.

3.12 肌肉细胞分化过程中小 RNA 的调控机制

张晓荣

（武汉大学生命科学学院）

线粒体存在于所有的真核生物细胞中，它为生命活动提供了能量。线粒体内膜上的电子传递链将二磷腺苷加上无机的磷酸催化成为三磷腺苷，也就是能量的化学形式。除了为机体提供能量外，线粒体还参与细胞的代谢、信号传导及细胞程序性死亡等过程[1]。线粒体拥有自身的遗传系统，即和细菌类似的环状基因组 DNA。线粒体 DNA 包含了蛋白编码基因、转运 RNA（tRNA）、核糖体 RNA（rRNA）以及一些非编码 RNA 基因。线粒体 DNA 的复制、转录以及线粒体信使 RNA（mRNA）的翻译都是在线粒体内膜内进行的[2]。线粒体 DNA 所编码的蛋白都是电子传递链的基本组成。小的调控 RNA 主要包括小干扰 RNA（siRNA）和 miRNA，这两类小 RNA 从起初被发现开始一直被认为是对基因表达起负调控作用的，其中 siRNA 可以使靶基因的 mRNA 降解，而 miRNA 会影响靶基因 mRNA 的翻译。在这两类小 RNA 调控基因表达的过程中，都要依赖一个 RNA-蛋白复合体，也就是通常所说的基因沉默复合体（RISC）。在 RISC 发挥作用的过程中，其中的一个核心蛋白组分 Argonaute2 被认为既具有识别并结合 RNA 的结构域又具有切割 mRNA 的活性。Argonaute 家族共有 4 个蛋白（Ago1-4）[3]，目前普遍认为 4 个 Ago 蛋白都会进入 RISC 复合体中发挥其功能。

关于 RNA 干扰的研究一直集中在细胞质和一些膜结构中，最近的一些研究工作发现，RISC 复合体中的核心蛋白 Ago2 在线粒体中存在，同时线粒体中也有 miRNA 被鉴定出来，但是它们在线粒体中的功能并不清楚。由于这些研究工作中的实验手段并不能排除线粒体附着的内质网等膜结构，所以之前的关于小 RNA 及干扰机器在线粒体中的报道都不被领域内认可。为了分析小 RNA 及其作用蛋白是否定位于线粒体中，我们首先使用蔗糖密度梯度离心的方法获得了纯度较高的线粒体；然后用温和的去垢剂剥去线粒体的外膜，剩下内膜包裹的线粒体组分；之后采用胰酶保护实验的方法证明了 Ago2 蛋白存在于线粒体内膜中，采用核酸酶保护实验的方法证明了 miRNA 存在于线粒体内膜中。该实验为小 RNA 机器存在于线粒体中提供了直接的证据。

我们在分析本实验室的 Ago2 免疫共沉淀深度测序数据的过程中，发现 Ago2 结合了一些线粒体 DNA 编码的核糖体 RNA。并且随着肌细胞的分化 Ago2 的表达量逐渐增多，相应的 Ago2 结合线粒体 RNA 也增多，并且在分化之后 Ago2 显著结合了一些线粒体 mRNA。此外，本实验室基于 RISC 复合体的特性，即 miRNA：mRNA 的双链被 Ago2 等蛋白结合形成 RNA-蛋白复合体，用免疫共沉淀的方法得到这个复合体。利用 miRNA 本身作为引物逆转录得到与之配对的靶基因 mRNA 对应的 DNA 序列，经过克隆测序，可以得到体内 miRNA 所结合的靶标基因。通过这种方法，我们鉴定了肌肉细胞中特异表达的 miR-1 的靶标基因，在寻找到的 miR-1 的靶标中，不仅有细胞核编码的基因，还有一些线粒体 DNA 编码的基因。其中这些细胞核编码和线粒体编码的靶基因都与分化后的肌管细胞中的 Ago2 免疫共沉淀深度测序数据相吻合。

在后续的验证工作中，我们发现部分细胞核编码的靶标基因可以被 miR-1 负调控，但是线粒体基因的表达是被 miR-1 正调控的。miRNA 一般对基因表达起负调控作用，即 miRNA 可以抑制靶基因 mRNA 的翻译，或是影响靶基因 mRNA 的稳定性。而本工作中发现 miR-1 可以在细胞分化过程中上调线粒体基因的表达，这与 miRNA 在细胞质中的作用完全不同。结合之前的研究结果，领域内认为小 RNA 负调控靶基因表达主要是通过一个核心蛋白 GW182 来实现的[4]，如果细胞中缺少这一蛋白组分，则小 RNA 不能实现靶基因的下调作用。通过实验验证我们发现线粒体中并没有小 RNA 发挥正常功能的 GW182 组分；而且线粒体 mRNA 没有典型的甲基化帽合多聚（A）尾巴，其稳定性调控与细胞质 mRNA 截然不同。由此推测线粒体中的基因表达调控机制与细胞质中的调控并不相同。

2014 年 7 月出版的《细胞》（Cell）杂志发表了我们以上研究成果。《细胞》杂志上在同一期发表了从事线粒体研究著名学者 Shadel 博士的评述文章[5]，介绍和分析了我们涉及的研究发现，并且展望了该研究对整个线粒体研究领域的重要性，认为我们的工作为线粒体领域的研究提供了新的方法和思路。

参考文献

[1] McBride H M, Neuspiel M, Wasiak S. Mitochondria: More than just a powerhouse. Curr Biol, 2006, 16(14): R551-560.

[2] Maechler P, Wollheim C B. Mitochondrial function in normal and diabetic beta-cells. Nature, 2001, 414(6865): 807-812.

[3] Landthaler M, et al. Molecular characterization of human Argonaute-containing ribonucleoprotein complexes and their bound target mRNAs. RNA, 2008, 14(12): 2580-2596.

[4] Liu J, et al. A role for the P-body component GW182 in microRNA function. Nat Cell Biol, 2005, 7 (12): 1261-1266.

[5] Nouws J, Shadel G S, MicroManaging mitochondrial translation. Cell, 2014, 158(3): 477-478.

MicroRNA Directly Enhances Mitochondrial Translation during Muscle Differentiation

Zhang Xiaorong

MicroRNAs are well known to mediate translational repression and mRNA degradation in the cytoplasm. Various miRNAs have been reported to be localized in the membrane-compartmented organelles, but this phenomenon is not acknowledged by the field since purified mitochondria are always contaminated by ER and other membrane cellular component. In this study we used highly purified mitochondria from various tissues and cells, then carefully removed the outer membrane of mitochondria by digitonin, and finally detected Ago2 and miRNA in mitochondria. We provided evidence for the direct action of Ago2 on mitochondrial translation by crosslinking immunoprecipitation coupled with deep sequencing, mitochondrial ribosome profiling, and functional rescue with mitochondria-targeted Ago2. We provided the direct evidence of miRNA action in mitochondria. Our findings unveil a positive function of miRNA in mitochondrial translation, and suggest a highly coordinated myogenic program via miR-1-mediated translational activation in the mitochondria and repression in the cytoplasm.

3.13 互补序列介导的外显子环形 RNA 产生机制研究进展

陈玲玲[1] 杨 力[2]

（1. 中国科学院上海生命科学研究院生物化学与细胞生物学研究所，分子生物学国家重点实验室；2. 中国科学院–德国马普学会计算生物学伙伴研究所，中国科学院计算生物学重点实验室）

在真核细胞中，DNA 转录产生前体 RNA，然后通过剪接去除前体 RNA 中的内含子序列，将含有蛋白编码信息的外显子序列顺序地连接在一起，形成成熟的线性信使 RNA（mRNA）分子，其具有典型的 $5'\rightarrow3'$ 线性结构和 $3'$-末端多聚腺嘌呤尾巴。近 10 年来，针对 $3'$-末端含有多聚腺嘌呤尾巴的转录组 RNA 研究揭示了线性编码 RNA 在转录和转录后水平的复杂性调控。更为重要的是，越来越多的研究表明在体内存在大量的（线性）长非编码 RNA 新分子，并发挥重要的生物学功能。但是，由于认识和技术的局限性，一直以来对那些 $3'$-末端不具有多聚腺嘌呤尾巴的长非编码 RNA 缺乏系统性的研究。2011 年，我们研究团队通过发展新的转录组分离纯化方法体系、结合高通量测序和深入计算分析，首次针对性地获得了 $3'$-末端不含有多聚腺嘌呤尾巴的转录组 RNA 表达信息[1]，并在后续研究中分别揭示了内含子来源的不同类型长非编码 RNA 新分子[2,3]和外显子来源环形 RNA 新分子在细胞中的广泛存在[4]。

虽然早在 20 世纪 90 年代，人们就已经在哺乳动物细胞中发现了一些外显子来源环形 RNA 的存在，但由于其数目少、表达低，一直以来被认为是一类错误剪接导致的副产物。2012 年，通过对我们已发表的 $3'$-末端不含多聚腺嘌呤尾巴特殊转录组[1]进行深入分析，美国斯坦福大学布朗（Brown）教授实验室揭示了外显子来源环形 RNA 可能普遍存在于体内[5]。紧接着，外显子来源环形 RNA 在多种不同的细胞中被陆续发现，并提示其可能发挥重要的生物学功能[6~9]，但是其产生的具体机制及调控不详。为了系统地研究外显子环形 RNA 产生的分子机制，我们开发了一套全新的计算分析流程 CIRCexplorer，在人的胚胎干细胞中发现了近万条外显子来源的环形 RNA 分子。绝大多数形成环形 RNA 的外显子位于基因的中间区域，提示外显子环形 RNA 的产生与 RNA 剪接密切相关。形成环形 RNA 外显子的上下游内含子序列显著的偏长，并且富含同源重复 Alu 序列，这些 Alu 序列在环形 RNA 外显子上下游的长内含子中反向联排，理论上可以通过反向互补 Alu 序列形成 RNA 分子内的折叠配对（IRAlu），进而拉近反向剪接位点之间的距离，促进外显子环化的发生。深入的计算和实验表明环形 RNA 的形成需要两侧内含子区域的反向互补序列配对，而这些反向互补序列可以是像 Alu 一样的同源重复序列，也可以是非重复序列。然而，并不是所有的反向互补序列配对都可以导致环形 RNA 的产生。我们提出了反向互补序列配对竞争导致环形 RNA 产生的理论：当反向互补序列配对发生在一个内含子内部时，相邻外显子的剪接位点可以被拉近并通过正常的剪接产生线形 RNA；但是，当反向互补序列配对发生在两个内含子中时，位于两个内含子间的外显子则通过反向剪接发生环化作用，形成环形 RNA。这种反向互补序列的竞争性配对导致了线形 RNA 和环形 RNA 形成的竞争性关系。在研究中，我们还惊奇地发现同一个基因区域可以产生多个不同的环形 RNA 分子，我们将这种现象称为可变环化，并在不同的细胞系中得以证实。进一步的计算分析表明，可变环化的产生与人类基因组内含子区域中蕴含着的大量重复互补序列（主要是 Alu 序列）密切相关，这些互补序列的选择配对及其动态调控使得同一个基因可以产生多个环形 RNA 分子。我们的这一发现也揭示了占人类基因组序列 10% 的反向重复 *Alu* 元件的一个新功能。

上述研究揭示了外显子环形 RNA 这一类新型长非编码 RNA 在体内的广泛存在及其产生机制，以全新的理论视角表明基因表达在转录/转录后水平的复杂性和多样性，具有重大的理论意义，为深入研究外显子环化、可变环化，以及剪接的调控机制奠定了坚实的理论基础。由于许多环形 RNA 分子来自于编码的外显子区域，表明编码序列也可以通过环化的形式产生新的非编码 RNA 分子，进一步拓展了对非编码序列的定义。该研究结果于 2014 年 9 月在《细胞》（*Cell*）杂志上以长文（article）的形式发表，为《细胞》当期特色研究论文（featured article），并获得同行专家欧洲科学院院士和法国科学院院士 Eric Westhof 的 Preview 专评推荐，指出该研究"精细地解析了互补序列介导的环形 RNA 产生"并"令人信服地展示了环形 RNA 产生的互补序列竞争机制"[10]。文章发表后被《自然综述·遗传学》（*Nature Reviews Genetics*）作为研究亮点（research highlights）推荐，指出该项研究"运用计算分析和重组实验的方法解析了环形 RNA 产生的序列基础"并"突出解析了环形 RNA 产生的复杂性"①。

参考文献

[1] Yang L，Duff M O，Graveley B R，et al. Genomewide characterization of non-polyadenylated RNAs. Genome Biol，2011，12：R16.

[2] Yin Q F，Yang L，Zhang Y，et al. Long noncoding RNAs with snoRNA ends. Mol Cell，2012，48：219-230.

[3] Zhang Y，Zhang X O，Chen T，et al. Circular intronic long noncoding RNAs. Mol. Cell，2013，51：792-806.

[4] Zhang X O，Wang H B，Zhang Y，et al. Complementary sequence-mediated exon circularization. Cell，2014，159：134-147.

[5] Salzman J，Gawad C，Wang P L，et al. Circular RNAs are the predominant transcript isoform from hundreds of humangenes in diverse cell types. PLoS One，2012，7：e30733.

[6] Hansen T B，Jensen T I，Clausen B H，et al. Natural RNA circles function as efficientmicro-RNA sponges. Nature，2013，495：384-388.

[7] Jeck W R，Sorrentino J A，Wang K，et al. Circular RNAs are abundant，conserved，and associated with ALU repeats. RNA，2013，19：141-157.

[8] Memczak S，Jens M，Elefsinioti A，et al Circular RNAs are a large class of animal RNAs with regulatory potency. Nature，2013，495：333-338.

[9] Salzman J，Chen R E，Olsen M N，et al. Cell-type specific features of circular RNA expression. PLoS

① 参见：Dissecting circular RNA biogenesis. Nature Review Genetics，2014，15：707.

Genet，2013，9：e1003777.

[10] Vicens Q，Westhof E. Biogenesis of Circular RNAs. Cell，2014，159：13-14.

Complementary Sequence-mediated Exon Circularization

Chen Lingling，Yang Li

Recent studies showed that exon circularization is ubiquitous in mammals，but the detailed mechanism of its biogenesis has remained elusive. By using genome-wide approaches and circular RNA recapitulation，we demonstrate that exon circularization is dependent on flanking intronic complementary sequences. Strikingly，exon circularization efficiency can be regulated by competition between RNA pairing across flanking introns or within individual introns. Importantly，alternative formation of inverted repeated *Alu* pairs and the competition between them can lead to alternative circularization，resulting in multiple circular RNA transcripts produced from a single gene.

3.14　TET 蛋白家族在体细胞诱导重编程中的作用

程时颂[1,2]　徐国良[1,2]

（1. 中国科学院生物化学与细胞生物学研究所分子生物学国家重点实验室；
2. 上海科技大学生命科学与技术学院）

哺乳动物和人类都是由单个受精卵卵裂形成囊胚（blastocyst）进而逐步发育成为成熟的个体（图 1）。处于囊胚期的内细胞团（inner cell mass，ICM）细胞具有多能性，即具有分化形成各种成体细胞的能力，与之对应的体外培养细胞系被称之为"胚胎干细胞"（embryonic stem cell，ESC）。动物成体中存在其他各种类型的体细胞和成体干细胞，这些细胞都来自同一个受精卵，因此它们的基因组序列基本相同。各种类型细胞的形成是基因选择性表达的结果，这一过程主要由转录因子和表观遗传修饰（epigenetic modification）调控。其中，表观遗传调控是指在基因组 DNA 序列不发生改变的情况下，基因表达发生可稳定遗传的变化，主要包括 DNA 甲基化（DNA methylation)、组蛋白修饰和非编码 RNA 调控等。细胞命运一旦决定，就保持相对的稳定，不同细胞本身特异的基因表达谱式和表观遗传修饰特征正是形成细胞谱系转变的屏障。这些屏障在正常发育过程中如何得到建立，并且在一些特殊生理或病理条件下又是如何被消除的，是当前科学研究中的一大难题。

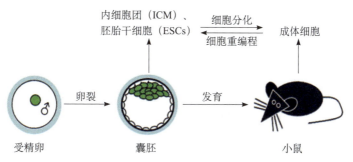

图 1　小鼠发育与细胞谱系转变简图

胚胎干细胞或成体干细胞在个体发育中可以分化为各种体细胞，但是体细胞经过重编程形成胚胎干细胞的途径却很少。以往科学家是通过将成体细胞核移植到去核卵子受体中获取胚胎干细胞，但 2006 年，日本科学家山中伸弥（Yamanaka）研究组发现只要将 Oct4、Sox2、Klf4 和 C-Myc 4 个转录因子转入小鼠成纤维细胞（mouse embryonic fibroblasts，MEF）就可以使其转变成类似于胚胎干细胞的细胞，这种细胞被称为"诱导多能干细胞"（induced pluripotent stem cells，iPSCs)[1]（图 1）。这种由 4 种转录因子诱导的重编程过程会大致经历三个时相：①起始阶段，这个阶段成纤维细胞丧失原来形态，其代谢和增殖也会相应发生改变；②成熟阶段，这个阶段细胞会降低成纤维细胞特异的蛋白因子表达，同时提高多能性相关的蛋白因子表达；③稳定阶段，这个阶段细胞获取类似胚胎干细胞特性，如自我增殖、保持多能性、X 染色体复活等。在诱导多能干细胞过程中的起始阶段，会发生一个明显的细胞形态改变事件，称之为"间充质细胞特性向上皮细胞特性的转变"（mesenchymal-to-epithelial transition，MET)[2]。毫无疑问，体细胞诱导重编程模型是研究细胞谱系发生和转变的上佳模型。

如前所述，表观遗传修饰尤其是 DNA 甲基化在体细胞诱导重编程过程中发挥着重要的生物学作用。所谓 DNA 甲基化，就是指由 DNA 甲基转移酶（DNA methyltransferases，DNMTs)在 DNA 的胞嘧啶（C）碱基上添加一个甲基基团的修饰。在启动子和增强子区域的 DNA 甲基化往往会沉默基因表达，并且 DNA 甲基化以前被认为是不可逆转的稳定的表观遗传修饰。但近几年来，研究发现 TET（ten-eleven translocation）蛋白家族可以将 5-甲基胞嘧啶（5mC）迭代氧化为 5-羟甲基胞嘧啶（5hmC）、5-醛基胞嘧啶（5fC）和 5-羧基胞嘧啶（5caC)，而糖苷酶 TDG 和碱基切除修复机制（base excision repair，BER）可以将 5fC 和 5caC 修复为 5-胞嘧啶（图 2）[3~5]。TET 蛋白家族和 TDG 介导的 DNA 去甲基化修饰在生物体生长发育过程中发挥着重要的生物学意义，但在细胞谱系发生和转变过程中的生物学作用还有待深入揭示。

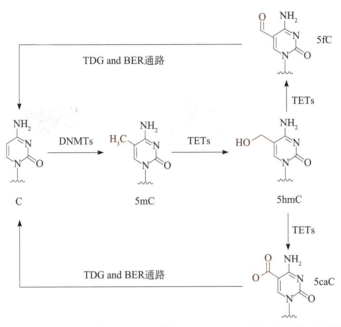

图 2　TET 蛋白家族和 TDG 介导的 DNA 主动去甲基化通路示意图

　　我们课题组联合广州与北京的相关科研人员，对 *Tet* 基因家族的 3 个成员及 *Tdg* 基因进行了敲除，利用山中伸弥研究组的体细胞诱导重编程系统，发现缺乏氧化去甲基化能力（*Tet* 或 *Tdg* 基因的敲除阻断了 DNA 甲基化胞嘧啶的迭代氧化及进一步的切除修复过程）的间充质类型成纤维细胞完全丧失了发生重编程的能力。随后，研究发现 *Tet* 或 *Tdg* 基因敲除的成纤维细胞被阻断在诱导重编程起始阶段的 MET 转变阶段。TET 或 TDG 蛋白的缺失导致 MET 发生过程中关键的 miR-200 基因家族不能被激活；将 miR-200 基因转入 TET 或 TDG 缺失的成纤维细胞中则可以恢复它们的诱导重编程能力。因此，根据我们的研究提出的模型是：TET 和 TDG 蛋白使 miR-200 家族基因去甲基化来促进它们的表达，而 miR-200 基因家族能够促进成纤维细胞越过MET 障碍，从而顺利完成重编程。对于已经跨过 MET 转变过程的上皮类型的神经前体细胞或新生鼠皮肤角质细胞，则不需要 TET 和 TDG 蛋白就能发生重编程，显示出了这种调控的特异性。成纤维细胞越过 MET 障碍之后，即使没有 TET 和 TDG 蛋白也能顺利完成重编程，这一结果表明它们所介导的去甲基化，对于多能性基因如 *Oct4* 和 *Nanog* 基因激活等后续事件，并不是必需的（图 3）。

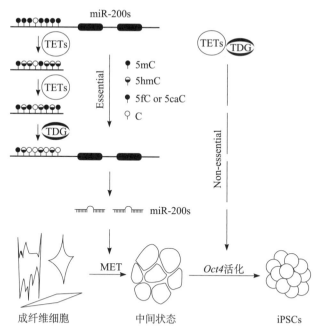

图 3　TET 蛋白家族和 TDG 介导的 DNA 去甲基化在
小鼠成纤维细胞诱导重编程中的作用模型

　　这一研究成果利用体细胞诱导重编程模型，发现 TET 蛋白家族和糖苷酶 TDG 介导的 DNA 去甲基化在其中重要的生物学作用与分子机制，深化了大家对体细胞重编程发生机制的认识，也为研究细胞谱系发生与转变提供了经典范例。相关研究成果发表在国际著名期刊《细胞·干细胞》（*Cell Stem Cell*）上，同期杂志也对本文进行了专评[6]。

参考文献

［1］Takahashi K，Yamanaka S. Induction of pluripotent stem cells from mouse embryonic and adult fibroblast cultures by defined factors. Cell，2006，126：663-676.

［2］Laurent D，Jose M P. Phases of reprogramming. Stem Cell Research，2014，123：754-761.

［3］Tahiliani M，Koh K P，Shen Y，et al. Conversionof 5-methylcytosine to 5-hydroxymethylcytosine in mammalian DNA by MLLpartner TET1. Science，2009，324：930-935.

［4］Ito S，Shen L，Dai Q，et al. Tet proteins can convert 5-methylcytosine to 5-formylcytosine and 5-carboxylcytosine. Science，2011，333：1300-1303.

［5］He Y F，Li，B Z，Li Z，et al. Tet-mediated formation of 5-carboxylcytosine and its excisionby TDG in mammalian DNA. Science，2011，333：1303-1307.

［6］Laurent D，Calley L H. How Tets and cytoskeleton dynamics MET in reprogramming. Cell Stem Cell，2014，144：417-418.

TET and TDG Mediate DNA Demethylation Essential for Mesenchymal-to-Epithelial Transition in Somatic Cell Reprogramming

Cheng Shisong , *Xu Guoliang*

Tet-mediated DNA oxidation is a new epigenetic modification, and its role in cell-fate transitions remains poorly understood. Here, we show that *Tet*-deficient mouse embryonic fibroblasts (MEFs) cannot be reprogrammed to induced pluripotent stem cells (iPSCs) because of a block in the mesenchymal-to-epithelial transition (MET) step. Reprogramming of MEFs deficient in TDG is similarly impaired. The block inreprogramming is caused at least in part by defective activation of key miRNAs, which depends on oxidative demethylation promoted by Tet and TDG. Reintroduction of either the affected miRNAs or catalytically active Tet and TDG restores reprogramming in the knockout MEFs. Thus, oxidative demethylation to promote gene activation seems be required for reprogramming of fibroblasts to pluripotency. These findings provide mechanistic insight into the role of epigenetic barriers in cell lineage conversion.

3.15 水稻代谢组的生化及遗传基础研究进展

罗 杰

（华中农业大学作物遗传改良国家重点实验室）

代谢组学是继基因组学、转录组学和蛋白质组学后系统生物学的另一重要研究领域，是功能基因组学研究的有力工具。同时，次生代谢产物在植物抗逆、人类营养和医疗保健等方面发挥着重要作用，例如，水溶性的 B 族维生素可以降低人类高血压和糖尿病的发病率。酚胺和黄酮类次生代谢产物在对抗生物和非生物胁迫中发挥着必不可少的作用。此外，黄酮还可以促进人类健康，帮助对抗一些慢性疾病和癌症。

目前，解析代谢组的生化及遗传基础最常用的手段是遗传连锁分析和全基因组关联分析。Keurentjes 等[1]利用重组自交系研究了拟南芥中硫代糖苷类物质的遗传结构，并推断其代谢途径。Matsuda 等[2]在水稻的成熟种子中定位到 800 多个控制糖、氨基酸、脂肪酸和黄酮类代谢产物的代谢性状数量座位，同时确定一些候选基因。Riedelsheimer 等[3,4]首次利用全基因组关联分析研究了玉米中代谢组的生化及遗传基础。作者不仅通过代谢产物所定位的基因及代谢产物的含量与农艺性状（生物重、株高和生物量等）的相关性来确定控制农艺性状的基因，而且进一步利用代谢组学的数据结合新的模型来预测复杂农艺性状的调控机理。

为了研究代谢组学的生化和遗传基础，我们课题组首先建立了一种广谱定向的代谢组学研究方法[5]，以此为基础，以遗传连锁分析和全基因组关联分析为手段，系统开展了水稻及玉米等重要作物的代谢组学研究，并且在作物代谢组的变异及其遗传、生化基础研究方面取得了一系列重要进展[6~8]。我们首先通过对 529 个水稻自然品种中所检测到的 840 种代谢产物的代谢谱分析，发现水稻代谢组在种内及亚种间存在巨大差异，揭示出逆境应答代谢组在亚种分化中的可能作用。然后，利用全基因组关联分析，我们得到了 160 个高精度、大效应的控制黄酮、酚胺、萜类、氨基酸和核苷酸以及其他一些代谢物含量的位点（图 1）。我们进一步对所定位到的这些位点进行深入解析，确定了 36 个影响水稻生长发育（激素、核苷酸等）、逆境生理（酚胺、萜类、生物碱等）及营养品质（氨基酸、类黄酮和绿原酸等）形成过程中重要代谢物的候选基因。在此基础上，通过遗传转化及生化分析，鉴定了其中 5 个基因的功能，并进一步重构了水稻逆境抗性及营养成分相关的重要代谢途径。

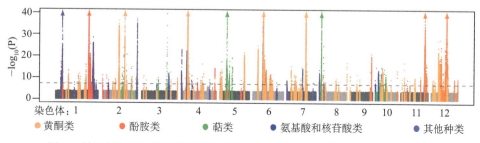

图 1   利用全基因组关联分析定位到的 160 个控制不同种类代谢物含量的位点

例如，葫芦巴碱是通过烟酸氮甲基化后形成的一种化合物，并且有研究发现其具有多种生物学功能，特别是在非生物逆境方面[4]。然而，烟酸生成葫芦巴碱过程的关键酶一直没有确定。在我们定位的结果中，葫芦巴碱的含量显著（$P = 2.1 \times 10^{-36}$）和 2 号染色体上的单核苷酸多态性（SNP）sf0235317720 相关联，在这个 SNP 的 1000 个碱基对附近，有一个基因 Os02g57760 编码一个氧甲基转移酶，提示这个基因很有可能是葫芦巴碱合成途径的关键基因［图 2 (a)、2 (b)］。为了验证这一猜测，我们首先在大肠杆菌中对 Os02g57760 基因进行了蛋白表达，将表达的酶以烟酸为底物进行体外反应，产物中明确检测到了葫芦巴碱这个物质［图 2 (c)］。同时我们也做了体内的转基因验证，在"中花"11 号水稻中超量表达 $Os02g57760$ 后，阳性转基因植株中葫芦巴碱的含量明显上升，且其底物烟酸的含量明显下降［图 2（d）］。这些结果可以确定 $Os02g57760$ 是葫芦巴碱合成过程的关键基因。

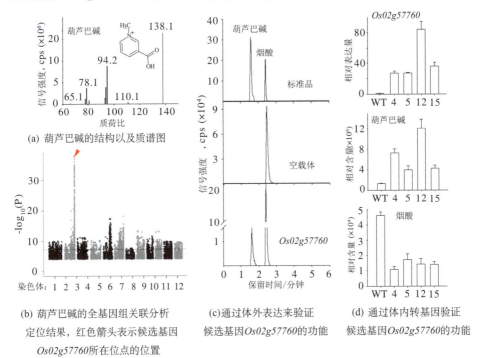

(a) 葫芦巴碱的结构以及质谱图

(b) 葫芦巴碱的全基因组关联分析
定位结果，红色箭头表示候选基因
$Os02g57760$ 所在位点的位置

(c) 通过体外表达来验证
候选基因 $Os02g57760$ 的功能

(d) 通过体内转基因验证
候选基因 $Os02g57760$ 的功能

图 2　通过实验验证 $Os02g57760$ 的功能

该研究为水稻遗传改良提供了新的信息和方向，同时也可以深化人们对水稻代谢组生化及遗传基础的理解，有助于搭建基因组和表型组之间的桥梁，对于利用代谢工程进行水稻逆境抗性和营养品质改良具有积极意义。同时，这一研究成果也可以为作物功能基因组学研究提供一种高效、快速进行大规模基因功能鉴定的新方法，为作物逆境生理及营养品质形成机制研究和遗传改良实践提供新资源和新思路。该研究成功表明水稻代谢组的遗传和生化基础研究可以作为遗传改良的有力工具。

以上研究成果发表在 2014 年 6 月出版的国际著名学术期刊《自然·遗传学》（$Nature\ Genetics$）上，并被评为 F1000 主要推荐文章。

参考文献

［1］Keurentjes J J，Fu J，de Vos CH，et al. The genetics of plant metabolism. Nat Genet，2006，38：842-849.

［2］Matsuda F，Okazaki Y，Oikawa A，et al. Dissection of genotype-phenotype associations in rice grains using metabolome quantitative trait loci analysis. Plant J,2012,70:624-636.

〔3〕 Riedelsheimer C,Czedik-Eysenberg A,Grieder C,et al. Genomic and metabolic prediction of complex heterotic traits in hybrid maize. Nat Genet,2012,44:217-220.

〔4〕 Riedelsheimer C,Lisec J,Czedik-Eysenberg A,et al. Genome-wide association mapping of leaf metabolic profiles for dissecting complex traits in maize. Proc Natl Acad Sci U S A,2012,109:8872-8877.

〔5〕 Chen W,Gong L,Guo Z,et al. A novel integrated method for large-scale detection,identification,and quantification of widely targeted metabolites:Application in the study of rice metabolomics. Mol Plant,2013,6:1769-1780.

〔6〕 Gong L,Chen W,Gao Y,et al. Genetic analysis of the metabolome exemplified using a rice population. Proc Natl Acad Sci USA,2013,110:20320-20325.

〔7〕 Wen W,Li D,Li X,et al. Metabolome-based genome-wide association study of maize kernel leads to novel biochemical insights. Nat Commun,2014,5:3438.

〔8〕 Chen W,Gao Y,Xie W,et al. Genome-wide association analyses provide genetic and biochemical insights into natural variation in rice metabolism. Nat Genet,2014,46:714-721.

Genome-Wide Association Analyses Provide Genetic and Biochemical Insights into Natural variation in Rice Metabolism

Luo Jie

Plants metabolites are important to world food security in terms of maintaining sustainable yield and providing food with enriched phytonutrients. Here we report a comprehensive profiling for 840 metabolites and a further metabolic genome-wide association study (mGWAS) based on ~6.4 million SNPs obtained from 529 diverse accessions of *Oryza sativa*. We identified hundreds of common variants influencing numerous secondary metabolites with large effects at high resolution. Significant heterogeneity was observed in natural variation of metabolites and their underlying genetic architectures associated with different subspecies of rice. Data mining revealed 36 candidate genes modulating levels of metabolites that are of potential physiological and nutritional importance. As a proof-of-concept,we functionally identified or annotated 5 candidate genes. Our study provides insights into genetic and biochemical bases of rice metabolome and can be used as a powerful complementary tool to classical phenotypic traits mapping for rice improvement.

3.16 极体基因组移植预防遗传线粒体疾病

朱剑虹

（复旦大学医学神经生物学国家重点实验室）

复旦大学医学神经生物学国家重点实验室朱剑虹、沙红英研究组与安徽医科大学曹云霞研究组合作，创新性地进行极体基因组移植用于预防遗传线粒体疾病研究。线粒体是为细胞提供能量的细胞器，它具有自身的一套 DNA。线粒体病可通过母系遗传给子女，可导致严重的脑、心脏、肾脏、肝脏、胰腺和肌肉疾病等不同表型，目前没有治愈方法。将患者卵子的核基因组移植到健康卵子中，进行线粒体 DNA 置换技术是治疗该病的一个希望。相关结果发表在 2014 年 6 月 19 日出版的《细胞》（*Cell*）杂志上，获得了国际高度评价。

极体是卵母细胞成熟或受精过程中不对称分裂产生的副产品，仅含有极少的线粒体，但其核基因组与卵母细胞一致。基于此，我们创新性提出极体基因组移植用于预防遗传性线粒体疾病。研究利用模式动物系统比较了不同类型基因组移植的效果，包括纺锤体-染色体移植、原核移植、第一和第二极体移植等（图 1）。小鼠研究表明，上述重组的配子都能够正常受精并产生可存活的后代。重要的是，遗传分析表明，相对于其他移植类型，极体基因组移植产生的 F1 子代具有最少的源自其母亲的线粒体 DNA 残留，第一极体移植可检测不到残留；并且线粒体 DNA 的遗传表型在 F2 子代中保持稳定。为了进一步临床应用，研究还系统分析了人类第一极体和卵核基因组及第二极体和原核基因组的一致性。上述临床前研究显示，极体基因组移植技术可能是一种很有潜力的阻断遗传性线粒体病的治疗策略。

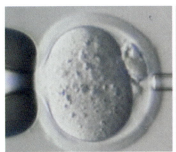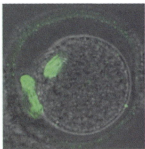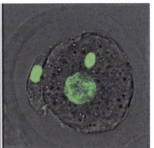

图 1　显示的极体和极体基因组移植技术

《自然》（*Nature*）杂志评价本研究：新方法阻止线粒体 DNA 突变导致疾病的遗传。《自然综述·遗传学》（*Nature Reviews Genetics*）以专文标题为"聚光灯下的线粒体置换技术"介绍本研究成果并称"重要的是证明极体移植的可行性，并显著提高了线粒体移植疗法的效率"。《细胞·代谢》（*Cell Metabolism*）杂志评价：极体移植使线粒体置换治疗规避线粒体 DNA 突变的遗传。美国医学遗传学会主席盖尔·赫尔曼（Gail Herman）在 Faculty of 1000 网站评价与推荐该研究：为线粒体疾病干预提供新假设、新发现、新手段。曾引领国际试管婴儿技术的英国人类受精和胚胎管理局（HFEA）特别发 45 页专文综述，题为"极体移植防止线粒体病的安全性和有效性"，供英国议会和公众讨论修改法律允许"线粒体 DNA 置换"参考，并认为中国科学家研发的极体移植防止线粒体病技术比较英国和美国的科学家使用的原核移植（PNT）、母系纺锤体移植（MST）有五大先进性：降低线粒体 DNA 带进子代细胞的携带量；与纺锤体移植相比，减少了将染色体遗留在细胞内的风险（而极体中染色体都存在）；避免应用细胞支架抑制因素从受精卵或卵母细胞中取出原核或纺锤体；避免应用更传统的操作方法，可以减少损伤患者细胞核和减少损伤供体卵细胞的机会，因此能极大地提高效率；可以同时实施第一极体移植、第二极体移植、原核移植、纺锤体移植，因此能成倍提高成功率。

过去，我国在线粒体置换技术研究这一国际生物高科技竞争领域的研究相对空白，极体基因组移植预防线粒体疾病技术的发明使得我国在该领域不仅进入国际前沿，而且在技术创新上有独特的贡献，为人类遗传性疾病防治提供了先进的生物技术导向。线粒体置换将人类辅助生殖技术与细胞工程技术有机地结合在一起，将试管婴儿辅助生殖推向了新的高度，是当今生物医学的前沿高科技之一，将为现代人工辅助生殖揭开新的篇章。

参考文献

[1] Wang T，Sha H，Ji D，et al. Polar body genome transfer for preventing the transmission of inherited mitochondrial diseases. Cell，2014，157（7）：1591-604.

Polar Body Genome Transfer for Preventing the Transmission of Inherited Mitochondrial Diseases

Zhu Jianhong

Inherited mtDNA diseases transmit maternally and cause severe phenotypes. Currently，there is no effective therapy or genetic screens for these diseases；however，nuclear genome transfer between patients' and healthy eggs to replace mutant mtDNAs holds promises. Considering that a polar body contains few mitochondria and shares the same genomic material as an oocyte, we perform polar body transfer to prevent the transmission of mtDNA variants. We compare the effects of different types of germline genome transfer, including spindle chromosome transfer, pronuclear transfer, and first and second polar body transfer, in mice. Reconstructed embryos support normal fertilization and produce live offspring. Importantly, genetic analysis confirms that the F1 generation from polar body transfer possesses minimal donor mtDNA carryover compared to the F1 generation from other procedures. Moreover, the mtDNA genotype remains stable in F2 progeny after polar body transfer. Our preclinical model demonstrates polar body transfer has great potential to prevent inherited mtDNA diseases.

3.17 中国手足口病疫苗研发的最新临床研究成果

车艳春 李琦涵

（中国医学科学院医学生物学研究所病毒免疫研究室）

近年来，由肠道病毒 71 型（enterovirus 71，EV71）感染引起的手足口病在亚太地区（包括中国境内）大规模暴发流行，易感染 5 岁以下婴幼儿及儿童，引起严重的脑炎、无菌性脑膜炎等神经系统并发症，进而导致心肌炎和神经源性肺水肿等，最终引起心肺功能衰竭及死亡，成为对儿童生命健康造成严重威胁的传染病。近 5 年来，我国全国发病人数已超过 1000 余万人，其中死亡人数达 2734 例[1~3]。由于目前对 EV71 感染的病原学、致病机理等相关研究尚不清楚，且没有有效的治疗药物问世，疫苗接种便成为目前预防和控制该病暴发流行的根本手段。

由中国医学科学院医学生物学研究所自主研发的基于人二倍体细胞的 EV71 灭活疫苗，采用 2008 年 5 月从安徽省阜阳市暴发的手足口病流行患儿体内分离的流行株（FY-23K-B 株，C4 基因亚型），在适应于病毒疫苗增殖的人二倍体细胞（KMB_{17} 株）上适应培养后，经疫苗工艺研究的序列工作、免疫学分析和安全性分析，于 2013 年 2 月在广西完成Ⅲ期临床研究。其相关研究结果发表在 2014 年 2 月 27 日的《新英格兰医学杂志》（*The New England Journal of Medicine*）上。

EV71 灭活疫苗Ⅲ期临床研究中采用的疫苗包装为每瓶 0.5 毫升，含有 EV71 病毒抗原 100U。安慰剂对照组为同样体积（0.5 毫升）的稀释剂，不含 EV71 病毒抗原。二者均在符合药品生产质量管理规范（GMP）条件的厂房生产并经中国食品药品检定研究院检定合格。研究采用随机、双盲、安慰剂对照、多中心（现场）设计，严格按照良好药物临床试验质量管理规范（GCP）要求，对 12 000 名 6～71 月龄健康婴幼儿和儿童在其监护人的知情同意下进行疫苗保护效力、免疫原性和安全性评价。研究按照 1∶1 比率随机分成两组，在第 0 天和第 28 天分别接种 2 剂疫苗或 2 剂安慰剂，随后进行为期 11 个月的两个手足口病流行高峰的疫苗保护效果观察。研究主要终点和次要终点分别为疫苗组/安慰剂组受种者在有效随访期由 EV71 病毒感染引起的相关疾病发生率、手足口病重症和死亡病例发生率和完成两剂疫苗接种后 56 天和 180 天 EV71 中和抗体阳转率和 GMT 水平。

　　研究结果显示，疫苗试验组和安慰剂对照组全程免疫后，通过主动报告和被动监测收集到手足口病疑似病例 594 例，试验组和对照组各 202 例和 392 例。经实验室检测确认，由 EV71 型、柯萨奇病毒 A16 型（Coxsackievirus A16，CA16）和其他肠道病毒感染引起的手足口病病例分别为 155 例、102 例和 234 例（表 1）。根据意向分析原则和符合方案分析原则确定的疫苗对 EV71 感染引起的任何程度手足口病的保护效力为 97.4%（95% 可信区间，92.9～99.0）和 97.3%（95% 可信区间，92.6～99.0）（图 1）。疫苗对 CA16 或其他肠道病毒感染引起的手足口病无保护效力（表 1）。

表 1　根据 11 个月观察期的意向分析原则确定的 EV71 疫苗对全部手足口病及 EV71 相关手足口病的保护效力

	疫苗组 $n=6000$		安慰剂组 $n=6000$		疫苗保护效力 * （%；95% CI）	P 值
	病例数#	发病率（病例数/1000/年）	病例数#	发病率（病例数/1000/年）		
临床确诊病例						
由 EV71 引起病例	4	0.7	151	25.2	97.4（92.9，99.0）	<0.001
6～23 月龄人数（总人数）	2（3500）	0.6	94（3500）	26.9	97.9（91.4，99.5）	<0.001
24～72 月龄人数（总人数）	2（2500）	0.8	57（2500）	22.8	96.5（85.6，99.1）	<0.001
由 CA16 引起病例	48	8.0	54	9.0	11.1（−30.8，39.6）	0.55
由其他肠道病毒引起病例	106	17.7	128	21.3	17.2（−6.0，35.8）	0.15
临床诊断病例	202	33.7	392	65.3	48.5（39.2，56.3）	<0.001

* 疫苗整体效力的计算是研究的中心。

病例数由临床诊断和病原学确诊为手足口病的数目。

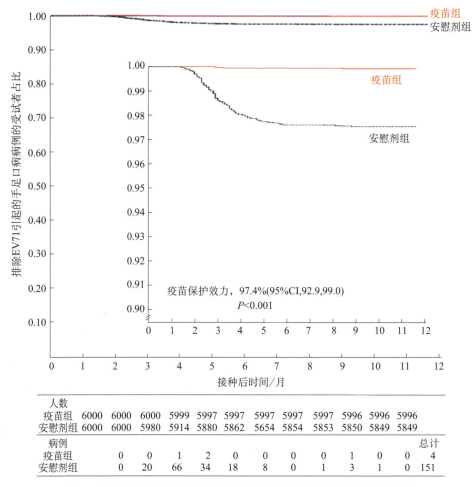

图1 根据意向分析原则确定的由 EV71 感染引起的手足口病累计风险

抗体反应主要在免疫原性亚组进行评价。在疫苗组和安慰剂组受种者免前 EV71 抗体阳性率和平均抗体水平（GMT）基线分析基础上，疫苗组 549 名免前抗体滴度 ≥1∶8 的易感受种者免疫后 56 天和 180 天的血清阳转率明显高于对照组；试验组的中和抗体水平高于安慰剂对照组。疫苗组受种者的抗体水平在接种第二剂后 4 周达到峰值，其抗体几何平均滴度为 170.1（意向分析）和 107.6（符合方案分析）。至免后 180 天，下降至 65.8（意向分析）和 88.3（符合方案分析）。6～23 月龄及 24～71 月龄疫苗组受种者在免疫后 56 天或 180 天的抗 EV71 抗体滴度无显著差异。

试验期间未发现与疫苗相关的严重不良事件，疫苗组和安慰剂对照组报告的不良事件为 68 例次和 125 例次（$P<0.001$），因手足口病住院治疗人数分别为 41 人次和 88 人次（$P<0.001$），均在住院治疗后 3 天恢复健康。试验组 1 名儿童受种者因交通

意外死亡，对照组 1 名受种者接种 1 剂后因 EV71 感染引起的重症手足口病死亡（表2）。疫苗组和对照组接种疫苗后 7 天的全身不良反应率分别为 48.6% 和 42.9%（$P<$0.001）。常见不良反应为发热、烦躁（易激惹）、嗜睡、呕吐、腹泻等。疫苗组征集的局部不良反应率（5.9%）高于对照组（2.3%，$P<$0.001）。征集的局部反应症状为接种部位触痛、发红、瘙痒、肿胀及硬结等（表2）。疫苗组受种者发热等不良事件发生率（41.6%）略高于安慰剂对照组（35.2%）。

表 2　受试者接种疫苗或安慰剂后发生的不良反应和严重不良反应

	所有不良反应			三级及其以上不良反应[①]		
	疫苗组 $n=6000$	安慰剂组 $n=6000$	P 值	疫苗组 $n=6000$	安慰剂组 $n=6000$	P 值
	发生数（发生率）			发生数（发生率）		
每剂接种 7 天内的不良反应						
全身反应	2916（48.6%）	2574（42.9%）	<0.001			
发热	2498（41.6%）	2111（35.2%）	<0.001	147（2.4%）	149（2.5%）	0.95
腹泻	498（8.3%）	535（8.9%）	0.24	8（0.1%）	12（0.2%）	0.50
恶心/呕吐/厌食	530（8.8%）	475（7.9%）	0.08	6（0.1%）	7（0.1%）	1.00
易怒/嗜睡/乏力	360（6.0%）	303（5.0%）	0.03	3（<0.1%）	7（0.1%）	0.34
过敏	166（2.8%）	156（2.6%）	0.61	2（<0.1%）	0	0.50
注射局部反应	365（5.9%）	138（2.3%）	<0.001			
疼痛	211（3.5%）	80（1.3%）	<0.001	1（<0.1%）	0	1.00
发红	130（2.2%）	34（0.6%）	<0.001	1（<0.1%）	0	1.00
瘙痒	59（1.0%）	31（0.5%）	0.004	0	0	—
肿胀	106（1.8%）	22（0.4%）	<0.001	0	0	—
接种 28 天内不良反应	2841（47.4%）	2985（49.8%）	0.009	136（2.3%）	136（2.3%）	1.00
严重不良反应				68（1.1%）	125（2.1%）	<0.001
死亡[②]				1（<0.1%）	1（<0.1%）	1.00
住院治疗[③]				67（1.1%）	124（2.1%）	<0.001
手足口病				41（0.7%）	88（1.5%）	<0.001
注射相关事件[④]				2（<0.1%）	2（<0.1%）	1.0
其他[⑤]				24（0.4%）	34（0.6%）	0.34

注：① 根据中国卫生部不良反应普通标准，在预防活动中的三级及其三级以上不良反应被认定为十分严重不良反应（见补充附录），受试者可能发生多重不良反应。

　　② 两名受试者死亡（一名在疫苗组，死于交通事故；一名在安慰剂组，死于严重的手足口病）。

　　③ 除死亡以外的所有严重不良反应发生者都接受了住院治疗。

　　④ 认为与注射相关或密切相关的反应包括发热（疫苗组中的 2 名受试者）、呕吐（安慰剂组中的一名）和过敏（安慰剂组中的一名）。

　　⑤ 认为与注射无关的反应（也就是发生在注射 28 天以后或有明显迹象表明与注射无关）包括感冒或呼吸系统感染、腹股沟疝、惊厥、发热、腹泻、恶心、呕吐、厌食、过敏、嗜睡、乏力。

　　这一结果充分证明该疫苗免疫后能够诱导 EV71 特异性免疫反应，对 EV71 感染引起的手足口病具有较好的保护效果。试验期间未发现与疫苗相关的严重不良事件，疫苗具有良好的安全性。当然，该疫苗在大规模人群中使用的安全性和免疫持久性效果有待于在疫苗上市后的Ⅳ期临床研究中进一步证实。

参考文献

[1] 中华人民共和国国家卫生和计划生育委员会. 2014 年度全国法定传染病疫情情况. http：∥www. nhfpc. gov. cn/jkj/s3578/201502/847c041a3bac4c3e844f17309be0cabd. shtml [2015-03-05].

[2] 中华人民共和国国家卫生和计划生育委员会 . 2012 年度全国法定传染病疫情概况. http：∥www. nhfpc. gov. cn/jkj/s3578/201304/b540269c8e5141e6bb2d00ca539bb9f7. shtml[2015-03-05].

[3] 中华人民共和国国家卫生和计划生育委员会 . 2012 年 1 月及 2011 年度全国法定传染病疫情概况. http：∥www. nhfpc. gov. cn/jkj/s3578/201304/addb40c9f2cc461b8d3bdb25871086ab. shtml [2015-03-05].

An Inactivated Enterovirus 71 Vaccine in Healthy Children

Che Yanchun，Li Qihan

　　Enterovirus 71 (EV71) is a major cause of HFMD disease in children，which requires for a vaccine. We conducted a randomized，double-blind，placebo-controlled phase 3 trial involving healthy children 6 to 71 months of age in Guangxi China. Two doses of an inactivated EV71 vaccine or placebo were administered intramuscularly with a 4-week interval between doses，and children were monitored for up to 11 months. A total of 12,000 children were randomly assigned to receive vaccine or placebo. Serum neutralizing antibodies were assessed in 549 children receiving the vaccine. The seroconversion rate was 100% 4 weeks after the two epidemic seasons；the vaccine efficacy was 97. 3% according to the per-protocol analysis. Adverse events，such as fever were significantly more common in the week after vaccination among children receiving the vaccine than among those receiving placebo. The results showed that this vaccine elicited EV71-specific immune responses and protection against EV71-associated HFMD.

3.18　肝硬化患者肠道菌群的改变

李兰娟

（浙江大学医学院附属第一医院传染病诊治国家重点实验室）

2014 年 7 月 24 日，浙江大学医学院附属第一医院传染病诊治国家重点实验室、感染性疾病诊治协同创新中心的科研人员在国际顶尖期刊《自然》（Nature）杂志在线发表题为《肝硬化中肠道菌群的改变》的论著，揭示了肠道菌与肝硬化的秘密。

我国有病毒性肝炎及脂肪性、酒精性、药物性、免疫性肝病等患者逾一亿。部分患者会经历肝炎、肝硬化、肝癌"三部曲"。其中，肝硬化（Liver cirrhosis）是由急慢性肝损伤所致的进行性肝病，包括酗酒、过度肥胖及肝炎病毒感染。失代偿期肝硬化预后较差，经常需要进行肝移植[1]。肝脏通过肝门和胆汁分泌系统与肠道联系。肠道微生态失衡，尤其是菌群移位及代谢产物，通过肠黏膜屏障与肝硬化进展有关联。然而，与肝硬化进展相关的肠道微生物的系统发育及功能成分的变化还不清楚[2]。尽管有些研究表明肠道微生物的改变在终末期肝硬化并发症中起重要作用[3]（如自发细菌腹膜炎及肝性脑病），以及诱导早期肝脏疾病及促进肝损伤作用[4]（如酒精性肝病及非酒精性脂肪肝病），肠道菌群与人肝脏病理之间的明确关联仍未知。

研究历时 3 年，收集了 181 个来自中国人肠道菌群的样本，其中包括 98 个中国肝硬化患者的粪便样本及 83 个健康中国人志愿者的粪便样本，研究通过采用新一代高通量的 Illumina 测序技术进行深度测序，产出近 860Gb 的碱基序列。经过序列组装和基因注释分析，从中获得 269 万个非冗余的人体肠道微生物菌群的基因集。

首次建立了世界上第一个肝硬化肠道菌群基因集，包含 269 万个基因，其中 36.1%（即 97 万）为首次发现的基因。通过与欧洲人、美国人及中国人的糖尿病三个基因集的比较，发现了肝病基因集中有 79 万个独特基因，阐明了肝硬化肠道菌群的结构变化。在属的水平上，肝硬化和健康人组中，拟杆菌属均为主导菌属，但是肝硬化组比健康人组的含量明显减少。韦荣球菌属、链球菌属、梭状芽孢杆菌属及普氏菌属在肝硬化组中含量增多。在种的水平上，两组中最丰富的细菌均来自于拟杆菌属。肝硬化组含量增加最多的 20 种，4 个属于链球菌属，6 个属于韦荣球菌属。通过基因标记物的聚类分析，发现 28 种细菌与肝硬化密切相关，其中多个细菌是在肝硬化患者中首次发现，38 种细菌与健康人密切相关。在本研究构建的基因集中，有 75 245 个基因在肝硬化患者和健康人志愿者中呈现显著差异，可以聚类到 66 个基因簇（图 1），该基因簇为肝硬化的生物标记物，其中在肝硬化患者中富集的是 28 个基因

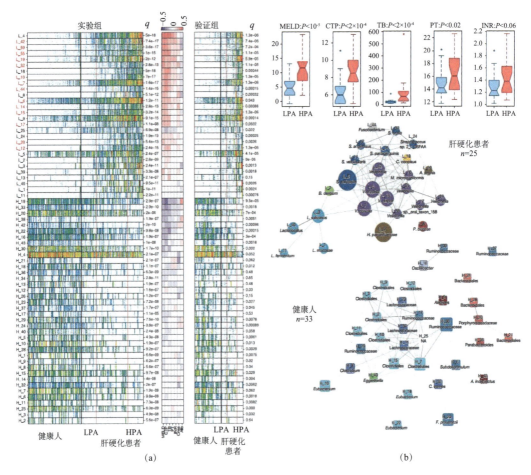

图1　肝硬化病人（*n*=123）和健康人（*n*=114）中富集细菌的丰度差异

通过基因标记物的聚类分析，发现了28种细菌在肝硬化中富集，其中多个细菌是在肝硬化患者中首次发现，38种在健康人中富集；肝硬化患者肠道内简明弯曲菌、副流感嗜血杆菌、梭杆菌属与韦荣球菌属有显著相关性

MELD：终末期肝病模型评分；CTP：Child-Turcotte-Pugh 肝功能评分；TB：总胆红素；PT：凝血酶原试验；INR：国际肝硬化的凝血功能评分；Crea：肌酐功能；Alb：白蛋白水平

簇，健康志愿者中富集的是 38 个基因簇。在健康人中富集的一个基因簇是柔嫩梭菌，它具有抗炎性，还有一个基因簇是陪伴粪球菌，它可能通过产生丁酸盐促进肠道健康。首次发现肝硬化患者口腔菌侵入到肠道，而健康人中没有此现象，可能对肝硬化发生发展产生重要影响。此研究是首次开展肝硬化肠道菌群微生物的关联分析研究，从肠道菌群发生紊乱的角度揭示了肝硬化发生发展的机制，确定了中国汉族人健康志愿者和肝硬化患者相关的肠道菌群的群落结构及功能成分特征。该研究发现了 15 个高特异性和灵敏性的微生物基因，建立了预测疾病的模型（图 2），今后不仅有助于肝硬化诊断，

还能用于肝硬化疗效的评估。细菌标志物为治疗肝硬化的微生态制剂研发提供了方向。

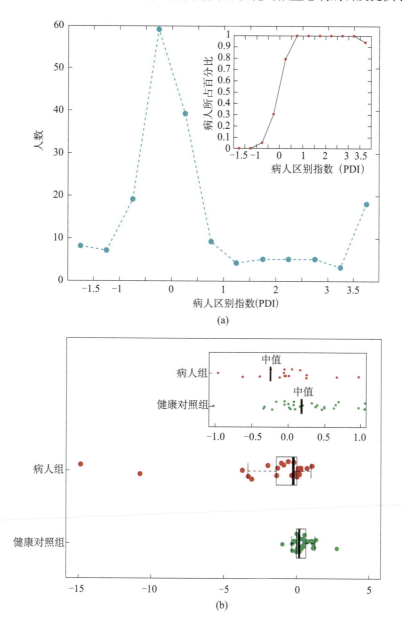

图 2　肝硬化菌群失衡诊断的新标准（PDI 指数）

发现了根据 15 个基因标记物即可将健康人和肝硬化患者区分开，据此定义了肝硬化"病人区别指数"（Patient Discrimination Index，PDI），PDI 指数成功在验证样本得到验证（ROC 准确度超过 90%）

　　论文的通讯作者是传染病诊治国家重点实验室主任及感染性疾病诊治协同创新中心主任、现国际人体微生物组协会主席李兰娟教授。共同通讯作者有浙江大学医学院附属第一医院院长郑树森教授、前国际人体微生物组协会主席达斯科·欧利希（Dusko Ehrlich）教授。论著的第一作者为浙江大学医学院附属第一医院传染病诊治国家重点实验室及感染性疾病诊治协同创新中心秦楠研究员。

参考文献

[1] Fouts D E,Torralba M,Nelson K E,et al. Bacterial translocation and changes in the intestinal microbiome in mouse models of liver disease. Journal of hepatology,2012,56(6):1283-1292.

[2] Garcia-Tsao G,Wiest R. Gut microflora in the pathogenesis of the complications of cirrhosis. Best Practice & Research Clinical Gastroenterology,2004,18(2):353-372.

[3] Benten D,Wiest R. Gut microbiome and intestinal barrier failure-The "Achilles heel" in hepatology? Journal of hepatology,2012,56(6):1221-1223.

[4] Cho I,Blaser M J. The human microbiome:at the interface of health and disease. Nature Reviews Genetics,2012,13(4):260-270.

Alterations of the Human Gut Microbiome in Liver Cirrhosis

Li Lanjuan

　　Liver cirrhosis occurs as a consequence of many chronic liver diseases that are prevalent worldwide. Here we characterize the gut microbiome in liver cirrhosis by comparing 98 patients and 83 healthy control individuals. We build a reference gene set for the cohort containing 2.69 million genes,36.1% of which are novel. Quantitative metagenomics reveals 75,245 genes that differ in abundance between the patients and healthy individuals (false discovery rate,0.0001) and can be grouped into 66 clusters representing cognate bacterial species;28 are enriched in patients and 38 in control individuals. Most (54%) of the patient-enriched,taxonomically assigned species are of buccal origin,suggesting an invasion of the gut from the mouth in liver cirrhosis. Biomarkers specific to liver cirrhosis at gene and function levels are revealed by a comparison with those for type 2 diabetes and inflammatory bowel disease. On the basis of only 15 biomarkers,a highly accurate patient discrimination index is created and validated on an independent cohort. Thus microbiota-targeted biomarkers may be a powerful tool for diagnosis of different diseases.

3.19　卵透明带缺失致病基因的发现

肖红梅

（中南大学基础医学院，生殖与干细胞工程卫计委重点实验室）

中南大学生殖与干细胞工程研究所肖红梅研究小组，通过对一个近亲婚配不孕家系的遗传学研究，首次发现透明带基因1的致病突变致人卵子透明带缺失的不孕病因。研究中采用了家系分析、光学和激光共聚焦显微镜观察、基因突变筛查和基因测序及透明带蛋白表达的荧光标记抗体检测等技术，确定了该新疾病的遗传方式、明确 ZP1-7（exo）缺失8个碱基的移码突变、缺乏透明带的异常卵子形态学特征，以及突变和正常透明带蛋白的检查分析等全面系统研究结果。研究者对该新发现的基因突变提出致病机制假说：突变蛋白（ZP1）通过阻断其他透明带蛋白由卵细胞内向细胞外的转运而导致透明带形成障碍，该致病机制得到卵子体外研究结果的初步验证。相关结果发表在2014年3月27日出版的《新英格兰医学杂志》（The New England Journal of Medicine）上。

哺乳动物的透明带（zona pellucide，ZP）是包绕在卵细胞外的透明膜状结构［图1（a）］[1]，由多个透明带糖蛋白组成（人类为ZP1~4，小鼠为ZP1~3）。人类ZP2、3、4（小鼠为ZP2和3）聚合成单层膜，之间由ZP1连接形成网状矩阵样透明带［图1（b）］[2]，ZPs由卵母细胞和/或颗粒细胞合成[3,4]，具有一些相同结构域和功能区：N-端信号序列（NS）、透明带结构域（ZPDs）、弗林蛋白酶裂解位点（CFCs）、跨膜结构域（TMD）和C-端细胞质尾（CT）（图2a）[5~7]。ZPs在细胞质内独立转运至卵母细胞质膜外[7]，相互连接在形成透明带［图1（b）、（d）］。透明带在保护早期阶段卵子发育、受精与防止多精受精，以及维持胚胎着床前的发育发挥重要作用[8]。其中，ZP2在受精过程中作为一个次要的精子受体、ZP3作为主要的精子受体诱导顶体反应[5]，ZP4可能是通过G蛋白偶联信号转导途径而参与顶体反应的后续反应[9]，图1（c）为卵子的受精模型[10]。

在既往的小鼠模型研究中，ZP1蛋白被认为不是卵子及透明带发育、受精和胚胎发育所必需。完全性敲除小鼠的 Zp1，最终会产生两种类型的卵子：一种卵子具有看上去正常的透明带，另一种卵子的透明带则表现较为松散和肿胀。Zp1 基因敲除（KO）小鼠仍有生育力，但较正常小鼠低[11]。而完全性敲除小鼠的 Zp2 基因之后，在原始卵泡阶段在颗粒细胞层外围有一层很薄的环状包裹物，随着卵泡发育，最终成

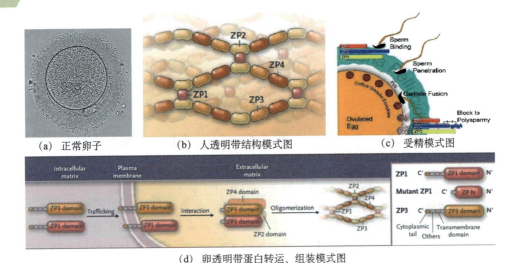

(a) 正常卵子　　　　(b) 人透明带结构模式图　　　　(c) 受精模式图

(d) 卵透明带蛋白转运、组装模式图

图 1　正常卵子（a）、人透明带结构模式图（b）、受精模式图（c）
和卵透明带蛋白转运、组装模式图（d）

sperm blinding：精子结合（与卵透明带）；sperm penetration：精子穿入（透明带）；gamete fusion：配子（精子和卵子）融合；block to polyspermy：阻止多精受精；ovulated egg：排出的卵子；intracellular matrix：（卵）细胞内（透明带蛋白）模型；plasma membrane：（细胞）质膜；extracellular matrix：细胞外模型；trafficking：转运；interaction：相互作用（透明带蛋白质之间）；oligomerization：（透明带蛋白）低聚反应；ZP domain：透明带蛋白结构域；mutant ZP1：突变的透明带蛋白 1（ZP1）；cytoplasmic trail：细胞质尾；transmembrance domain：跨膜区

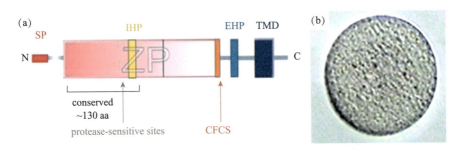

图 2　透明带蛋白结构示意图（a）和异常卵子透明带缺失（b）

SP：signal peptide，信号肽；IHP：internal hydrophobic patch，内部疏水补丁；EHP：external hydrophobic patch，外部疏水补丁；TMD：transmembrane domain，跨膜结构域；CFCS：consensus furin cleavage site，弗林蛋白酶裂解位点；protease-sensitive sites：蛋白酶敏感位点；conserved～130 aa：保守的 130 个氨基酸

熟的卵母细胞周围没有透明带的形成，小鼠不孕[12]。完全性敲除小鼠 *Zp3* 基因，雌性小鼠则表现为卵子各个发育阶段都没有透明带形成，并失去生育力[13,14]。

研究人员共针对 3 代 10 名家系成员（其中第 3 代 7 人，含先证者与 5 姐妹和 1 名兄弟）进行遗传学研究，2 名女性不孕患者的全部 10 枚卵子均无透明带［图 2（b）］；在 6 名家系成员（包括 4 名为已婚患不孕症女性）*Zp1* 基因 7 号外显子中 8 个碱基纯合缺失突变（Mutant *Zp1*：GenBank accession number，KJ489454）；4 名有生育史家系成员为该突变的杂合子，其中包括先证者的祖父、外祖母（互为亲兄妹），以及其近亲结婚的父母，符合隐性遗传特征；生物信息学分析，*Zp1* 基因 8 个碱基对（bp）的移码突变，导致转录终止子提前出现，新编码的 ZP1 蛋白由 638 个氨基酸（aa）突变为 404aa，其中突变后出现 15aa 为新编码氨基酸；因此，我们提出致病机制假说：突变截短的 ZP1 蛋白在卵子内与其他 ZPs 相互作用，阻碍 ZPs 向细胞外的转运，从而导致透明带缺失而不孕，经免疫荧光检测 ZPs 卵细胞内定位和共定位的结果支持该假说。本研究发现的 *Zp1* 移码突变结果与小鼠 *Zp1* 完全敲除的结果截然不同，*Zp1* 突变可导致透明带缺失且不育。想要最终阐明说明 ZP1 蛋白的结构与透明带形成及生育有密切关系，还需要进一步探索。

参考文献

［1］ Zuccotti M，Redi C A，Garagna S. Study an egg today to make an embryo tomorrow. Int J Dev Biol，2012，56(10-12)：761-764.

［2］ Avella M A，Xiong B，Dean J. The molecular basis of gamete recognition in mice and humans. Mol Hum Reprod，2013，19(5)：279-289.

［3］ Weakley B S. Comparison of cytoplasmic lamellae and membranous elements in the oocytes of five mammalian species. Z Zellforsch Mikrosk Anat，1968，85(1)：109-123.

［4］ Kang Y H. Development of the zona pellucida in the rat oocyte. Am J Anat，1974，139(4)：535-565.

［5］ Wassarman P M. Zona pellucida glycoproteins. J Biol Chem，2008，283(36)：24285-24289.

［6］ Wassarman P M，Jovine L，Litscher E S. Mouse zona pellucida genes and glycoproteins. Cytogenet Genome Res，2004，105(2-4)：228-34.

［7］ Jimenez-Movilla M，Dean J. ZP2 and ZP3 cytoplasmic tails prevent premature interactions and ensure incorporation into the zona pellucida. J Cell Sci，2011，124(6)：940-950.

［8］ Wassarman P M，Litscher E S. Biogenesis of the mouse egg's extracellular coat, the zona pellucida. Curr Top Dev Biol，2013，102：243-266.

［9］ Gupta S K，et al. Structural and functional attributes of zona pellucida glycoproteins. Soc Reprod Fertil Suppl，2007，63：203-216.

［10］ Avella M A，Baibakov B，Dean J. A single domain of the ZP2 zona pellucida protein mediates gamete recognition in mice and humans. J Cell Biol，2014，205(6)：801-809.

［11］ Rankin T，et al. Abnormal zonae pellucidae in mice lacking *ZP1* result in early embryonic loss. Development，1999，126(17)：3847-3855.

［12］ Rankin T L，et al. Defective zonae pellucidae in Zp2-null mice disrupt folliculogenesis, fertility and development. Development,2001. 128(7):1119-1126.

[13] Liu C,et al. Targeted disruption of the *mZP3* gene results in production of eggs lacking a zona pellucida and infertility in female mice. Proc Natl Acad Sci USA,1996,93(11):5431-5436.

[14] Rankin T,et al. Mice homozygous for an insertional mutation in the *ZP3* gene lack a zona pellucida and are infertile. Development,1996,122(9):2903-2910.

[15] Wassarman P M,Litscher E S. Influence of the zona pellucida of the mouse egg on folliculogenesis and fertility. Int J Dev Biol,2012,56(10-12):833-839.

[16] Huang H L,Lv C,Xiao H M,et al. Mutant ZP1 in Familial Infertility. N Engl J Med,2014,370 (13):1220-1226.

Mutant ZP1 in Familial Infertility

Xiao Hongmei

The human zona pellucida is composed of four glycoproteins (ZP1,ZP2,ZP3, and ZP4) and has an important role in reproduction. Here we describe a form of infertility with an autosomal recessive mode of inheritance,characterized by abnormal eggs that lack a zona pellucida. We identified a homozygous frameshift mutation in *Zp1* in six family members. In vitro studies showed that defective ZP1 proteins and normal ZP3 proteins colocalized throughout the cells and were not expressed at the cell surface,suggesting that the aberrant ZP1 results in the sequestration of ZP3 in the cytoplasm,thereby preventing the formation of the zona pellucida around the oocyte.

3.20 天然免疫与自身免疫疾病分子机制研究

刘 娟 曹雪涛

（中国医学科学院基础医学研究所；第二军医大学免疫学研究所
暨医学免疫学国家重点实验室）

自身免疫性疾病（如炎症性肠病、系统性红斑狼疮等）是一类严重影响我国国民健康和生存质量的严重疾病。目前对于自身免疫性疾病发病的具体机制缺乏深入了解，更缺乏有效的临床预防及治疗手段。深入认识自身免疫病发生发展的细胞及分子机制，以寻找有效的防治方法具有重要的现实意义。

天然免疫在自身免疫性疾病发病中的作用及具体机制是目前免疫学研究的重要前沿领域。天然免疫是机体抵抗病原微生物入侵的第一道防线，通过天然免疫细胞（如树突状细胞）表面表达的 Toll 样受体（Toll-like receptor，TLR）、维甲酸诱导基因 I 样受体（retinoic acid-inducible gene I-like receptor，RLR）等感知细菌、病毒等病原微生物，诱导炎性细胞因子及干扰素的产生，启动机体清除病原体感染的保护性的免疫应答。然而，当天然免疫细胞过度成熟活化，或过度分泌白细胞介素-6 等炎性细胞因子时，则会破坏免疫平衡并引发持续有害的免疫病理损伤，甚至导致自身免疫性疾病等炎症相关疾病的发生。因此，机体如何调控天然免疫细胞成熟活化及白细胞介素-6 等炎性细胞因子分泌的分子机制是当前国际免疫学界关注的重大问题。

我们团队近年来围绕天然免疫在自身免疫性疾病的调控作用及其具体的分子机制展开了一系列原创性研究，先后发现了一系列免疫分子和信号分子（如 SHP-2[1]、SHP-1[2]、Nrdp1[3]、CD11b[4]、LRRFIP1[5]、MHC Ⅱ[6]、CHIP[7]、MHC Ⅰ[8]、Ash1[9]、Siglec-G[10]、ZBTB20[11]、lnc-DC[12]、Rhbdd3[13,14]等）参与了 TLR 及 RLR 介导的天然免疫识别与炎症性细胞因子、干扰素产生及炎症性疾病发生发展的调控，近年来先后在《细胞》（Cell）、《科学》（Science）、《自然·免疫学》（Nature Immunology）、《免疫》（Immunology）、《实验医学杂志》（The Journal of Experimet Medicine）、《美国国家科学院院刊》（PNAS）等国际知名期刊上发表十多篇文章，研究成果得到国内外同行高度评价。我们还应邀在 2009 年第 10 期《自然·免疫学》（Nature Inmunology）为同期该杂志和近期《细胞》杂志发表的美国和德国两个研究小组的研究论文撰写了天然免疫识别新机制的评论[15]，对天然免疫识别与免疫调控研究领域的近年来国际前沿工作进行了总结与展望。

2014 年 7 月，免疫学知名期刊《自然·免疫学》杂志刊登了我们团队的最新研究成果——Rhomboid 蛋白家族成员 Rhbdd3 分子能通过抑制树突状细胞分泌炎性细胞因子，从而抑制自身免疫性疾病的发生发展[14]。研究发现，Rhomboid 家族成员 Rhbdd3 分子能显著抑制病原体触发的树突状细胞成熟及白细胞介素-6 释放，进而抑制机体炎症损伤及自身免疫性疾病的发生。借助于复旦大学发育生物学研究所许田教授等制备的 Rhbdd3 基因敲除小鼠，我们的研究发现，老龄 Rhbdd3 基因敲除小鼠出现肠道、肺脏、肾脏等多器官炎性细胞浸润，血清中自身抗体水平及炎性细胞因子水平显著升高，更易发生炎症性肠病等自身免疫性疾病。这表明 Rhbdd3 是一个抑制自身免疫性疾病发生发展的关键性调控分子。进一步研究发现，Rhbdd3 分子通过与调控因子 NEMO 蛋白及抑制性因子 A20 分子相互作用，抑制转录因子 NF-κB 活化，控制树突状细胞成熟活化，维持 T 淋巴细胞的免疫稳态，进而在整体水平上抑制自身免疫性疾病的发生与组织侵害。该研究揭示了 Rhomboid 蛋白家族在天然免疫应答及自身免疫性疾病发病过程中的调控作用，有助于解释与树突状细胞过度活化相关的炎症损害及自身免疫性疾病的发生机制，为疫苗研发和探索自身免疫性疾病的新型治疗方法提供了新的思路与依据。

我们团队近期的另一个重要研究成果是发现了一种树突状细胞选择性高表达并对于树突状细胞发育成熟至关重要的以前未见报道的新长链非编码 RNA（将之命名为树突状细胞长链非编码 RNA，lnc-DC），并对 lnc-DC 如何决定树突状细胞的发育成熟进行了机制研究，首次提出了胞浆中的 lnc-DC 能够直接结合磷酸化蛋白信号分子 STAT3 而起关键性作用。该研究揭示了控制天然免疫细胞发育成熟的关键性调节机制，对于 RNA 与蛋白质相互作用相关的生命科学研究有广泛的启示作用。该研究成果发表于 2014 年 4 月的《科学》（Science）杂志[12]。

参考文献

[1] An H, Zhao W, Hou J, et al. SHP-2 phosphatase negatively regulates the TRIF adaptor protein-dependent type I interferon and proinflammatory cytokine production. Immunity, 2006, 25 (6): 919-928.

[2] An H, Hou J, Zhou J, et al. Phosphatase SHP-1 promotes TLR- and RIG-I-activated production of type I interferon by inhibiting the kinase IRAK1. Nat Immunol, 2008, 9(5): 542-550.

[3] Wang C, Chen T, Zhang J, et al. The E3 ubiquitin ligase Nrdp1 preferentially promotes TLR-mediated type I interferon production. Nat Immunol, 2009, 10(7): 744-752.

[4] Han C, Jin J, Xu S, et al. Integrin CD11b negatively regulates TLR-triggered inflammatory responses by activating Syk and promoting degradation of MyD88 and TRIF via Cbl-b. Nat Immunol, 2010, 11(8): 734-742.

[5] Yang P, An H, Liu X, et al. The cytosolic nucleic acid sensor LRRFIP1 mediates the production of type I interferon via a beta-catenin-dependent pathway. Nat Immunol, 2010, 11(6): 487-494.

[6] Liu X, Zhan Z, Li D, et al. Intracellular MHC class II molecules promote TLR-triggered innate immune responses by maintaining activation of the kinase Btk. Nat Immunol, 2011, 12(5): 416-424.

[7] Yang M, Wang C, Zhu X, et al. E3 ubiquitin ligase CHIP facilitates Toll-like receptor signaling by recruiting and polyubiquitinating Src and atypical PKC{zeta}. J Exp Med, 2011, 208 (10): 2099-2112.

[8] Xu S, Liu X, Bao Y, et al. Constitutive MHC class I molecules negatively regulate TLR-triggered inflammatory responses via the Fps-SHP-2 pathway. Nat Immunol, 2012, 13(6): 551-559.

[9] Xia M, Liu J, Wu X, et al. Histone methyltransferase Ash1l suppresses interleukin-6 production and inflammatory autoimmune diseases by inducing the ubiquitin-editing enzyme A20. Immunity, 2013, 39(3): 470-481.

[10] Chen W, Han C, Xie B, et al. Induction of Siglec-G by RNA viruses inhibits the innate immune re-

sponse by promoting RIG-I degradation. Cell,2013,152(3):467-478.

[11] Liu X,Zhang P,Bao Y,et al. Zinc finger protein ZBTB20 promotes Toll-like receptor-triggered innate immune responses by repressing IκBα gene transcription. Proc Natl Acad Sci US A,2013, 110(27):11097-11102.

[12] Wang P,Xue Y,Han Y,et al. The STAT3-binding long noncoding RNA lnc-DC controls human dendritic cell differentiation. Science,2014,344(6181):310-313.

[13] Liu J,Liu S,Xia M,et al. Rhomboid domain-containing protein 3 is a negative regulator of TLR3-triggered natural killer cell activation. Proc Natl Acad Sci USA,2013,110(19):7814-7819.

[14] Liu J,Han C,Xie B,et al. Rhbdd3 controls autoimmunity by suppressing the production of IL-6 by dendritic cells via K27-linked ubiquitination of the regulator NEMO. Nat Immunol,2014,15 (7):612-622.

[15] Cao X. New DNA-sensing pathway feeds RIG-I with RNA. Nat Immunol,2009,10(10): 1049-1051.

Molecular Mechanism of Innate Immunity and Autoimmune Diseases

Liu Juan ,Cao Xuetao

Innate immune responses constitute the first critical line of host defense against invading pathogens. While proper activation is critical for elimination of invading microorganisms,improper activation of innate immune responses could lead to prolonged inflammation and even the pathogenesis of autoimmune diseases. Therefore,characterizing the regulators of maturation and activation of innate immune cells (like dendritic cells,DC) is critical for understanding the mechanism of innate immune responses and will also suggest possible drug targets for autoimmune disease intervention. Recently we first report that rhomboid domain-containing protein Rhbdd3 is a negative regulator of DC activation and interleukin 6 production and thus maintains immune homeostasis and eventually contributes to the inhibition of pathogenesis of autoimmune disease. Our finding provides new insights into the roles of rhomboid proteins in the innate immune responses and outlines novel target for the intervention of autoimmune diseases. Meanwhile,we also newly characterize Lnc-DC,which is specifically expressed in DC,is required for the functional maturation and activation of dendritic cells. Unlike previously described lncRNAs,lnc-DC is found to mediate its effect through directly binding to STAT3 in the cytoplasm to prevent dephosphorylation of STAT3. Our work broadens the modes of lncRNA action and provides a novel model of intercellular signaling regulation.

3.21 鸟类起源整合性研究进展

徐 星

（中国科学院古脊椎动物与古人类研究所）

2014 年 12 月 12 日出版的《科学》杂志刊登了中国科学院古脊椎动物与古人类研究所的徐星、周忠和等撰写的有关鸟类起源研究的综述文章，对这一热点研究领域近年来取得的重要进展进行了全面总结，指出恐龙向鸟类的转化已成为论证最翔实的主要演化事件之一，并提出整合性方法将是未来研究的发展方向[1]。

鸟类起源研究和达尔文演化理论的发展密切相关。1861 年发现的始祖鸟被证实为爬行动物和鸟类之间的一个过渡环节，为演化理论提供了最直接的支持；1868 年，英国生物学家托马斯·赫胥黎（Thomas Huxley）在前人研究基础上，提出了鸟类起源于爬行动物当中的恐龙的假说；从 20 世纪 70 年代开始，在美国耶鲁大学教授约翰·奥斯特伦姆（John Ostrom）等人的努力下，在世界各地发现了大量化石证据，支持鸟类起源于手盗龙类恐龙的假说，并使这一假说成为了有关鸟类起源的主流假说[2]。

尽管如此，这一假说还面临一系列问题，存在一些薄弱环节，其中最主要的问题包括"时间悖论问题"（即从化石地层分布上，手盗龙类恐龙化石晚于最早鸟类化石的出现，导致了祖先和后裔在出现时间顺序上的矛盾）、一些重要结构的"同源问题"（例如，如果鸟类源自手盗龙类，那么现代鸟类的三个翼指在同源上应该和手盗龙类的三个手指是一样的，但来自发育学和古生物学的资料在这一同源判断上存在矛盾），以及羽毛和飞行的起源问题[2]。

在过去的 20 年中，古生物学家们在中国辽宁西部、内蒙古东南部和新疆准噶尔盆地及德国和俄国西伯利亚侏罗纪地层中，在中国东北地区、蒙古戈壁地区、北美、南美及非洲的白垩纪地层中发现了大量化石，为鸟类恐龙起源说提供了一系列新证据，推动了上述问题的解决，鸟类起源从时间框架上、主要结构的转化上以及功能演化上，已经有大量系统性证据的支持，恐龙向鸟类的转化已经成为了支持度最高的主要演化事件之一[1]。

古生物学的研究进展同时激发了包括发育生物学等其他学科的学者对于鸟类起源研究的兴趣，他们从各个角度探讨鸟类主要特征的起源和演化规律，进一步完善了对于鸟类起源的理解[3~7]。通过对来自包括古生物学在内的各个学科的新证据的分析，我们发现鸟类的主要特征，包括羽毛、飞行、快速生长模式以及独特的生殖方式和生理特征，实际上经历了一个漫长的演化过程（图1）。许多特征在兽脚类恐龙的演化早期，甚至在主龙类的演化早期，已经开始出现，其中一些特征远在鸟类出现之前，已经演化到接近现代鸟类的水平，另外一些则在鸟类冠类群出现时才完成。不过，在某些演化阶段，鸟类特征的演化速度明显加速，一些重要特征的演化相关性明显；同时，鸟类特征还体现出明显的镶嵌演化现象，呈现出一个非常复杂的模式[1]。

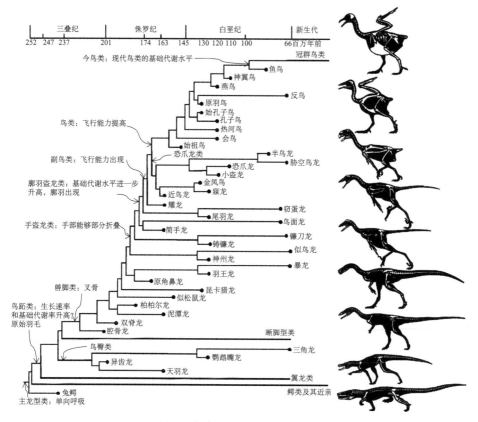

图 1 鸟类主要特征演化示意图

基于古生物学、年代学和发育生物学等多学科资料提出的鸟类主要特征演化模式显示了鸟类特征演化经历了一个漫长地质历史时期，但在某些阶段呈现了加速变化的现象

采用整合性方法研究鸟类起源的一个重要例证来自对鸟类翼指演化的研究[8]。经

典胚胎学研究显示，现代鸟类的三个翼指相当于我们人类手部的中间三个手指（即Ⅱ-Ⅲ-Ⅳ同源假说），但恐龙化石证据则显示，手盗龙类恐龙的三个手指应该是内侧三个手指（即Ⅰ-Ⅱ-Ⅲ同源假说），这样就产生了同源判断上的矛盾，这一问题也成为演化生物学上的一个经典悖论。近年来，古生物学和现代生物学家都试图解决这一问题。非常意外的是，一方面，古生物学家发现了一些化石证据，显示手盗龙类恐龙的三个手指有可能是Ⅱ-Ⅲ-Ⅳ手指；另一方面，发育生物学家发现了大量基因表达和其他发育学信息，显示出现代鸟类的三个翼指有可能是Ⅰ-Ⅱ-Ⅲ手指。只有综合分析所有信息，建立统一的平台，才能解决这一复杂的矛盾冲突[1]。

在这篇综述文章中，我们对于鸟类起源研究的未来发展方向提出了建议，包括更多转化时期样本的采集和分析，加强提高数据质量，尤其是更多地采用整合性的方法，结合传统的古生物学方法和包括发育生物学、基因组学以及生物力学等学科的方法去探讨重要生物结构的演化[1]。鸟类起源研究入选了《科学》杂志评选的2014年度世界十大科学突破。

参考文献

[1] Xu X Z, Zhou H, Dudley R, et al. An integrative approach to understanding bird origins. Science, 2014, 346:1253293.

[2] Zhou Z H. The origin and early evolution of birds: Discoveries, disputes, and perspectives from fossil evidence. Naturwissenschaften, 2004, 91:455-471.

[3] Yu M K, Wu P, Widelitz R B, et al. The morphogenesis of feathers. Nature, 2002, 420:308-312.

[4] Farmer C G, Sanders K. Unidirectional airflow in the lungs of Alligators. Science, 2010, 327:338-340.

[5] Tamura K, Nomura N, Seki R, et al. Embryological evidence identifies wing digits in birds as digits 1, 2, and 3. Science, 2011, 331:753-757.

[6] Organ C L, Shedlock A M, Meade A et al. Origin of avian genome size and structure in non-avian dinosaurs. Nature, 2007, 446(8):180-184.

[7] Dial K P. Wing-assisted incline running and the evolution of flight. Science, 2003, 299:402-404.

[8] Xu X, Mackem S. Tracing the evolution of avian wing digits. Current Biology, 2013, 23:538-544.

An Integrative Approach to Understanding Bird Origins

Xu Xing

Recent discoveries of spectacular dinosaur fossils demonstrate that distinctive bird characteristics such as feathers, flight, endothermic physiology, unique strategies for reproduction and growth, and a novel pulmonary system originated among Mesozoic terrestrial dinosaurs. In combination with additional insights from relevant studies in developmental biology and other disciplines, these data indicate that the iconic features of extant birds for the most part evolved in a gradual and stepwise fashion throughout archosaur evolution, and highlight occasional bursts of morphological novelty at certain stages particularly close to the origin of birds. Research into bird origins provides a premier example of how paleontological and neontological data can interact to reveal the complexity of major innovations, to answer key evolutionary questions, and to lead to new research directions. A better understanding of bird origins requires multifaceted and integrative approaches, yet fossils necessarily provide the final test of any evolutionary model.

3.22　热带生态系统碳源汇功能对气候变化的响应

朴世龙　王旭辉

（北京大学城市与环境学院）

了解生态系统碳循环对气候变化的响应有利于预测未来大气中的二氧化碳（CO_2）浓度及气候变化。越来越多的地球系统模型模拟研究认为，未来气候变化将会对热带地区生态系统碳汇功能产生负面影响，并进一步导致大气 CO_2 浓度上升及全球气候变暖。这一碳循环和气候变化之间的正反馈过程被认为是陆地生态系统对未来气候变化影响的最主要因素之一，吸引了许多全球变化研究者的关注。然而，由于缺乏长期观测数据的印证，目前关于生态系统碳循环对气候变化反馈的估算仍然具有很大的不确定性，不同地球系统模型估算结果之间相差较大[1]。例如，来自英国的地球系统模式模拟结果表明，到 2100 年为止，碳循环和气候变化之间正反馈作用将导致大气中 CO_2 浓度额外增加 200 ppm①[2]，这一结果是法国地球系统模式模拟结果的 3 倍之多[3]。热带生态系统碳循环对气候变化反馈的不确定性是造成这种差异的主要原因[1]，因此需要准确了解热带生态系统碳循环对气候变化的响应及其机制。

---

①　ppm 表示 10^{-6} 升/升。

近年来，我们与来自欧洲和美国科学家合作，利用美国夏威夷冒纳罗亚（Mauna Loa）和南极（South Pole）观测站自 20 世纪 50 年代末以来的 CO_2 观测数据、碳循环模型、气候观测数据，系统探讨了热带地区生态系统碳汇功能年际变化及其与气候之间的关系。我们发现[4]，温度上升显著地降低热带地区生态系统碳汇功能，支持了政府间气候变化专门委员会（IPCC）模型模拟的气候变暖不利于热带地区碳汇功能的结论。然而，与 20 世纪 60、70 年代相比，最近 20 年热带地区生态系统碳汇对温度的敏感性增加了近 1 倍，表明热带地区碳循环对温度变化越来越敏感，这一现象与过去 50 年热带地区水分条件下降有关。尽管热带地区生态系统碳汇年际变化主要受温度的影响，而与降水的关系并不显著，但生态系统碳汇对温度变化的敏感程度主要受降水的调节。由于目前国际上广泛应用于碳循环研究的 5 种不同的生态系统过程模型都没有模拟这一现象，因此现有的生态系统碳循环模型需要充分考虑本研究得到的温度和降水相互作用对碳循环的影响。

我们这一成果不仅修正了英国著名的碳循环专家彼得·考克斯（Peter Cox）博士 2013 年发表在国际著名学术期刊《自然》（Nature）杂志上的《热带地区碳源汇功能对温度变化的敏感性恒定》假说[5]；而且还纠正了早期发表在《美国国家科学院院刊》（PNAS）上的《热带生态系统碳源汇功能不受降水变化影响》的结论[6]，为准确估算生态系统碳循环和气候变化之间反馈提供了一个重要的理论基础。

2014 年 2 月出版的《自然》杂志发表了我们以上研究成果[4]。我们的研究不仅首次证明了温度和降水变化对热带地区碳循环的交互作用，而且首次从碳循环对温度变化敏感性的时间变化角度阐明了过去 50 年来热带地区碳循环可能发生状态突变（shift）[7]。我们的研究也得到了国内外同行的高度评价和广泛关注。国际地圈-生物圈计划（IGBP）向联合国气候变化框架公约（UNFCCC）提交的"新兴的科学发现和研究成果"（emerging scientific findings and research outcomes）资料中以研究亮点的形式介绍了该研究成果。另外，《科学美国人》（Scientific American）、《每日科学》（Science Daily）等科学网站也对该研究成果进行了报道。

参考文献

［1］Friedlingstein P, et al. Climate-carbon cycle feedback analysis: Results from the C^{4}MIP model inter-comparison. Journal of Climate, 2006, 19: 3337-3353.

［2］Cox P M, Betts R A, Jones C D, et al. Acceleration of global warming due to carbon cycle feedbacks in a coupled climate model. Nature, 2000, 408: 184-187.

［3］Dufresne J L, Fairhead L, Le Treut H, et al. On the magnitude of positive feedback between future climate change and carbon cycle. Geophysical Research Letters, 2002, 29: DOI: 10. 1029/ 2001 GL013777.

［4］Wang X H,Piao S L,Ciais P,et al. A two-fold increase of carbon cycle sensitivity to tropical temperature variations. Nature,2014,506:212-215.

［5］Cox P M,Pearson D,Booth B B. Sensitivity of tropical carbon to climate change constrained by carbon dioxide variability. Nature,2013,494:341-344.

［6］Wang W,Ciais P,Nemani R R. Variations in atmospheric CO_2 growth rates coupled with tropical temperature. Proc Natl Acad Sci USA,2013,110:13061-13066 .

［7］Balch J K. Drought and fire change sink to source. Nature,2014,506:41-42.

The Response of Tropical Terrestrial Carbon Cycle to Climate Change

Piao Shilong,Wang Xuhui

Earth system models project that there is a positive feedback between tropical carbon cycle and future climate change. But available data are too limited at present to test the predicted changes of the tropical carbon balance in response to climate change. Here we use the long term atmospheric CO_2 record from Mauna Loa and South Pole stations to show that due to the increase in drought,the negative sensitivity of tropical carbon sink to temperature interannual variability has increased by a factor of 1.9 ± 0.3 during the past five decades. We find that the sensitivity of tropical carbon cycle to interannual temperature variations is regulated by moisture conditions,even if the direct correlation between tropical carbon balance and tropical precipitation is weak. Our result provides a new perspective on a possible shift in the tropical terrestrial carbon cycle over the last 50 years.

3.23　地球深部与高压晶体学研究进展

张　莉

（北京高压科学研究中心）

一个世纪以前，布拉格父子首次用 X 射线衍射测定了一系列简单矿物的晶体结构，拉开人类运用 X 射线衍射来认识地球组成的序幕。1952 年，地球物理学家波切

(Francis Birch) 提出，地震波在地球内部传播，地球内部介质的变化会导致波速变化，因此地震波数据可用于表征地球内部结构[1]。地球内部是一个高温高压系统，其温度和压力随深度的增加而逐渐增加。从地表往下 660～2900 公里之间的部分为下地幔，对应的压力为 24～135 GPa①，然后过渡到熔融的外地核和固态的内地核。在过去的 30 年间，科学家们一直致力于发展模拟地球深部极限条件的高温高压实验技术。结合金刚石压砧高压技术和同步辐射 X 射线衍射，几个重要的矿物相变陆续被发现，揭示了地球深部重要不连续界面的物理机制。其中，刘玲根于 1976 年在激光加温的金刚石压砧中合成了钙钛矿结构的镁铁硅酸盐 [（Mg，Fe）SiO_3]，通常简称为钙钛矿，为下地幔最主要的组成矿物[2]，这一矿物在 2014 年被命名为布里奇曼石（bridgmanite）[3]，以纪念在高压研究中做出重要贡献并于 1946 年获得诺贝尔物理学奖的科学家布里奇曼（Percy W. Bridgman）。

一、金刚石压砧高压技术

X 光在金刚石中具有优良的通过性，因此金刚石压砧成为高压下研究晶体学的最主要设备。金刚石压砧由一对金刚石对顶压砧和密封垫片组成，垫片中心钻孔形成样品腔。将样品和压标同时放入金刚石压砧样品腔中，旋紧压砧可使金刚石压腔获得高压。徐济安、毛河光以及贝尔（Peter M. Bell）于 1986 年改进的金刚石压机，可用于研究深达地心的物质反应与变化[4]。为了开展高压下的单晶结构研究，要保证压砧在达到高压的同时增加 X 光的可通过角度，用 X 光照射大角度范围内旋转的晶体可以获取更全面的晶体结构信息。

二、地球下地幔的矿物相变

随着高温高压实验技术的进步以及地震波数据日益提高的分辨率，科学家们发现下地幔的结构和组成并不是均一不变的。2004 年，日本科学家采用激光加温的金刚石压砧，发现下地幔底部的温度和压力条件下 MgSiO_3 发生了从钙钛矿到后钙钛矿的结构相变[5]，引起了矿物物理学、地震学、地球动力学等多学科领域广泛的交叉研究，揭示了下地幔底部 D″层的物理机制和结构组成。我们在 2014 年发现了下地幔的另一重要相变：含铁的硅酸盐钙钛矿 [（Mg，Fe）SiO_3] 在下地幔深部 1/3 所对应的温度和压力条件下分解为无铁的钙钛矿和六方结构新相（简称为 H 相）[6]，这一发现改变了人们对地球下地幔矿物组成的已有认知。正如在《科学》（Science）杂志同期的评

---

① 100 GPa 相当于大气压的 100 万倍。

论文章中美国加利福尼亚大学威廉姆斯教授（Quentin Williams）写道，这一研究发现了可能在地球下地幔底部 1/3 存在的重要富铁矿物，而且密度差很大的矿物共存恰好为地球内部 2 000 公里以下的大规模低剪切波速区的存在提供了物理解释[7]。

三、同步辐射 X 射线衍射与高压晶体学

H 相的发现得益于高压晶体学的进步，第三代同步辐射光源提供的高强度 X 射线为研究极端高压条件下微米级甚至是亚微米级的小晶粒提供了条件，如图 1 所示。广泛使用的晶体学技术包括单晶衍射和粉晶衍射，但是两种技术在高压下均存在不可克服的局限性。单晶衍射建立在单晶必须在极限压力条件下生存下来的前提上，而实际情况中高压通常导致晶体质量变差，并且在高温高压相变后单晶通常粉碎成多晶，因此高压单晶衍射的适用范围有限。粉晶衍射在高压研究中得到了广泛的应用，而从多晶样品得到的粉晶衍射仅能给有限的结构信息。另一种选择是在多晶中分离出每个亚微米晶粒各自的晶面取向，把每个晶粒作为一个单晶来处理。我们把多晶软件引入到高压研究中并加以改进，2013 年在国际上首次得到百万大气压条件下后钙钛矿这一重要矿物的单晶衍射结果，证明了超高压条件下就位测量多晶样品中亚微米晶粒的单晶结构的可行性[8]，并在混合矿物相中确定了 H 相的存在和结构信息[6]，表明了多晶方法在高压晶体研究中的独特优势。多晶在高压条件下呈现出随机不同的晶面取向，来自多个晶粒的结构信息互补，弥补了金刚石压砧有限的开口角度给晶体研究带来的缺陷。

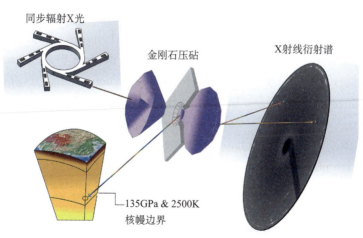

同步辐射X光　　金刚石压砧　　X射线衍射谱

135GPa & 2500K
核幔边界

图 1　同步辐射 X 射线与激光加温金刚石压砧技术相结合，
探测地幔深部的矿物组成及其物理化学性质

参考文献

[1] Birch F. Elasticity and constitution of the Earth's interior. Journal of geophysical Research,1952, 57(2):227-286.

[2] Liu L G. The post-spinel phase of forsterite. Nature,1976,262:770-772.

[3] Tschauner O. Discovery of bridgmanite,the most abundant mineral in Earth,in a shocked meteorite. Science,2014,346(6213):1100-1102.

[4] Xu J A,Mao H K,Bell P M. High-Pressure Ruby and Diamond Fluorescence:Observations at 0. 21 to 0. 55 Terapascal. Science,1986,232(4756):1404-1406.

[5] Murakami M. Post-perovskite phase transition in MgSiOM$_3$. Science,2004,304(5672):855-858.

[6] Zhang L,Meng Y,Yang W,et al. Disproportionation of (Mg, Fe) SiO$_3$ perovskite in Earth's deep lower mantle. Science,2014,344(6186):877-882.

[7] Williams Q,Geophysics. Deep mantle matters. Science,2014,344(6186):800-801.

[8] Zhang L,Meng Y. Single-crystal structure determination of (Mg,Fe) SiO$_3$ postperovskite. Proc Natl Acad Sci USA,2013,110(16):6292-6295.

Deep Earth and Advances in High Pressure Crystallography

Zhang Li

Studies of crystalline minerals at high pressure and high temperature conditions corresponding to the Earth's deep interior are crucial for understanding the structure and constitution of our planet. Diamond anvil cell coupled with synchrotron X-ray techniques have brought revolutionary changes in high-pressure crystallography studies. We have introduced multigrain method to high pressure studies at megabar, which allow us to perform fine structure analysis for individual phase in mineral assemblages. In light of this advanced technique, we made an important discovery in lower mantle mineralogy, that is, Fe-bearing perovskite [(Mg,Fe) SiO$_3$] disproportionates to a nearly Fe-free MgSiO$_3$ perovskite phase and an Fe-rich phase with a previously unknown hexagonal structure (H-phase), thus fundamentally changing the geophysics and geochemistry of the bottom half of the lower mantle.

3.24　近百年气候变暖叠加于500年自然周期暖相位的发现

徐德克[1,2]　吕厚远[1,2]　储国强[1]

（1. 中国科学院地质与地球物理研究所；
2. 中国科学院青藏高原地球科学卓越创新中心）

　　全球气候正在经历的近百年变暖过程，被普遍认为极其可能是人类影响造成的。然而，目前全球气候变化的格局是在地球经历数千万年长期自然演变背景下形成的，地球气候变化有自己的自然规律，现今的气候变暖是否叠加了自然变暖的背景？是否超过了自然变暖的幅度？对这些问题的回答，目前学术界尚存在争议[1,2]。主要是因为自然气候系统的复杂性和模拟预估的不确定性，以及人类器测温度记录也仅有近百年的历史。要客观地认识近百年来气候变化的过程和机制，需要从更长时间尺度的自然气候变化历史中去了解气候变化的行为特征和周期规律。

　　地球气候变化存在各种周期特征[3]：包括轨道尺度上约10万年偏心率周期、约4万年地轴倾角周期、2万年左右的岁差周期，千年-百年尺度上的亚轨道尺度周期，百年-数十年尺度的太阳活动影响的气候周期等。与人类社会发展关系相对密切的千年-百年尺度气候变化规律，是我们判断未来气候是否持续变暖或周期性变冷的基础背景之一。地质记录是目前能够获得千年-百年长周期气候变化的主要途径，但利用地质记录研究长周期气候变化的难点在于：如何获取连续的、高分辨率、有精确年代的地质记录，以及如何获取有明确环境指示意义的替代指标。

　　中国科学院地质与地球物理研究所新生代古生态学科组和国内同行2014年在《科学报告》（*Scientific Reports*）杂志上报道了来自我国东北玛珥湖5350年以来的沉积年纹层花粉记录[4]，揭示了气候冷、暖变化存在约500年的自然周期，近百年来的全球气候变暖位于最近一次500年周期的暖相位上。研究认为，即将开始的百年尺度自然气候周期性变冷，有可能减缓人类影响全球变暖的趋势。太阳活动的500年变化周期，可能是驱动自然气候百年尺度周期性变化的主要因素。

　　本研究利用中国东北龙岗火山区小龙湾玛珥湖年纹层沉积具有准确定年的优势，高分辨率地分析、鉴定了5350年以来（到公元2005年止）小龙湾玛珥湖周边地区植物花粉种类的变化，揭示了适合寒冷气候的松树花粉和适合温暖气候的栎属花粉含量相互消长，呈现周期性变化（图1）。松树花粉增加和栎属花粉减少的峰值指示的气候最寒冷时期先后出现在2700 BC（BC指公元前）、2200 BC、1600 BC、1200 BC、900 BC、600

BC、300BC、200 AD（AD 指公元）、700 AD、1200 AD 和 1800 AD 前后，约每 500 年出现一次寒冷期。花粉含量的谱分析结果也呈现出显著的 500 年周期。约公元 1830 年以来开始的暖期，处在最近一次 500 年自然周期的暖相位上，最近十多年已经达到暖相位峰值的位置（图 2），有进入冷相位的趋势，有可能减缓人类活动导致的全球变暖。

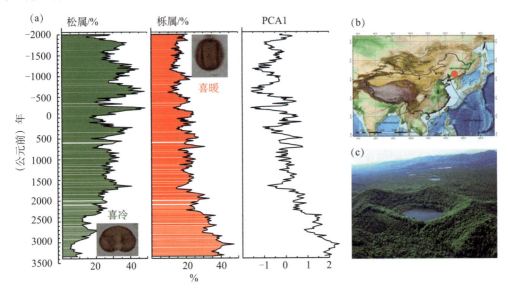

图 1　小龙湾玛珥湖年纹层沉积记录的 5350 年植物花粉变化

小龙湾玛珥湖年纹层沉积记录的 5350 年植物花粉变化（a），小龙湾地理位置（b），小龙湾玛珥湖地貌（c）

这个研究结果跟历史记载也是相符合的。在中国历史上，16 世纪中期到 19 世纪中期，即明嘉靖到清道光年间，曾经出现大规模极端寒冷天气，科学家称之为"小冰期"[5]，当时江南出现河流封冻的现象，而江西的柑橘则因为寒冷而大面积冻死，类似的寒冷过程在全球许多地区同步出现。

另外从松、栎花粉含量和主成分（PCA1）变化看出［图 1(a)］，即使不考虑中晚全新世以来（约 5000 年以来）的总体变冷趋势，仅从变暖幅度上看，约 5350 年以来，近 100 年来的气候变暖幅度并不是最高的。可以说，今天的人类影响的气候变暖应该叠加了自然周期的变暖贡献，而且总体变暖幅度可能还没有超过自然周期最温暖的幅度。

对气候周期性变化驱动机制的进一步研究认为，太阳活动可能是驱动气候 500 年周期性变化的主要因素[4]，太阳活动影响的气候变化约 500 年准周期在全球不同地区高分辨率记录中越来越多地得到揭示[6,7]。

近年来，国际上对高分辨率、长序列的古气候恢复发展了许多新的研究方法和手段，不同研究材料和方法相互补充、相互验证，极大地促进了对过去的气候变化过程

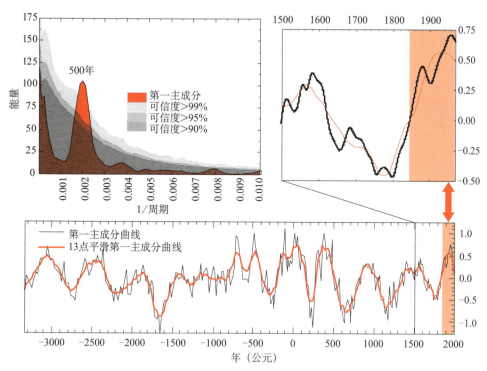

图 2　小龙湾玛珥湖植物花粉第一主成分变化的 500 年周期和谱分析结果

和未来全球气候变化趋势的认识。但目前还没有在古气候定量研究上建立起相对准确的方法手段，限制了对古气候变化规律和机制的研究。继续深入开展基础性的方法学研究，将会促进相关研究的深入。

参考文献

［1］钱维宏，陆波. 千年全球气温中的周期性变化及其成因 . 科学通报，2010，55(32)：3116-3121.

［2］IPCC. 2014：Summary for policymakers. In：Field CB，Barros V R，Dokken D J，et al. Climate Change 2014：Impacts，Adaptation，and Vulnerability. Part A：Global and Sectoral Aspects. Contribution of Working Group II to the Fifth Assessment Report of the Intergovernmental Panel on Climate Change. Cambridge：Cambridge University Press，2014：1-32.

［3］丁仲礼. 米兰科维奇冰期旋回理论：挑战与机遇 . 第四纪研究，2006，26(5)：710-717.

［4］Xu D，Lu H，Chu G，et al. 500-year climate cycles stacking of recent centennial warming documented in an East Asian pollen record. Scientific Reports，2014，4：3611，doi：10. 1038/srep03611.

［5］王绍武，叶瑾琳，龚道溢. 中国小冰期的气候 . 第四纪研究，1998，18(1)：54-64.

［6］Steinhilber F，Abreu J A，Beer J，et al. 9，400 years of cosmic radiation and solar activity from ice cores and tree rings. Proceedings of the National Academy of Sciences，2012，109(16)：5967-5971.

[7] Chapman M R, Shackleton N J. Evidence of 550-year and 1000-year cyclicities in North Atlantic circulation patterns during the Holocene. The Holocene, 2000, 10(3): 287-291.

500-Year Climate Cycles Stacking of Recent Centennial Warming Documented in Pollen Record

Xu Deke, Lu Houyuan, Chu Guoqiang

Here we presented a high-resolution 5350-year pollen record from a maar annually laminated lake in East Asia (EA). Pollen record reflected the dynamics of vertical vegetation zones and temperature change. Spectral analysis on pollen percentages/concentrations of *Pinus* and *Quercus*, and a temperature proxy, re-vealed~500-year quasi-periodic cold-warm fluctuations during the past 5350 years. This~500-year cyclic climate change occurred in EA during the mid-late Holocene and even the last 150 years dominated by anthropogenic forcing. It was almost in phase with a ~500-year periodic change in solar activity and Greenland temperature change, suggesting that ~500-year small variations in solar output played a prominent role in the mid-late Holocene climate dynamics in EA, linked to high latitude climate system. Its last warm phase might terminate in the next several decades to enter another ~250-year cool phase, and thus this future centennial cyclic temperature minimum could partially slow down man-made global warming.

3.25 我国灰霾 $PM_{2.5}$ 中二次气溶胶首次精准定量研究

黄汝锦　曹军骥

（中国科学院地球环境研究所，
中国科学院气溶胶化学与物理重点实验室）

近年来我国大范围、高频次的灰霾污染严重影响空气质量、人们日常生活和健康，并受到全球的高度关注，对其有效治理成为社会各界的诉求。尤其是 2013 年 1

月的重霾事件影响了约 130 万平方公里国土和 8 亿人口。在全国 74 个主要城市的监测表明，大气细颗粒物 $PM_{2.5}$（空气动力学粒径小 2.5 微米的大气颗粒物）的日均值超出我国空气质量标准（75 微克/米^3）的天数占 1 月的 69%，最大日均值高达 772 微克/米^3[1]。国务院于 2013 年 9 月 10 日发布了《大气污染防治行动计划》，其目标是到 2017 年，$PM_{2.5}$ 的浓度比 2012 年下降 10% 以上（其中，污染严重的京津冀和长三角地区分别下降 25% 和 20%）[2]。实现这一目标，需要定量认识 $PM_{2.5}$ 的来源和生成途径，并制定明确和优化的减排策略和措施。

以 2013 年 1 月的重霾污染事件为例，我们对北京、上海、广州和西安 4 个城市的 $PM_{2.5}$ 进行了同步观测，采用一系列先进的分析测试方法全面分析了 $PM_{2.5}$ 中各种无机和有机组分[3]。结果表明，上述四个城市 $PM_{2.5}$ 质量浓度比欧美国家城市 $PM_{2.5}$ 质量浓度高出 1~2 个数量级（图 1）[4]。其中，有机物是颗粒物的主要成分，占 $PM_{2.5}$ 质量浓度的 30%~50%，其次为硫酸根（8%~18%）、硝酸根（7%~14%）、铵根（5%~10%）、元素碳（2%~5%）和氯离子（2%~4%）。我们采用新开发的离线高分辨率飞行时间气溶胶质谱（offline HR-TOF-AMS）方法，首次实现了空间尺度上 $PM_{2.5}$ 中有机气溶胶质谱指纹表征。第一次采用 ME2（multilinear engine）新方法，并结合 PMF（positive matrix factorization）和 CMB（chemical mass balance）受体模型源解析方法，联合各种有机和无机标志物、离线气溶胶质谱指纹信息和放射性^{14}C 数据，我们精确解析了重霾期间有机气溶胶和 $PM_{2.5}$ 各主要来源的定量贡献[3]。结果表明，在北京、上海和广州，二次气溶胶［也就是通过大气化学反应将气体物质转化为气溶胶颗粒物，包括二次有机气溶胶（secondary organic aerosol，SOA）和二次无机气溶胶（secondary inorganic aerosol，SIA）］占 $PM_{2.5}$ 质量的 51%~77%；在西安，二次气溶胶的占比下降至 30%，这主要是因为我国西部地区粉尘对 $PM_{2.5}$ 有很大的贡献（在西安，粉尘占 $PM_{2.5}$ 的 46%）。

我们的研究首次发现，即使是在低温、弱光照的冬季重霾期间，SOA 也可以快速、大量生成，这一发现改变了传统认识。在整个观测期间，SOA 对有机气溶胶的平均贡献为 44%~71%（4 个城市的平均值）。尤其值得注意的是，SOA（平均占 $PM_{2.5}$ 质量浓度的 27%）与 SIA（主要由硫酸盐、硝酸盐和铵盐等无机成分组成，平均占 $PM_{2.5}$ 质量浓度的 31%）具有相近的贡献度。这与燃煤和生物质燃烧排放的大量二次气溶胶前体物［特别是挥发性有机物（VOCs）］密切相关。与二次气溶胶的重要贡献相比较，一次气溶胶（也就是直接排放到大气中的颗粒物）对 $PM_{2.5}$ 的贡献则要小许多，分别为：机动车 6%~9%、生物质燃烧 5%~7%、烹饪 1%~2%、燃煤 3%~26%、粉尘 3%~10%（不包括西安）。

通过对比不同 $PM_{2.5}$ 浓度下，各个源的相对贡献（图 2）可知：随着灰霾的加重，二次气溶胶的比重逐渐加大，最大比重达 81% 的 $PM_{2.5}$ 质量浓度。与低 $PM_{2.5}$ 浓度相

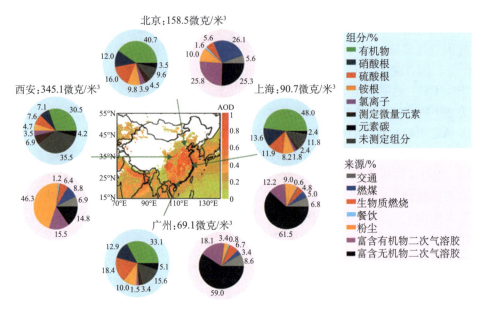

图 1　2013 年 1 月北京、上海、广州、西安 4 个城市 PM$_{2.5}$ 的化学组成与来源

比较，高 PM$_{2.5}$ 浓度下二次组分的比重是原来的 1.4 倍。同样，随着灰霾污染的加重，SOA 占有机气溶胶的比重也逐渐加大，最大比重为 73% 的有机气溶胶质量浓度；同时，高污染条件下 SOA 在有机气溶胶中的比重是低污染条件下的 1.3 倍。这一重要发现表明，二次气溶胶的生成是我国灰霾形成的关键因素。

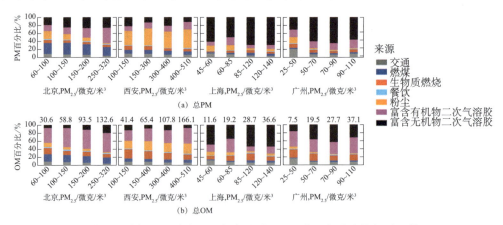

图 2　不同 PM$_{2.5}$ 浓度下，各个源对 PM 和有机气溶胶的相对贡献

　　为了进一步明确二次有机气溶胶的来源，我们将源解析结果与 ^{14}C 数据相结合进行分析，结果如图 3 所示。在重霾期间，化石燃料排放（机动车和燃煤）生成的 SOA

与有机气溶胶的比值是低污染期间的 1.1～2.4 倍，表明化石燃料排放是灰霾污染的一个重要来源。化石燃料和非化石燃料排放对气溶胶的贡献表现出地域特征。在北京和上海，化石燃料排放生成的 SOA 约占有机气溶胶质量的 25%～40%，约占总 SOA 质量的 45%～65%；在广州和西安，非化石燃料排放生成的 SOA 约占有机气溶胶质量的 30%～60%，约占总 SOA 质量的 65%～85%。

　　总体而言，我们的研究结合了目前最先进的分析测试和数据分析方法体系，对我国灰霾期间空间尺度上（4 个城市）$PM_{2.5}$ 和有机气溶胶的化学组分特征和来源进行了全面分析。首次准确定量了我国灰霾期间 $PM_{2.5}$ 和有机气溶胶各来源的贡献；明确提出在冬季低温、弱光照条件下，二次气溶胶也可以大量、快速生成；同时指明，除了控制一次颗粒物排放，严格控制生成二次气溶胶的气态物质的排放应该成为我国减排、治霾的一个关键手段。该成果发表于《自然》（*Nature*）杂志，是国内空气污染方面的成果首次在该杂志上报道，引起了国内外广泛关注，并被《自然中国》网站选为亮点成果予以报道。该成果被国家有关部门应用于污染治理工作中。

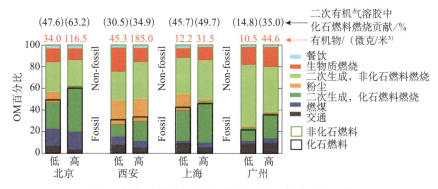

图 3　各化石燃料和非化石燃料对有机气溶胶的贡献

参考文献

[1] China National Environmental Monitoring Centre. Air Quality Report in 74 Chinese Cities in March and the First Quarter 2013. http：//www. cnemc. cn/publish/106/news/news_34605. html[2013-06-11].

[2] Chinese State Council. Atmospheric Pollution Prevention and Control Action Plan. http：//www. gov. cn/zwgk/2013－09/12/content_2486773. htm[2013-12-12].

[3] Huang R J, Zhang Y L, Bozzetti C, et al. High secondary aerosol contribution to particulate pollution during haze events in China. Nature, 2014, 514：218-222.

[4] Cao J J. Pollution status and control strategies of $PM_{2.5}$ in China. J Earth Environ, 2012, 3：1030-1036.

The First Accurate, Comprehensive and Quantitative Study of Secondary Aerosol in $PM_{2.5}$ During Haze Pollution in China

Huang Rujin, Cao Junji

In this paper, we combine a comprehensive set of techniques to investigate the chemical nature and sources of particulate matter at urban locations in Beijing, Shanghai, Guangzhou and Xi'an during haze events in China. We find that the severe haze pollution event was driven to a large extent by secondary aerosol formation. Our results suggest that, in addition to mitigating primary particulate emissions, reducing the emissions of secondary aerosol precursors from, for example, fossil fuel combustion and biomass burning is likely to be important for controlling China's $PM_{2.5}$ levels.

第四章

科技领域发展观察

Observations on Development of Science and Technology

4.1　基础前沿领域发展观察

刘小平　吕晓蓉　黄龙光　边文越　冷伏海

（中国科学院文献情报中心）

2014 年基础前沿领域取得多项突破：几何学两个难题获得解决，暗物质、中微子、新粒子和量子信息方面的新进展引人注目，化学多个领域均有可圈可点的进展，若干纳米科技重大问题得以破解。世界主要科技强国开始规划 2020 以远的基础前沿领域发展：数学和纳米科技未来发展聚焦重要社会应用，物理学和化学立足近期重大突破布局优先方向。

一、重要研究进展

1. 几何相关领域获得重大突破

2014 年，中国和英国数学家合作，根据唐纳森教授 2008 年提出的研究纲领，结合微分几何、代数几何、多复变函数、度量几何等多个数学分支的方法，经过多种方法创新，解决了"第一陈类"为正的"丘成桐猜想"，给出了"卡勒-爱因斯坦度量"的存在性之丘成桐猜想的完整证明[1]。

我国北京大学数学家在球堆积和数的几何领域[2]，彻底解决了 1950 年罗格斯（Rogers）教授提出的深洞问题；对 1959 年施托特（Fejes Toth）教授提出的遮光问题取得了第一个有效上界；否定了 Grunbaum 教授于 1961 年提出的一个猜想；证明了正四面体的最大平移堆积密度（希尔伯特第 18 问题）介于 0.367346…… 和 0.384061……之间，这是人们对希尔伯特第 18 问题所取得的第一个实质性上界。

2. 暗物质和中微子等物理学领域取得多项重大进展

暗物质研究方面，来自欧洲空间局（ESA）的"X 射线多镜面-牛顿"（XMM-Newton）和美国国家航空航天局（NASA）的钱德拉（Chandra）的两个空间望远镜，分别发现了来自仙女座星系和英仙座星系团的神秘 X 射线信号[3,4]，该信号可能是惰性中微子的衰变标记，而惰性中微子是暗物质的一种推测形态。

中微子研究方面，南极"冰立方"实验捕获第三个千万亿电子伏特的中微子[5]。太阳内核产生的质子-质子中微子被直接探测到[6]。最新研究发现，银河系中心的黑洞可能是一个中微子工厂[7]。

大型强子对撞机（LHC）继续维护升级中，但新发现仍不停涌现。发现神秘粒子Z（4430）[8]，可能是目前为止物质形式"四夸克态"存在的最扎实的证据；发现了两个已被理论预测但从未出现过的亚原子粒子[9]：Xi_b'和Xi_b^*；与美国万亿电子伏特加速器（Tevatron）一起成功测出目前最为精确的顶夸克质量[10]。

在量子通信方面，加拿大滑铁卢大学的研究团队首次将3个光子直接纠缠为技术上最实用的状态[11]，而之前，纠缠超过两个以上光子的同时无法保持它们脆弱的量子态；意大利帕多瓦大学发现利用现有卫星实现量子通信实验的方法[12]，证明太空量子通信完全可行；中国科学院完成世界首颗"量子科学实验卫星"关键部件的研制与交付[13]。在量子计算方面，澳大利亚科学家创造了"人造原子"量子比特和天然磷原子量子比特[14]，加拿大科学家将发光二极管（LED）与超导体结合在一起产生出纠缠光子[15]，美国生产出可应用于硅基量子比特的量子系统的99.9999%超纯度硅[16]，英国科研人员开发出新型量子技术微芯片[17]，以色列科学家研制出首个光子路由装置[18]，谷歌发布了第一个基于浏览器的量子计算机模拟器，加拿大科学家首次在实验室中展示了量子信息的数据压缩模拟[19]。

3. 化学领域呈现出一些突破性的进展

在无机化学方面，德国、加拿大和中国的科学家合作成功制备了四氧化铱正离子，铱的氧化态达到了+9，创造了氧化态的最高纪录[20]。德国和法国研究人员制造出了水的第十七种结晶形式——"冰十六"，它由气体水合物制成，是迄今为止密度最小的水的结晶形式[21]。中国和美国科学家合作发现了全硼富勒烯B_{40}团簇，这是继C_{60}之后第二个从实验和理论上完全确认的无机非金属笼状团簇[22]。

在有机化学方面，中国科学院上海有机化学研究所以N-甲氧基甲酰胺为导向基团，采用零价钯作为催化剂，以空气为氧化剂，抑制了杂环邻位的C—H键官能团化，使得C—H键活化和官能团化能够高选择性地发生在其他位置，打破了C—H键活化中传统的选择性规律，实现了杂环化合物C—H键官能团化新突破[23]。德国和中国科研人员合作研制了一种可应用于光化学反应的不对称催化剂，在羰基化合物的烷基化反应中，取得了接近完美的立体选择性和化学选择性[24]。美国斯克里普斯研究所报道了一种新型C—C键形成反应，该反应利用一种简单的铁催化剂和一种廉价的硅烷通过异原子取代的烯烃与缺电子烯烃之间的相互作用来形成高度取代的C—C键，利用新方法已合成了60多种新的化合物[25]。

在高分子化学方面，美国研究人员开发了一种钴催化剂，可以催化丁二酸酐和环氧丙烷共聚形成手性高分子材料[26]。美国伊利诺伊大学香槟分校材料学家开发出的一种具有自我修复机制的塑料，这种材料能够修补直径达 1 厘米的空洞，并且在这一过程中恢复材料绝大部分的原始强度[27]。

在物理化学方面，钙钛矿型太阳能电池的能量转化效率提高到 20%。中国科学院大连化学物理研究所构建了硅化物晶格限域的单中心铁催化剂，成功地实现了甲烷在无氧条件下选择活化，一步高效生产乙烯、芳烃和氢气等高值化学品[28]。中国和英国两国科研人员联合研究发现，质子能轻易穿透石墨烯片层，因而石墨烯有望用于制作燃料电池技术核心的质子膜[29]。中国和加拿大科学家研制出一种"铂-过渡金属"氢氧化物复合纳米颗粒，可在室温下氧化一氧化碳，为清除空气中的有毒气体提供了一种廉价、有效的方法[30]。

在化学生物学方面，日本研究人员用高性能 X 射线自由电子激光装置 SACLA 发现植物叶绿体内的光系统 II 由 19 个蛋白质和含锰催化剂组成，并确定了其立体结构。光系统 II 中的催化剂外形犹如一把扭曲的椅子，能有效分解水[31]。美国斯克里普斯研究所设计出一种"非天然手性氨基酸"的简易合成方法，以丙氨酸为起始原料，通过安装不同的官能团，来合成成千上万种非天然手性氨基酸[32]。

在计算化学方面，美国研究人员开发了名为"从头计算的纳米反应器"的计算化学新体系[33]。

4. 纳米电子学与纳米材料等纳米科技领域迈向新开端

2014 年，纳米科学和技术领域取得多项重大突破。单壁碳纳米管在诸多领域具有潜在应用前景，而制备高纯度的碳纳米管是一项亟须攻克的难题。2014 年，两个研究小组分别在高纯度碳纳米管的制备方法上取得重大突破。我国北京大学、香港理工大学和中国科学院的研究人员合作[34]用钨-钴合金的纳米晶体作为"种子"在高温下引导碳纳米管生长，将碳纳米管的纯度从 55% 提高到了 92%；来自德国和瑞士的研究人员[35]利用多环芳香烃作为合成碳纳米管的原料，高温下芳香烃分子发生折叠和延伸形成碳纳米管，该方法能够每次得到单一的一种碳纳米管。

纳米电子学与纳米磁学领域持续创新，美国康奈尔大学和英国杜伦大学等研究组在多铁材料器件中实现电场诱导室温磁化翻转，开辟了未来磁存储和逻辑器件的新方向[36]。在纳米光子学领域，美国加利福尼亚大学河滨伯恩斯工程学院和俄罗斯科学院无线电工程与电子学研究所首次演示了基于自旋波干涉的新型磁全息存储器[37]；加拿大多伦多大学研究小组第一次在实验室演示量子信息压缩技术[38]；美国加利福尼亚大学伯克利分校和英特尔公司利用碳纳米管和有机分子材料实现了半导体微芯片冷却技术的突破[39]。

二、重要战略规划

1. 美国、日本谋划面向超级计算和产业的应用数学创新战略

2014 年 3 月，美国能源部发布了《百亿亿次计算的应用数学研究》报告[40]，建议加强支持百亿亿次计算的应用数学研究。百亿亿次计算面临大量的科学与技术挑战，而新的数学模型和数据采集、数据分析方法是应对这些挑战的关键。为了更好地支持百亿亿次计算的发展，应用数学现在和未来要加强的研究方向包括以下 6 个方面。

（1）问题公式化，即将任何自然界的现实问题，如燃烧、气候模拟、材料科学等实际问题用数学公式加以表达。

（2）数学建模，主要包括模拟物理过程、不确定性量化和数学优化。

（3）可扩展的解算器，即数学模型的离散。

（4）求解离散系统。

（5）数据分析。

（6）弹性和正确性的验证。

2014 年 8 月，日本文部科学省审议并通过了《日本数学创新战略》[41]，目的是加强数学家与科学界、产业界的联系，将数学新的研究成果应用到社会中，而其他科学与产业的发展需求也将促进数学自身的创新与发展。日本今后推进的重点方向主要集中在以下 8 个方面。

（1）通过记录人的感觉的数理数据，通过数学、信息学、认知科学的交叉融合，构建脑信息处理的数理模型，实现制造与服务的创新。有望在统计建模、多元数据分析、概率论、图网·网络理论和机器学习理论方面有所突破。

（2）解析生命、网络与生物等自修复动态机理。有望在自组织化动态机理、逆问题、神经网络理论、机械化流体理论和计算拓扑理论方面有所突破。

（3）通过材料的智能设计提高材料开发的效率；有望在离散理论、网络理论、黎曼几何和芬斯勒几何等方面有所突破。

（4）在病情恶化、传染病暴发、经济与金融变化、气候变化等重大事件发生前监测出重大事件的征兆，并实现低成本监测。有望在数学建模、动态数据分析、动力系统理论、网络理论和非线性时序分析领域有所突破。

（5）从大数据中挖掘有益的信息。有望在可视化、聚类、贝叶斯模型、非线性多变量模型、图形模型和数据同化方面有所突破。

（6）提高产业过程效率和灾害预防的最先进的优化技术。数学在解决工业生产、制造与销售过程中效率问题，在改善灾害预防与应急响应和农业 IT 化等各种问题和有效利用资源中发挥重要作用。

（7）提高计算机算法的高效性以及广泛应用。有望在代数几何、表示论、非交换谐波分析和计算理论方面有所突破。

（8）迈向 22 世纪的社会系统设计。通过能源科学、环境科学与生命科学交叉，构筑针对特定个体的数理模型，理解个体对全体的影响。有望在建模和数据分析方法方面有所突破。

2. 美国和欧洲等强化粒子物理和量子信息领域布局

粒子物理学方面，2014 年 5 月，美国发布更新后的美国"粒子物理学战略计划"[42]，确定了五大优先领域：①以希格斯玻色子为粒子物理学发现的新工具；②研究与中微子质量相关的物理学；③确定暗物质的新物理；④理解宇宙加速：暗能量和暴涨；⑤探索未知世界：新粒子、新相互作用以及新的物理原理。这是自希格斯玻色子发现后，继 2013 年欧洲核子研究中心发布新的"欧洲粒子物理战略"之后粒子物理学领域的又一重大战略规划。响应这两个战略规划，2014 年 2 月，欧洲核子研究中心开始筹划大型强子对撞机下一代的装置[43]，即 3 倍大的大型正负电子对撞机；2014年 7 月，美国支持了三个直接探测暗物质的"第二代"实验[44]，超低温暗物质搜索实验（SuperCDMS）、大型地下氙-液体惰性气体分区均衡闪烁实验（LUX-ZEPLIN）以及轴子暗物质实验（ADMX-Gen2）。

量子信息方面，2014 年年初，中国成立了中国科学院量子信息与量子科技前沿卓越创新中心，设立了量子保密通信"京沪干线"技术验证及应用示范项目。2014 年11 月，英国投资 1.2 亿英镑设立了 4 个国家量子技术中心[45]，即量子传感与计量学中心、量子增强成像中心、量子计算模拟中心和量子通信中心，打造国家量子技术中心网络。

3. 英国、日本投资研发化学合成机器

英国工程与物质科学研究理事会（EPSRC）正在投资研发化学合成机器。化学合成机器是英国"分子拨号"（Diala-Molecule）重大挑战研究计划中"未来的实验室"的重要设施，这台机器将能够合成 10 亿种有机分子，至少是人类已经合成出的有机化合物数量的十倍。英国工程与物质研究理事会初步为 Diala-Molecule 计划投资了 70万英镑，450 多名各领域科学家和 60 多家企业参加了该计划[46]。除英国外，日本也确定"自动合成有机化合物的装置"是 2030 年前必须掌握的技术[47]。

继 2013 财年提出可持续化学、工程和材料研究计划后，美国国家科学基金会决定于 2015 财年继续支持这一研究计划。新一轮计划的研究目标包括：稀有、昂贵、有毒化学物质的替代，无法替代材料的循环使用，发展非石油类重要原材料来源，用于食品和水安全的化学材料，提高化学反应效率减少废物产生，发展高价值化学品的回收和分离技术，提高大规模生产的材料的性能等多个方面。涉及的学科包括化学、生物工程、环境、材料、地学等多个领域[48]。

4. 美国开始规划纳米科技创新 2.0

2014 年，美国国家纳米技术计划（NNI）的战略新布局将对纳米科技的未来发展产生重要影响。美国总统科学技术顾问委员会（PCAST）对 NNI 的实施进行了第五次评估，制定了未来 10 年纳米科技发展框架[49]。PCAST 提出以下两方面的意见。

（1）纳米科技的发展正处在一个关键的转折期，纳米科技创新已进入以国家重大需求为导向、商业化应用驱动的时代，即"NNI 2.0"时代。

（2）选择"重大挑战"项目资助模式：瞄准社会重大需求，明确技术目标，激励政府、工业界及科技界的跨机构、多部门联合投资，推动纳米创新技术的商业化发展。

自 2010 年以来，纳米科学、工程和技术分委员会重点资助了 5 项"纳米技术标志创新"项目。

（1）面向未来能源解决方案的太阳能收集和转换中的纳米技术项目。

（2）创造未来产业的可持续的纳米制造技术项目。

（3）面向 2020 年及未来的纳米电子学项目。

（4）纳米技术基础设施项目。

（5）纳米技术传感器及其在健康、安全和环境中的应用项目。

部署未来 10 年发展战略，NNI 除持续支持纳米技术重大科学发现和探索性研究项目之外，"重大挑战"项目将成为 NNI 2.0 时代的重要投资框架。PCAST 拟提议的若干"重大挑战"项目包括：面向未来水资源短缺问题，发展海水淡化纳米技术；降低商业系统温室气体排放，发展固态制冷纳米技术，提高固态材料（热电、热塑、电热效应、磁热效应和热离子材料）热转换降低能耗；3D 打印、纳米医学技术等。

三、发展启示建议

1. 部署大数据分析的数学理论与方法研究

随着新型的数据观测工具和手段的出现，计算机网络、分子生物学、金融、天文等领域出现了大规模数据，数据的形式复杂多样。大数据研究重点包括：发展深度学习的高效模式和相应算法；结合统计学与计算数学，发展不确定性量化分析新方法；在复杂网络的数学理论上有重要突破；建立若干处理高维复杂数据统计分析方法、发展新的数学理论。

2. 规划新的粒子物理学发展战略

随着中微子物理的重大突破和希格斯玻色子的发现，粒子物理学进入了一个全新的时代。LHC 的升级完成，国际直线对撞机、中国环形正负电子对撞机等装置的建设，我国在中微子、暗物质探测方面正在建设的若干大装置，如江门中微子实验站、锦屏地下实验室等，都为粒子物理学的重大突破提供了良好的条件。粒子物理学的重要研究方向包括：研究希格斯玻色子的特性及其与其他粒子之间的相互作用；研究中微子的质量及其质量起源；探索暗物质与普通物质的相互作用，间接搜寻太阳、银河系中心和矮星系的暗物质湮灭，在高能对撞机产物中搜寻暗物质；搜寻新粒子、新相互作用和测试新物理原理，以发现超越标准模型的新现象。

3. 合成化学发展应注重可持续性及与其他学科的交叉

合成化学在现代化学中处于基础和核心地位，并且为材料、医药和能源等领域发展奠定了坚实的物质基础。发展合成化学一方面要注重走绿色、经济的可持续发展道路；另一方面要注重与其他学科的交叉融合，特别是与合成生物学的交叉融合，充分发挥二者的协同优势，从而更高效地创制功能分子。此外，也要积极发展石墨烯、电池材料、功能聚合物等前沿方向，特别是上述均是中国的优势方向。

4. 面向未来经济社会重大需求发展纳米技术

面向未来经济社会重大需求，重点发展新能源、电子信息、医学健康等领域的纳米技术已成为世界各国抢占未来经济科技竞争制高点、积极推进的新产业革命的投资重点。发展建议包括以下 5 方面。

（1）面向新能源（电动汽车等重点发展领域）开发利用，部署下一代长续航锂离子电池技术及超越锂离子电池的新能源技术。

（2）面向未来信息及电子产业、发展高速高密度存储及信息安全，部署新型自旋电子学器件相关技术。

（3）推动石墨烯材料及器件的商业化发展。

（4）面向未来工业制造新前沿：发展纳米 3D 打印。

（5）面向未来人类健康与医学发展，部署纳米级治疗方案。

致谢：包信和院士、方忠研究员审阅了本文有关内容并提出了宝贵的修改意见，在此表示感谢。

参考文献

[1] 新华网. 中英数学家破解"卡勒-爱因斯坦度量"存在性之丘成桐猜想. http://news. xinhua-net. com/tech/2014-05/14/c_1110690580. htm[2014-11-08].

[2] Zong C, On the translative packing densities of tetrahedra and cuboctahedra, Advances in Mathematics, 260 (2014), 130-190.

[3] Bulbul E, Markevitch M, Foster A, et al. Detection of an unidentified emission line in the stacked X-ray spectrum of galaxy clusters. ApJ, 2014, 789: 13.

[4] Boyarsky A, Ruchayskiy O, Iakubovskyi D, et al. Unidentified line in X-ray spectra of the andromeda galaxy and perseus galaxy cluster. Phys Rev Lett, 2014, 113: 251301 (1-6).

[5] Moskowitz C. Exotic space particles slam into buried South Pole detector. http:// www. na-ture. com/news/exotic-space-particles-slam-into-buried-south-pole-detector-1. 15036[2014-04-10].

[6] Bellini G, Benziger J, Bick D, et al. Neutrinos from the primary proton-proton fusion process in the Sun. Nature, 2014, 512: 383-386.

[7] NASA. NASA X-ray telescopes find black hole may be a neutrino factory. http://www. nasa. gov/centers/marshall/news/news/releases/2014/14-169. html#. VQfFVHmiQuE[2014-11-13].

[8] Aaij R, Adeva B, Adinolfi M, et al. Observation of the Resonant Character of the Z (4430) State. Phys Rev Lett, 2014, 112: 222002 (1-9).

[9] CERN. LHCb observes two new baryon particles. http://home. web. cern. ch/about/updates/2014/11/lhcb-observes-two-new-baryon-particles[2014-11-19].

[10] CERN. LHC and Tevatron scientists announce first joint result. http://home. web. cern. ch/about/updates/2014/03/lhc-and-tevatron-scientists-announce-first-joint-result[2014-03-19].

[11] Hamel D R, Shalm L K, et al. Direct generation of three-photon polarization entanglement. Nature Photonics, 2014, 8: 801-807.

[12] Phys. org. Researchers bounce polarized photons off satellites to show feasibility of space based quantum communications. http:// phys. org/news/2014-06-polarized-photons-satellites-feasibility-space. html[2014-6-30].

[13] 王琳琳. 中国完成世界首颗"量子科学实验卫星"关键部件研制与交付. http://news. xinhua-net. com/2014/12/12/c_1113624299. htm[2014-12-12].

[14] Muhonen J T, Dehollain J P, Laucht A, et al. Storing quantum information for 30 seconds in a nanoelectronic device. Nature Nanotechnology, 2014, 9: 986-991.

［15］ Hayat A，Kee H Y，Burch K S，et al. Cooper-pair-based photon entanglement without isolated e-mitters. Phys Rev B，2014，89：094508 (1-7).

［16］ NIST. Beyond Six Nines：Ultra-enriched Silicon Paves the Road to Quantum Computing. http：//www. nist. gov/pml/div684/grp02/six-nines-081114. cfm［2014-08-11］.

［17］ Sterling R C，Rattanasonti H，Weidt S，et al. Fabrication and operation of a two-dimensional ion-trap lattice on a high-voltage microchip. Nature Communications，2014，5：3637.

［18］ Shomroni I，Rosenblum S，Lovsky Y，et al. All-optical routing of single photons by a one-atom switch controlled by a single photon. Science，2014，345：903-906.

［19］ Rozema L A，Mahler D H，Hayat A，et al. Quantum data compression of a qubit ensemble. Phys Rev Lett，2014，113：160504 (1-5).

［20］ Wang G，Zhou M，Goettel J T，et al. Identification of an iridium-containing compound with a formal oxidation state of IX. Nature，2014，514 (7523)：475-477.

［21］ Falenty A，Hansen T C，Kuhs W F. Formation and properties of ice XVI obtained by emptying a type sIIclathrate hydrate. Nature，2014，516 (7530)：231-233.

［22］ Zhai H J，Zhao Y F，Li W，et al. Observation of an all-boron fullerene. Nature Chemistry，2014，6：727-731.

［23］ Liu Y J，Xu H，Kong W J，et al. Overcoming the limitations of directed C-H functionalizations of heterocycles. Nature，2014，515 (7527)：389-393.

［24］ Huo H，Shen X，Wang C，et al. Asymmetric photoredox transition-metal catalysis activated by visible light. Nature，2014，515 (7525)：100-103.

［25］ Lo J C，Gui J，Yabe Y，et al. Functionalized olefin cross-coupling to construct carbon-carbon bonds. Nature，2014，516 (7531)：343-348.

［26］ Longo J M，DiCiccio A M，Coates G W. Poly(propylene succinate)：A New Polymer Stereocomplex. Journal of the American Chemical Society，2014，136(45)：15897-15900.

［27］ White S R，Moore J S，Sottos N R，et al. Restoration of Large Damage Volumes in Polymers. Science，2014，344 (6184)：620-623.

［28］ Guo X，Fang G，Li G，et al. Direct，nonoxidative conversion of methane to ethylene，aromatics，and hydrogen. Science，2014，344 (6184)：616-619.

［29］ Hu S，Lozada-Hidalgo M，Wang F C，et al. Proton transport through one-atom-thick crystals. Nature，2014，516 (7530)：227-230.

［30］ Chen G，Zhao Y，Ful G，et al. Interfacial effects in iron-nickel hydroxide-platinum nanoparticles enhance catalytic oxidation. Science，2014，344 (6183)：495-499.

［31］ Suga M，Akita F，Hirata K，et al. Native structure of photosystem II at 1. 95 Åresolution viewed by femtosecond X-ray pulses. Nature，2014，517 (7532)：99-103.

［32］ He J，Li S，Deng Y，et al. Ligand-controlled C(sp3)-H arylation and olefination in synthesis of unnatural chiral α-Amino acids. Science，2014，343 (6176)：1216-1220.

［33］ Wang L P，Titov A，McGibbon R，et al. Discovering chemistry with an ab initio nanoreactor. Nature Chemistry，2014，6：1044-1048.

［34］ Yang F，Wang X，Zhang D Q，et al. Chirality-specific growth of single-walled carbon nanotubes on solid alloy catalysts. Nature，2014，510（522）：522-524.

［35］ Sanchez-Valencia J R，Dienel T，Gröning O，et al. Controlled synthesis of single-chirality carbon nanotubes. Nature，2014，512（7）：61-64.

［36］ Heron J T，Bosse J L，He Q，et al. Deterministic switching of ferromagnetism at room temperature using an electric field. Nature，2014，516（7531）：370-373.

［37］ Physicsworld. Data stored in magnetic holograms. http：// physicsworld. com/cws/article/news/2014/feb/27/data-stored-in-magnetic-holograms［2014-02-27］.

［38］ Physicsworld. Quantum data are compressed for the first time. http：// physicsworld. com/cws/article/news/2014/sep/29/quantum-data-are-compressed-for-the-first-time［2014-09-29］.

［39］ Bit-tech. Intel and Berkeley announce nano-cooling breakthrough. http：//www. bit-tech. net/news/hardware/2014/01/24/intel-berkeley-nanotubes/1［2014-01-24］.

［40］ DOE. Applied Mathematics Research for Exascale Computing. http：// www. netlib. org/utk/people/JackDongarra/PAPERS/doe-exascale-math-report. pdf.［2014-5-12］.

［41］ MEXT. 数学イノベーション戦略. http：//www. mext. go. jp/b_menu/shingi/gijyutu/gijyutu17/002/houkoku/1352402. htm［2014-12-08］

［42］ DOE. Building for Discovery：Strategic Plan for U. S. Particle Physics in the Global Context. http：//science. energy. gov/～/media/hep/hepap/pdf/May% 202014/FINAL_P5_Report_Interactive_060214. pdf［2014-05-26］.

［43］ Physicsworld. CERN kicks off plans for LHC successor. http：// physicsworld. com/cws/article/news/2014/feb/06/cern-kicks-off-plans-for-lhc-successor，http：// cerncourier. com/cws/article/cern/56603［2014-02-06］.

［44］ Physicsworld. Dark-matter searches get US government approval. http：//physicsworld. com/cws/article/news/2014/jul/15/dark-matter-searches-get-us-government-approval［2014-07-15］.

［45］ EPSRC. Quantum Leap As Clark Unveils UK's Network of Quantum Technology Hubs. http：// www. epsrc. ac. uk/newsevents/news/quantumtechhubs/［2014-11-26］.

［46］ Mark Peplow. Organic synthesis：The robo-chemist. http：// www. nature. com/news/organic-synthesis-the-robo-chemist-1. 15661.［2014-08-06］.

［47］ 日本学术会议. 理学・工学分野における科学・夢ロードマップ 2014. http：// www. scj. go. jp/ja/info/kohyo/kohyo-22-h201. html.［2014-09-19］.

［48］ NSF. FY 2015 Sustainable Chemistry，Engineering，and Materials（SusChEM）Funding Opportunity. http：//www. nsf. gov/pubs/2014/nsf14077/nsf14077. jsp? org＝NSF.［2014-07-21］.

［49］ PCAST. Report to the president and congress on the fifth assessment of the national nanotechnology initiative（2014）. http：// www. whitehouse. gov/sites/default/files/microsites/ostp/PCAST/

pcast_fifth_nni_review_oct2014_final. pdf[2014-10-10].

Observations on Development of Basic Sciences and Frontiers

Liu Xiaoping，Lv Xiaorong，Huang Longguang，
Bian Wenyue，Leng Fuhai

Basic and frontier sciences made a number of progresses in 2014. Geometry related fields get new discoveries. The discoveries of dark matter，neutrino，new particles and quantum information also made great academic impact. The discoveries of inorganic chemistry，polymer chemistry，physical chemistry，chemical biology and computational chemical fields have remarkable progress. Several bottlenecks in nanotechnology were break. The world's leading scientific and technical powers started to make planning beyond 2020 on the basis of the development of frontier areas：Mathematics and nanotechnology are focused on the future development of important social applications，while physics and chemistry's priorities are selected based on recent breakthroughs.

4.2　人口健康与医药领域发展观察

吴家睿[1]　徐　萍[2]　许　丽[2]　王　玥[2]　李祯祺[2]　苏　燕[2]　于建荣[2]

（1. 中国科学院上海生命科学研究院；

2. 中国科学院上海生命科学信息中心）

在经历了发现 DNA 双螺旋结构和完成"人类基因组计划"的两次革命后，生命科学正经历第三次革命，即生物学与信息学、物理学、工程学等的会聚。学科会聚，推动技术变革，使生命科学研究向定量、精准、可视化发展。测序技术和组学研究仍然是生命科学发展的重要推动力，组学分析获取的海量数据推动生命科学进入大数据时代，"生命数字化"将深刻影响我们的生活。脑科学等领域的重大发现丰富和加深了我们对生命的认识。生命科学研究成果转化进程加速，再生医学、合成生物学、人

213

工智能等领域成果累累；重大疾病致病机理不断明晰；新疗法为疾病提供了更多的治疗方式，提高了人类维护健康的水平。生命科学与生物技术在惠及民生和促进经济发展方面发挥越来越重要的作用。

一、重要研究进展

1. 新兴技术的发展推动生命科学研究迈向精准、定量、可视化

基因组精准编辑技术、光遗传技术和超高分辨率显微技术的出现使研究人员能够高效、精准地操控生命，并能观察操控过程的变化。《自然·方法学》（*Nature Methods*）杂志指出下一代成簇的规律间隔的短回文重复序列（CRISPR）技术的核心工作是提高其特异性[1]；我国利用 CRISPR/Cas9 技术获得了第一批携带定向突变的基因工程猴[2]。光遗传学技术是深入理解生物系统的有力工具，美国斯坦福大学设计了一种抑制性光敏蛋白，提高了抑制性开关的工作效率，改进了光遗传学技术[3]。激光层照荧光显微技术能以很高的 3D 分辨率长时间对生物学样本进行非破坏性成像，可捕捉细胞或亚细胞水平发生的动态，被《自然·方法学》杂志评为 2014 年年度技术[4]。

2. 测序技术及组学助推生命科学快速发展

测序技术的不断改进推动生命科学快速发展。随着 Illumina 公司的 HiSeq X Ten 系统正式投产，"千元基因组"时代已经到来[5]。单分子测序技术在 2014 年得到广泛应用，北京大学完成了对单个卵细胞的高精度全基因组测序，并开发了单细胞全转录组测序新技术，全面提高了单细胞全转录组分析的准确性和可靠性[6,7]；美国哈佛大学开发的单分子相互作用测序（SMI-seq）技术，可实现精确的对蛋白进行定量以及对分子结合亲和力与特异性的同时测定[8]。

组学研究与应用是生命科学的重要推动力。我国构建了迄今最具代表性、最高质量、近乎完整的人类肠道微生物基因集数据库，有助于定量解析肠道微生物菌群在不同人群中的差异[9]。美国约翰·霍普金斯大学[10]、德国慕尼黑工业大学[11]分别公布了人类蛋白质组草图。基因组的临床应用同样发展迅速，基因诊断在孕期诊断和癌症诊断领域应用广泛，美国 Broad 研究所[12]对多种类型癌症展开大规模分析，将与这些癌症相关联的已知基因目录扩增了 25%；美国癌症基因组图谱研究计划（TCGA）[13]利用多样本的癌症基因组图谱分析，推动肿瘤遗传标志物的发现与精准施药手段的实施，有望实现个体化与精准医疗。

3. 脑科学及人工智能快速发展

2014 年，各国政府积极部署脑科学研究。美国"通过推动创新型神经技术开展大脑研究"（BRAIN）计划[17]和欧洲"人脑计划"（HBP）[18]逐步推进；日本宣布了为期 10 年的 Brain/MINDS 计划[19]，旨在通过狨猴大脑研究帮助了解人类的神经与精神疾病。

脑科学研究是具有综合交叉和科学前沿双重特点的重大科学领域，在政策的强力支持和技术的推动下，脑科学研究已经形成分子—细胞—脑—行为，直至社会的跨学科、多层次研究体系。2014 年，大脑连接图谱绘制取得多项突破。美国艾伦脑科学研究所[20,21]绘制出小鼠大脑神经连接图和胚胎期人脑转录图谱，前者是第一个哺乳动物全脑神经元连接图谱，也是迄今最全面的脊椎动物大脑连接图谱。美国麻省理工学院的两项研究[22,23]成功实现了记忆操控，入选《科学》（Science）杂志评选的 2014 年十大科学突破。利用意念控制假肢的多项进展改善了人类的动作和触觉反馈。美国哈佛医学院、华盛顿大学[24]分别利用脑-机接口逐步实现猴子之间、人与人之间的意念控制，展示了脑-机接口治疗瘫痪患者的潜力以及人与人之间大脑直接通信的可能；首例受大脑控制的假肢 Deka 于 2014 年 5 月获美国食品药品管理局（FDA）批准上市。同时，美国 IBM 成功研发了模拟人脑芯片 SyNAPSE，可用更接近活体大脑的方式来进行信息处理[25]，入选《科学》杂志评选的 2014 年十大科学突破，其成功开发标志着人工智能正在实现。

4. 干细胞与再生医学向应用进一步迈进

2014 年，干细胞与再生医学领域持续获得各国政府的支持，英国医学研究理事会（MRC）在 2014～2019 年新版战略计划[26]中，对再生医学相关基础研究到疗法开发的全过程进行了布局；日本 2014 年科技创新战略投入 151 亿日元（约合人民币 7.79 亿元）资助干细胞相关临床转化研究[27]。

在科研方面，2014 年，国际干细胞和再生医学领域在诱导多能干细胞（iPS 细胞）技术基础和临床研究、干细胞直接生成组织器官、干细胞疗法的研发、组织工程和生物 3D 打印等方面获得重大突破。

英国剑桥大学通过消除 iPS 细胞的表观遗传"记忆"，将其恢复到更接近胚胎干细胞的原始状态[28]，进一步推进了 iPS 细胞的临床应用进程。美国 CHA 健康系统[29]和美国纽约干细胞基金研究所[30]利用核移植技术构建了成人和患者的胚胎干细胞，为人类胚胎干细胞的应用提供了一条绕开伦理问题的出路。美国辛辛那提儿童医院医学中心[31]、瑞典萨尔格伦斯卡大学医院[32]和日本京都大学[33]利用干细胞直接生成了胃、肠道和血管等多类组织。

在干细胞疗法开发方面，美国哈佛大学和美国强生公司、加拿大英属哥伦比亚大学分别利用干细胞在体外构建了人类胰岛 β 细胞，为糖尿病的根治带来了希望，这一成果也入选《科学》杂志[34]2014 年十大科学突破。此外，iPS 细胞的首次临床试验也于 2014 年正式启动，成为 iPS 细胞临床应用的里程碑。

在组织工程领域，中国科学院遗传发育研究所戴建武研究团队利用干细胞结合智能生物材料，在临床上成功修复了三位患者的子宫内膜，助其成功产下健康的婴儿，为子宫内膜粘连和瘢痕化这一生殖领域的难题找到了解决方法[35]。

5. 合成生物学研究获突破

2014 年，欧洲合成生物学研究区域网络（ERASynBio）[36]和世界经济合作与发展组织（OECD）[37]先后发布报告，描绘合成生物学潜在的机遇、挑战及新兴政策问题。

随着各国对合成生物学领域的日益重视与不断投入，其基础与应用研究不断取得突破。美国斯克里普斯研究所[44]将人工合成碱基对定向插入大肠杆菌的 DNA 之中，以制造具备"非自然"氨基酸的设计蛋白，该成果被《科学》杂志评选为 2014 年十大科学突破。美国、英国、法国等[45]成功合成了第一条能正常工作的酿酒酵母染色体——synⅢ，这是合成生物学取得的又一重大成果，人类向合成人造微生物等生命体迈出了一大步。此外，英国布里斯托大学首次通过人工设计获得全新的蛋白质分子[46]；美国金斯瑞生物科技有限公司推出下一代基因合成技术[47]，将基因合成通量提升到全新的高度。这些成果意味着人类合成、改造与利用生物的水平在不断提高。

6. 重大疾病的机制研究和治疗

肿瘤、神经退行性疾病（如阿尔茨海默病）、代谢性疾病（如糖尿病）和心脑血管疾病等重大疾病已经严重威胁人类健康，其疾病的复杂性增加了研究和治愈的难度，世界主要国家投入巨资开展相关研究。多种新型疗法开始显现，并逐渐受到政府和企业的关注。

癌症免疫疗法表现出对抗肿瘤的巨大潜力，整合两种免疫疗法，或是将免疫疗法与靶向药物、放射疗法或化学疗法相结合的联合疗法成为目前焦点，拓宽了免疫疗法之路，《科学》杂志预测其在 2015 年将出现重要突破。Aduro BioTech 生物技术公司治疗胰腺癌的联合免疫疗法已获得 FDA 突破性药物认证。在艾滋病研究领域，欧洲分子生物学实验室获得极高分辨率的不成熟艾滋病病毒（HIV）结构，揭示出其构件的惊人排列方式[48]；南非艾滋病项目研究中心[49]发现可杀死 HIV 的有效抗体，有望研制出艾滋病疫苗。

个性化医疗成为新的疾病诊疗模式，美国 FDA 已列出了 100 多种个性化药物；抗原发现、基因组学和免疫监测的技术进步为疫苗发展提供了巨大潜力，国际酝酿启动"人类疫苗计划"，疫苗设计新时代正在崛起；基因治疗重新受到重视，2014 年，美国 FDA 首次给予基因药物新疗法"突破性疗法"认定；丙型病毒性肝炎"重磅炸弹"药物 Sovaldi 获欧盟批准上市，前三季度销售额即达 86.5 亿美元。鉴于药种类少、价值高、回报快、临床试验规模小、税收政策优惠、定价环境有利等多个优势，罕见病治疗与"孤儿药"市场受广泛关注，预测 2020 年市场规模将达 1760 亿美元。

二、重要战略规划

1. 新版生命科学和生物技术规划出台

近几年，以欧美为代表的发达国家、地区及新兴经济体出台了众多的生物技术与生物经济规划。2014 年，一些国家又推出了新版生命科学和生物技术规划，以适应生命科学发展的新变化。2014 年 1 月，南非推出了"生物经济战略"，其目标是制定指导生物科学研究和创新投资的总体框架，并将国家开发生物技术的重心从能力开发转移到生物经济上；2 月，印度政府发布了"国家生物技术发展战略" II 期（2014～2020），这是在 2007 年发布第一版战略基础上，对学科会聚的新态势进行分析后形成的新战略；6 月，日本内阁发布了《科技与创新综合战略 2014》，将推进健康医疗战略计划列为五大行动计划之一；德国在 9 月通过了新版《高科技战略》，对生命科学和生物技术在解决当前人类发展面临的挑战给予了高度关注，并作为重要内容列入未来任务研究领域和关键技术中。

2. 会聚、精准、系统深入发展，进一步推动 4P 医学发展

进入 21 世纪，生物医学研究已经从发病后治疗转为监测和预防，更易预测（predictive）、个性化（personalized）、预防（preventive）和患者参与（participatory）的"4P"医学成为研究新模式。会聚、精准、系统深入发展，进一步推动了 4P 医学发展。

学科"会聚"由美国麻省理工学院首次提出。2014 年 5 月，美国国家科学院发布《会聚：促进生命科学、自然科学、工程等领域的跨学科整合》报告，提出了科研机构开展会聚研究的挑战，并从知识交叉的深度和广度、人员结构和发展、基础设施建

设、教育和培训、合作机制建设、资助体系等方面提出了会聚研究未来发展的实施战略。2014 年 11 月 25 日，欧盟 11 个国家参与的系统医学协调行动网络（Coordinating Action Systems Medicine，CASyM），公布了未来十年"CASyM 路线图——欧洲系统医学实施战略"，旨在将系统医学发展为能够协助医疗决策，并设计个性化预防与治疗计划的可行性体系，还阐述了系统医学的最终目标是通过基于系统的方法和实践，大幅度改善患者的健康状况。

"精准医学"的概念由美国国家科学研究委员会（NRC）在 2011 年首次提出，其内涵为在正确的时机向正确的患者提供正确的预防治疗措施，总体思路就是要利用系统生物学策略获取和分析个体的生物学大数据，据此制定预防和治疗方案。2014 年 3 月，欧盟发布的创新药物二期计划战略研究议程（IMI 2 SRA），将实现精准医学确定为主题；美国国立卫生研究院（NIH）2015 财年预算将重点资助精准医学，预算额为 9.7 亿美元，通过开展治疗药物新靶点的合作研究及其他创新项目，研究适合个体特质的治疗手段。

3. 生命科学进入大数据时代

测序技术和组学的发展所产生的海量数据引领生命科学进入大数据时代，为了迎接这一新的研究形势，相关计划陆续出台。历经两年的酝酿，2014 年美国 NIH "从大数据到知识"（BD2K）计划宣布投入 3200 万美元资助首批项目，通过支持数据科学及相关领域的研究、应用和培训，发展全新标准、方法、工具、软件，并培养相关能力，增强生物医学大数据的使用。与此同时，美国国家癌症研究所（NCI）公布了"癌症基因组学云试点项目"，投入 1930 万美元，将从海量数据中获取关键的 NCI 数据集，以推进癌症研究。2014 年，英国医学研究理事会宣布投资 5000 万英镑设立"医学生物信息学计划"（Medical Bioinformatics Initiative），通过开发耦合复杂生物数据和健康记录的新方法，解决关键的医学难题。

4. 神经退行性疾病受各国关注

伴随老龄化社会的到来，神经退行性疾病受到各国关注。2014 年，多个国家频繁出资资助神经退行性疾病研究。2014 年 4 月，OECD 发布《释放大数据能量用于阿尔茨海默病和痴呆症研究》，倡导加快全球开放式合作来加速阿尔茨海默病和痴呆症研究创新。7 月，美国 NIH 继续投资 2400 万美元资助阿尔茨海默病基因组前沿研究，并于 11 月投入 2340 万美元资助老年疾病转化研究；8 月，澳大利亚国家卫生和医学研究理事会（NHMRC）宣布启动 2 亿美元政府预算"推进痴呆症研究"计划；9 月，德国赫尔姆霍茨研究会投入 200 万欧元启动大型阿尔茨海默病项目；加拿大 13 所机构共同投入 5550 万美元启动老年神经退行性疾病加拿大联盟合作研究项目，加拿大政府将为其提供 3150 万美元的资助；法国政府也于 11 月发布了《神经退行性疾病国家计划（2014～2019）》，资助额达 1.7 亿欧元。

三、启示与建议

对各国及国际组织等出台的政策规划以及领域重要进展、前沿进行分析，趋势主要体现在以下几个方面：其一，生命科学与医学是各国着力发展的重要科技领域之一；其二，生命科学研究进入大数据时代；其三，学科会聚成为生命科学与医学发展"新常态"。学科会聚推动生命科学快速发展，转化医学完善科研链条，实现从基础研究到临床应用的融会贯通；以系统的理念研究疾病，实现个性化的精准治疗，这些将加速实现预防为主、关口前移的健康医疗新模式。

因此，在新形势下，我国需要采取以下措施：

（1）布局生物大数据相关技术管理机制。当前，我国生物数据存在着数据分散、数据标准不完善，以及数据共享、管理和利用的水平低下等问题。应在数据标准、相关存储和共享政策制定、技术开发等方面进行规划。

（2）制定有利于针对健康科学领域的学科会聚的人才培养、基础设施建设、资助体系等政策。

（3）面向社会重大需求和国际科技前沿问题，凝练重大主题，如脑科学与人工智能、精准医学等给予重点支持。

参考文献

[1] Nicole Rusk. Next-generation CRISPRs. Nature Methods,2014,12:36.

[2] Niu Y,Shen B,Cui Y,et al. Generation of gene-modified cynomolgus monkey via Cas9/RNA-mediated gene targeting in one-cell embryos. Cell,2014,156(4):836-843.

[3] Stanford University. Karl Deisseroth team's improved "off" switch is expected to give researchers a better understanding of the brain circuits involved in behavior,thinking and emotion. http://engineering. stanford. edu/news/stanford-team-makes-switching-brain-cells-light-easy-switching-them. [2014-04-25].

[4] Nature Methods. Method of the Year 2014. http://www. nature. com/nmeth/journal/v12/n1/full/nmeth. 3251. html[2015-01-05].

[5] Hayden E C. Is the $1,000 genome for real? http://www. nature. com/news/is-the-1-000-genome-for-real-1. 14530[2014-01-15].

[6] Hou Y,Fan W,Yan L,et al. Genome analyses of single human oocytes. Cell,2013,155(7):1492-

1506.

[7] Streets A M,Zhang X,Cao C,et al. Microfluidic single-cell whole-transcriptome sequencing. PNAS, 2014,111(19):7048-7053.

[8] Zhao Y,Ashcroft B,Zhang P,et al. Single-molecule spectroscopy of amino acids and peptides by recognition tunnelling. Nat Nanotechnol,2014,9(6):466-473.

[9] Li J,Jia H,Cai X,et al. An integrated catalog of reference genes in the human gut microbiome. Nature biotechnology,2014,32(8):834-841.

[10] Kim M S,Pinto S M,Getnet D,et al. A draft map of the human proteome. Nature. 2014,509 (7502):575-581.

[11] Wilhelm M,Schlegl J,Hahne H,et al. Mass-spectrometry-based draft of the human proteome. Nature,2014,509(7502):582-587.

[12] Lawrence M S,Stojanov P,Mermel C H,et al. Discovery and saturation analysis of cancer genes across 21 tumour types. Nature,2014,505(7484):495-501.

[13] Nishant A,et al. Integrated genomic characterization of papillary thyroid carcinoma. Cell,2014,159 (3):676- 690.

[14] Hou Y,Fan W,Yan L,et al. Genome analyses of single human oocytes. Cell,2014,155(7): 1492-1506.

[15] Streets A M, Zhang X, Cao C, et al. Microfluidic single-cell whole-transcriptome sequencing. PNAS,2014,111(19):7048-7053.

[16] Gu L,Li C,Aach J,et al. Multiplex single-molecule interaction profiling of DNA-barcoded proteins. Nature,2014,515(7528):554-557.

[17] Whitehouse. BRAIN Initiative. http://www. whitehouse. gov/the-press-office/2013/04/02/fact-sheet-brain-initiative[2013-04-02].

[18] European Commission. Human Brain Project. http://www. humanbrainproject. eu[2013-08-06].

[19] MEXT. Brain Mapping by Integrated Neurotechnologies for Disease Studies. http://brainminds. jp/en/.

[20] Oh S W,Harris J A,Ng L,et al. A Mesoscale Connectome of the Mouse Brain. Nature,2014,508: 207-214.

[21] Miller J A,Ding S L,Sunkin S M,et al. Transcriptional landscape of the prenatal human brain. Nature,2014,508:199-206.

[22] Redondo R L,Kim J,Arons A L,et al. Bidirectional switch of the valence associated with a hippocampal contextual memory engram. Nature,2014,513(7518):426-430.

[23] Nabavi S,Fox R,Proulx C D,et al. Engineering a memory with LTD and LTP. Nature,2014,511 (7509):348-352.

[24] Rao R P N,Stocco A,Bryan M,et al. A Direct Brain-to-Brain Interface in Humans. PLoS One, 2014,9(11):e111332.

［25］ Merolla1 P A，Arthur1 J V，Alvarez-Icaza R，et al. A million spiking－neuron integrated circuit with a scalable communication network and interface. Science，2014，345(6197)：668-673.

［26］ Medical Research Council. Research Changes Lives 2014-2019. http：// www. mrc. ac. uk/news-events/publications/strategic-plan-2014-19.

［27］ Cabinet of Japan. Comprehensive Strategy on Science，Technology and Innovation 2014. http：// www8. cao. go. jp/cstp/english/doc/2014ststrategy_provisonal. pdf［2015-3-2］.

［28］ Takashima Y，Guo G，Loos R，et al. Resetting Transcription Factor Control Circuitry toward Ground-State Pluripotency in Human. Cell，2014，158(6)：1254-1269.

［29］ Chung Y G，Eum J H，Lee J E，et al. Human somatic cell nuclear transfer using adult cells. Cell Stem Cell，2014，14(6)：777-780.

［30］ Yamada M，Johannesson B，Sagi I，et al. Human oocytes reprogram adult somatic nuclei of a type 1 diabetic to diploid pluripotent stem cells. Nature，2014，510：533.

［31］ McCracken K W，Cata E M，Crawford C M，et al. Modelling human development and disease in pluripotent stem-cell-derived gastric organoids. Nature，2014，516：400-404.

［32］ Watson C L，Mahe M M，Múnera J，et al. An in vivo model of human small intestine using pluripotent stem cells. Nature Medicine，2014，20：1310-1314.

［33］ Olausson M，Kuna V K，Travnikova G，et al. In vivo Application of tissue-engineered veins using autologous peripheral whole blood：A proof of concept study. EBioMedicine，2014，1(1)：72-79.

［34］ Pagliuca F W，Millman J R，Gurtler M，et al. Generation of functional human pancreatic β cells in vitro. Cell，2014，159(2)：428-439.

［35］ 中国科学院遗传与发育生物学研究所. 子宫内膜修复造福人类健康. http：// www. genetics. cas. cn/xwzx/kyjz/201411/t20141114_4252778. html.

［36］ ERASynBio. Next steps for a European synthetic biology：a strategic vision from ERASynBio. Jülich：ERASynBio. 2014.

［37］ OECD. Emerging Policy Issues in Synthetic Biology. Paris：OECD Publishing. 2014.

［38］ Department for Business，Innovation & Skills. Science and research funding allocation：2015 to 2016. https：// www. gov. uk/government/publications/science-and-research-funding-allocation-2015-to-2016［2014-05-01］.

［39］ Innovate UK. Emerging technologies and industries strategy 2014 to 2018. https：//www. gov. uk/government/publications/emerging-technologies-and-industries-strategy-2014-to-2018［2014-11-05］.

［40］ Innovate UK. £50 million to support world-changing technologies. https：//www. gov. uk/government/news/50-million-to-support-world-changing-technologies［2014-11-05］.

［41］ RCUK. RCUK delivery plan 2015～2016. http：// www. rcuk. ac. uk/RCUK-prod/assets/documents/publications/RCUKdeliveryplan201516. pdf［2014-06-12］.

［42］ BBSRC. UK establishes three new synthetic biology research centres. http：// www. bbsrc. ac. uk/news/

research-technologies/2014/140130-pr-new-synthetic-biology-research-centres. aspx[2014-01-30].

[43] BBSRC. £12M for synthetic biology facilities and training. http: // www. bbsrc. ac. uk/news/re-search-technologies/2014/140402-pr-synthetic-biology-facilities-training. aspx[2014-04-02].

[44] Malyshev D A, Dhami K, Lavergne T, et al. A semi-synthetic organism with an expanded genetic alphabet. Nature, 2014, 509(7500): 385-388.

[45] Annaluru N, Muller H, Mitchell L A, et al. Total synthesis of a functional designer eukaryotic chromosome. Science, 2014, 344(6179): 55-58.

[46] Thomson A R, Wood C W, Burton A J, et al. Computational design of water-soluble α-helical bar-rels. Science, 2014, 346(6208): 485-488.

[47] GenScript. GenPlus[TM] High-Throughput Gene Synthesis. http: // www. genscript. com/high-through-put-next-gen-gene-synthesis. html[2014-02-28].

[48] Schur F K M, Hagen W J H, Rumlová M, et al. Structure of the immature HIV-1 capsid in intact virus particles at 8. 8 Åresolution. Nature, 2014, doi: 10. 1038/nature13838.

[49] Doria-Rose N A, Schramm C A, Gorman J, et al. Developmental pathway for potent V1V2-directed HIV-neutralizing antibodies. Nature, 2014, 509(7498): 55-62.

Observations on Development of Public Health Science and Technology

Wu Jiarui, Xu Ping, Xu Li, Wang Yue, Li Zhenqi, Su Yan, Yu Jianrong

Currently, life science, which is promoted by the convergence of disciplines and emerging technologies, is one of the most vigorous rising fields. With the de-velopment of gene sequencing and 'omics', life science has come into the age of "Big Data". Further study in translational medicine, systems medicine and preci-sion medicine accelerates the formation of health based medical model, which mainly focuses on early detection and preemption on diseases. In 2014, neuro-science, stem cells, regenerative medicine, synthetic biology and cancer treatments all made a breakthroughs. We provide some suggestions for the policy-making ac-cording to status quo of the field.

4.3　生物科学领域发展观察

丁陈君　陈　方　陈云伟　郑　颖　邓　勇

（中国科学院成都文献情报中心）

2014 年，生物科学研究取得多项突破，本文着重从合成生物学、结构生物学、基因组学、调控生物学和植物学等方面阐述全球生物科学发展状况。合成生物学进入快速发展的初期，多项突破积累寻求质的飞跃；结构生物学已成为生物科学研究的重要主流前沿方向，其不断发展推动一系列生命领域重大基础科学问题的解决；基因组学作为主要研究手段为其他领域的深入研究做出贡献。此外，非编码 RNA 作为调控生物学的前沿研究也受到诸多关注，其在生物医学和生物技术中的应用前景巨大，在这方面中国学者已跟上国际研究步伐。植物学领域同样关注植物的调控网络，为更好地认识和操纵植物奠定了基础。

一、重要研究进展

1. 合成生物学研究酝酿重大突破

2014 年，合成生物学处于加速发展的初期。英国剑桥大学首次用自然界中并不存在的人工合成遗传物质制造出一种酶，称为"XNA 酶"，这一新成果对研究生命起源、研发新药等具有重要意义[1]。由美国、英国、法国多国科学家组成的国际小组成功合成了首个酵母菌的功能性染色体[2]。美国斯克里普斯研究所通过遗传工程改造出一种在遗传材料中包含一对附加 DNA 碱基对的细菌，而这对 DNA 碱基对在自然界中并不存在[3]。此类研究有望为人类新型非天然蛋白质的合成奠定基础，可能会成为生物药物的新工具。美国加利福尼亚大学、麻省理工学院等机构合作构建了首个人造转运蛋白，能够携带特定原子跨越细胞膜[4]，这是设计和理解膜蛋白的一个重要里程碑。德国慕尼黑工业大学仅用微管、细胞骨架的管状组分和驱动蛋白分子等成功构建可以改变细胞形状、且能移动的简单细胞模型[5]。合成生物学家不仅能编辑遗传密码，还创造了新的非经典遗传密码，不仅能合成功能性染色体，还能合成简单的细胞模型。

2. 结构生物学迅速发展成为生物学前沿

2014 年结构生物学领域可谓收获颇丰，在解析一些关键的离子通道和重要的细胞器结构方面都获得了重大突破，帮助科学家在厘清主要生物大分子三维结构与生物功能的关系方面取得进展。我国清华大学生命科学学院首次解析了人源葡萄糖转运蛋白GLUT1 的晶体结构，初步揭示其工作机制以及相关疾病的致病机理[6]。该实验室鉴定了一种 Ryanodine 受体（RyR）——RyR1 与其调节子结合时的结构，其中通道区域和细胞质区域的分辨率达到了近原子水平，为构建此类离子通道的原子模型奠定了基础[7]。瑞士苏黎世联邦理工学院的研究人员在原子水平上解析了哺乳动物线粒体核糖体大亚基的结构[8]，这项研究为人们展示了这种核糖体的分子构架，有助于更好地理解抗生素的作用模式。英国剑桥医学研究委员会分子生物学实验室利用低温冷冻电镜技术获得的酵母线粒体核糖体大亚基及完整核糖体的结构图谱，分辨率高达 3.2 埃[9]。

3. 基因组学研究为其他领域研究做出重大贡献

（1）微生物基因组资源挖掘助推新药和高值化学品研发。近年来，大量制药企业放弃通过筛选细菌和其他有机体来生产药物的战略，取而代之的是从基因组数据出发综合筛选有用的创新化学品。美国斯坦福大学将从罂粟分离的生产鸦片制剂的酶基因插入到酵母菌细胞，通过对系统的稍微调整促使酵母代谢合成最强力的止痛剂——吗啡，进而绕开从罂粟中提取吗啡所面临的种种挑战[10]。美国伊利诺伊大学厄巴纳-香槟分校开发细菌基因组数据分析算法，综合筛选有用的天然产物[11]。美国密歇根大学获得了首份关于微生物体内天然生产抗生素和其他药物的"流水线"的三维快照，认识了聚酮合成酶（PKS）结构[12]，为研究人员重新设计微生物流水线生产高附加值新药提供了可靠的图谱。

（2）全基因组图谱帮助探索进化起源、培育新种。在基因组学方面，测序技术的进步为生物科学研究提供了更多的便利条件。全基因组测序成本降至 1000 美元，标志着个人基因组时代的开启。基因组学在疾病诊断、致病机理研究中起到很大的推动作用，其在探索生物进化起源、培育新种等方面的贡献也不容小觑。中国水产科学研究院黄海水产研究所完成了比目鱼基因组——半滑舌鳎全基因组精细图谱[13]，这是世界上首个测序完成的比目鱼基因组图谱，标志着鲆鲽鱼类养殖研究进入基因组时代。由贝勒医学院和华盛顿大学牵头的国际小组完成了普通狨（*Callithrixjacchus*）的基因组测序，这是首份新世界猴的基因组序列，提供了关于狨猴独特的快速繁殖系统、生理和生殖的新信息，进一步阐述了灵长类动物的进化过程[14]。法国科研人员完成了虹鳟鱼基因组的完整测序，并发现虹鳟鱼基因组较好地保留了 1 亿年前一次重要进化事件的遗迹，可以帮助了解脊椎动物的进化历程[15]，这是科学界首次发布鲑科鱼类的完整基因组测序。

4. 中国非编码 RNA 研究领域跟上国际步伐

非编码 RNA 研究已成为调控生物学的前沿。通过基因发掘和功能研究，有可能揭示一个由非编码 RNA 介导的遗传信息传递方式和表达调控网络，并深入阐明生命活动的本质和规律。中国学者在这方面的研究逐渐跟上了国际发展的脚步。中国科学院上海生命科学研究院在《细胞》（Cell）杂志上发文证实内含子的互补序列介导了外显子环化，生成的选择性环化产物有可能进一步扩大哺乳动物转录后调控的复杂性[16]。中国医学科学院在大分子非编码 RNA 调控树突状细胞分化发育的机制研究取得创新性进展，为抗癌、抗感染药物的研发提供思路[17]。

5. 对植物生长和发育调控网络的认知更加深入

植物生长发育调控网络也是植物学领域的研究重点。美国加利福尼亚大学戴维斯分校和马萨诸塞大学阿姆赫斯特分校研究人员首次描述了与植物生长相关的部分遗传调控网络[18]。美国密苏里大学研究人员发现了植物版本的 ATP 受体，且它与动物的 ATP 受体有很大的不同，它对感知细胞外 ATP 至关重要，可能在植物的抗应激中扮演着各种角色[19]。荷兰瓦格宁根大学将实验生化和遗传学研究与理论数学模型相结合，由此模拟植物发育，揭示了植物组织的形成机制[20]。西班牙巴塞罗那生物医学研究协会和西班牙高等科学研究院科学家揭示了植物激素通过多种基因转录因子激活多种植物功能的机制[21]。美国康奈尔大学研究人员将来自蓝藻（Synechococcuselongatus）的 Rubisco 酶引入烟草的叶绿体基因组，构建了能够更快转化二氧化碳的烟草，在提高植物光合作用效率方面跨出了重要一步[22]。中国台湾"中央研究院"微生物学研究所发现，植物内的一种磷脂质会随昼夜光照变动而调节，与开花素交互作用，进而促成植物开花[23]。中国科学院上海生命科学研究院植物生理生态研究所揭示植物根从头再生过程中的分子与细胞学框架[24]。中国科学院植物研究所解析了拟南芥的谷氨酰-tRNA 还原酶（GluTR）与其结合蛋白的复合物晶体结构[25]，对揭示叶绿素合成的调节机制具有重要意义。

二、战略规划和政策布局

1. 欧美重视合成生物学研究布局

2014 年，各国对合成生物学给予了很大关注，欧洲合成生物学研究区域网络（ERASynBio）4 月发布了《欧洲合成生物学下一步行动——战略愿景》报告，描绘了欧洲合成生物学未来发展的良好前景，强调了未来 5～10 年欧洲所面临的机遇和挑战[26]。

英国生物技术与生物科学研究理事会（BBSRC）联合工程与自然科学研究理事会（EPSRC）于 1 月宣布共同投入 4000 万英镑，在未来 5 年内逐步建设布里斯托尔合成生物学中心（BrisSynBio）、诺丁汉合成生物学研究中心（SBRC）和开放植物合成生物学研究中心（OpenPlant）[27]。英国科学部宣布将投入 1200 万英镑，在上述三家合成生物学研究中心的基础上，增设五家新的 DNA 合成中心和三家博士培训中心，进一步提升英国合成生物学研究机构的整体实力，扩大研究深度和范围。

此外，英国伦敦大学学院和布里斯托尔大学、牛津大学、沃里克大学联合建立的博士培训中心（CDT）为博士生提供学习专业合成生物学的设施，提高他们的技能水平[28]。

世界经济合作与发展组织（OECD）发布《合成生物学领域的新兴政策问题》报告，指出合成生物学的发展代表未来生物技术革命的方向，但公众的反对意见成为合成生物学发展的主要障碍。报告建议，政府应促进科学家、决策者和公众之间的讨论，利用社交媒体激发年轻人的兴趣，并参考美国麻省理工学院举办的国际遗传机器大赛（iGEM）开展竞赛；此外，还应关注和借鉴英国在注重采用公众舆论意见方面的做法[29]。

2. 生物大数据应用研究受到关注

2014 年 10 月，美国国立卫生研究院（NIH）宣布继续通过"从大数据到知识"计划（BD2K）投资 3200 万美元支持若干项生物医药大数据研发项目，以推动研究人员开发分析和使用生物学大数据库的方法。资助重点包括建立：大数据计算卓越中心、BD2K-LINCS 数据协作与集成中心、BD2K 数据发现标引协作联盟（DDICC），以及培训和劳动力开发。预计到 2020 年，BD2K 将向大数据研发项目投入约 6.56 亿美元的资助经费[30]。

3. 美国延续植物生物资源研究

美国国家科学基金会（NSF）自 1998 年开展"国家植物基因组计划"（NPGI）以来，已经发现了大量用于关键农作物及其模型研究的功能基因组工具和遗传资源。2012 年，NSF 启动新一轮"植物基因组研究项目"（Plant Genome Research Program，PGRP），随后每年都进行项目资助。2015 年计划主要涉及解决植物科学全基因组规模的根本问题的基因组学基础研究；开发用于支持植物基因组研究的工具和资源，包括加快发现新功能的新型技术和分析工具；分别给予中途从事植物基因组研究的科研人员和早期从事植物基因组研究的科研人员奖励，以鼓励非植物基因组学领域专业背景和相关背景研究人员都参与进来，扩大影响[31]。

4. 美英重视生物学人才培养

10 月，英国商务部宣布，由 BBSRC 出资，未来 5 年将投入 1.25 亿英镑，支持培养 1250 位生命科学领域博士研究生成为世界级生物科学研究人员，新的资助将有助于创造新的产业和就业机会，有望促使新一代科学家引领下一次工业革命和经济发展[32]。美国 NIH 也于 10 月宣布，出资 1.4 亿美元设立多个奖项资助 85 项人才项目，以支持高度创新性的生物医学研究[33]。

三、启示和建议

1. 树立全局意识，做好以高技术为主的战略储备

生物科学领域发展日新月异，新突破新技术层出不穷。我国需要前瞻布局，同时营造相对宽松自由、开放包容的研究环境，加快创新成果产出。积极开展重大项目预研工作，洞察国家未来潜在技术需求，分析评估具有潜在价值但存在一定风险的新成果，密切监测具有双刃剑特质的前沿热点技术的发展，为解决中长期国家安全、未来国家竞争力等问题提供以合成生物学技术、组学技术等高技术为主的战略储备。

2. 构建面向新兴生物产业的生物资源科技研发体系

在科研方法方面，结合生物资源本身特点，重视现代生物技术特别是生物组学研究平台的创新及其开发应用。在生物资源部署的核心内容方面，从农业生物资源拓展到对其他重要资源（如野生生物资源、特殊生境基因资源等）挖掘利用方面的研究部署。探索生物资源产业化应用的创新模式和最佳做法，促进基础研究向可持续实践应用的转化，开发新方法，加快推进生物资源的可持续利用。

3. 重视学科交叉，开拓生物科学的"蓝海"领域

纵观合成生物学、脑科学等生物科学领域新兴交叉前沿的发展过程，在诞生之初就已显现出巨大的应用前景，建议推动生物科学与其他相关学科的交叉融合，在高校设立相应的新兴学科，鼓励和引导多学科背景的人才培养，开发综合性研发项目，积极开拓生物科学的"蓝海"领域。

致谢：中国科学院微生物研究所李寅研究员在本章节撰写过程中提出了宝贵意见和建议，在此谨致谢忱！

参考文献

[1] Taylor A I, Pinheiro V B, Smola M J, et al. Catalysts from synthetic genetic polymers. Nature, 2014, 518: 427-430.

[2] Annaluru1 N, Muller1 H, Leslie A. Mitchell, et al. Total synthesis of a functional designer eukaryotic chromosome. Science, 2014, 344(6179): 55-58.

[3] Malyshev D A, Dhami K, Lavergne T, et al. A semi-synthetic organism with an expanded genetic alphabet. Nature, 2014, 509: 385-388.

[4] Joh N H, Wang T, Bhate M P, et al. De novo design of a transmembrane Zn^{2+}-transporting four-he-

lix bundle. Science,2014,346(6216):1520-1524.

[5] Keber F C,Loiseau E,Sanchez T,et al. Topology and dynamics of active nematic vesicles. Science, 2014,345(6201):1135-1139.

[6] Deng D,Xu C,Sun P,et al. Crystal structure of the human glucose transporter GLUT1. Nature, 2014,510:121-125.

[7] Yan Z,Bai X,Yan C,et al. Structure of the rabbit ryanodine receptor RyR1 at near-atomic resolution. Nature,2014,517:50-55.

[8] Greber B J,Boehringer D,Leitner A,et al. Architecture of the large subunit of the mammalian mitochondrial ribosome. Nature,2014,505:515-519.

[9] Amunts A,Brown A,Bai X C,et al. Structure of the Yeast Mitochondrial Large Ribosomal Subunit. Science,2014,343(6178):1485-1489.

[10] Thodey K,Galanie S &.,Smolke C D. A microbial biomanufacturing platform for natural and semisynthetic opioids. Nature Chemical Biology,2014,10:837-844.

[11] Doroghazi J R,Albright J C,Goering A W,et al. Risk of Essuremicroinsert abdominal migration: case report and review of literature. Nature Chemical Biology,2014,10:963-968.

[12] Whicher J R,Dutta S,Hansen D A,et al. Structural rearrangements of a polyketide synthase module during its catalytic cycle. Nature,2014,510:560-564.

[13] Chen S,Zhang G,Shao C,et al. Whole-genome sequence of a flatfish provides insights into ZW sex chromosome evolution and adaptation to a benthic lifestyle. Nature Genetics,2014,46:253-260.

[14] The Marmoset Genome Sequencing and Analysis Consortium. The common marmoset genome provides insight into primate biology and evolution. Nature Genetics,2014,46:850-857.

[15] Berthelot C,Brunet F,Chalopin D. The rainbow trout genome provides novel insights into evolution after whole-genome duplication in vertebrates. Nature Communications 2014,5,Article number:3657.

[16] Zhang X,Wang H,Zhang Y,et al. Complementary sequence-mediated exon circularization. Cell, 2014,159(1):134-147.

[17] Wang P,Xue Y,Han Y,et al. The STAT3-Binding Long Noncoding RNA lnc-DC Controls Human Dendritic Cell Differentiation. Science,2014,344(6181):310-313.

[18] Taylor-Teeples M,Lin L,Lucas M,et al. An *Arabidopsis* gene regulatory network for secondary cell wall synthesis. Nature,2014,517,571-575.

[19] Choi J,Tanaka K,Cao Y. Identification of a plant receptor for extracellular ATP. Science,2014, 343(6168):290-294.

[20] Rybel B De,Adibi M,Breda A S,et al. Integration of growth and patterning during vascular tissue formation in *Arabidopsis*. Science,2014,345(6197):636.

[21] Boer D R,Freire-Rios A,Berg W A M,et al. Structural basis for DNA binding specificity by the auxin-dependent ARF transcription factors. Cell,2014,156(3):577-589.

[22] Lin M T,Occhialini A,Andralojc P J,et al. A faster Rubisco with potential to increase photosynthesis in crops. Nature,2014,513:547-550.

[23] Nakamura Y,Andrés F,Kanehara K,et al. *Arabidopsis* florigen FT binds to diurnally oscillating

phospholipids that accelerate flowering. Nature Communications 2014,5,Article number:3553.

[24] Liua J,Shenga L,Xu Y, et al. WOX $_{11}$ and $_{12}$ Are Involved in the First-Step Cell Fate Transition during de Novo Root Organogenesis in *Arabidopsis*. Plant Cell,2014,26(3):1081-1093.

[25] Zhao A,Fang Y,Chen X. Crystal structure of *Arabidopsis* glutamyl-tRNA reductase in complex with its stimulator protein. PNAS,2014,111(18):6630-6635.

[26] ERASynBio. Next steps for European synthetic biology:a strategic vision from ERASynBio. http://www. nanowerk. com/news2/biotech/newsid=35297. php [2014-04-25].

[27] BBSRC. UK establishes three new synthetic biology research centres. http://www. bbsrc. ac. uk/news/research-technologies/2014/140130-pr-new-synthetic-biology-research-centres. aspx[2014-02-20].

[28] BBSRC. £12M for synthetic biology facilities and training. http://www. bbsrc. ac. uk/news/research-technologies/2014/140402-pr-synthetic-biology-facilities-training. aspx [2014-04-20].

[29] OECD. Emerging Policy Issues in Synthetic Biology. http://www. oecd-ilibrary. org/docserver/download/9214041e. pdf? expires = 1425958965&id = id&accname = ocid56017385&checksum = E90835 04EE8E81359BB6980F3B01E1A1[2014-06-05].

[30] NIH. NIH invests almost $ 32 million to increase utility of biomedical research data. http://www. nih. gov/news/health/oct2014/od-09. htm [2014-10-10].

[31] NSF. Plant Genome Research Program (PGRP)-FY 2014 Competition. http://www. nsf. gov/pubs/2014/nsf14533/nsf14533. htm[2014-05-05].

[32] BBSRC. £125M announced by Business Secretary Vince Cable for the next generation of scientists to drive the economy of the future. http://www. bbsrc. ac. uk/news/people-skills-training/2014/141003-pr-125m-next-generation-scientists. aspx[2014-10-12].

[33] NIH. NIH Common Fund announces 2014 High-Risk,High-Reward research awardees. http://www. nih. gov/news/health/oct2014/od-06. htm [2014-10-10].

Observations on Development of Biological Sciences

Ding Chenjun ,Chen Fang ,Chen Yunwei ,Zheng Ying ,Deng Yong

In 2014,scientists around the world made great achievements in various branches of the biological sciences,especially in terms of synthetic biology,non-coding RNA, structural biology, genomics, molecular mechanism that controls plant growth and development. National policy and funding plan focused on synthetic biology,exploitation of biological research data, biological resources and qualified personnel grants.

4.4 农业科技领域发展观察

董　瑜　袁建霞　邢　颖　杨艳萍

（中国科学院文献情报中心）

世界农业面临人口、气候、资源、环境等诸多挑战，以可持续方式提高农业生产力、保障粮食安全，成为当前农业科技发展的主要任务和目标。2014 年，全球农业科技取得多项进展，多国政府把农业科技创新列为国家重要发展战略。

一、科技进展与突破

现代生物和生命科学、信息、先进制造等领域的科技发展及在农业领域的广泛应用，加快了农业科技的发展速度。

1. 动植物组学研究持续推进

2014 年，动植物基因组学、表型组学、代谢组学等各种组学研究取得多项进展。研究人员完成了多个物种的基因组测序或重测序及生物信息学平台建设，作物包括甜辣椒、芝麻、棉花（亚洲棉）、萝卜、甘蓝、菜豆、野生大豆、普通小麦、野生番茄、非洲野生稻、油菜、咖啡、茄子、绿豆、枣、柑橘、花生、木薯；动物包括牛、绵羊、鲤鱼、菊黄东方鲀、虹鳟鱼、半滑舌鳎、大黄鱼、水牛等。法国国际发展农业研究中心、国际生物多样性组织、法国国家农业研究院等机构共同建立了 South Green 生物信息学平台，为地中海和南半球农作物的基因组研究提供了有效的工具和数据库服务[1]。美国爱荷华州立大学开发出具有创新性的植物表型鉴定仪器，能够高通量测定各种控制环境条件下的各种植物性状，有助于研究人员建立基因型、生长条件和表型之间的联系[2]。美国农业部农业研究局等机构的科研人员以转基因番茄为目标作物，研究了代谢组学方法与统计分析方法在植物表型研究中的作用[3]。

2. 植物光合作用跨学科研究方法取得新进展

英国洛桑研究所和美国康奈尔大学的研究人员利用基因工程方法首次证明开花植物可以利用细菌的二磷酸核酮糖羧化酶（Rubisco）代替植物本身的 Rubisco 酶，以加快光合速率，该研究对提高作物光合速率具有里程碑意义[4]。美国、法国和巴西的研究人员合作设计了一个能够利用太阳能将水转化为氢气和氧气的人工光合系统反应中心，对深入了解光合作用及可持续利用太阳能生产食物、燃料和纤维提供了一条新途径[5]。美国麻省理工学院和加州理工学院的研究人员研制出一种可增强植物光合作用的纳米粒子，该粒子能够自发渗透并固定在叶绿体内，并通过抑制对光合系统有破坏作用的氧自由基来增强植物的光合活性[6]。

3. 我国在家畜和作物基因组编辑新技术应用中取得突破

我国吉林大学、中国科学院广州生物医药与健康研究院和美国密歇根大学等机构利用 TALENs 介导的基因敲入技术，成功构建了世界首例 *ROSA26* 定点基因敲入猪模型。利用该模型，研究人员可以将任意基因通过 Cre 重组酶介导插入到 *ROSA26* 位点，实现目的基因在大动物所有组织中的无差异表达，这将极大地推动转基因猪在农业和医学方面的应用[7]。中国科学院动物研究所研究人员首次利用 CRISPR/Cas9 技术获得 *vWF* 基因敲除猪，证实了 CRISPR 技术在大动物中的可应用性[8]。中国科学院遗传与发育生物学研究所和微生物研究所合作利用基因组编辑技术首次在六倍体小麦中对 *MLO* 基因的三个拷贝同时进行突变，获得了对白粉病具有广谱抗性的小麦材料[9]。中国科学院上海植物逆境生物学研究中心揭示出水稻 CRISPR/Cas 系统的突变机制，为该系统在水稻中的稳定应用及利用该技术提高水稻产量、抗性及品质等提供了理论基础[10]。

4. 农业生产系统综合管理与实践开发受到关注

英国研究人员提出采用多种措施与方法显著减少灌溉耕地上的水资源浪费，包括研究多种方案的需求，评价灌溉类型的多样性和范围；集成当地传统知识和专家知识；减少水资源开采并认可所节约水资源的其他用途；综合测度水资源利用效率，监测水资源流向等[11]。国际畜牧研究所的研究人员提出改善畜牧生产水利用效率的策略，包括开发耗水较少的其他饲料来源、减少饲料用水，减少过度放牧和水分蒸发，对畜牧生产、饮用水和饲料资源的时空分布进行战略性部署等具体策略[12]。欧盟 N-Toolbox 项目提出了包括肥料储存、畜牧管理、牧场管理、均衡氮肥施用、土地肥料利用管理、土地灌溉策略、有效氮循环、径流排水和废水管理等减少农业氮污染的综合策略[13]。中国农业大学领衔的一项研究建立了土壤-作物系统综合管理的理论框架与技术途径，通过优化营养供应、季节性时间控制和使用最好的作物品种等来让耕作制度适应当地条件[14]。

5. 智能农业技术发展迅速

全球领先的导航技术高科技公司 Trimble 推出了 Trimble Irrigate-IQ 精准灌溉服务和"连接农场灌溉（Connected Farm Irrigate）"应用软件，用户可以通过互联网远程控制变量灌溉、接收水肥施用反馈报告，该技术可以提高灌溉效率、减小成本并实现农业废水的安全处理[15]。此外，该公司在农田综合管理解决方案（Connected Farm™）中推出土壤信息系统服务，提供三维土壤数据和分析，帮助进行作物生产决策[16]；并推出掌上作物传感器"绿色搜索者"（Green Seeker），用于了解植物需求和合理施肥[17]。跨国肥料公司 H. J. Bake 开发出一个新的强化微量营养素的硫肥施肥向导应用程序，用于精准施肥[18]。德国、美国和澳大利亚等国研究人员将从空间监测到的光诱导植物叶绿素荧光用于评估农田的总初级生产力，从而来预测农业生产力和气候变化对作物产量的影响[19]。美国《农业行业新闻》列出了影响未来十年农业发展的十大新兴技术，并预计这些技术可能很快成为农业实践中的应用技术，包括可穿戴电脑、下一代 ISOBUS 认证通信协议设备、农业传感器、可预见下压系统、无人飞行系统、农用机器人等[20]。

二、科技战略与热点问题

科技创新已成为推动现代农业发展的主要力量，世界主要国家把农业科技创新提升到国家发展战略层面进行部署，以抢占未来农业科技发展的制高点。可持续发展与绿色增长成为当前农业的主要发展方向，提高资源利用效率、减少农业污染以及适应和减缓气候变化等成为关注的重点。新型遗传改良技术的不断涌现和快速发展对生物安全监管体系提出了挑战。

1. 农业科技创新被列为多个国家和国际组织的战略重点

2014 年 1 月，南非发布面向 2030 的"生物经济战略"，提出了农业、健康和工业三个关键领域的战略目标和具体举措。其中农业部门的战略目标是加强农业生物科学创新以保证粮食安全、提高营养和健康水平，包括作物/畜牧改良、食物营养研究、动物疫苗研发与生产、能源作物研发、生防制剂和生物肥料研发与生产、水产业、土壤保护与水资源管理等[21]。印度第二个"国家生物技术发展战略"的"农业与粮食生产力"战略，把动物健康、生产力和质量相关的生物技术，水产与海洋生物技术，环境技术，食品与营养安全等列为关键研究领域[22]。4 月，韩国国家科学技术审议会（NSTC）讨论并通过"国家重点科学技术战略路线图"，将多项农业相关技术设置为重点技术，包括食品安全及价值创造技术，自然灾害监测、预测、应对技术，实用型基因应用技术[23]。6 月，英国技术战略委员会（TSB）公布了 2014～2015 财年创新研究计划，农业与粮食领域的重点研究方向包括提高作物产量、可持续畜牧/水产生产、废弃物管理、温室气体减排等[24]。联合国粮农组织粮食安全和营养问题高级别专家小组 6 月发布《可持续发展渔业和水产养殖业促进粮食安全和营养》报告分析了渔业生产对全球粮食与营养安全的重要性，建议渔业发展应在粮食安全和营养战略中占据核心地位，应重视对世界渔业面临的威胁、风险以及水产养殖业的机遇和挑战等的研究[25]。12月，加拿大政府发布新一轮科技战略报告，首次将农业确定为研究优先领域，并把生物技术、水产、食品与粮食系统、农业减灾等列为重点方向[26]。

2. 美国农业公共研发投入减少问题受到重视并将得到改善

美国农业研发模式在过去30多年发生了显著变化，从以公共研发为主转为以私营研发为主，农业研发的公共投入不断下降且竞争性经费比例过小。美国总统科技顾问委员会（PCAST）曾于2012年底指出这一问题将严重影响美国农业生产在全球的领导地位，并呼吁加强公私合作，建立一个新的农业创新生态系统[27]。在此背景下，2014年2月和5月，美国新的"2014年农业法案"和"农业部2015财年预算"均提出了振兴农业公共研发支持和加强公私合作的新举措。"2014年农业法案"授权成立一个独立于农业部的农业研究资助机构"食品与农业研究基金会"[28]，以解决美国农业公共研究投入减少的问题。该基金会是一个独立的非营利性组织，以联邦政府所拨的2亿美元作为初始资金，主要通过募集和接受私人捐赠等筹集匹配资金，通过支持公私合作来促进农业研究和技术转移，该基金会于2014年7月正式成立。"农业部2015财年预算"中新成立三个跨学科创新机构的预算得到美国国会批准，这三个机构由公共和私营部门合作资助，联邦政府至少在5年内每年为每个机构投资2500万美元[29]。跨学科机构将关注农业面临的新挑战，促进产业开发、杠杆融资和技术转移。

3. 可持续发展和绿色增长成为当前农业发展的主要方向

2014年2月，国际粮食政策研究所（IFPRI）发布《自然资源短缺下的粮食安全：农业技术的作用》报告，联合国粮农组织、欧洲的多项战略研究指出，提高灌溉效率、加强土壤肥力综合管理、能够节约水资源和减少氮流失的技术变得日益重要；免耕、综合土壤肥力管理、作物保护等资源节约型农业管理技术和实践应快速推广[30]。欧盟支持了为期4年的养耕共生绿色农业技术的开发和商业化项目，将对水资源、营养素、能量和空间进行双重利用，以降低水足迹和碳足迹，实现零排放[31]。2014年3月，澳大利亚发布了国家土壤研究开发推广战略，提出了改善土壤管理以增加农业生产力的重点领域方向，包括土壤营养效率改进、水资源利用效率管理、土壤碳管理、土壤-根系互作原理及废弃物的循环利用等[32]。4月，英国生物技术和生物科学研究理事会（BBSRC）等多家机构联合资助为期5年的土壤研究计划，以了解土壤如何响应环境变化和土地利用变化带来的挑战，其中可持续农业生态系统的土壤根际互作是重点研究的内容[33]。6月，联合国粮农组织粮食安全和营养问题高级别专家小组发布《可持续粮食系统背景下的粮食损失与浪费》报告，从系统化、可持续性和粮食安全与营养三个视角分析了粮食损失和浪费的范围与程度、影响与根源等，指出减少粮食损失和浪费应得到系统性考虑和评估，以提高农业及粮食系统的效率和可持续性[34]。9 月，英国生物技术和生物科学研究理事会任命的农业可持续集约化工作组发布报告，从可持续性评估、土地利用管理、生物/非生物抗性、新资源挖掘利用 4 个方面提出支持农业可持续集约化发展的重点研究问题以及跨学科研究问题[35]。

4. 欧洲各界对新型遗传改良技术及转基因技术的生物安全监管的争论未决

特异位点基因组编辑、表观遗传修饰等新型遗传改良技术近年来发展迅速且在作物育种中具有广泛的应用前景，但新技术的涌现也引发了欧盟及成员国对相关生物安全监管问题的争论。2014 年，奥地利、荷兰[36,37]的相关机构相继发布报告，分析了新技术发展应用中的可能风险和监管要求，并重点围绕利用新技术培育的产品是否属于转基因生物或如何对新技术培育产品进行监管等方面进行了探讨。英国生物技术和生物科学研究理事会 10 月发布立场声明指出[38]，转基因与非转基因技术之间的界限随着新技术的发展越来越模糊，欧盟目前采用的基于研发过程的监管体系存在局限性，因此建议对新技术产品的监管要基于性状而非生产技术。2014 年欧洲各界对有关转基因作物的监管问题争论不休，2 月，欧洲七国研究人员发文呼吁欧盟反思当前复合性状转基因食品/饲料的安全性评价体系是否合理[39]；4 月，英国生物学会指出欧盟转基因监管的"预防原则"阻碍了英国的科学竞争力[40,41]；10 月，来自欧洲多国的 20 多位植物学家签署联名信呼吁停止阻拦转基因实验，建议对转基因管理措施做出根本修订[42]。12 月，欧盟委员会发布"允许成员国自行决定是否在本国种植转基因作物"的指令草案[43]，将使成员国获得更多自由决定权。

三、启示与建议

1. 制定适应我国国情的农业科技创新驱动发展战略

我国是农业大国和人口大国，保障国家粮食安全、农民增收和农业可持续发展是关系我国国民经济发展和社会稳定的全局性重大战略问题。2014 年中央一号文件以及中央经济工作会议和农村工作会议指出，加快转变农业发展方式，走中国特色新型农业现代化道路，需要强化农业科技创新驱动作用。我国农业发展已经进入主要依靠科技创新驱动的新阶段，在这一转型的关键时期，立足我国农业发展的重大战略需求和全球农业科技发展态势，制定适合我国国情的农业科技创新驱动发展战略，进一步明确我国农业科技创新的思路与措施，对于加速我国农业现代化发展，提升我国农业的国际竞争力具有重要的现实意义。

2. 完善农业科技创新投入机制

农业科技发展是一个长期积累的过程，具有地域性强、风险大、以社会效益为主的特点；同时农业科技创新覆盖创新价值链的上中下游，公共研究机构和行业企业均发挥重要作用。加快推进我国农业科技创新，一方面要加大农业科技投入，另一方面要创新农业科技投入的方式。对于基础性、公益性研究，应确立政府投入的主体地位，建立稳定的支持机制。对于中下游的技术开发和产业化过程，应明确企业的创新主体地位，加大对企业的实际支持力度；并通过政策引导，鼓励公私合作，大力扶持企业创新能力的提升。

3. 重视和加强农业多/跨学科研究

现代农业科技集中体现出学科交叉融合和技术集成创新的特点，多种学科和技术的快速发展为农业发展提供了新的理论、方法和技术，带来了重大甚至革命性的突破。应立足我国农业现代化发展的科技需求以及世界科技发展前沿及趋势，重视和加强农业多/跨学科研究，提高农业科技发展的内在动力，包括从基础研究到以成果为主导的应用研究，大力支持生物、信息等高新技术领域的研究，同时也要加强农艺耕作、农业生态、土壤科学等传统领域的研究。

4. 构建基于科学证据的新型育种技术生物安全监管框架

随着新型遗传改良技术的迅猛发展，综合利用多种技术方法将成为作物育种的未来发展趋势。我国一方面应抓住新技术发展的机遇，加强研发投入，重视其在育种工作中的应用，为我国的植物育种研究注入新的活力；另一方面也应重视新技术及其产品生物安全监管问题的研究，借鉴和吸取国际良好经验与实践，构建一个基于科学证据、明晰适中的监管框架，促进新技术的快速发展与合理应用，同时保障生物安全和社会稳定。

致谢：中国科学院农业政策研究中心黄季焜研究员、中国科学院遗传与发育生物学研究所张正斌研究员对本文初稿进行了审阅并提出了宝贵的修改意见，特致感谢！

参考文献

[1] CGRIA. Bioinformatics key to using genetic and metabolite data for breeding. http：// www. rtb. cgiar. org/bioinformatics-key-to-using-genetic-and-metabolite-data-for-breeding/? utm_source ＝rss&utm_medium＝rss&utm_campaign＝bioinformatics-key-to-using-genetic-and-metabolite-data-for-breeding[2014-12-06].

[2] Iowa State University. Iowa State engineer builds instrument to study effects of genes, environment on plant traits. http://www. news. iastate. edu/news/2014/03/25/planttraitsinstrument[2014-03-25].

[3] DiLeo M V, den Bakker M, Chu E Y, et al. An assessment of the relative influences of genetic background, functional diversity at major regulatory genes, and transgenic constructs on the tomato fruit metabolome. The Plant Genome, 2014, 7(1):1-16.

［4］ BBSRC. A big step towards more efficient photosynthesis. http：// www. bbsrc. ac. uk/news/food-security/2014/140917-pr-big-step-towards-efficient-photosynthesis. aspx［2014-09-17］.

［5］ Megiatto Jr J D,Méndez-Hernández D D,Tejeda-Ferrai M E,et al. A bioinspired redox relay that mimics radical interactions of the Tyr-His pairs of photosystem II. Nature Chemistry,2014,6(5)：423-428.

［6］ Giraldo J P,Landry M P,Faltermeier S M,et al. Plant nanobionics approach to augment photosynthesis and biochemical sensing. Nature Materials,2014,13(4):400-408.

［7］ Li X,Yang Y,Bu L,et al. Rosa26-targeted swine models for stable gene over-expression and Cre-mediated lineage tracing. Cell Research,2014,24(4):501-504.

［8］ Hai T,Teng F,Guo R,et al. One-step generation of knockout pigs by zygote injection of CRISPR/Cas system. Cell Research,2014,24(3):372-375.

［9］ Wang Y P,Cheng X,Shan Q W,et al. Simultaneous editing of three homoeoalleles in hexaploid bread wheat confers heritable resistance to powdery mildew. Nature Biotechnology,2014,32(9)：947-951.

［10］ Zhang H,Zhang J,Wei P,et al. The CRISPR/Cas9 system produces specific and homozygous targeted gene editing in rice in one generation. Plant Biotechnology Journal,2014,12(6):797-807.

［11］ Lankford B. Using less water in crop production systems：Targeting irrigation efficiency gains using a multi-pronged approach. http：// knowledge. cta. int/en/Dossiers/CTA-and-S-T/Selected-publications/Using-less-water-in-crop-production-systems-Targeting-irrigation-efficiency-gains-using-a-multi-pronged-approach［2014-01-31］.

［12］ Peden D. Improving Livestock Water Productivity：Lessons from the Nile River Basin. http：// knowledge. cta. int/en/Dossiers/CTA-and-S-T/Selected-publications/Improving-Livestock-Water-Productivity-Lessons-from-the-Nile-River-Basin［2014-01-31］.

［13］ Cooper J,Stockdale E,de Lange M N,et al. Innovative and cost-effective technologies to reduce N losses to water from agriculture in the EU：a catalogue of farm level strategies. http：// research. ncl. ac. uk/nefg/ntoolbox/pdf/FPR-catalogue-final. pdf［2014-03-31］.

［14］ Chen X P,Cui Z L,Fan M S,et al. Producing more grain with lower environmental costs. Nature. 2014,514:486-489.

［15］ Trimble. Trimble Irrigate-IQ Solution Now Available in North America. http：// www. trimble. com/news/release. aspx? id＝042814a［2014-5-1］.

［16］ Trimble. Trimble Adds New Agronomic Service to its Connected Farm Solution. http：// www. trimble. com/news/release. aspx? id＝060314a［2014-06-3］.

［17］ Trimble. GreenSeeker crop sensing system. http：// www. trimble. com/Agriculture/greenseeker. aspx［2014-06-30］.

［18］ WesternFarmPress. com. Agribiz-H. J. Baker launches sulphur-micronutrient rate calculator app. http：// westernfarmpress. com/miscellaneous/agribiz-hj-baker-launches-sulphur-micronutrient-rate-calculator-app［2014-05-14］.

［19］ Guanter L,Zhang Y G,Jung M,et al. Global and time-resolved monitoring of crop photosynthesis with chlorophyll fluorescence. Proceedings of the National Academy of Sciences of the United

States of America. 2014,111(14):E1327-E1333.

[20] Farm industry news. Top-10-technologies-farm. http：//farmindustrynews. com/precision-farming/ top-10-technologies-farm[2014-05-30].

[21] Department of Science and Technology. Launch of South Africa's Bio-Economy Strategy. http：// www. africabio. com/index. php/news/bio-safety/south-africas-bio-economy-strategy[2014-02-20].

[22] Department of Biotechnology. National Biotechnology Development Strategy-2014. http：//dbtin-dia. nic. in/docs/Overview_NBDS_2014. pdf[2014-04-20].

[23] Ministry of Science,ICT and Future Planning. 국가중점과학기술 전략로드맵. http：//www. msip. go. kr/www/brd/m_211/view. do? seq＝1662&srchFr＝&srchTo＝&srchWord＝&srchTp＝ &multi_itm_seq＝0&itm_seq_1＝0&itm_seq_2＝0&company_cd＝&company_nm＝&page＝1 [2014-04-20].

[24] Innovate UK. Innovation:apply for a funding award. https：//www. gov. uk/innovation-apply-for-a-funding-award[2014-10-20].

[25] High Level Panel of Experts on Food Security and Nutrition. Sustainable fisheries and aquaculture for food security and nutrition. http：//www. fao. org/cfs/cfs-hlpe/reports/en/[2014-07-20].

[26] Industry Canada. Seizing Canada's Moment:Moving Forward in Science,Technology and Innova-tion 2014. https：// www. ic. gc. ca/eic/site/icgc. nsf/vwapj/STI-2014 _ Report-EN. pdf/ $ FILE/ STI-2014_Report-EN. pdf[2014-12-20].

[27] USDA. Report to the President on Agricultural Preparedness and the Agriculture Research Enter-prise. http：//www. obpa. usda. gov/budsum/FY15budsum. pdf[2014-12-20].

[28] National Coalition for Food and Agricultural Research. Foundation for Food and Agriculture Re-search(FFAR). http：//www. ncfar. org/FFAR_Overview3. 22. 12. pdf[2014-9-20].

[29] USDA. FY 2015 Budget Summary and Annual Performance Plan—U. S. Department of Agricul-ture. http：//www. obpa. usda. gov/budsum/FY15budsum. pdf[2014-12-20].

[30] Rosegrant M W,Koo J,Cenacchi N,et al. Food Security in a World of Growing Natural Resource Scarcity. http：//www. ifpri. org/sites/default/files/publications/oc76. pdf[2014-03-20].

[31] European Commission. New large-scale aquaponics project funded by the EU-optimized food and water management. http：//cordis. europa. eu/news/rcn/142990_en. html[2014-03-20].

[32] Australian Government Department of Agriculture. Securing Australia's Soil for Profitable Indus-tries and Healthy Landscapes. http：//www. daff. gov. au/natural-resources/soils/national_soil_rd_ and_e_strategy[2014-04-20].

[33] BBSRC. BBSRC and NERC fund initiatives to protect soils and safeguard global food security. ht-tp：// www. bbsrc. ac. uk/news/food-security/2014/141013-pr-protect-soils-safeguard-food-securi-ty. aspx[2014-10-20].

[34] High Level Panel of Experts on Food Security and Nutrition. Food losses and waste in the context of sustainable food systems. http：//www. fao. org/cfs/cfs-hlpe/reports/en/[2014-7-20].

[35] BBSRC. Report of the BBSRC Working Group on Sustainable Intensification of Agriculture. http：// bbsrc. ac. uk/news/policy/2014/140930-n-comments-food-security-report. aspx[2014-10-20].

[36] AGES. New Plant Breeding Techniques and Risks Associated with their Application. http：//www.

bmg. gv. at/home/Schwerpunkte/Gentechnik/Fachinformation_Gruene_Gentechnik/Studie_New_plant_breeding_techniques[2014-4-3].

[37] COGEM. CRISPR-Cas-Revolution from the lab. http：//www. cogem. net/index. cfm/en/publications/publicatie/crispr-cas-revolution-from-the-lab[2014-10-30].

[38] BBSRC. BBSRC'S Position Statement on New Crop Breeding Tools. http：//www. bbsrc. ac. uk/news/policy/2014/141028-pr-position-statement-on-crop-breeding-techniques. aspx[2014-10-28].

[39] Kok E J, Pedersen J, Onori R, et al. Plants with stacked genetically modified events：to assess or not to assess? 2014,32(2):70-73.

[40] CST. Genetic modification(GM)technologies. https：//www. gov. uk/government/uploads/system/uploads/attachment_data/file/288823/cst-14-634-gm-technologies. pdf[2013-11-21].

[41] CST. GM Science Update. https：//www. gov. uk/government/uploads/system/uploads/attachment_data/file/292174/cst-14-634a-gm-science-update. pdf[2014-03-28].

[42] Ume? University. Open letter to decision makers in Europe. http：//www. umu. se/digitalAssets/151/151958_open-letter-to-decision-makers-in-europe. pdf；http：//www. umu. se/english/about-umu/news-events/news/newsdetailpage/europes-leading-plant-scientistscall-for-urgent-action-to-defend-research. cid242017[2014-10-30].

[43] European Commission. Commissioner Andriukaitis welcomes provisional political agreement on GMO cultivation. http：//europa. eu/rapid/press-release_STATEMENT-14-2363_en. htm? locale＝en [2014-12-4].

Observations on Development of Agricultural Science and Technology

Dong Yu, Yuan Jianxia, Xing Ying, Yang Yanping

The agricultural science and technology advanced rapidly in 2014. Significant progresses have been made in animal and plant genomics, photosynthesis, integrated management of agricultural system, and intelligent agriculture. Chinese scientists made an important breakthrough in genomic editing technology for livestock and crops. Agriculture and related fields were schematized to national development strategy by major countries to improve the environment of agricultural S&T innovation and meet the challenge of global food security and sustainable development. Nowadays, the agricultural development in China has stepped into a S&T innovation-driven stage. Developing agricultural S&T innovation strategy, improving agricultural S&T investment, mechanisms reinforcing interdisciplinary research should be implemented to promote agriculture modernization in China.

4.5　环境科学领域发展观察

曲建升[1]　曾静静[1]　张志强[1]　朱永官[2]　潘根兴[3]

（1. 中国科学院兰州文献情报中心；2. 中国科学院城市环境研究所；
3. 南京农业大学农业资源与生态环境研究所）

经济社会发展导致的环境问题日益凸显，并影响到人类社会的健康发展。2014年，各国政府、国际组织和科学团体积极应对环境问题挑战，在环境污染、环境与健康、气候变化以及环境科学研究的新工具与新方法等方面的研究和行动持续深入，并取得了一系列重要进展。

一、重要研究进展

1. 环境污染机理问题备受关注并持续取得进展

亚洲大气污染对全球大气环流和气候影响研究获得新突破。美国得克萨斯州农工大学、加州理工学院和北京大学的科学家采用新的层级模拟方法和观测分析[1]，证明了过去 30 年间的亚洲污染对中纬度气旋的影响。这一研究表明：亚洲污染增强了纬向热传输变化，使西北太平洋海域的冬季气旋加剧；使降水量增加了 7%；改变了区域辐射通量，使大气层顶端和地球表面的净云辐射强迫分别增加了 1.0 瓦/米^2 和 1.7 瓦/米^2。研究结果清楚地揭示了大气悬浮颗粒物，尤其是人为排放的污染颗粒物对全球大气环流和气候的影响，建议在开展全球气候预测、制定相关政策时，科学评估除温室气体之外的悬浮颗粒物的影响。

全球水资源污染问题与河流治理受到重视。德国科布伦茨—兰道大学的一项元分析研究表明[2]，来自全球 73 个国家 11 300 份地表水研究样本中有超过一半的农药浓度已经超过管理阈值，即便在管理严格的发达国家也是如此。国际水协会、大自然保护协会等机构发布报告对全球 530 个大中型城市的饮用水源地进行了深度分析[3]，研究发现全球前 100 个最大城市的 5 亿人口的饮用水来自高沉淀物水源，其中还有约 3.8 亿人口的饮用水取自富营养化水源。地下水资源也面临巨大压力。德国法兰克福大学和波恩大学研究指出，印度、美国、伊朗、沙特阿拉伯和中国的地下水枯竭显得格外突出[4]。英国伦敦大学学院研究指出，地下水资源的急剧消耗破坏了人类在全球变暖背景下应对水资源短缺的恢复力[5]。

2014 年 4 月，美国环保署（EPA）提出方案[6]，建议对经历了一个多世纪的工业活动之后，遭受了农药、重金属、二噁英、多氯联苯（PCBs）和其他污染物侵蚀的帕塞伊克河 8 英里长的下游河段进行清理，以清除高达 430 万立方米的污染底泥。2014 年 9 月 24 日，美国发布"五大湖恢复行动计划"，将联合联邦政府各机构积极采取措施，在未来 5 年内实现北美五大湖流域的水质保护、控制物种入侵、世界上最大的淡水湖水系栖息地恢复的目标[7]。

2. 环境污染对人类健康影响的科学认识不断深入

环境污染对人类健康的影响及其造成的损失研究取得一系列新的认识。世界卫生组织（WHO）发布关于空气污染的最新估计指出[8]，2012 年全球约 700 万人的死亡与空气污染（包括室内空气污染和室外空气污染）有关，中低收入国家受影响最大，这些国家因空气污染死亡人数占全球的 1/8，这一数据是先前估计的两倍。经济合作与发展组织（OECD）报告指出[9]，城市空气污染引发的健康问题和过早死亡给发达经济体以及中国和印度等国每年造成的经济损失总额高达 3.5 万亿美元，而 OECD 成员国的空气污染约 50% 来源于道路交通，其中，柴油车尾气排放危害程度最高。美国哥伦比亚大学和重庆医科大学的一项案例研究发现[10]，燃煤电厂关闭前孕育的婴儿脐带血中脑源性神经营养因子（BDNF）的含量明显低于电厂关闭后出生的婴儿，BDMF 是一种参与脐带血中神经元生长的蛋白质，这种蛋白质对大脑发育至关重要，该研究证明了孕妇对空气污染的长期暴露将影响儿童的神经发育，提供了燃煤电厂关闭后有益于儿童健康的直接证据。

3. 对海洋微型塑料及其危害的认识取得多项重要突破

有关海洋微型塑料的迁移和聚集规律，及其对海洋生态系统安全的威胁取得多项重要认识。近年来，海洋环境的塑料污染问题日益严重，有关海洋生态系统中的塑料垃圾研究也迅速增加。2014 年 6 月 23 日，在首届联合国环境大会上，联合国环境规划署（UNEP）发布报告指出[11]，海洋里大量的塑料垃圾日益威胁到海洋生物的生存，保守估计每年给海洋生态系统造成的经济损失高达 130 亿美元。美国达特茅斯大学和英国伦敦大学学院的科学家在北冰洋海冰中也发现数量巨大的微型塑料[12]，总量比泛太平洋垃圾带里的塑料碎片要高 3 个数量级。西班牙国家研究委员会马拉斯皮纳（Malaspina）海洋考察队发现海洋上存在与环流特征相关的五大塑料碎片聚集地[13]，该考察队同时指出，海面可能还不是塑料垃圾的最终目的地，大量的塑料碎片或许已经进入海洋食物链，对生态系统和人类健康产生负面影响。

4. 气候变化科学研究和应对行动取得更多科学认同

气候变化的科学认识不断深入。美国科学促进会（AAAS）发布报告指出[14]，人类社会正处在将气候系统推向突然、不可预测和潜在的不可逆变化的风险中，这将带来极具破坏性的影响。美国斯坦福大学研究指出，气候变化将增加未来大气的静稳事件，进而导致全球多地空气质量的持续恶化[15]。荷兰环境评估署、荷兰能源研究中心、澳大利亚昆士兰大学、澳大利亚西澳大学和荷兰皇家气象研究所调查发现，90%的受访的全球气候变化领域的科学家认为是人为因素主导了全球变暖[16]。瑞典、澳大利亚、丹麦等国研究机构开展的一项研究[17]，称由于人类活动，地球的9个界限目前已有4个被突破，分别为：气候变化、生物多样性损失、土地系统变迁、生物化学循环改变，每一个界限的显著改变都可能将地球系统推入一个危险的状态。有关全球大气 CO_2 浓度的监测工作取得新发现，美国国家海洋和大气管理局（NOAA）基于全球40个观测站的大气样本数据的综合分析表明，全球大气二氧化碳月平均浓度首次突破400mg/kg（ppm），再一次有力证明了全球二氧化碳浓度持续增加的趋势[18]。

气候变化评估报告强调积极应对气候变化的紧迫性。政府间气候变化专门委员会（IPCC）组织全球科学家完成了对全球气候变化及其影响和应对机会的新一轮评估，陆续发布的评估报告再次强调了积极应对气候变化的紧迫性。2014年3月发布的IPCC第二工作组报告指出[19]，尽管管理气候变暖风险的难度不断增加，但应对这些风险的机遇依然存在。2014年4月发布的第三工作组报告指出[20]，通过采取各种技术措施以及行为改变，有可能将全球平均温度升高幅度控制在不超过工业化前水平的2℃范围内。但是，只有通过重大体制和技术变革，才更可能将全球变暖幅度控制在上述阈值之内。2014年11月发布的综合报告指出[21]，人类对气候系统的影响正日益突出，如果不加以制止的话，气候变化将很大可能会增加人类和生态系统遭受严重的、无处不在和不可逆转的影响。

国际应对气候变化行动进入全新阶段，新一轮气候变化行动框架逐步浮出水面。世界主要国家陆续提出自主贡献减排预案目标，以积极姿态迎接巴黎气候变化大会，截至2015年5月，已经有37个国家提交了自主贡献减排预案目标方案。中美两国于2014年11月发布《中美气候变化联合声明》，使国际气候政策进入一个新的水平，为巴黎大会达成新的气候协议奠定良好基础，该协议的达成也拉开了由煤炭时代向清洁能源时代过渡的新篇章，并将大大刺激清洁能源及相关技术的研发需求[22]。

5. 应对环境问题的新工具和新方法的研制工作更加受到重视

浙江大学和美国北卡罗来纳州立大学的科学家研究指出[23]，水喷雾地球工程方法可以在很短的时间内非常有效地将大气 $PM_{2.5}$ 污染减少至35微克/米³（根据喷雾方式的不同，可以在几分钟到几小时或几天内取得显著效果）。美国哈佛大学公共卫生学院、麻省理工学院等机构的科学家指出[24]，目前评估颗粒物对人体健康影响的方法还存在局限，科学家需要考虑使用"准实验方法"（quasi‑experimental，QE）进行分析评估。美国华盛顿大学、斯坦福大学和挪威哥本哈根大学的科学家指出[25]，对于许多物种和生态系统，特别是水生和海洋环境，缺乏实用的监测方法，环境 DNA（eDNA）科学在改善环境管理方面前景广阔。澳大利亚阿德莱德大学化学工程学院与西班牙洛维拉·依维尔基里大学的科学家共同开发出一种新的超灵敏、低成本和便携式的监测环境水体中汞的方法[26]。美国未来资源研究所评估了世界银行的室外空气污染暴露的损害成本和相关经济成本的估计方法[27]，并建议用全球疾病负担（Global Burden of Disease，GBD）团队的计算方法来替代当前基于计量经济模型的成本估计方法。全球疾病负担团体将卫星数据与大气化学输送模式结合起来，对细颗粒物暴露进行全球评估。奥地利应用系统研究所的科学家提出用 $PM_{2.5}$ 浓度造成的寿命损失（Loss of Life Expectancy，LLE）来评估人类暴露在细颗粒（$PM_{2.5}$）之下所受到的健康影响[28]。在 2009 年 2 月发射首颗"轨道碳观测者"（OCO）卫星失败之后，美国国家航空航天局（NASA）于 2014 年 7 月成功发射了探测精确度远高于同类探测器的 OCO‑2，2014 年 12 月 18 日，科学家首次发布了来自该卫星的首批图像[29]。

二、领域重要战略规划

针对环境问题这一人类社会的共同挑战，世界各国在 2014 年持续加强对主要环境问题的研发投入和科技布局的优化调整，推出了一批国家战略规划与工作计划。

1. 欧美环境机构优先考虑空气污染与气候变化挑战

2014 年 1 月 21 日，欧洲环境署（EEA）发布《2014—2018 年的多年工作计划：扩展政策实施和长期转化的基础知识》[30]，指出鉴于自然环境挑战，在 2014—2018 年需要优先考虑并持续关注空气污染、气候变化、水管理、自然保护、土地利用和自然资源、废弃物管理、噪音、沿海和海洋保护等领域。通过收集数据、信息/指标和评估，适应和进一步发展 EEA 信息系统，向欧盟委员会申报国家数据，以适应国家预期的变化，在以下 9 个主题领域，支持并告知政策制定和实施：①空气污染、交通和噪声；②工业污染；③减缓气候变化和能源消费；④气候变化的影响：脆弱性和适应性；⑤水资源管理、资源和生态系统；⑥海洋、沿海环境和海洋活动；⑦生物多样性、生态系统、农业和森林；⑧城市、土地利用和土地；⑨废物和材料资源。

2014 年 4 月 10 日，美国环境保护署（EPA）发布《2014—2018 财年美国环境保护署战略计划》报告[31]，提出 5 项战略目标、4 项跨部门战略和总体核心价值，支持管理层和 EPA 重点工作的实施。5 项战略目标分别是解决气候变化和改善空气质量、保护美国水资源、清洁社区和推进可持续发展、降低风险和增加化学品安全性、依靠法律的执行与遵守来保护人类健康和环境。EPA 的研究将继续集中于最关键的主题，为解决人类健康和环境问题找到更加可持续的解决方案。在应对环境挑战时，EPA 将继续延续科学、透明、法治的核心价值；将以最好的数据和研究以及透明度和问责制的承诺作为工作导向。

2. 联合国机构全力推进国际社会积极应对全球环境问题

2014 年 6 月 27 日在内罗毕召开的联合国环境大会上共通过 16 项决定和决议，推动国际社会采取行动应对空气污染、打击非法野生动植物贸易、管理海洋塑料垃圾和微塑料、健全化学品与危险废物管理等主要环境问题[32]。大会再次重申了成员国在《我们想要的未来》中做出的承诺，特别是可持续发展背景下的环境支柱部分和第 88 款加强环境署的作用。联合国环境大会期间举办的可持续发展目标和 2015 年后发展议程（包括可持续消费和生产）全体部长会议呼吁把环境支柱彻底地纳入可持续发展进程当中，承认健康的环境是实现有雄心的、普遍的和可实施的 2015 年后可持续发展议程的必要条件和关键因素。其他决议关注以下问题：①需要加快推进可持续消费和生产模式，包括资源效率和更可持续的生活方式；②通过所有国家全方位的合作，采取紧急行动，共同应对气候变化，包括全面实施联合国气候变化框架公约；③培养并鼓励合作伙伴关系，应对小岛屿发展中国家面临的环境挑战，特别是即将在萨摩亚召开的第三届小岛屿发展中国家国际大会需要讨论通过的优先事项；④需要加强科学与政策的结合，为更有效的可持续发展决策提供技术手段；⑤需要确保多边环境协定和其他国际与区域环境承诺的全面实施；⑥需要加强减少生物多样性流失、防治土地荒漠化和土地退化的工作。

联合国环境规划署（UNEP）于 2014 年 6 月发布《UNEP 年鉴 2014》[33]，重新审视并评估了过去十年的年鉴所关注的十大紧迫环境问题，这些环境问题包括了氮元素过剩造成的环境影响、传染性疾病、海洋里的塑料垃圾、海洋水产养殖、甲烷水合物、公众科学潜力，空气污染、野生动物偷猎、土壤氮保护、北极的迅速变化等领域，并提供了新的应对方法。2014 年年鉴再次证实环境对维持和改善人类及生态系统的健康起着至关重要的作用，经济发展不能以牺牲环境为代价，鼓励所有国家联合起来，共同应对气候变化带来的挑战。此外，人们越来越需要来自世界各地的及时、可靠的环境信息，以便能够识别出现的问题并采取有效行动和政策对其做出应对。

3. 国际机构积极部署应对水安全问题

联合国教科文组织于 2013 年 11 月发布国际水文计划第八阶段战略计划——《水

安全：应对地方、区域和全球挑战》[34]，重点围绕与水相关的灾害和水文变化、变化环境中的地下水、解决水短缺和水质问题、水和人类住区的未来发展、面向可持续性的生态水文学、水安全教育等六大主题，以及水资源风险管理、水安全的不确定性、地下水水质保护与可持续管理、生态水文学系统解决方案和生态工程、城市生态水文学等 30 个重点研究问题进行了科技战略规划。

世界银行与中国水利部联合完成《中国国家水资源合作战略（2013—2020）》报告[35]并于 2014 年 5 月发布，该报告以提高我国国家水安全保障为目标，提出了中国在实现 2020 年战略目标进程中实施水资源综合管理及解决各类问题的要素与策略。报告认为，中国经济的发展依然受制于水问题，中国未来经济和社会发展将面临洪灾风险、水资源短缺、水污染、水生生态系统退化以及水资源管理水平等五个战略性问题。我国政府和世界银行针对关键性战略问题，共同确定了防洪减灾战略、应对水资源短缺战略、水污染防控战略、水生态环境修复战略、水资源管理战略、应对气候变化战略等六方面具体战略，以及流域综合管理、生态脆弱与河流管理、缺水地区水量分配、农业高效节水灌溉、政策和战略对策、洪水风险管理、应对气候变化、流域生态补偿、地下水管理、饮用水安全、水利信息化建设和水价改革等 12 个近期工作重点。

4. 未来地球计划确定未来 3～5 年的优先研究领域

2012 年 6 月，"未来地球计划"（Future Earth）在"里约＋20 峰会"上宣布成立，原有的全球变化研究计划将停止或部分停止。该计划着眼于运用跨学科观点和研究方法，开展动态行星地球、全球可持续发展、可持续性转型三大主题研究，以催生深入认识行星地球动态的科学突破，推动提出重大环境与发展问题的解决方案。2014 年 11 月 6 日，未来地球计划科学委员会和过渡参与委员会发布《未来地球 2025 愿景》[36]，制定了未来 10 年"未来地球计划"研究活动的框架体系，并提出将推进以解决方案为导向的研究，与社会各方合作伙伴协同设计、协同实施，不断增进新的科学认识并将科学知识联系起来，以扩大科学研究的影响、探索新的发展路径、寻找新的方法，实现人类社会向可持续发展加速转型。2014 年 12 月 4 日，未来地球计划发布《战略研究议程 2014》[37]呼吁研究的逐步改变，以解决严重的环境、社会和经济挑战，敦促私营部门、政府和民间社团与研究人员合作，协同设计、协同实施一个更灵活的全球创新体系。

三、发展启示建议

总览 2014 年全球应对环境问题的科学进展与科学行动，世界各国环境压力总体不断增大，重视程度也持续增加，主要国家加强了环境科学领域的战略规划和科技布局的优化调整，科学问题进一步聚焦，研究手段得到进一步改善，新的科学成果在环境问题的应对决策和行动中发挥了重要作用。我国在环境科学领域也取得了若干重要成果，并在全球应对行动中发挥了不可替代的作用。建议我国环境科学领域继续加强以下工作：

1. 继续加大环境问题的研发投入，破解环境污染治理难题

我国 30 多年的经济快速增长，留下了严重的环境问题。建议从环境问题的科学机理研究与环境问题治理手段和对策的开发两个方面同时加大科技投入，实现摸清环境问题现状、认清环境影响机理、找准环境治理方法、推动环境质量改善的目的。

2. 积极应对气候变化，协调环境、能源和水问题

气候变化及其应对行动与我国经济社会各方面均有千丝万缕的联系和影响，也正因其复杂性，难以以单一手段解决。建议以环境与发展的全局观审视气候变化问题，将气候问题、环境问题、能源问题、水问题和发展问题纳入统一框架中进行科学布局，抓住经济增长转型的重要时期，破解气候变化与发展难题。

3. 结合可持续发展主题，布局环境问题研究，落实"未来地球计划"相关工作

未来地球计划作为全新的全球环境变化科学组织框架，将围绕"动态行星、全球可持续发展、可持续性转型"三大主题组织科学研究，我国已作为国家成员启动相关工作，但科学研究工作尚待进一步推进。建议围绕水、能源、食物、健康、低碳转型、区域发展、环境变化适应、自然资源保护等布局一批重要研究选题，并鼓励面向解决方案、科学支持决策的研究工作，实现科学研究范式的全面转变。利用未来地球计划推出整合全球变化研究计划之际，梳理我国原有全球变化计划的组织框架，并将其中活跃的且可与未来地球计划相对接的组织/团队作为项目/工作组吸收到未来地球框架中来，并结合未来地球计划学科交叉、面向可持续发展解决方案的特点，新设计和征集新的科学工作组。

致谢：中国科学院兰州文献情报中心熊永兰、廖琴、裴惠娟、董利苹、唐霞等在本文的撰写过程中提供了部分资料，在此一并感谢。

参考文献

[1] Wang Y, Zhang R, Saravanan R. Asian pollution climatically modulates mid-latitude cyclones following hierarchical modelling and observational analysis. Nat Commun, 2014, 5, 3098.

［2］ Stehle S，Schulz R. Agricultural insecticides threaten surface waters at the global scale. PNAS，2015，112 (18)：5750-5755.

［3］ The Nature Conservancy. Urban Water Blueprint：Mapping Conservation Solutions to the Global Water Challenge. http：//water. nature. org/waterblueprint/♯/intro＝true［2014-11-18］.

［4］ Döll P，Schmied M，Schuh C，et al. Global-scale assessment of groundwater depletion and related groundwater abstractions：Combining hydrological modeling with information from well observations and GRACE satellites. Water Resources Research，2014，50(7)：5698-5720.

［5］ Taylor R. Hydrology：When wells run dry. Nature，516，179-180. doi：10. 1038/516 179a.

［6］ EPA. Lower Passaic River Restoration Project. http：// www. epa. gov/region02/passaicriver/ ［2015-05-14］.

［7］ EPA. Federal Agencies Announce 5-Year Great Lakes Restoration Action Plan. http：//yosemite. epa. gov/opa/admpress. nsf/d0cf6618525a9efb85257359003fb69d/5fe612baa854569285257d5d00491884! Open-Document ［2015-05-14］.

［8］ WHO. 7 million premature deaths annually linked to air pollution. http：//www. who. int ［2015-02-11］.

［9］ OECD. The cost of air pollution：health impacts of road transport. http：//www. oecd-ilibrary. org/environment/the-cost-of-air-pollution_9789264210448-en ［2015-02-11］.

［10］ Tang D，Lee J，Muirhead L，et al. Molecular and neurodevelopmental benefits to children of closure of a coal burning power plant in China. PLoS One，2014，9，e91966.

［11］ UNEP. UNEP year book 2014：emerging issues in our global environment. http：//www. unep. org ［2015-02-11］.

［12］ Obbard R W，Sadri S，Wong Y Q，et al. Global warming releases microplastic legacy frozen in Arctic Sea ice. Earth's Future，2；315-320.

［13］ Cozar A，Echevarria F，Gonzalez-Gordillo J I，et al. Fernandez-de-Puelles & C. M. Duarte Plastic debris in the open ocean. Proc Natl Acad Sci U S A，2014，111，10239-44.

［14］ AAAS. What We Know：The Reality，Risks and Response to Climate Change. http：// whatweknow. aaas. org/wp-content/uploads/2014/03/AAAS-What-We-Know. pdf［2014-3-18］.

［15］ Horton D E，Skinner C B，Singh D，et al. Occurrence and Persistence of Future Atmospheric Stagnation Events. Nature Climate Change，2014，4；698-703.

［16］ Verheggen B，Strengers B，Cook J，et al. Scientists' Views about Attribution of Global Warming. Environ. Sci. Technol. ，2014，48 (16)：8963-8971.

［17］ Steffen W，Richardson K，Rockströml J. Planetary Boundaries：Guiding Human Development on a Changing Planet. Science，2015，347(6223). doi：10. 1126/science. 1259855.

［18］ NOAA. Greenhouse gas benchmark reached Global carbon dioxide concentrations surpass 400 parts per million for the first month since measurements began. http：//research. noaa. gov/News/ ［2015-05-06］.

［19］ IPCC. Climate change 2014：impacts，adaptation，and vulnerability. http：// www. ipcc. ch/report/

ar5/wg2/［2015-02-11］.

［20］ IPCC. Climate change 2014：mitigation of climate change. http：//www. ipcc. ch/report/ar5/wg3/
［2015-02-11］.

［21］ IPCC. Climate change 2014 synthesis report. http：//www. ipcc. ch/report/ar5/syr/［2015-02-11］.

［22］ Echeverría D,Gass D. The United States and China's New Climate Change Commitments：Elements,Implications and Reactions. http：//www. iisd. org/sites/default/files/publications/［2015-05-13］.

［23］ Yu S. Water spray geoengineering to clean air pollution for mitigating haze in China's cities. Environmental Chemistry Letters,2014,12,109-116.

［24］ Dominici F,Greenstone M,Sunstein C R. Particulate Matter Matters. Science,2014,344,257-259.

［25］ Kelly R P,Port J A,Yamahara K M,et al. Harnessing DNA to improve environmental management. Science,2014,344,1455-1456.

［26］ Kumeria T,Rahman M M,Santos A,et al. Nanoporous Anodic Alumina Rugate Filters for Sensing of Ionic Mercury：Toward Environmental Point-of-Analysis Systems. ACS Applied Materials & Interfaces,2014,6,12971-12978.

［27］ Cropper M L,Khanna S. How Should the World Bank Estimate Air Pollution Damages? http：//www. rff. org［2015-02-12］.

［28］ Gschwind B,Lefevre M,Blanc I,et al. Fuss Including the temporal change in $PM_{2.5}$ concentration in the assessment of human health impact：Illustration with renewable energy scenarios to 2050. Environmental Impact Assessment Review. doi：10. 1016/j. eiar. 2014. 09. 003.

［29］ Monastersky R. Satellite Maps Global Carbon-dioxide Levels. Nature. 2014-12-18. doi：10. 1038/nature. 2014. 16615.

［30］ EEA. Multiannual Work Programme 2014-2018：Expanding the Knowledge Base for Policy Implementation and Long-term Transitions. http：//www. eea. europa. eu［2015-02-11］.

［31］ EPA. Fiscal Year 2014-2018 EPA Strategic Plan. http：//www2. epa. gov［2015-02-11］.

［32］ UNEP. Historic UN Environment Assembly Calls for Strengthened Action on Air Quality,Linked to 7 Million Deaths Annually,Among 16 Major Resolutions. http：//www. unep. org［2015-02-13］.

［33］ UNEP. UNEP Year Book 2014. http：//www. unep. org［2015-02-13］.

［34］ IHP. IHP-VIII：Water Security：Responses to Local regional and Global Challenges（2014-2012）. http：//unesdoc. unesco. org/Ulis/cgi-bin/ulis. pl？catno＝225103&set＝52E1B5E4_0_438&gp＝0&lin＝1&ll＝1［2015-05-14］.

［35］ World Bank. China Country Water Resources Partnership Strategy. http：//documents. worldbank. org/curated/en/2013/01/19577180/china-country-water-resources-partnership-strategy-2013-2020［2015-05-14］.

［36］ Future Earth. Future Earth 2025 Vision. http：//www. futureearth. org［2015-02-13］.

［37］ Future Earth. Strategic Research Agenda 2014. http：//www. futureearth. org［2015-02-13］.

Observations on Development of Environment Science

Qu Jiansheng，Zeng Jingjing，Zhang Zhiqiang，
Zhu Yongguan，Pan Genxing

Main findings and achievements of environment science in 2014 are briefly summarized：①Environment pollution problems are paid close attention and continue to make progress. ②Science knowledge about the impacts of environmental pollution on human health goes deeper. ③Understanding of the Marine micro plastic and its harm makes some important breakthroughs. ④Both climate change science research and response action achieve scientific identification. ⑤More attention is paid to the development of new tools and methods addressing environment issues. And national strategic programs and work plans in environment area are reviewed in the following part. Finally the suggestions on the development of China's environment science are put forwards：①We should continue to increase R&D investment to environment so as to crack the environment pollution problems. ②We should be response actively to climate change for coordination of water，energy and environment. ③We should plan the priorities of environment research according to the need of sustainable development，and carry out related work of Future Earth.

4.6　地球科学领域发展观察

张志强[1]　郑军卫[1]　赵纪东[1]　张树良[1]　翟明国[2]

（1. 中国科学院兰州文献情报中心；

2. 中国科学院地质与地球物理研究所）

地球科学是认识地球系统的过程与变化及其圈层相互作用、地球环境的演化规律与人类利用、管理地球以服务于人类进步的科学知识体系[1,2]。作为人类社会发展的支柱科学之一，地球科学的研究正朝着系统化、整体化、组织化、规模化、技术化、平台化、数字化方向发展。2014 年，地球科学领域发展凸显了研究理念、基础研究、应用研究和平台设施建设等并重的特点，在地球深部探测与内部演化、行星地球与大陆壳形成、固体地球圈层相互作用、生命起源与演化、大气组分形成机理等方面取得了重要认识，在矿产资源发现、空间地球科学研究、能源开发相关的环境风险研究、北极研究等方面的研究布局得到重视，对我国地球科学研究有重要启示。

一、重要研究进展

1. 地质学领域研究继续取得重要进展

（1）地幔柱、山根等经典理论持续受到质疑。美国科罗拉多大学科学家指出[3]，越来越多的研究表明，对于起源于核幔边界的热岩上升流（地幔柱）的研究并不仅仅是存在一些小的"批评"，其是否存在仍然是一个问题。传统地质学理论认为高的山有深的根，但是南加州大学的地球科学家[4]对非洲阿特拉斯山（Atlas Mountain）的研究却发现，该山脉的形成突破了这一标准模式，在新的模式中，山脉漂浮在一层热熔岩（这些熔岩在岩石圈之下的区域流动）之上。

（2）地球深部研究取得重要新认识。尖晶橄榄石是橄榄石的一种高压多晶型，最初是在陨石中发现的，被认为是地幔过渡带的一个主要组成成分。加拿大阿尔伯塔大学研究人员[5]提供了来自巴西 Juína 的一个金刚石包裹体以及关于尖晶橄榄石在陆地上首次出现的证据。这种富含水的包裹体直接证据证明，地幔过渡带至少是局部含水的，含量大约为 1%（重量比），接近于全世界海洋水的总量。法国国家科学研究中心科学家[6]提出了一个橄榄石聚集体变形的模型，将使研究人员能够对上层地幔的流变学进行从原子尺度到大尺度地幔流的多尺度模拟研究。而澳大利亚莫纳什大学研究人员[7]提出一种关于大陆增生的新的数值模型，阐明了造山系统的较大曲率的形成机制以及背弧区（back arc region）的构造逃逸（tectonic escape）机制。

（3）生命起源与演化研究依然是研究热点。多项研究[8~10]揭示，地球早期大气中氧的含量与复杂形态生命的出现关系不大，地球上首次出现的动物形态——海绵可以在氧含量低至目前大气氧含量水平 0.5% 的条件下生存，同时氧含量充足也不一定会导致高级生命的演化，造氧生物的出现，比此前预想的至少早 6000 万年。美国伍兹霍尔海洋研究所研究人员[11]对生命起源于深海热液假说提出质疑，其实验研究揭示早先被认为是生命起源关键的甲硫醇可以作为微生物的分解产物轻而易举地形成，早期生命可能在海底广泛存在；氧浓度的急剧下降、酸雨以及微生物等可能是导致地球生命演化停滞或生物灭绝的原因。中国科学院古脊椎动物与古人类研究所科学家对 20 多年来新发现的、主要产自中国的化石研究表明，羽毛这样的类似鸟类的特征，实际上早在最早的鸟类出现以前就已经在不同的恐龙类群中多次重复出现，其可能是用于保暖、展示，也可能有保持平衡的作用，而不是用于飞翔[12]；该项研究被《科学》（Science）杂志评选为 2014 年度十项重大科学进展之一。

2. 矿产资源可持续开发研究得到更广泛重视

（1）深海矿产资源的可持续开发受到关注。太平洋深海矿产（DSM）项目和太平洋地区环境计划秘书处（SPREP）联合在斐济南迪召开了聚焦于深海矿产环境管理的研讨会[13]，发布报告[14]对太平洋区域海底块状硫化物矿床、锰结核矿床、富钴铁锰结壳矿床进行了评估，并描述了一个可持续的深海采矿的绿色经济体系，既满足太平洋岛屿国家的利益需求又不会对深海生物资源和海洋生态系统造成损害。2014 年 3 月在伦敦举行的 2014 年深海采矿峰会[15]上，"寻求可持续的海底采矿项目"被列为主要议题之一。

（2）页岩油气开发的风险受到高度关注。英国能源与气候变化部（DECC）[16]、加拿大学院委员会（CCA）[17]、世界资源研究所（WRI）[18]和美国国家研究理事会（NRC）[19]等分别发布报告，就页岩油气开发过程中对地下水和地表水、温室气体排放、人类健康、诱发地震等方面的影响进行分析，揭示出页岩油气开发可能面临运营风险、水资源风险、空气质量风险、生态风险、公共健康风险、对气候变化影响、对社区社会经济影响、协同效应和累积风险等主要风险。

3. 地球物理学与地球化学研究稳步发展

地球深部探测研究取得进展。区别于以往的地震成像方法，法国巴黎狄德罗大学研究人员[20]基于地球重力场和海洋环流探测卫星数据构建的全球异常的地球引力梯度图，利用敏感性分析研究发现重力梯度图可以反映地幔的几何结构及地幔深度，并据此确定了一条可能出现在上地幔的东西向质量异常。美国加州大学圣芭芭拉分校研究人员[21]通过地壳氦、铅同位素的高精度测量，揭开了萨摩亚火山深地幔柱构成的化学成分和形状，并最终得到火山年龄演变趋势，为地球的早期形成演化研究提供了证据。

4. 大气科学领域研究取得重要认识

（1）大气组分形成机理研究获得多项新认识。美国加州大学洛杉矶分校[22]的研究确定了地球邻近空间超能电子形成的机理，将对大气组分及地球磁圈的认识和理解产生重要影响；美国加州大学戴维斯分校研究人员[23]研究证实氧能够在上层大气中由二氧化碳直接生成，将对有关地球及其他行星大气形成及演化模式的认识产生重大影响。

（2）大气观测技术研发取得重要进展。美国斯克里普斯海洋学研究所[24]开发出一种基于机载 GPS 系统的更加精确的大气观测新技术，为构建新一代全球大气观测体系奠定了基础；荷兰莱顿大学科学家[25]首次借助公民科学家网络精确生成大气气溶胶分布图，为未来高精度地基大气观测网的建设开辟了新路径。

5. 行星地质学研究取得进展

火星和彗星研究取得新认识。美国国家航空航天局（NASA）科学家[26]通过深入研究一块名为 Yamato 000593 的火星陨石的深层结构发现，该岩石形成于约 13 亿年前的火星熔岩流，陨石的硅酸盐矿物以及捕获的火星大气中的氧原子组成与其他陨石、地球和月球的成分均有很大差别，表明数亿年前火星上可能存在水和生命活动过程。2014 年 11 月，欧洲航天局（ESA）"罗塞塔"太空探测器释放的"菲莱"小型着陆器在彗星成功软着陆，成为人类探测器首次成功着陆彗星，对彗星的化学成分和组成进行了为期 6 个月的分析。在降落彗星的过程中，"菲莱"上的相机记录了降落时的景象，其他设备则尝试采集彗星周围的气体和尘埃样本，同时测量磁场和等离子体。对彗星的探测将有助于揭示太阳系的起源和演化。

6. 地球科学探测新技术得到更广泛应用

（1）对地观测实现了地表系统与天气、气候系统的全天候监测。欧洲航天局发射哨兵-1A 卫星，标志着地球观测进入了新纪元。该卫星的全天候环境监测能力将用于探测和追踪石油泄漏、海冰绘图、监控地表运动、绘制土地利用方式变化图，以及为应对自然灾害、人道主义救援提供实时信息[27]。NASA 启动了 5 项地球科学任务：全球降水测量、核心天文台、测量海面风速和风向的快速散射仪、轨道碳观测、云-气溶胶传输系统、土壤湿度主被动探测卫星，一系列新的仪器也将第一次从空间站常规观测地球[28]；美国 2014 年 7 月发布的"轨道碳观测者-2 号"卫星（OCO-2）用于监测地球二氧化碳水平，将有望带来全球碳循环研究的新突破[29]。

（2）高性能地学计算技术在地球科学研究领域发挥重要作用。印度地球科学部（MoES）在 2014 年 3 月发布《新的高性能计算设施概要》报告，介绍了印度当前最强的高性能计算设备（AADITYA）及其在地球科学领域的应用，指出这些新的高性能计算系统有助于改进天气、气候和海洋预报模拟，促进天气和气候预报和空气污染预测研究，提高各种平台数据同化[30]。德国计算机学家、数学家和地球物理学家在高性能计算机上通过优化地震模拟软件使其性能超越每秒千万亿次浮点运算水平，有助于深化对地震的了解，更好地预测未来可能的地震事件[31]。

二、重要战略规划

1. 重视矿产资源寻找和利用

国际地学组织和主要矿业国家都将矿产资源寻找和高效开发利用作为未来的战略

重点。中国科学院在《科技发展新态势与面向 2020 年的战略选择》一书中提出了建设创新型国家对资源科技的重大需求，明确了加强资源科技布局的战略重点，强调了矿产资源的可持续供应和高效清洁利用技术[32]。国际地质科学联合会（IUGS）主席罗兰·奥博汉斯里于 2014 年 10 月出席国际矿业大会期间，正式启动可能重塑国际地学未来的"为后代寻找资源"（Resourcing Future Generations，RFG）计划。表明国际地科联将促使国际地学研究从纯学术研究向资源回归，未来将使资源与环境并重，保障人类可持续发展[33]。RFG 计划将持续约 10 年，在其框架下将发展、协调并资助一系列与为后代提供矿产、能源和水资源相关的新活动。加拿大地质调查局（GSC）[34] 在 3 月发布《加拿大地质调查战略计划（2013—2018）》提出：运用地学知识发掘加拿大资源潜力，提高加拿大能源和矿业公司的勘查效率和国际竞争力；开展环境地学研究，服务于负责任的资源开发，提高资源开发的监管效率，并减少环境风险等措施。澳大利亚政府[35] 在 7 月宣布正式启动《勘探开发刺激计划（2014—2017）》，涉及地质勘测、地球物理勘查、矿床系统勘探以及矿床钻探等矿产资源勘探开发活动，旨在刺激澳大利亚"绿地"矿产资源开发，以此带动澳大利亚新一轮的经济增长。为支持对重大地质科学挑战的最有效应对，法国地质调查局（BRGM）[36] 制定了《BRGM 科学战略（2013—2017）》，将通过开采利用地下资源来支持资源的可持续开采和利用作为其三大重要战略领域之一。

2. 加强空间地球科学和相关技术研究

对地外星体以及宇宙空间的探测已成为当前地球科学的重要研究内容。美国国家航空航天局[37] 在 2014 年 3 月发布《NASA 战略规划 2014》，确定了 3 个战略目标：扩展空间知识、能力和机会的前沿领域；通过对地球的认识，进一步开发改善地球生活质量的技术；通过对服务于美国公众的人、技术能力和基础设施的有效管理以完成 NASA 的使命。

3. 关注能源资源开发和利用全过程中的环境风险研究

能源资源勘探与开发的技术创新、生产和利用过程中引发的风险和环境问题，已成为学术界和政府机构关注的重要领域。美国国家研究理事会（NRC）[19] 在 2014 年 10 月发布了《页岩气开发风险及其管理：两次研讨会总结》战略研究报告，系统地评估了页岩油气开发风险及其管理问题，揭示出页岩气开发可能面临的主要风险。为推动美国最新"气候行动计划"目标的实现以及确保美国政府能源政策符合新的国家经济、环境及安全战略目标，美国政府[38] 在 2014 年 1 月正式启动第一轮"四年国家能源审查（QER）"。在 2014～2017 年间，QER 将对能源形势不断变化背景下的美国能源政策进行全面审视，重点审查美国现有所有能源传输、存储及配送基础设施，还将就美国如何实现其从能源生产、输送到消费的能源基础设施体系改革的最优化提出一系列详细而全面的建议。

4. 确定大气科学领域未来十年前沿研究方向

大气科学是地球科学最活跃的分支学科之一。世界气象组织（WMO）大气科学委员会第 16 届会议成果报告《未来 10 年展望：新挑战与机遇》[39]，确定出未来 10 年大气科学的 6 大研究主题：①全球变化背景下高影响天气及其社会-经济影响；②水循环过程模拟与预测；③综合性温室气体信息系统；④大气气溶胶对空气质量、天气以及气候的影响；⑤面向超大城市及大规模城市综合体的研究与服务；⑥相关技术发展对科学及其应用的影响。

5. 北极研究渐成北极相关国家关注焦点

随着全球变暖和北极海冰融化，北极地区已成为全球关注的焦点。美国国家研究理事会[40]在 2014 年 4 月发布了《人类世时期的北极：新兴研究问题》战略研究报告，指出未来对于北极地区的研究涉及北极地区的环境演变、北极地区冰川和冰盖的变化、北极地区与周围环境及人类的关系、北极的管理、北极地区的未解之谜 5 个新兴问题。同时指出，要迎接这些新调整，必须加强国际合作、坚持长期观测、完善信息管理与共享、增强设备的维护与运行能力、加强人力资源建设、资助北极相关研究等应对措施。北极委员会（Arctic Council）北极监测与评估工作组（AMAP）在 2013 年也曾发布《北极海洋酸化评估：决策者摘要》[41]报告，对北极地区的海洋酸化现状进行了概述。北极研究已成为地球科学学科综合交叉研究的热点领域之一。

6. 强调民用地球观测技术

地球科学研究愈来愈倚重先进的监测和探测技术，而一些军用技术逐步向民用领域的转化也已成为趋势。美国国会指定白宫科学和技术政策办公室（OSTP）[42]在 2014 年 7 月发布了《民用地球观测的国家计划》，为寻求一种平衡的组合方式来管理民用地球观测提供了战略指导。该计划提出 8 项支撑行动：①协调和整合观测系统；②提高数据存储、管理和互操作性；③提高效率和节约成本；④提升观测密度和采样技术；⑤维护并支持基础设施建设；⑥探索商业解决方案；⑦维持并加强国际合作；⑧开展利益相关者为导向的创新。

三、发展启示建议

1. 加强地球科学战略研究，聚焦重大科学问题和方向

美国国家研究理事会"地球科学新的机遇（NROES）"委员会主席 Thorne Lay

在 2014 年出版的《地球科学新的研究机遇》中文版序[43]中指出，NROES 委员会确定出未来 10 年涵盖主要动态地球系统的 7 大研究主题，即：①早期的地球；②热化学内在动力及挥发物分布；③断裂作用与变形过程；④气候、地表过程、地质构造和深部地球过程之间的相互作用；⑤生命、环境和气候间的共同演化；⑥水文地貌-生态耦合系统对自然界与人类活动变化的响应；⑦陆地环境的生物地球化学和水循环，及全球变化对它们的影响。这些主题只能通过跨学科的方法来实现，其将会对自然灾害、能源资源和可持续环境的社会应用以及对地球系统的基本认识产生深远影响。我国地质地理环境复杂，是开展地球科学研究的天然实验室，应加强地球科学战略研究，提出中长期的、有中国特色的战略研究重点和方向，指导我国地球科学研究以及支撑经济社会发展。

2. 加强能源和矿产地质学研究，为经济社会发展提供坚实资源支撑

丰富的能源和矿产资源供应是保障当前我国经济社会持续发展的关键物质基础。加强国内跨学科、跨领域、跨团队、跨机构合作，围绕稀有矿产资源超常规富集机理和远景评价、主要成藏/成矿区带深入调查研究、矿产资源可持续供应和清洁高效利用技术等资源科技战略重点深入研究，全面摸清我国资源家底，规划资源可持续利用战略。同时，积极与国外能源和（或）矿产资源丰富国家合作，强化对国外资源的发现及形成理论研究，为我国"两种资源、两种市场"的资源保障战略打好坚实的基础。

3. 加强资源勘探开发过程中的环境问题研究，保障可持续发展的环境安全

能源和矿产资源勘探开发过程中一般都会产生较大的环境影响，会破坏当地生态、诱发局地地震、消耗大量淡水、污染地下环境等。如我国南方地区稀土资源的开发造成了当地环境的严重污染，页岩油气开发中的水力压裂则消耗了大量宝贵的淡水资源等。因此，在国内能源和矿产资源勘探开发中应同步开展环境风险评价及其管理研究，实施勘探开发全过程环境监控和环境影响评估。加强资源勘探开发相关环境问题的攻关，制定妥善管理和应对资源勘探开发过程中引发的环境问题的有效措施，严控环境污染事件的爆发式发生。

4. 加强地球深部和深海（特别是资源探查）研究，拓展资源开发领域

当前一些矿业大国对固体矿产勘探开采的深度已达 4000 米以上，而我国大都小于 500 米，差距明显。同时，海洋深水区正在成为未来资源勘探开发的重要战略接替

区。因此，应大力利用高新技术，加强对地球深部和深海的能源、矿产资源研究，扩大资源勘探开发的领域和范围，为我国建立资源后续基地。应在积极跟踪国际地球深部和深海资源探测前沿动态的基础上加强国际合作，积极在国际公共区域和海域开展地球科学研究，增强在这些区域的资源探查和开发的话语权。

5. 加强研究基础设施建设，为地球科学发展提供支撑

地球科学研究现在更加依赖新的实验、观测和分析技术以及大型研究平台和设施支撑，必须加强空间对地观测、地面观测监测、地球深部与海洋探测、模拟与实验等科学基础设施平台和系统的建设更新、升级维护。要针对地球系统演化过程和有关地球重大事件不可逆的特点，以及地球过程研究需基于长时间序列数据积累的现实，必须长期建设和维护更新关键的地球科学研究基础设施。同时，要更加重视地球科学大数据基础设施建设以及长序列数据集的建设和保存，开展地球科学大数据知识分析和知识发现。

致谢：安芷生院士、舒德干院士、蔡演军研究员、韩健教授等审阅了本文并提出了宝贵的修改意见，安培浚、王立伟、刘学、王金平等为本文提供了部分资料，在此一并表示感谢。

参考文献

[1] 中国科学院地学部地球科学发展战略研究组 . 21 世纪中国地球科学发展战略报告 . 北京：科学出版社，2009.

[2] 丹尼尔等 . 地球科学 . 万学，姜允珍，等译 . 杭州：浙江教育出版社，2009.

[3] Foulger G R，Hamilton W B. Plume hypothesis challenged. Nature，2014，505：618.

[4] Amy Whitchurch. Mountains afloat. Nature Geoscience，2014，7：5.

[5] Pearson D G，Brenker F E，Nestola F，et al. Hydrous mantle transition zone indicated by ringwoodite included within diamond. Nature，507：221-224.

[6] Patrick Cordier，Sylvie Demouchy，Benoît Beausir，et al. Disclinations provide the missing mechanism for deforming olivine-rich rocks in the mantle. Nature，507：51-56.

[7] Moresi L，Betts P G，Miller M S，et al. Dynamics of continental accretion. Nature，508，245-248.

[8] Canfield D E，Ngombi-Pembab L，Hammarlund E U，et al. Oxygen dynamics in the aftermath of the Great Oxidation of Earth's atmosphere. PNAS，2014，110(42)：16736-16741.

[9] Mills D B，Ward L M，Jones C A，et al. The oxygen requirements of the earliest animals. PNAS，2014，111 (11)：4168-4172.

[10] Mukhopadhyay J，Crowley Q G，Ghosh S，et al. Oxygenation of the Archean atmosphere：New pal-

eosol constraints from eastern India. Geology,2014,42(10):923-926.

[11] Reevesa E P,McDermotta J M,Seewald J S. The origin of methanethiol in midocean ridge hydro-thermal fluids. PNAS,2014,111 (15):5474-5479.

[12] Pennisi E. 2014 Breakthrough of the Year. 2014. http://www. sciencemag. org/content/346/6216/1444. full.

[13] SPC-EU Deep Sea Minerals Project. The Prospect-news from the pacific deep sea minerals project. http://www. sopac. org/sopac/dsm/DSMPNewsletterTheProspectIssue3January2014. pdf.

[14] GRID-Arendal. Deep Sea Minerals Summary Highlights. http://www. grida. no/publications/deep-sea-minerals/[2014-11-16].

[15] None. The Deep Sea Mining Summit 2014. http://deepsea-mining-summit. com/programme[2015-01-08].

[16] DECC. Government to remove barriers to onshore oil and gas and deep geothermal exploration. https://www. gov. uk/government/news/government-to-remove-barriers-to-onshore-oil-and-gas-and-deep-geothermal-exploration[2014-11-16].

[17] Council of Canadian Academies. Environmental impacts of shale gas extraction in Canada. http://www. scienceadvice. ca/en/assessments/completed/shale-gas. aspx[2014-12-20].

[18] WRI. Global Shale Gas Development:Water availability & Business Risks. http://www. wri. org/publication/global-shale-gas-development-water-availability-business-risks[2014-12-22].

[19] NRC. Risks and Risk Governance in Shale Gas Development. http://www. nap. edu/catalog. php?record_id=18953[2014-10-12].

[20] Panet I,Gwendoline Pajot-Métivier,Marianne Greff-Lefftz,et al. Mapping the mass distribution of Earth's mantle using satellite-derived gravity gradients. Nature Geoscience,2014,7:131-135.

[21] Jackson M G,Hart S R,Konter J G,et al. Helium and lead isotopes reveal the geochemical geome-try of the Samoan plume. Nature,2014,514:355-358.

[22] Thorne R M,Li W,Ni B,et al. Rapid local acceleration of relativistic radiation-belt electrons by magnetospheric chorus. Nature,2013,504:411-414.

[23] Lu Z,Chang Y C,Yin Q Z,et al. Evidence for direct molecular oxygen production in CO_2 photodis-sociation. Science,2014,346(6205):61-64.

[24] UC San Diego News Center. New Airborne GPS Technology for Weather Conditions Takes Flight. http://ucsdnews. ucsd. edu/pressrelease/new_airborne_gps_technology_for_weather_con-ditions_takes_flight[2014-12-23].

[25] Frans S,Jeroen H H R,Arnoud A,et al. Mapping atmospheric aerosols with a citizen science net-work of smartphone spectropolarimeters. Geophysical Research Letters, 2014, DOI: 10. 1002/2014GL061462.

[26] White L M,Gibson E K,Thomas-Keprta K L,et al. Putative Indigenous Carbon-Bearing Altera-tion Features in Martian Meteorite Yamato 000593. Astrobiology,2014,14(2):170-181.

［27］ ESA. Gearing Up For A New Era In Earth Observation. http：//www. esa. int/Our_Activities/Ob-serving_the_Earth/Copernicus/Gearing_up_for_a_new_era_in_Earth_observation［2014-12-17］.

［28］ NASA. Overview：A Big Year for NASA Earth. Sciencehttp：//www. nasa. gov/content/overview-a-big-year-for-nasa-earth-science/＃. UuHZ_rKS2Ma［2014-12-13］.

［29］ NASA Launches New Carbon-Sensing Mission to Monitor Earth's Breathing. http：//www. nasa. gov/press/2014/july/nasa-launches-new-carbon-sensing-mission-to-monitor-earth-s-breathing/［2014-12-12］.

［30］ MoES. Brief about New HPC Facility. http：//dod. nic. in/New_HPC_facility. pdf［2014-12-17］.

［31］ Technische Universität München. Earthquake simulation tops one petaflop mark. http：//www. tum. de/die-tum/aktuelles/pressemitteilungen/kurz/article/31478/［2014-12-17］.

［32］ 中国科学院. 科技发展新态势与面向 2020 年的战略选择. 北京：科学出版社，2013.

［33］ IUGS. Resourcing Future Generations：A Global Effort to Meet the World's Future Needs Head-On. http：//news. sciencenet. cn/htmlnews/2014/11/306882. shtm［2014-11-26］.

［34］ Geological Survey of Canada. Geological Survey of Canada Strategic Plan 2013-2018. http：//publi-cations. gc. ca/collections/collection_2014/rncan-nrcan/M184-3-2014-eng. pdf［2014-12-10］.

［35］ AMEC. Operational details for the Exploration Development Incentive. http：//www. amec. org. au/download/Operational%20Details%20for%20the%20Exploration%20Development%20 In-centive%20EDI%2002072014. pdf［2014-12-12］.

［36］ BRGM. BRGM scientific strategy，2013-2017. http：//www. brgm. eu/content/brgm-scientific-strate-gy-2013-2017［2014-11-10］.

［37］ NASA. NASA Strategic Plan 2014. http：// www. nasa. gov/sites/default/files/files/FY 2014_ NASA_SP_508c. pdf［2014-12-15］.

［38］ The White House. New Steps to Strengthen the Nation's Energy Infrastructure. http：// www. whitehouse. gov/blog/2014/01/09/new-steps-strengthen-nation-s-energy-infrastructure［2014-01-10］.

［39］ WMO. CAS Sixteenth Session. Expected Result 5：Agenda Item 9：A Ten-Year Future View：E-merging Challenges and Opportunities. https：// docs. google. com/a/wmo. int/file/d/0B-qM81H 4lhk-b1pnek90WUhMQkk/edit? pli＝1［2014-12-10］.

［40］ NRC. The Arctic in the Anthropoocene：Emergging Research Questions. http：// www. nap. edu/ catalog. php? record_id＝18726［2014-12-22］.

［41］ AMAP. Arctic Ocean Acidification Assessment：Summary for Policymakers. http：// www. amap. no/documents/doc/AMAP-Arctic-Ocean-Acidification-Assessment-Summary-for-Policy-makers/ 808［2014-10-10］.

［42］ OSTP. National plan for civil earth observations. http：// www. whitehouse. gov/sites/default/files/ microsites/ostp/NSTC/2014_national_plan_for_civil_earth_observations. pdf［2014-12-22］.

［43］ 美国国家科学院国家研究理事会. 地球科学新的研究机遇. 张志强，郑军卫等译校. 北京：科学 出版社，2014.

Observations on Development of Earth Science

Zhang Zhiqiang, Zheng Junwei, Zhao Jidong,
Zhang Shuliang, Zhai Mingguo

In recent years, the earth science research has an important character, that is a shifting to the systematic, integrated, organized, capable, technology-based, platform-based and digitalized research. In 2014, the development of Earth Science highlights the characteristics of research ideas, basic research, applied research and platform facilities construction: the scientists made great achievements in the deep earth exploration and internal evolution, planet earth and continental crust formation, solid earth interactions, the origin and evolution of life, the air component formation mechanism; and paid attention to available mineral resources, earth science research in space, development of energy-related environmental risk research, and the Arctic research aspects.

4.7 海洋科学领域发展观察

高　峰[1]　王金平[1]　王　宝[1]　王东晓[2]

（1. 中国科学院兰州文献情报中心；
2. 中国科学院南海海洋研究所）

21 世纪人类已进入全面开发利用海洋的新时代，海洋事业的发展离不开海洋科技的强大支撑[1]。海洋科学是一个综合性科学体系，包括物理海洋学、海洋化学、海洋生物学和海洋地质学等基础性学科，以及海洋技术科学、海洋工程学、海洋社会科学等涉及海洋管理方面的应用性学科。随着人类发展对于海洋的依赖越来越强，全球海洋科技研究投入不断加大，近年来呈现出多学科交叉融合、高技术引领、面向蓝色可持续发展和向深海远海拓展的趋势。2014 年，海洋领域保持了持续的研究热度，在许多研究方面都取得了重要研究进展，整体上呈现出以下几个特点：研究计划和规划作为海洋科学研究纲领的作用更加突出；海洋研究的学科交叉性和综合性进一步加强；先进海洋调查技术作为海洋研究关键支撑的地位愈加凸显；针对海洋酸化等气候变化延伸问题的研究逐步深入；海洋生态环境及海洋可持续发展问题研究投入加大；海洋可再生能源开发持续升温。

一、重要研究进展

1. 学科交叉融合推动物理海洋学取得新进展

海洋对全球气候具有重要的调节作用，随着海洋数据获取手段和集成分析技术的不断进步，气候与海洋的相互作用研究也不断深入。

（1）深海环流与气候变化关系研究的新认识。美国罗格斯大学研究人员基于对250万~330万年前海洋沉积物岩芯样品的分析指出，大约形成于270万年前的现代深海环流模式引发了北半球冰川面积的增加，而南极的冰阻断了海洋表面的热交换，迫使热量进入海洋深处，最终引起了全球气候变化。该观点为认识气候变化问题提供了一个全新的视角，并对气候变化由大气二氧化碳浓度大幅增加所致的观点提出了挑战[2]。

（2）气候变化导致的未来海平面变化可能超出预期。英国国家海洋学中心（NOC）和丹麦哥本哈根大学等机构对海平面变化的重新研究结果显示，2100年海平面有5%的可能性将上升1.8米左右[3]。由于已给定的历史气候变化数据观测的局限性和目前预测模型的限制，尽管5%的概率较小，但不能被完全排除。该研究扩充了政府间气候变化专门委员会（IPCC）的预测结果，将原预测区间范围大大扩展。

2. 海洋酸化问题研究持续成为海洋研究新热点

海洋酸化程度的定量化研究持续推进。美国加州大学圣克鲁兹分校和哥伦比亚大学地球研究所的合作研究发现，在过去的150年内，海洋的pH值从8.2下降到8.1，相当于酸度增加了25%。到21世纪末，海洋pH值预计将下降至7.8。这相当于发生在几千万年以前古新世-始新世极热时期的pH下降值[4]。联合国等国际组织积极关注海洋酸化状况。2014年10月联合国公布一项对100多项海洋酸化相关研究成果的[5]分析报告，指出全球范围内海洋pH值在时间和空间上存在较大的差异性和变异性；海洋生物在对pH值变化做出反应时发生大量自然变异；局部海域表面海水的碳酸钙欠饱和状态导致生物体外壳的溶解风险增加；对海洋酸化及其潜在后果的国际关注正在不断增加；海洋酸化监测的国际合作正逐步增强。

3. 海洋生物学研究呈现理论与应用并重的新特点

（1）生物多样性中性理论受到挑战。中性理论认为，种群构成的随机性（物种个体的偶然变异）是决定物种丰度和分布的主要因素。该理论的支持者承认不同物种之间的生态差异是存在的，但这些差异在中性理论模型中可以被克服。而澳大利亚海洋研究所（AIMS）和詹姆斯库克大学的研究人员对全球不同海域、不同深度的 14 个生态系统的 1185 个物种进行分析后发现，物种丰度的差异性与基于中性理论的模型预测结果具有较大的差异，该研究对生物多样性中性理论提出了挑战[6]。

（2）气候变化对海洋生物的影响愈加明显，未来情景可能将持续恶化。英国自然环境研究理事会（NERC）资助的一项研究采用先进的气候模型首次定量预测了气候变化对深海生物的影响：22 世纪海底的海洋生物总量在北大西洋海域下降率将高达38%，全球下降率将达到 5%；由于海洋表层植物和动物数量减少，导致缺乏食物来源，更加剧了生物总量的减少；生态服务如渔业将受到威胁[7]。

（3）定量评估海洋健康程度的海洋健康指数（Ocean Health Index，OHI）在全球推广。在巴西、斐济等地开展更为详尽的指标评估研究之后，2014 年的海洋健康指数新增了对南大洋和南极的数据以及 15 个公海区域的数据，成为真正意义上的全球海洋健康指数[8]。由美国加州大学圣芭芭拉分校和俄勒冈州立大学等机构的科学家于 2012 年联合提出的海洋健康指数，是全球首个清晰量化评估海洋系统健康问题的方法。2014 年全球海洋健康平均得分 67 分，比 2012 年和 2013 年的 65 分略有提高。

（4）海洋环境污染问题引起更大关注。伍兹霍尔海洋研究所（WHOI）研究发现：由于人类活动，有些地区海洋中的汞含量已达到甚至超过工业革命前的 3 倍[9]。2014 年 1 月在法国雷斯特召开的"微塑料的去向和对海洋生态系统的影响"会议和《联合国环境规划署 2014 年年鉴》都聚焦了海洋塑料垃圾问题。海洋里大量的塑料垃圾日益威胁到海洋生物的生存以及旅游业、渔业和商业的发展，据保守估计，塑料垃圾每年给海洋生态系统造成的经济损失高达 130 亿美元[10]。

4. 海洋地质学研究稳步推进

加拿大、德国和意大利等国科学家研究发现，地幔过渡带可能储存了大量水，其含水量接近于全球海水的总量[11]。这项研究有助于解决关于地幔过渡带里是否存在水的争议。

美国伍兹霍尔海洋研究所和德国不来梅大学的研究人员关于热液生命起源的研究结果[12]对"基本新陈代谢"的基本假说进行了首次检验，研究发现：甲硫醇不能够通过无生命参与的单纯化学方法生成；生命起源于热液原始新陈代谢的假说存疑；海底广泛存在生命现象。

5. 技术支撑海洋科学发展更加凸显

英国 ASV 公司和 MOST 公司与英国国家海洋学中心合作研发成功两款无人驾驶水

面航行器（Long Endurance Marine Unmanned Surface Vehicles，LEMUSV），飞行器采用卫星定位和控制通讯技术，能够实现海上和岸上数据传输，具有持久耐力和价格相对低廉的特点，目前已进入生产阶段[13]。2014 年 7 月英国政府发布了《机器人和自动化系统 2020 年战略》[14]，将海洋机器人作为重要的投资方向之一，将重点支持海洋观测机器人研发；并预测到 2025 年机器人和自动化技术将有 130 亿英镑的市场价值。

二、重要研究部署

1. 美国布局支持海洋酸化研究

海洋酸化问题是一个复杂的多学科问题，涉及领域广泛，研究难度巨大。美国作为全球海洋研究的引领者在此领域表现活跃。美国国家大气与海洋管理局（NOAA）2014 年 3 月发布的首个《海洋酸化研究计划》列出了 4 方面主要研究内容：观测预警系统、碳循环模拟、生态系统模拟和数据集成。该计划将致力于开展海洋酸化脆弱性评估以及建立长期的高质量的海洋酸化及生态系统响应能力[15]。美国国家科学基金会（NSF）2014 年关于海洋酸化项目的资助经费为 1140 万美元[16]，资助重点包括：提高海洋酸化监测能力、建立综合模型预测海洋碳循环变化及其对生态系统的影响、评估海洋酸化的影响、海洋酸化数据的管理和集成。

2. 美国明确北极研究战略与计划

北极融化进一步促进了国际社会对北极地区的关注。布鲁金斯学会 2014 年 4 月建议，美国应在强化北极地区海域油气资源管理方面发挥领导作用[17]。美国科学促进会（AAAS）2014 年 5 月在华盛顿召开"科学技术政策论坛"，指出：北极气候的快速变暖使科学家和决策者面临新问题，快速变化的环境对北极地区物种、北极地区居民健康和安全问题都带来巨大挑战，同时也带来潜在的机遇[18]。美国国家研究理事会（NRC）2014 年 4 月发布报告分析了北极五个方面的新兴研究问题[19]，指出与未来北极海洋相关的研究方向。

美国国家大气与海洋管理局 2014 年 6 月发布《北极行动计划》[20]，旨在追求北极地区领导权，提升美国安全利益。该计划列出的关键领域包括：提升北极气象和海冰预报；加强北极生态系统的科学研究；支撑基于科学的自然资源的管理和保护；改善北极测绘与制图；提升北极环境事件的预防和响应水平；海冰—海洋—生态系统观测和大气与气候观测；海洋生物资源调查和评估；生态系统和栖息地研究；管理和规范北极地区渔业活动。

美国国家大气与海洋管理局 2015 年将继续加强对北极地区海图的升级工作。早在 2013 年，美国国家大气与海洋管理局所属的海岸调查办公室（OCS）就发布了《北极航道绘图计划》，旨在改善北极附近日益增加的船舶航行条件。2015 年，海岸调查办公室将利用其自有船舶及海岸警卫队所收集的数据对北极航行图进行升级，升级的里程达 12 000 海里[21]。

3. 海洋可持续发展研究受到普遍重视

随着海洋开发活动的日益增加，海洋面临的环境压力越来越大，海洋环境及海洋可持续发展问题日益引起关注。华盛顿海洋大会 2014 年 6 月发布《"我们的海洋"行动计划》[22]，指出应加强可持续的渔业、海洋污染、海洋酸化和海洋保护等方向的研究。欧盟 2014 年年初发布的《大西洋战略行动计划》[23]指出，将重点促进科技及产业创新、加强海洋环境保护与开发、加强海洋交通等基础设施建设以及区域发展模式构建。澳大利亚环境部 2014 年 9 月发布《大堡礁 2050 年长期可持续性计划》[24]报告，认为大堡礁的环境压力不断增加，未来将重点开展保护和恢复大堡礁长远价值的研究，采取基于生态学观点的可持续开发与利用策略。美国国家大气与海洋管理局 2014 年 10 月发布《墨西哥湾生态系统恢复的科学行动计划》[25]，明确了 10 个长期优先研究领域：综合研究社会与海湾生态系统；构建墨西哥湾生态系统模型；提高气象预报能力；理解气象因素对海湾生态系统的可持续性和恢复力的影响；全面了解流域范围、沉积物变化和养分流动对沿海生态系统和生物栖息地的影响；加强对沿海地区生活环境、海洋资源、食物网动态变化、栖息地利用和海洋保护区的研究；利用最新的社会和环境数据研究沿海生态系统和人类社会发展的长期趋势和健康状态变化；构建、检测和验证全面反映墨西哥湾沿岸环境与社会经济条件的指标；决策支持工具的开发和信息获取；集成已有计划的数据和信息；利用先进技术全面提高监测力度。加拿大渔业和海洋部（DFO）2014 年 12 月提议设立"水产养殖联合研究开发计划"（ACRDP），旨在提高科学研究支撑水产养殖业的水平。计划的主要目标包括：提高加拿大水产养殖业的竞争力和可持续性；增加部门和行业间的合作研究；促进技术转移和知识流通进程；提高加拿大重要水产养殖研究能力[26]。

4. 海洋可再生能源开发力度持续加大

据统计，全球海洋可再生能源理论储藏量为 766 亿千瓦[27]。如此巨量的能源储量，一直以来是世界主要国家的关注焦点。爱尔兰通讯、能源和自然资源部（DCEN）2014 年 2 月发布的《海洋可再生能源发展计划》报告[28]，指出将重点在环境可持续发展、技术可行性以及商业可行性三个关键方面加强研究。国际可再生能源署（IRE-

NA）2014年8月发布《海洋能源：技术、专利、部署状况及展望》报告[29]，指出将加强对海洋能源的研究，并分析了潮汐能、波浪能和海流能等各种技术的成熟度、技术部署的现状和趋势、行业专利活动和市场前景以及海洋能源开发的障碍。报告分析指出：海洋可再生能源具有很大的开发潜力；相关技术不断向人口稠密的沿海国家扩展；专利技术申请日趋活跃；重点技术包括波浪能转换器、深海洋流设备、海洋热能转换技术以及盐度差技术等。该报告有助于投资者确定海洋可再生能源新兴技术商业化的途径，并将协助决策者做出中长期能源技术规划和战略选择。

5. 学科交叉将成为未来海洋研究的一大趋势

美国国家研究理事会2015年初向美国国家科学基金会提交的一份咨询报告[30]遴选了海洋研究未来十年的8个重要优先问题：海平面变化的速率、机制、影响及地理变异？全球水文循环、土地利用、深海涌升流如何影响沿海和河口海洋及其生态系统？海洋生物化学和物理过程如何影响当前的气候及其变异，并且该系统在未来如何变化？生物多样性在海洋生态系统恢复力中的作用，以及它将如何受自然和人为因素的改变？到21世纪中叶及未来100年中海洋食物网如何变化？控制海洋盆地形成和演化的过程是什么？如何更好地表征风险，并提高预测大型地震、海啸、海底滑坡和火山喷发等地质灾害的能力？海床环境的地球物理、化学、生物特征是什么，它是如何影响全球元素循环和生命起源与演化的理解？这些问题将作为美国国家科学基金会未来10年的重点资助方向，也在某种程度反映了未来全球海洋研究的热点方向。这些问题的解决将需要物理海洋学、海洋化学、海洋生物学、海洋地质学以及大气科学等诸多学科人员的协同研究。

三、启示与建议

1. 加强海洋酸化研究，应对海洋生态系统退化威胁

"海洋酸化"很可能像"全球变暖"一样，不仅仅是科学问题，也可能演变为政治问题。经过大量研究，科技界对海洋酸化已经形成了总体的判断：海洋酸化的基本事实已被确定，海洋酸化是全球气候变化问题的延伸，海洋酸化对海洋生态系统构成威胁。在这种情况下，我国海洋科学界应积极组织研究力量关注海洋酸化的观测和机理研究，掌握我国海域酸化的程度与趋势，同时加强国际合作，提升我国海洋学界在海洋酸化问题的话语权，为决策者提供科学依据。

2. 加强北极海洋研究，积极介入北极事务

北极地区相关国家对北极的战略地位极为重视。北极研究升温是在 3 个前提下产生的：北极海冰加速融化；北极具有巨大资源、航道和科研等价值。北极资源和航道对于快速转型发展中的中国极为重要，我国应充分利用《斯瓦尔巴德条约》等国际条约所赋予的权利，加强北极地区的科学研究，加强与近北极国家的合作，积极介入北极事务，拓展我国在北极地区的影响力。

3. 加强多学科融合，推进海洋可持续发展

世界自然基金会（WWF）2015 年年初的报告显示，海洋的价值超过 24 万亿美元，海洋已经成为世界第七大经济体[31]。但随着全球经济的发展，人类对海洋资源和环境的开发力度不断加大，加之气候变化等因素的叠加效应，海洋污染、海洋酸化、生态破坏及渔业资源枯竭等问题快速凸显，全球海洋面临的环境压力不断加大，海洋可持续发展问题亟待研究解决。中国近海在长期快速经济发展中积累了较多的环境问题，如何利用我国经济转型的有利时机实现近海海洋环境的根本改善，是我国迫切需要解决的问题。我国已在此方面有了一些部署，未来应当加大相关政策法规的实施效率，完善监督机制，努力实现近海海洋环境的根本改善，确保我国海洋可持续发展目标的实现。

4. 发展先进海洋技术，开发海洋可再生能源

随着海洋研究向深海和远洋不断推进，海洋研究对技术手段的要求越来越高。努力提高深海和远洋探测考察能力，发展"透明海洋"计划[32]，可以为气候变化、深海油气资源开发和海上战场准备提供有效服务，是建设海洋强国的重要战略保障。此外，提高具有自主知识产权的仪器设备的性能和可靠性、完善仪器和数据的标准化和共享机制、构建综合性海洋信息平台、发展多源数据融合技术也是我国海洋科技领域面临的重要挑战。

海洋可再生能源是近几年来的热点之一，欧美近年来出台了众多相关研究开发计划，大力发展相关技术[33]。我国应在核心技术领域开展相关创新研究。依据《海洋可再生能源发展纲要（2013—2016 年）》设定的目标，积极开展相关研究和开发，促进海洋可再生能源的快速发展。

致谢：中国科学院文献情报中心张志强研究员、中国科学院海洋研究所的王辉博士和李超伦博士对本报告初稿进行了审阅并提出了宝贵修改意见，在此表示感谢！

参考文献

［1］中国科学院海洋领域战略研究组．中国至 2050 年海洋科技发展路线图．北京：科学出版社，2009.

［2］Woodard S C，Rosenthal Y，G. Miller K，et al. Antarcticrole in northern hemisphere glaciation. Science，2014，346 (6211)：847-851.

［3］Jevrejeva S，Grinsted A，Moore J C. Upper limit for sea level projections by 2100. Environmental Research Letters. 2014，9：1-9.

［4］Penman D E，Hönisch B，Zeebe R E，et al. Modern ocean acidification is outpacing ancient upheaval：Rate may be ten times faster. Paleoceanography，2014，29(5)：357-369.

［5］UNEP. An Updated Synthesis of the Impacts of Ocean Acidification on Marine Biodiversity. http：//www. cbd. int/doc/publications/cbd-ts75-en. pdf. ［2014-12-24］.

［6］Sean R. Connolly，M. Aaron MacNeil，M. Julian Caley，et al. Commonness and rarity in the marine biosphere. PNAS，111(23)：8524-8529.

［7］Jones D O B，Yool A，Wei C L，et al. Global reductions in seafloor biomass in response to climate change. Global Change Biology，2014，20(6)：1861-1872.

［8］Halpern B S，McLeod K，Katona S，et al. The 2014 Global Ocean Health Index. http：//www. oceanhealthindex. org/KeyFindings. ［2014-10-01］.

［9］Lamborg C H，Hammerschmidt C R，Bowman K L，et al. A global ocean inventory of anthropogenic mercury based on water column measurements. Nature，2014，512(7512)：65-68.

［10］UNEP. UNEP Year Book 2014：Emerging Issues in Our Global Environment. http：//www. unep. org/yearbook/2014/［2014-12-11］.

［11］Pearson D G，Brenker F E，Nestola F，et al. Hydrous mantle transition zone indicated by ringwoodite included within diamond. Nature，2014；507 (7491)：221.

［12］Reeves E P，McDermott J M，Seewald J S，et al. The origin of methanethiol in midocean ridge hydrothermal fluids. PNAS，2014，111(15)：5474-5479.

［13］NOC. Demand grows for new generation ocean robots developed in collaboration with NOC. http：//noc. ac. uk/news/demand-grows-new-generation-ocean-robots-developed-collaboration-noc［2014-4-15］.

［14］Government H M. Eight Great Technologies Robotics and Autonomous Systems. https：//www. gov. uk/government/uploads/system/uploads/attachment_data/file/249255/eight_great_technologies_overall_infographic. pdf ［2014-11-1］.

［15］NOAA. Strategic Plan for Federal Research and Monitoring of Ocean Acidification. https：//www. whitehouse. gov/sites/default/files/microsites/ostp/NSTC/iwg-oa_strategic_plan_march_2014. pdf ［2014-3-30］.

［16］NSF. OceanAcidification：NSF awards ＄11. 4 million in new grants to study effects on marine ecosystems. http：//www. nsf. gov/news/news_summ. jsp？cntn_id＝132548&.org＝NSF&.from＝

news[2014-9-15].

[17] Charles K. Ebinger, JohnP. Banks, AlisaSchackmann. Offshore Oil and Gas Governance in the Arctic: A Leadership Role for the U. S. http: // www. brookings. edu/research/reports/2014/03/offshore-oil-gas-governance-arctic[2014-3-25].

[18] AAAS. Melting Arctic Brings Urgent Needs and Opportunities. http: // www. aaas. org/news/melting-arctic-brings-urgent-needs-and--opportunities. [2014-5-15].

[19] NAS. The Arctic in the Anthropoocene: EmerggingResearchquestions. Washington, D. C: National Academy of Sciences, 2014.

[20] NOAA. Arctic Action Plan. http: // www. arctic. noaa. gov/NOAAarcticactionplan2014. pdf[2014-12-30].

[21] NOAA. NOAA plans increased 2015 Arctic nautical charting operations. http: // www. noaanews. noaa. gov/stories2015/20150317-noaa-plans-increased-2015-arctic-nautical-charting--operations. html [2015-4-1].

[22] U. S. Department of State. Our Ocean Action Plan. http: // www. state. gov/documents/organization/228005. pdf[2014-6-20].

[23] European Commission. The Atlantic Action Plan http: //ec. europa. eu/maritimeaffairs/policy/sea_basins/atlantic_ocean/docum-ents/com_2013_279_en. pdf[2014-12-30].

[24] Australian Government Department of the Environment. Reef 2050 Long-Term Sustainability Plan. https: // www. qtic. com. au/sites/default/files/141020 _ qtic _ submission _-_ reef _ 2050. pdf [2014-12-30].

[25] NOAA. NOAA RESTORE Act Science Program issues funding call for Gulf projects. http: // www. noaanews. noaa. gov/stories2014/20141217_restoreact. html[2014-12-20].

[26] Fisheries and ocean Canada. Aquaculture Collaborative Research and Development Program. http: // www. dfo-mpo. gc. ca/science/enviro/aquaculture/acrdp-pcrda/index-eng. htm[2014-12-30].

[27] 李允武. 海洋能源开发[M]. 北京:海洋出版社, 2008:1-4.

[28] Irish government. Offshore Renewable Energy Development Plan. http: // www. dcenr. gov. ie/NR/rdonlyres/836DD5D9-7152-4D76-9DA0-81090633F0E0/0/20140204DCENROffshoreRenewableEnergyDevelopmentPlan. pdf [2014-03-15].

[29] Ocean Energy: Technologies, Patents, Deployment Status and Outlook. http: // www. irena. org/DocumentDownloads/Publications/IRENA_Ocean_Energy_report_2014. pdf[2014-12-30].

[30] NRC. Sea Change: 2015-2025 Decadal Survey of Ocean Sciences. http: //download. nap. edu/cart/download. cgi? &record_id=21655[2015-03-30].

[31] WWF. Reviving the ocean economy-The case for action-2015. http: // d3f6xxumxd45xs. cloudfront. net/media/RevivingOceanEconomy-REPORT-lowres. pdf[2015-03-30].

[32] 吴立新. "透明海洋"拓展中国未来. 光明日报. 2015-1-15(11).

[33] 王金平,郑文江,高峰. 国际海洋可再生能源研究进展及对我国的启示. 2012,30(11):123-127.

Observations on Development of Oceanography

Gao Feng，Wang Jinping，Wang Bao，Wang Dongxiao

In recent years，marine scientific research faces many challenges such as ocean acidification and sustainable development in the context of global climate change，and markedly shows a more interdisciplinary trend. Marine science pays almost equal attention on both basic research and applied research in 2014. Some significant progress were made in fields of climate change，ocean acidification，ecology and environment，sustainable development and advanced investigation techniques. Important international research programs and projects launched in 2014 were dedicated to the planning of future marine research and the issues related to human development，which provides a reference for China's marine research.

4.8　空间科学领域发展观察

杨　帆[1]　韩　淋[1]　郭世杰[1]　王海名[1]　刘迎春[2]

（1. 中国科学院文献情报中心；

2. 中国科学院空间应用工程与技术中心）

2014 年，空间科学领域在空间天文、太阳物理、空间物理、太阳系探测、空间地球科学、微重力科学、空间生命科学研究等方面继续取得重要进展，并持续得到空间大国的重点支持。

一、重要研究进展

2014 年，宇宙微波背景辐射观测、暗物质探测、系外行星搜寻、日地空间环境观测、以火星和小行星为热点的太阳系天体探测、地球圈层空间监测、微重力环境下的生命科学和物理科学研究等方面取得了若干重要成果[1~3]。

1. 一项可能为早期宇宙暴胀过程提供直接证据的研究引发科学界强烈反响后被否定

2014 年 3 月，南极"宇宙河外星系偏振背景成像"（BICEP2）望远镜研究团队宣布探测到宇宙暴胀时激发的引力波在宇宙背景上产生的 B 模偏振效应的印记，有望成为支持宇宙暴胀理论和引力波存在的有力证据。这一发现在科学界引发热议[2]，但随后却受到强烈质疑。欧洲空间局（ESA）的"普朗克"（Planck）空间望远镜团队认为，BICEP2 的观测结果可能是由宇宙尘埃导致的[4]。2015 年 1 月，Planck 团队和 BICEP2 团队公布了对观测数据的联合分析结果，正式确认 BICEP2 的观测结果无法证明引力波的存在[5,6]。尽管 BICEP2 团队最终撤回了其发现结果，但围绕这项曾被认为可能获得诺贝尔奖的探测结果的争论，无疑是空间天文领域的年度最热门话题。

2. 暗物质的空间探测取得新进展

阿尔法磁谱仪（AMS‐02）研究团队 2014 年 9 月宣布了正电子对负电子比例在 5 亿～5000 亿电子伏特能量范围内的精确测量结果：这个比例从 80 亿电子伏特开始随能量上升，表明有新的正电子源出现；到 2750 亿电子伏特左右后该比例又趋于平缓。这种物理现象可能的解释之一是暗物质粒子湮没的产物。需要进一步观测正电子对负电子在更高能量的分布，只有其出现迅速的下降，才有可能确认这种现象来源于暗物质湮没过程[7]。12 月，欧洲科学家发现 ESA "X 射线多镜面-牛顿"（XMM-Newton）卫星探测到的一类来自仙女座星系和英仙座星系团的 X 射线信号无法与任何已知的物质对应，可能源于由称为"轴子"（Axion）的基本粒子构成的暗物质[8]。

3. "开普勒"卫星首次发现处于宜居带内的地球级行星

美国国家航空航天局（NASA）"开普勒"（Kepler）任务团队 2014 年 2 月宣布在太阳系之外新发现 715 颗行星，使人类发现的系外行星总数增至近 1700 颗。4 月，Kepler 团队宣布发现第一颗处于宜居带内的、与地球大小相近的行星，其表面温度能够维持液态水存在，可能是一颗岩质行星[3]。与此同时，ESA 新批准了两项系外行星任务：中型任务"行星掩星和星震探测卫星"（PLATO）计划于 2024 年发射[9]；小型任务"系外行星表征卫星"（CHEOPS）进入实施阶段，将于 2017 年发射[10]。

4. 太阳活动的神秘面纱被进一步揭开

2014 年，太阳仍处于其第 24 个活动周的高峰期，10 月出现了自 1990 年以来最大的太阳黑子[11]。10 月，NASA 公布了太阳观测卫星"界面区成像光谱仪"（IRIS）

的新发现[12~14]，包括日冕如何被加热到远高于太阳表面温度、导致太阳风产生的原因、促使耀斑发生的粒子加速机制。12 月，日本科学家利用"金星气候轨道器"（AKATSUKI）数据发现太阳风在距 5 倍太阳直径的地方被急剧加速，可能是太阳风中的一种波加热的结果，或有助于进一步理解日冕加热的问题[15]。

5. 行星际空间和地球周围磁场探测取得更精确的结果

2014 年 2 月，NASA 宣布"星际边缘探测器"（IBEX）任务发现一个与太阳系在银河系中的运动方向几乎垂直的磁场，解释了为什么在太阳一侧比另一侧探测到更多的入射高能宇宙线[16]。6 月，ESA 宣布"群"（Swarm）卫星星座过去 6 个月的测量结果证实了地球磁场有逐渐减弱的趋势，且地磁北极正在向西伯利亚地区移动[17]。

6. 人类探测器首次登陆彗星

经过近 10 年、64 亿千米的飞行后，ESA"罗塞塔"（Rosetta）探测器 2014 年 8 月与彗星"67P/楚留莫夫-格拉希门克"（简称 67P）成功交会，并于 11 月释放登陆器"菲莱"（Philae），实现了在彗星表面的受控着陆，取得了彗星探测的历史性突破[18]。Rosetta 任务花费近 14 亿欧元，目前的主要成果包括：在彗星成分中检测到有机分子；发现彗星表面的坚硬程度超预期；探测到彗星 67P 上氘的含量异常高，显示此类彗星可能不是地球上水的主要来源等。Philae 登陆后，因电量耗尽而未能按原计划进行彗星钻孔取样分析，但还有机会在 2015 年 8 月彗星到达近日点时重新苏醒。届时Rosetta 轨道器将观察彗星在接近太阳时发生的变化，有望在理解彗星组成、太阳系起源和演化、地球生命起源等方面获得更多的重要科学产出[19]。

7. 火星探索继续取得新进展

2014 年 12 月，NASA 宣布"好奇"（Curiosity）号火星车在其周围的大气环境中探测到 10 倍于背景浓度的甲烷，并在钻探到的岩石粉末样本中发现了其他有机分子。这些发现虽然无法证实火星上是否曾经存在活体微生物，但为展现一个当前化学活跃的、在远古时期适宜生命存在的火星提供了线索[3]。同时，NASA 还发现 Curiosity着陆点附近的夏普（Sharp）山是由大型湖床沉积物经过数千万年形成的，这表明在远古时期的火星气候条件下能够形成长期存在且广泛分布的湖泊[20]。NASA 最新的火星探测器——"火星大气与挥发物演化"（MAVEN）9 月成功进入火星轨道，开始对火星上层大气开展研究。10 月，多个火星探测器联合观测到极为罕见的彗星飞掠火星事件[3]。印度"曼加里安"号（Mangalyaan）9 月成功进入火星轨道并传回首张火星照片，印度也由此成为继美国、俄罗斯和欧洲之后第 4 个成功探测火星的国家或地区[21]。

8. 小行星探索有望再创佳绩

日本宇宙航空研究开发机构（JAXA）于 2014 年 12 月发射了"隼鸟-2"（Hayabusa 2）小行星探测器。"隼鸟-2"将用 3 年半时间抵达"1999JU3"号小行星并开展观测、着陆和采样返回等工作，预定 2020 年底返回地球，希望通过回收和分析采样物质来解答关于太阳系形成和生命起源的若干谜题[22,23]。NASA 的"小行星再定向任务"（ARM）开展了任务概念研究和关键技术开发，并为直接捕获整颗小行星及捕获小行星上的巨石两种任务方案分别识别出三颗候选目标小行星（2009 BD、2011 MD 和 2013 EC20，及丝川、Bennu 和 2008 EV5）[24]，这项工作也有助于近地天体巡天以及发现对地球具有潜在威胁的小行星。NASA 至今已经识别出近 12 000 颗近地天体，其中尺寸超过 1 千米的占 96%，但在这些较大尺寸的近地天体中尚未发现在未来 100 年内对地球构成威胁的天体[3]。

9. 对地观测新技术推动空间地球科学的新发展

NASA 与 JAXA 合作开发的"全球降水测量核心观测台"（GPM Core Observatory）卫星利用 GPM 微波成像仪探测降水强度和水平模式，利用双频降水雷达分析降水粒子的三维结构，将为从空间测量降水量设定新标准[25]。2014 年 7 月发射的"在轨碳观测台-2"（OCO-2）携带了 3 台高分辨率成像分光仪，是 NASA 首个专门研究大气中二氧化碳的对地观测卫星[26]。欧洲"哥白尼"（Copernicus）全球监测计划"哨兵"系列的第一颗星——"哨兵-1A"（Sentinel-1A）环境监测卫星将利用 C 波段合成孔径雷达提供欧洲、加拿大和极地地区全天候昼夜陆地和海洋表面近实时图像，其搭载的激光通信终端将向位于地球同步轨道的欧洲数据中继系统传输数据以实现连续数据传输[27~29]。JAXA 的"先进陆地观测卫星-2"（ALOS-2）将利用 L 波段合成孔径雷达开展区域观测、灾害监测和资源探测[30~32]。国际空间站上的 NASA 海风监测设备 ISS-RapidScat 散射计将开展气候研究、天气预测和飓风监测，第一次对全天风变化情况进行近全球性测量[3]。

10. 国际空间站上的科学研究达到新高度

2014 年在国际空间站上开展了数百项实验，其中一些研究备受关注[3]，如 Veggie 实验探索由航天员在空间站上自行种植和收获作物，未来的"空中花园"除了可提供新鲜食物，还有助于愉悦身心并可用于开展教育活动；复杂流体实验 ACE-M-1 研究凝胶和乳霜中微观粒子的行为，可帮助开发存储寿命更长、更加稳定的日用消费品[33,34]；阿尔法磁谱仪 AMS-02 最新观测结果显示暗物质可能存在[8]。

2014 年 8 艘货运飞船为国际空间站运送了超过 22.7 吨的补给和科学研究设备。

NASA 根据美国国家研究理事会建议新开发的啮齿动物研究设施将培养一定批量的小鼠用于研究微重力对哺乳动物生理的长期影响，是提升国际空间站在生物和医学领域研究能力的重大项目[35]。美国空间科学促进中心（CASIS）启动国际空间站美国国家实验室系列科学考察任务"促进研究"（ARK），两批任务先后向国际空间站运送了21 项研究实验，为非 NASA 资助的研究者敞开大门[36,37]。国际空间站的运行时间有望延长至 2024 年或更远，以满足未来探索任务、科学发现和经济发展的需求[3]。

二、重要战略规划

2014 年，美国、欧洲、日本、俄罗斯等空间大国和地区继续凝练空间科学发展目标，渐次部署系列空间科学任务和实验，为加速基本科学问题研究、扩大空间活动效益奠定了基础。

1. 美国力图攀登空间探索和研究的新高峰

在推动载人火星探索的关键时刻，为了对 NASA 的行动进行清晰、统一和长期的指导，NASA 于 2014 年 4 月通过新版战略规划描述了未来愿景：为了造福人类，达到空天探索和科学研究的新高度，并揭示未知世界[38]。5 月，NASA 发布了《NASA 2014 科学规划》，明确提出 NASA 的科学目标：拓展在空间中的知识、能力和机遇的边界，加强对地球的认知并改善人类的生活质量[39]。规划详细描述了 2014～2018 年日球层物理学、地球科学、行星科学、天体物理学领域的 12 项空间计划和战略任务，涉及百余项空间任务，旨在了解太阳及其与地球和太阳系之间的相互作用，包括空间天气；加强对地球系统的了解，以应对环境变化所带来的挑战，提高人类在地球上的生活质量；确定太阳系的组成、起源与演化，以及在太阳系某处存在生命的可能性；揭示和探索宇宙的运行机制及其起源、演化机制，并在其他恒星周围寻找地外生命。该规划将促使 NASA 不仅要拓展科学研究的广度，更要提高科学研究的质量——做"更好"的科学。

同时，NASA 进一步明确长期、灵活、可持续的深空探索总体路径[40]："演进式火星活动"起步于近地轨道上的国际空间站，下一步将把地月空间作为迈向深空的试验场，同时通过一系列探索任务为载人火星探索做好充分准备。

NASA 2014 财年空间科学预算为 50.2 亿美元。在 2015 财年预算申请中 NASA 首次为木卫二探索任务提供 1500 万美元预研经费，拟于 21 世纪 20 年代中期向木卫二发射低成本无人探测器[41]。

2. 欧洲稳步推动空间科学 2015—2025 发展规划的实施

2014 年 6 月，ESA 宣布"高能天体物理学先进望远镜"（ATHENA）获选成为"宇宙憧憬"计划的第二项大型任务[42]。ATHENA 的主要科学目标，一是绘制宇宙中温热气体结构并确定其物理特性，二是搜寻特大质量黑洞。截至目前，"宇宙憧憬"计划已从百余项候选任务中选出 6 项正式任务，将对未来欧洲的空间科学发展产生深远影响。

12 月召开的 ESA 最高级别的部长级理事会会议决议继续支持月球和火星探索任务以及国际空间站计划，研发"阿里安-6"和"织女星-C"运载火箭，并提出加强与各方的合作伙伴关系，特别是加强 ESA 与欧盟的关系——未来要在确保 ESA 继续作为独立的政府间空间组织的同时，使 ESA 成为欧盟首选的长期合作伙伴，由两个机构共同定义和实施欧洲空间政策和长期空间计划，并与成员国的空间活动有机互补，通过合作巩固和强化欧洲空间力量[43]。

ESA 2014 年空间科学预算为 5.1 亿欧元[44]。

3. 俄罗斯提出 2013—2022 年国家航天活动的目标、任务和经费指标

俄罗斯联邦航天局（Roscosmos）2014 年 5 月发布《2013—2020 年俄罗斯航天活动》国家计划，明确提出俄联邦优先级最高的三项空间活动：（1）确保从俄罗斯本土进入太空，利用空间技术、工艺、工程和服务促进国家社会经济领域发展，保障国家防御和安全，发展火箭-宇航工业、履行国际义务；（2）为科学目的研制航天设备；（3）开展与载人航天相关的活动，包括在国际合作框架内实施飞往太阳系其他天体的载人飞行活动[45]。国家计划的财政预算资金总额达 1.8 万亿卢布[46]。

俄联邦 2014 年宇宙空间的研究和利用（空间科学、空间技术总计）预算为 300 亿卢布[47]。

4. 日本空间科学未来发展或受新空间计划"安保"倾向制约

2014 年 10 月底公布的新版日本《宇宙基本计划》草案军事色彩浓厚。与现行政策相比，空间科学的重要性显著降低，特别是空间科学目标数量锐减，未来可能仅聚焦于新型 X 射线望远镜 Astro-H、地磁卫星 ERG 以及 BepiColombo 水星探测器等少数几个尖端中型项目。外界推测日本可能会因此失去以小行星探测器"隼鸟-2"等为代表的空间探测和科研优势[48]。

三、发展的启示和建议

纵观 2014 年度世界其他国家重要研究进展和战略规划，空间探索活动继续沿着以月球、火星和小行星为主线向更深更遥远的宇宙迈进的路径发展，空间科学研究围绕太阳系和宇宙的起源演化、物质结构、生命起源、人类生存环境等基本和重大基础前沿科学问题形成若干重要研究进展和科学突破，同时支持重大科学问题探索、强调

国际合作仍是主要空间国家的共识。但由于当前世界经济形势复杂多变，各国对深空探索目标的意见也存在严重分歧，因此增加了未来主要空间国家长期稳定支持空间科学发展的不确定性，特别是在载人航天方面。这在某种程度上为我国空间科学从"跟跑"快速转换到"并跑"、"领跑"模式，创新驱动发展提供了难得的机遇和可能。

2014年中国的空间科学稳步发展，正在实施一批重要项目，并涌现出一批新成果。

一是空间科学战略性先导科技专项（简称空间科学先导专项）卫星工程全面进入正样阶段。硬X射线调制望远镜（HXMT）卫星[49]、暗物质粒子探测卫星（DAMPE）[50]、量子科学实验卫星（QUESS）和实践十号（SJ-10）卫星先后转入正样研制阶段[51]，标志着空间科学先导专项卫星工程全面进入正样阶段，进入到卫星研制最关键的时期和空间科学卫星可持续发展的重要爬坡期。未来空间科学先导专项有望在宇宙黑洞探测、暗物质粒子碰撞后产生的极高能电子的探测及其在银河系中的分布、量子科学中极其重要的贝尔不等式验证、空间微重力和生命科学领域取得重要的科学突破。

二是中国载人航天工程稳步发展。"天宫"一号目标飞行器已在轨运营超过3年，"天宫"二号空间实验室、"神舟"十一号载人飞船和"天舟"一号货运飞船将于2016年陆续发射，计划开展一系列重要的空间科学项目，包括国际上首台激光冷却的空间铷原子钟、天-地量子密钥分配实验、伽玛暴偏振探测、用于对地观测研究的多角度成像光谱仪、三维成像微波雷达高度计和多波段紫外临边成像仪、高等植物种籽到种籽生长、多种材料的空间生长、大普朗特数液桥热毛细对流的二次转捩等生命科学和微重力科学研究等，我国目前最大和最具挑战性的空间项目——用于多色成像与无缝光谱巡天的空间站大口径光学设施也正式获批。目前，我国载人空间站规划了8个研究领域、31个研究主题，预期将在10年的空间站运营期间开展上千个科研项目。

三是中国探月工程科学成果不断涌现。截至2014年8月，从"嫦娥"一号、"嫦娥"二号、"嫦娥"三号接收到的科学数据总量已达5.628太字节[52]；2014年1月，中国科学家根据"嫦娥"二号观测结果提出小行星"4179图塔蒂斯"（Toutatis）可能属于碎石堆型小行星[53]；2月，分析发现Toutatis较大瓣上的撞击坑比较小瓣上更加密集，为理解Toutatis的形成原因提供了线索[54]；4月，科学家根据"嫦娥"二号和NASA"月球勘测轨道飞行器"（LRO）的数据建立了分辨率20米的月球高度模型[55]；未来对"嫦娥"三号（2013年12月落月）数据的分析有望继续深化对月球的认知。

当前我国正处于空间科学新发展的关键时期，结合世界发展趋势和国家创新驱动发展的重大需求，建议有关部门在国家层面上把发展空间科学确立为我国科技跨越和提高综合国力的重大战略选择，加强载人航天、探月工程等重大科技专项中的空间科学研究，持续建立和发展科学卫星系列，提高我国空间科学的自主创新能力并加强国际合作，推动中国空间科学在建党一百年时实现跨越发展，进入世界第一方阵，取得历史性的新突破。

致谢：顾逸东院士审阅了本文并提出宝贵的修改意见，在此表示感谢。

参考文献

[1] Science. Breakthrough of the Year：The top 10 scientific achievements of 2014. http：// news. sciencemag. org/scientific-community/2014/12/breakthrough-year-top-10-scientific-achievements-2014 ［2014-12-18］.

［2］ Nature. 365 days：Nature's 10. http：// www. nature. com/news/365-days-nature-s-10-1. 16562 ［2014-12-21］.

[3] NASA. NASA Takes Giant Leaps on the Journey to Mars，Eyes Our Home Planet and the Distant Universe，Tests Technologies and Improves the Skies Above in 2014. http：// www. nasa. gov/ press/2014/december/nasa-takes-giant-leaps-on-the-journey-to-mars-eyes-our-home-planet-and-the/ ［2014- 12-22］.

[4] Planck Collaboration. Planck intermediate results. XXX. The angular power spectrum of polarized dust emission at intermediate and high Galactic latitudes. http：//arxiv. org/abs/1409. 5738 ［2014-12-08］.

[5] ESA. Planck：gravitational waves remain elusive. http：// www. esa. int/Our＿Activities/Space＿Science/ Planck/Planck_gravitational_waves_remain_elusive ［2015-01-30］.

[6] Nature. Gravitational waves discovery now officially dead. http：//www. nature. com/news/gravitational-waves-discovery-now-officially-dead-1. 16830 ［2015-01-30］.

[7] AMS Collaboration. Electron and Positron Fluxes in Primary Cosmic Rays Measured with the Alpha Magnetic Spectrometer on the International Space Station. Phys. Rev. Lett. 2014，113，121102.

[8] Boyarsky A，Ruchayskiy O，Iakubovskyi D，et al. Unidentified Line in X-Ray Spectra of the Andromeda Galaxy and Perseus Galaxy Cluster. Phys. Rev. Lett. 2014，113，251301.

[9] ESA. ESA selects planet-hunting PLATO mission. http：//www. esa. int/Our_Activities/Space_Science/ESA_selects_planet-hunting_PLATO_mission ［2014-02-19］.

[10] ESA. CHEOPS exoplanet mission meets key milestones en route to 2017 launch. http：//sci. esa. int/cheops/54321-cheops-exoplanet-mission-meets-key-milestones-en-route-to-2017-launch/［2014-07-11］.

[11] The Christian Science Monitor. Monster solar flare：Why is the sun acting up now? http：//www. csmonitor. com/Science/2014/1027/Monster-solar-flare-Why-is-the-sun-acting-up-now ［2014-10-27］.

[12] 科学网. 科学家揭开太阳界面区神秘面纱. http：//paper. sciencenet. cn/htmlpaper/20141024 11 41448334809. shtm ［2014-10-24］.

[13] Peter H，Tian H，Curdt W，et al. Hot explosions in the cool atmosphere of the Sun. Science，2014，346，

6207.

[14] NASA. NASA Spacecraft Provides New Information About Sun's Atmosphere. http：// www. nasa. gov/press/2014/october/nasa-spacecraft-provides-new-information-about-sun-s-atmosphere/ [2014-10-16].

[15] JAXA. How is Solar Wind Caused? Venus Climate Orbiter "AKATSUKI" Elucidated Solar Wind Acceleration. http：//global. jaxa. jp/press/2014/12/20141218_akatsuki. html [2014-12-18].

[16] NASA. NASA's IBEX Helps Paint Picture of the Magnetic System Beyond the Solar Wind. http：// www. nasa. gov/content/goddard/ibex-paints-picture-of-magnetic-system-beyond-solar-wind/♯. VEE9qSRN2 [2014-02-14].

[17] ESA. Swarm reveals Earth' changing magnetism. http：//www. esa. int/Our_Activities/Observing_ the_Earth/Swarm/Swarm_reveals_Earth_s_changing_magnetism [2014-06-19].

[18] Science. Breakthrough of the Year：The top 10 scientific achievements of 2014. http：//news. sci- encemag. org/scientific-community/2014/12/breakthrough-year-top-10-scientific-achievements-2014 [2014-12-18].

[19] Science. Comet Breakthrough of the Year ＋ People's choice. http：//www. sciencemag. org/con- tent/346/6216/1442. full. [2014-12-19].

[20] JPL. NASA's Curiosity Rover Finds Clues to How Water Helped Shape Martian Landscape. http：// mars. jpl. nasa. gov/msl/news/whatsnew/index. cfm? FuseAction＝ShowNews ＆NewsID＝1761 [2014-12-8].

[21] BBC News. India's Mars satellite 'Mangalyaan' ends first images http：//www. bbc. com/news/ world-asia-india-29357438. [2014-09-25].

[22] 新华网. 日本发射隼鸟二号小行星探测器. http：//news. xinhuanet. com/tech/2014/12/04/c_ 127276005. htm [2014-12-04].

[23] JAXA. About Asteroid Explorer "Hayabusa2". http：// global. jaxa. jp/projects/sat/hayabusa2/ [2015-03-18].

[24] NASA. NASA Identifying Candidate Asteroids for Redirect Mission. http：//www. nasa. gov/content/ nasa-identifying-candidate-asteroids-for-redirect-mission/ [2014-09-09].

[25] NASA. Global Precipitation Measurement Mission. http：//www. nasa. gov/mission_pages/GPM/ overview/index. html♯. VPARu_Sl87I [2015-03-18].

[26] Spaceflight101. OCO-2-Orbiting Carbon Observatory 2. http：// www. spaceflight101. com/oco-2. html [2015-03-18].

[27] ESA. Europe lofts first Copernicus environmental satellite. http：//www. esa. int/Our_Activities/ Observing_the_Earth/Copernicus/Sentinel-1/Europe_lofts_first_Copernicus_environmental_satel- lite [2014-04-03].

[28] EU. Sentinels. http：//www. copernicus. eu/main/sentinels [2015-03-18].

[29] ESA. Introducing Sentinel-1. http：//www. esa. int/Our_Activities/Observing_the_Earth/Coperni-

cus/Sentinel-1/Introducing_Sentinel-1〔2015-03-18〕.

［30］JAXA. ALOS-2 Project overview. http：// www. eorc. jaxa. jp/ALOS-2/en/about/overview. htm〔2015-03-18〕.

［31］JAXA. ALOS-2 Project PALSAR-2. http：// www. eorc. jaxa. jp/ALOS-2/en/about/palsar2. htm〔2015-03-18〕.

［32］JAXA. DAICHI-2（ALOS-2）Status and Orbit Calculation. http：//global. jaxa. jp/press/2014/05/20140524_daichi2. html〔2014-05-24〕.

［33］NASA. ACEs are High With Space Station Colloidal Research. http：// www. nasa. gov/mission_pages/station/research/news/ACE/〔2014-08-25〕.

［34］NASA. Advanced Colloids Experiments. http：// spaceflightsystems. grc. nasa. gov/SOPO/ICHO/IRP/FCF/Investigations/LMM/ACE/〔2015-03-18〕.

［35］NASA. NASA's New Rodent Residence Elevates Research To Greater Heights. http：// www. nasa. gov/mission_pages/station/research/news/rodent_research/#. VQKd6PSl87I〔2014-05-22〕.

［36］CASIS. Advancing Research Knowledge 1. http：//ark1. iss-casis. org/〔2015-03-18〕.

［37］CASIS. Advancing Research Knowledge 2. http：//ark2. iss-casis. org/〔2015-03-18〕.

［38］NASA. NASA Strategic Plan 2014. http：// science. nasa. gov/media/medialibrary/2014/04/18/FY2014_NASA_StrategicPlan_508c. pdf〔2014-04-18〕.

［39］NASA. Science Plan 2014. http：// science. nasa. gov/media/medialibrary/2014/05/02/2014_Science_Plan-0501_tagged. pdf〔2014-05-02〕.

［40］NASA. NASA's Journey to Mars. http：//www. nasa. gov/content/nasas-human-path-to-mars/#. U9cNdLKBS8Y〔2014-12-01〕.

［41］NASA. FY 2015 Budget Proposal. http：// www. nasa. gov/content/fy-2015-budget-proposal-archive/〔2015-01-29〕.

［42］ESA. Athena to study the hot and energetic Universe. http：// sci. esa. int/cosmic-vision/54241-athena-to-study-the-hot-and-energetic-universe/〔2014-06-27〕.

［43］ESA. Successful conclusion of ESA Council at Ministerial level. http：// www. esa. int/About_Us/Ministerial_Council_2014/Successful_conclusion_of_ESA_Council_at_Ministerial_level〔2014-12-02〕.

［44］ESA. ESA budget by domain for 2014. http：//www. esa. int/spaceinimages/Images/2014/01/ESA_budget_by_domain_for_2014_M_Million_Euro〔2014-01-16〕.

［45］Roscosmos. Государственная программа Российской Федерации Космическая деятельность России на 2013-2020 годы. http：//www. federalspace. ru/115/〔2014-04-15〕.

［46］科技日报．俄拨款 1.8 万亿卢布发展航天业．http：// digitalpaper. stdaily. com/http_www. kjrb. com/kjrb/html/2014-05/15/content_261349. htm? div=-1〔2014-05-15〕.

［47］魏雯．2012～2014 年俄联邦航天预算．《中国航天》,2012,（2）:43-44.

［48］参考消息网．日媒:日本新太空计划军事色彩浓重．http：//mil. cankaoxiaoxi. com/2014/1109/558688. shtml〔2014-11-09〕.

［49］中国科学院高能物理研究所．硬 X 射线调制望远镜卫星通过转正样评审．http：// www. ihep. cas. cn/xwdt/gnxw/2013/201312/t20131217_4000317. html〔2013-12-17〕.

［50］中国科学院．空间科学先导专项卫星工程 2014 年度工作推进会暨暗物质粒子探测卫星转正样

阶段动员会在京召开. http://www.bmrdp.cas.cn/alzx/XDA_03/201409/t20140930_4218983. html [2014-09-30].

[51] 中国科学院. 空间科学先导专项量子卫星工程和实践十号卫星工程转入正样研制阶段. http:// www.bmrdp.cas.cn/alzx/XDA_03/201501/t20150109_4296486.html [2015-01-08].

[52] Xu L,Ouyang Z Y. Scientific Progress in China's Lunar Exploration Program. Chin. J. Space Sci., 2014,34(5):525-534.

[53] Zhu M H,Fa W,Ip W H,et al. Morphology of asteroid(4179)Toutatis as imaged by Chang'E-2 spacecraft. Geophysical Research Letters,2014,41(2):328-333.

[54] Zou X,Li C,Liu J,et al. The preliminary analysis of the 4179 Toutatis snapshots of the Chang'E-2 flyby. Icarus,2014,229:348-354.

[55] Wu B,Hu H,Guo J. Integration of Chang'E-2 imagery and LRO laser altimeter data with a combined block adjustment for precision lunar topographic modeling Earth Planet. Sci. Lett., 2014, 391:1-15.

Observations on Development of Space Science

Yang Fan，Han Lin，Guo Shijie，Wang Haiming，Liu Yingchun

In 2014, the global space exploration continues along the main thread of moon,mars,and asteroid exploration toward deeper universe. Space science researches,involving with the observation of cosmic microwave background radiation, the detection of dark matter,the search of exoplanet,the observation of sun-earth space environment,the exploration of solar system bodies which focused on Mars and asteroid missions,the space-based observation of Earth spheres,the investigation of life science and physical science under micro-gravity environment, have scored a series of important achievements. Supporting the exploration of the above-mentioned major scientific issues and vigorously promoting the international cooperation are still the consensus of major space powers. China' space science researches,which is at a critical stage of development,are suggested to seize the complicated situation of world economy and the historical opportunity of the goal divergence in manned spaceflight of major space powers,continually strengthening the support for space science research and the construction of science satellites, improving the capacity for independent innovation and strengthening the international cooperation,and thus achieving leapfrog development to reach the advanced world levels when the CCP is founded for one hundred years.

4.9　信息科技领域发展观察

房俊民　王立娜　唐　川　徐　婧　田倩飞　张　娟

（中国科学院成都文献情报中心）

2014 年，信息科技继续在两条道路上探索前进，第一条是以当前技术的优化和改善为理念的传统道路上发展，第二条是在基于新范式、新理论、新应用的变革性替代技术的创新道路上不断发展。沿着这两条发展路线，各国科学家在后摩尔时代计算技术、微纳电子器件、光子学技术、量子信息技术等领域取得了一系列备受瞩目的研究成果，各国政府和企业也做出了相应的战略部署。

一、重大研发进展

2014 年，科学家在自动化、计算机、微纳米电子器件、光子学等信息科技领域取得了众多备受瞩目的研究成果，下面把这些研究成果所体现出的主要技术研发动向做简要介绍。

1. 机器人技术取得新突破

2014 年 4 月，敏捷机器人被美国麻省理工学院《技术评论》（*Technology Review*）杂志评选为 10 大突破性技术之一[1]。此类敏捷机器人的一个例子是由美国 Boston Dynamics 公司制造的 Atlas，它具有利用"腿"在粗糙不平地形中步行、跑步的平衡能力，在人类环境导航中具有广阔的应用前景。此外，研究人员研发出了新的软件和互动式机器人，使机器人能够开展基本任务的合作[2]。《科学》（*Science*）杂志将这项"让机器人合作"技术列为十大重大科学突破之一。到目前为止，所有协作机器人工作时都只利用其自身所处环境和彼此的相对原始和局部的信息。随着机器人及其传感器技术的飞速发展，未来将会出现更多令人惊叹的合作壮举。

2. 神经形态计算正成为新兴技术热点

神经形态计算是一种新型计算模式，通过仿照人类大脑的结构来构建极度相似计算架构，使得基于神经形态计算的智能系统能够模仿自然物种的神经生物过程。它能极大提升计算系统的感知与自主学习能力，在模式识别、行为建模、查找目标、智能自动化数据处理、智能分析等多方面具有巨大的应用潜力，也可以应对当前十分严峻的能耗问题，并有望颠覆现有的数字技术。

2014 年，美国佐治亚理工学院提出神经形态计算"路线图"，提出了模拟人脑计算的研发路径[3]；同期，斯坦福大学也研制出高速低能耗的类人脑芯片[4]，IBM 则开发出可模拟大脑的芯片[5]。美国麻省理工学院《技术评论》杂志把神经形态芯片评为年度突破性技术，《ACM 通信》杂志则称神经形态计算时代将要到来，《科学》杂志将神经形态芯片评为 2014 年十大重大科学突破。

3. 石墨烯材料及器件研究取得整体突破

2014 年 1 月，IBM 研究人员取得了一项里程碑式的技术突破，利用主流硅 CMOS 工艺制作了世界上首个多级石墨烯射频接收器，进行了字母为"I-B-M"的文本信息收发测试。这款接收器是迄今为止最先进的全功能石墨烯集成电路，可使智能手机、平板电脑和可穿戴电子产品等电子设备以速度更高、能效更低、成本更低的方式传递数据信息[6]。2014 年 2 月，卢森堡大学的研究人员首次利用传统半导体材料生产出了人造石墨烯。2014 年 8 月，丹麦奥胡斯大学的研究人员利用英国科学与技术设施理事会的中央激光设施发现双层石墨烯可用作半导体，解决了石墨烯缺乏带隙难题[7]。此研究结果表明双层石墨烯晶体管可在电路中取代硅晶体管，向制作速度更快、能耗更低的新型芯片又迈进了一步。

4. 光子学技术成果显著

2014 年 2 月，美国科罗拉多大学、麻省理工学院和加利福尼亚大学伯克利分校的研究人员首次利用标准芯片生产工艺制造出低能耗的光子学设备，可谓光子学技术方面的一个重要里程碑[8]。2014 年 3 月，美国范德堡大学、阿拉巴马大学伯明翰分校和洛斯阿拉莫斯国家实验室的研究人员携手研制出一种超小型光开关，其尺寸远小于当代光开关，约为 200 纳米，每秒可打开和关闭数万亿次。这项成果打破了推广可探测和控制光波的电子器件的一个主要技术壁垒，即超快光开关的微型化问题[9]。2014 年 4 月，美国华盛顿大学的研究人员将近期的理论物理学预测转变为实际应用，成功开发了光二极管，其或可用于制作运行速度更快、能耗更低的新型光子计算机，为在芯片上操控光信号开辟了新方向[10]。

5. 量子信息技术研发取得重大进展

2014 年 4 月，美国哈佛大学与麻省理工学院研究人员组成的团队[11]与德国马普量子光学研究所的科学家[12]分别开发出一种实现单原子和单光子间相互作用的新方法，并由此制造出关键的量子计算组件，推动未来的量子计算机研发向前迈进了一大步。2014 年 8 月，奥地利量子光学与量子信息研究所、维也纳量子科学与技术中心和维也纳大学的研究人员开发出了一种全新的量子成像技术，其具有一些与直觉相悖的特性[13]。这是首次在无需检测成像对象的照明光情况下实现了物体的成像，同时显示图像的光波也没有接触过成像对象。

二、重大战略布局

2014 年，英、美、欧盟、日本等提出了机器人发展战略；IBM 拟投资 30 亿美元研发未来计算技术；欧盟宣布将投资 10 亿欧元发展通用微电子技术和 ICT 关键使能技术；美国标准与技术研究院则试图通过构建"光子学路线图"，以推进相关制造技术进步；英国工程与自然研究理事会宣布投资 1.2 亿英镑创建国家量子技术中心网络；美、欧、日均提出将研制百亿亿次超级计算机；日本从实际应用角度发布了《理工科领域梦想蓝图 2014》，描绘了 2020～2050 年要实现的 9 个理工科领域梦想蓝图及实现蓝图所需要的技术；等等。下面将对其中一些重大的科技发展战略布局进行简要介绍。

1. 机器人技术成为各国研发重点

自 2014 年以来，各国纷纷就机器人技术发展进行积极部署。欧盟启动"火花计划"，至 2020 年投入 28 亿欧元研发民用机器人；英国技术战略委员会也发布了"机器人与自主系统（RAS2020）"战略[14]；美国航空航天局提出将开发革新性太空机器人；美国 NSF 同各联邦机构共同支持的新一轮"国家机器人计划"每年将提供 3000 万～5000 万美元支持 25～70 项机器人研发计划[15]，重点针对社会、行为与经济，传感与感知，设计和材料，人工智能，算法和硬件，认知与学习，启发式应用，计划与控制等进行研究。我国习近平总书记也在 2014 年 6 月两院院士大会上提到机器人革命有望成为第三次工业革命的切入点和重要增长点。

2. 跨国企业着力部署后摩尔时代计算技术

后摩尔时代正在临近，现有芯片技术越来越接近极限，各国政府与企业巨头都在积极探索新的发展路径，其中 IBM 的投资计划最具代表性。2014 年 7 月，IBM 宣布将在未来 5 年投资 30 亿美元推动未来芯片技术的发展[16]。投资包括两方面：一是开发 7 纳米及以下的硅技术，以优化和提升现有半导体技术；二是为后硅时代开发替代技术，用新材料或新计算范式替代当前的芯片技术。目前潜在的方案包括：碳纳米管、石墨烯等新材料，以及包括量子计算、神经形态计算在内的非传统计算范式。此外，2014 年 5 月，美国国家实验室宣布将结合其在微电子和计算机体系结构方面的能力，探索后摩尔时代的计算技术。

3. 欧盟规划微纳电子组件与系统产业发展及实施路线

2014 年 1 月，欧盟发布微纳电子组件与系统产业路线图，旨在更好地展望欧洲半导体产业的未来前景，促进相关技术的发展并完善价值链[17]。2014 年 6 月，欧盟发布"电子领导人小组"（ELG）制定完成的《欧洲微纳电子组件与系统产业战略路线图——实施计划》，为欧洲、欧洲各国及地区采取政策行动提供相应建议，以促进欧洲微纳电子产业进一步发展[18]。2014 年 9 月，欧盟投资 10 亿欧元发展微纳米电子与 ICT 关键使能技术[19]。其中，通用微纳电子技术将获资 4.8 亿欧元，研发重点包括基于存储器、逻辑设备、芯片、先进 CMOS 技术架构的信息处理与通信技术；ICT 关键使能技术将获资 5.4 亿欧元，主要围绕微纳电子、光子学和制造等对欧洲的全球竞争力具有直接影响的主题建立中试生产线。

4. 美国一系列举措推动光子学创新研究

2014 年 4 月，美国白宫科学技术办公室公布了光学和光子学快速行动委员会的《创造光学和光子学更加光明的未来》报告，明确推进光学和光子学十分重要的基础研究和早期应用研究领域，并为研究机遇和能力建设提出了相应建议[20]。同月，美国科技政策研究所公布了《通过光子制造生态系统促进创新的方案》报告，为先进集成光电子生态系统的建设提供解决方案[21]。2014 年 5 月，美国国家标准和技术研究院投资 100 万美元开展光子学路线图研究工作，以推动美国制造业的发展[22]。2014 年 11 月，美国国防部空军研究实验室宣布将支持面向制造业创新的集成光子学研究[23]。

5. 英美瞄准量子信息技术积极行动

2014 年 9 月，英国技术战略委员会、工程与物理科学研究理事会（EPSRC）以及国防、科学和技术实验室共同投资 500 万英镑，携手促进量子技术的商业化应用研究。2014 年 11 月，英国 EPSRC 宣布投资 1.2 亿英镑创建国家量子技术中心网络，重点关注量子保密通信、量子计量、量子传感、量子模拟和量子计算五个研究方向[24]。

2014 年 3 月，美国洛克希德马丁公司与马里兰大学签署了一份谅解备忘录，拟在马里兰大学建立量子工程中心，并合作开发一个有望促进通信与药物发现等多领域发展的量子计算平台。2014 年 10 月，马里兰大学与美国国家标准和技术研究院宣布创建量子信息和计算机科学联合中心（QuICS），以了解量子系统如何能被有效地用于存储、传输和处理信息[25]。

三、启示与建议

2014 年，我国在信息科技领域也取得一些重大研究进展，并部署了一系列的科技项目与计划。在重大研究进展方面，中国科学技术大学及其合作机构将可以抵御黑客攻击的远程量子密钥分发系统的安全距离扩展至 200 公里，并将成码率提高了 3 个数量级，创下新的世界纪录。武汉邮电科学研究院及合作单位利用普通单模光纤首次在国内实现距离长达 80 公里的超大容量超密集波分复用信号传输，传输总容量达到 100.23Tb/s，实现了我国光传输实验在容量上的突破。在重大战略布局方面，我国也在积极部署，如 2014 年 8 月科技部组织成立机器人产业技术创新战略联盟、2014 年 6 月国务院颁发了《国家集成电路产业发展推进纲要》等。

纵观 2014 年世界信息科技领域发展态势，美国和欧洲等科技领先国家在机器人、后摩尔时代计算技术、微纳电子组件及系统、光子学技术、量子信息技术等科技必争领域进行了积极部署，并取得了一系列备受瞩目的研究成果。相比之下，我国在这些领域的规划布局、项目组织实施、研发成果等方面还存在一定的差距。为此，我们提出以下建议：紧跟发达国家的信息科技发展步伐，瞄准科技必争领域，加强我国中长期发展战略研究，规划相关技术的发展路线，制定具体实施计划，以重大项目推动创新突破，以系统性研发布局凝聚整体科技竞争力，充分发挥企业在特定技术领域中的创新推动作用。

致谢：感谢中国科学院网络信息中心王伟研究员对本文提出的修改意见和建议。

参考文献

[1] Technology Review. 10 Breakthrough Technologies 2014. http://www.technologyreview.com/featuredstory/526536/agile-robots/. [2014-04].

[2] Science. Runners-up. http://www.sciencemag.org/content/346/6216/1444.full#sec-4. [2014-12-19].

[3] Georgia Institute of Technology. Neuromorphic Computing "Roadmap" Envisions Analog Path to Simulating Human Brain. http://www.news.gatech.edu/2014/04/16/neuromorphic-computing-roadmap-envisions-analog-path-simulating-human-brain. [2014-04-06].

[4] ScienceDaily. Scientists create circuit board modeled on the human brain. http://www.sciencedaily.com/releases/2014/04/140428134051.htm?utm_source=feedburner&utm_medium=feed&utm_campaign=Feed%3A+sciencedaily%2Fcomputers_math+%28Computers+%26+Math+News+−−−+ScienceDaily%29. [2014-04-28].

[5] IBM. New IBM SyNAPSE Chip Could Open Era of Vast Neural Networks. http://www-03.ibm.com/press/us/en/pressrelease/44529.wss. [2014-08-07].

[6] New Electronics. IBM builds first fully functional graphene ic. http://www.newelectronics.co.uk/

electronics-news/ibm-builds-first-fully-functional-graphene-ic/59226/. [2014-01-31].

[7] STFC. Future of fast computer chips could be in graphene and not silicon says new research. http://www. stfc. ac. uk/3257. aspx. [2014-08-05].

[8] ScienceDaily. Future of computing? A step closer to a photonic future. http://www. sciencedaily. com/releases/2014/02/140219124732. htm? utm _ source ＝ feedburner&utm _ medium ＝ feed&utm_campaign＝Feed% 3A＋sciencedaily% 2Fcomputers_math＋% 28Computers＋% 26＋Math＋News＋－－＋ScienceDaily% 29. [2014-02-19].

[9] Phys. org. Nanoscale optical switch breaks miniaturization barrier. http://phys. org/news/2014-03-nanoscale-optical-miniaturization-barrier. html. [2014-03-13].

[10] Wustl. Groundbreaking optical device could enhance optical information processing, computers. http://news. wustl. edu/news/Pages/26759. aspx. [2014-04-06].

[11] MIT. New 'switch' could power quantum computing. https:// newsoffice. mit. edu/2014/new-switch-could-power-quantum-computing-0409. [2014-04-09].

[12] Mpg. Computing with a qu antumtrick. http://www. mpg. de/8120148/quantum-gate_quantum-information_atom_photon. [2014-04-09].

[13] Medienportal. Quantum physics enables revolutionary imaging method. http://medienportal. univie. ac. at/presse/aktuelle-pressemeldungen/detailansicht/artikel/quantenphysik-ermoeglicht-revol utionae-res-abbildungsverfahren-kopie-1/. [2014-08-14].

[14] TSB. Where next for robotics. https:// interact. innovateuk. org/news-display-page/-/asset _ publisher/GS3PqMs1A7uj/content/where-next-for-robotics-. [2014-07-03].

[15] NSF. The realization of co-robots acting in direct support of individuals and groups. http://www. nsf. gov/pubs/2015/nsf15505/nsf15505. htm? WT. mc _ id ＝ USNSF _ 25&WT. mc _ ev ＝ click. [2014-10-15].

[16] IBM. IBM Announces ＄3 Billion Research Initiative to Tackle Chip Grand Challenges for Cloud and Big Data Systems. http://www-03. ibm. com/press/us/en/pressrelease/44357. wss. [2014-07-10].

[17] European Union. A European Industrial Strategic Roadmap for Micro-and Nano-Electronic Components and Systems. http:// ec. europa. eu/information_society/newsroom/cf/dae/itemdetail. cfm? item_id＝14535. [2014-01-30].

[18] European Union. A European Industrial Strategic Roadmap for Micro-and Nano-Electronic Components and Systems-Implementation Plan. https:// ec. europa. eu/digital-agenda/en/news/european-industrial-strategic-roadmap-micro-and-nano-electronic-components-and-systems-0. [2014-06-30].

[19] European Union. A call featuring two important topics, representing more than 100 million EU investment, will open on 15 October. https:// ec. europa. eu/digital-agenda/en/news/electronics-eu100-million-bugdet-call-open-15-october. [2014-09-18].

[20] National Science and Technology Council. Fast-track Action Committee on Optics and Photonics: Building a Brighter Future with Optics and Photonics. http:// www. whitehouse. gov/sites/default/files/microsites/ostp/NSTC/ftac-op_pssc_20140417. pdf[2014-04-10].

[21] Science & Technology Policy Institute. Options for Enabling Innovation with a Photonics Foundry Ecosystem. https:// www. ida. org/～/media/Corporate/Files/Publications/STPIPubs/2014/ida-

d-5162. ashx[2014-04-20].

[22] SPIE. NIST Program for Advanced Manufacturing awards grant to develop national roadmap for photonics. http：//spie. org/x108322. xml[2014-05-08].

[23] AFRL. Do Doutlines photonics hub requirements and timeline. http：//optics. org/news/5/11/43 [2014-11-27].

[24] EPSRC. Quantum Leap as Clark Unveils UK'S Network of Quantum Technology Hubs. http：// www. epsrc. ac. uk/newsevents/news/quantumtechhubs/[2014-11].

[25] NIST. UMD and NIST Announce the Creation of the Joint Center for Quantum Information and Computer Science. http：//www. nist. gov/pml/2014-10-31_jcqics. cfm[2014-10-31].

Observations on Development of Information Science and Technology

Fang Junmin，Wang Lina，Tang Chuan，
Xu Jing，Tian Qianfei，Zhang Juan

In 2014，information technology kept making progress in the following two paths：the first is to optimize and improve the current technologies，while the second explores revolutionary alternative technologies based on new paradigm，new theories and new applications. Following these two paths，scientists from various countries have made a series of great achievements in areas like neuromorphic computing and robotics. At the same time，governments and companies targeting the science frontiers and strategic demands have proactively laid out strategies in areas like robots，Post-Moore Era computing technology，micro-nano electronic devices，photonics technology，and quantum information technology.

4.10 能源科技领域发展观察

陈 伟[1] 张 军[1] 赵黛青[2] 李桂菊[1] 潘 璇[1]

（1. 中国科学院武汉文献情报中心；

2. 中国科学院广州能源研究所）

2014 年，世界能源科技继续向绿色低碳、智能、高效、多元方向发展，引领能源生产和消费革命不断深化。全球经济结构转型和应对气候变化政策促使各国走上能源强度较低的发展路径，预计煤炭、石油等化石能源在资源、环境等约束条件下在未来 30 年将达到需求峰值[1]，油气勘采在先进技术进步的支撑下向深水和非常规领域进军，高参数深加工转化技术创新推动煤炭清洁高效利用。电力部门将引领全球能源转型，灵活分布式发电、储能和智能电网等技术的开发应用将创建新型电力系统。核电仍将是未来世界能源结构的重要组成部分，开发更先进、安全的反应堆成为趋势。风能、太阳能、生物能源等可再生能源技术研发活跃，有望在未来 20 年成为主导电力来源或规模替代石油基交通燃料。

一、重要研究进展

2014 年能源科技界在先进高参数燃烧装备、储能、先进核能、太阳能、先进生物燃料等领域的研究均取得诸多创新性成果。

1. 先进超超临界（A-USC）高温材料研制取得进展

美国 A-USC 蒸汽轮机联盟完成了世界上首个 Haynes 282 镍基超合金阀体铸件制造[2]，阿尔斯通开发的蒸汽回路（包含 8 种超合金和 3 种不同表面涂层组成的 94 种样本）在超过 760℃成功完成了 17 000 小时运行试验[3]。研究人员正在致力于解决高温耐热合金材料研制及筛选、关键高温部件与镍基高温阀门制造以及高温部件长周期实炉挂片试验等关键科技问题，旨在到 2020 年后顺利运行 A-USC 示范电站。

2. 储能反应机理认知、电化学体系设计和新材料开发取得新突破

在理解充放电和物质转移/传输的物理化学过程这一关键科学问题上，美国国家实验室联合研究小组利用高时间和空间分辨率的大科学装置，精细描绘出锂离子电池充放电循环过程中电极材料的纳米结构重建和化学演化过程，为制造更好的电池奠定基础[4,5]。加拿大光源中心和西安大略大学利用软 X 射线变线距平面光栅单色仪研究发现，钠空电池充放电能力与表面积线性相关，反应速率影响产物化学组成和充电过电位[6]。在对电化学界面/中间相的认知与合理设计方面，美国劳伦斯伯克利国家实验室基于 X 射线吸收光谱，利用超算模拟发现镁离子在电解质中形成四配位化合物，性能瓶颈或集中在电解质与电极界面上，有助于设计性能更好的镁电池[7]。美国哈佛大学[8]和南加州大学[9]均开发出不含贵金属的水性有机醌类化合物液流电池。日本丰田公司设计改进电极/电解质界面降低界面电阻，并提高电极活性材料锂离子传导性，已开发出能量密度为 400 瓦特·小时/升（W·h/L）的全固态锂离子电池原型，计划到 2020 年实现商业应用[10]。在多功能纳米材料设计开发方面，美国麻省理工学院和布鲁克海文国

家实验室开发的无序锂钼铬氧化物电池阴极材料具有极高的尺寸稳定性，变化率仅 0.1%，而层状材料的尺寸变化高达 5%～10%[11]。美国 Drexel 大学开发二维碳化钛高导电黏土材料，体积比电容可高达 900 法拉/厘米^3（F/cm^3），三倍于目前最好的碳电极[12]。

3. 先进核聚变概念设计推陈出新

美国国家点火装置（NIF）使用高脚脉冲内爆方法，首次实现激光聚变燃料初始增益（聚变反应输出的聚变能与聚变材料吸收的能量之比超过 1），迈出了实现"总增益"（即输出的聚变能量大于输入的激光能量）的关键一步[13]，被英国物理学会评为 2014 年度物理学十大进展之一[14]。美国桑迪亚国家实验室磁化惯性约束核聚变试验只利用两个磁场和一个激光器聚焦到少量氘材料产出一万亿聚变中子，但要达到收支平衡的聚变还必须产出 100 倍以上的中子[15]。华盛顿大学设计 dynomak 球形马克新型磁约束核聚变模型，通过驱动电流到等离子体本身来产生磁场，能够减少所需材料的数量和缩小反应器的总体尺寸[16,17]。美国洛克希德·马丁公司根据"磁镜约束"原理提出"高 β 聚变反应堆"紧凑型设计，期望在 10 年内造出原型堆[18]。

4. 高倍聚光 III-V 族化合物多结太阳电池研发竞争激烈

法德联合研究团队通过晶圆键合两个双结电池构成四结电池，精确调控电池结构内每层单元的材料组成及厚度，创造电池单元级别 46% 的最高转换效率世界纪录[19]。美国国家可再生能源实验室开发四结反向变质太阳电池，将晶格失配材料中的位错控制和约束在器件非活性区域，效率达到 45.7%[20]。澳大利亚新南威尔士大学采用自主研发的带通滤光片和商业化三结电池与硅电池构建分光型聚光光伏，实现电池子组件级别 40.4% 的转换效率纪录[21]。

5. 钙钛矿太阳电池研究取得全面进展

钙钛矿太阳电池成为最快突破 20% 转换效率的太阳电池类型。科学家致力于研究光生载流子产生机理、高效能量转换机理与制约因素、电子/空穴输运通道与机理等关键科学问题：瑞士洛桑联邦理工学院利用瞬时激光光谱和微波光导测量技术，揭示钙钛矿太阳电池电荷分离机制与材料制备方法有关[22]。美国圣母大学借助飞秒瞬态吸收光谱测量技术，证明了主要弛豫过程是通过自由电子和空穴的复合，并且研究了以上复合机制和禁带边缘漂移与光生载流子密度的关系，为进一步阐明载流子在混合钙钛矿材料中的传输机理奠定理论基础[23]。意大利分子科学与技术研究所分析发现，介孔氧化物与钙钛矿材料界面处存在的有序结构很可能是钙钛矿薄膜中载流子高效传输的决定因素[24]。西班牙海梅一世大学利用阻抗谱，首次证实了长达 1 微米的载流子扩散长度是降低复合率的因素[25]。研究人员还在开发替代铅元素的吸光材料、低成本电子/空穴传输新材料：英国牛津大学[26]和美国西北大学[27]几乎同时报道了利用锡替代吸光材料中的有毒铅元素，认为理论上锡基电池转换效率也能达到 20% 以上。美国圣母大学首次提出利用高电导率的廉价碘化铜无机材料来替代有机空穴传输材料[28]。瑞士洛桑联邦理工学院采用无机 p 型空穴传输材料硫氰酸铜（CuSCN），相比于有机空穴传输材料其成本将降低 100 倍[29]。中国华中科技大学研制成功无需空穴传输材料的高稳定性可印刷介观钙钛矿太阳电池，在全光照的空气中能保持超过 1000 小时的稳定性[30]。

6. 先进纤维素乙醇技术实现产业化重要进展

旨在替代石油基交通能源的生物燃料研发工作受到 2014 年年中以来油价下跌的影响最为明显，尽管如此仍在纤维素乙醇、藻类生物燃料等领域取得了重要进展，特别是 2014 年 9 月美国首座年产量 2500 万加仑的商业规模酶解纤维素乙醇工厂投产[31]，为先进低成本生物液体燃料更大规模发展创造了条件。目前研究重点主要是高产率能源作物培育改造；微生物酶解催化剂；热化学转化工艺与多功能催化剂；工程微藻选育、培养、油脂提取与转化等。美国加州大学戴维斯分校基于纤维素生物质衍生的乙酰丙酸原料，在温和反应条件下使用非均相催化剂首次合成出可直接使用的汽油范围（C7～C10）支链烃燃料，转化率超过 60%，全过程不依赖发酵[32]。美国普渡大学和美国能源部（DOE）大湖生物能源研究中心均通过基因工程设计降低细胞壁中木质素含量，使植物细胞壁利于纤维素酶的降解，提高生物燃料转化效率[33,34]。美国密歇根州立大学发明了一种生态光生物反应器系统，是世界上第一个标准的动态模拟自然环境藻类生长平台[35]。

二、重要战略规划

1. 发达国家日益重视能源科技全价值链创新

世界主要国家通过制定中长期能源科技战略发挥国家引领作用，不断优化调整能源科技创新体系以适应创新需要。美国能源部在 2014 年 4 月发布《2014—2018 年战略规划》[36]，首次将之前独立的科学和能源两大战略主题合而为一，部门组织架构和业务模块也进行了相应整合，体现了进一步破解基础科学和应用技术研发之间的壁垒，形成从基础研究、应用能源研发到市场解决方案整个链条集成创新的战略思想。规划提出到 2022 年可再生能源、CCS、电动汽车、储能等技术可考核的性能与成本目标，以起到全价值链创新的导向作用。欧盟于 2014 年 12 月发布综合路线图规划能源科技战略 SET-PLAN 到 2020 年发展计划[37]，改变了过去依靠技术路线图从单个技术角度来规划，而从能源系统观角度提出应对 4 大关键挑战（以消费者为中心、需求聚焦、能源系统优化和能源供应）的 13 项研究主题，并从整合能源科技创新全价值链出发，提出了每个主题下从学术研究到产业示范再到市场应用的一揽子研究与创新行动建议，将为 2015 年欧盟联合其成员国制定具体可操作的行动计划和投资方案奠定基础。

2. 欧美实施研发计划支持高效环保开发非常规油气资源

美国奥巴马政府于 2014 年 3 月宣布实施甲烷减排战略[38]，在先进天然气系统制造、天然气高效基础设施、甲烷泄漏检测与测量技术领域启动了研发计划提前布局，力图以科技支撑在能源结构中扩大应用天然气，并投资 7000 多万美元建设非常规油气现场研究实验室[39]，试图弥合在致密油、致密气和页岩气资源表征、基础地下科学以及新的完井/增产策略等方面的关键知识差距，实现更高效的资源开采和更小的环境影响。而欧盟委员会在 7 月组建了非常规油气开采科技网络组织[40]，旨在促进利益相关方的知识开发与共享，推广应用最佳实践，识别和评估新兴技术。

3. 日本规划煤炭清洁高效利用中长期发展路线

在气候变化和环境压力下，各国出台的严苛减排法规使得开发煤炭清洁高效利用技术成为必然趋势。日本在 2014 年 9 月更新的《洁净煤技术路线图》[41]中，规划了先进超超临界（A-USC）、整体煤气化联合循环（IGCC）、整体煤气化燃料电池联合循环（IGFC）等高效低碳发电技术，褐煤提质、气化、煤转化液体燃料和化学品等低阶煤利用技术以及污染减排环保技术到 2050 年的研发与产业化路径。值得注意的是，其中技术路线图专门提出了开发国际适用的洁净煤技术，彰显了日本期望以先进技术出口占领新兴经济体巨大煤炭利用市场的野心。

4. 主要国家/地区先进核能发展规划或研发计划出现新动向

第四代核能系统论坛（GIF）在 2014 年初更新了技术路线图[42]，规划了未来十年第四代堆型的研发目标和里程碑，涵盖了先进核燃料、材料、建模（模型化）、燃料循环战略等方面，将原计划 2020 年甚至更早进行堆型示范的时间普遍推迟至 2025 年以后，反映了在安全性上更高的要求和对未来技术发展更成熟的思考。在核聚变方面，由于 ITER 建设进度屡次延迟和成本不断攀升，在管理上也存在严重问题，迫使主要国家倾向于将更多资源投入到本国的聚变研究中。欧盟 10 月份在"地平线 2020"框架下投入 8.5 亿欧元，启动了 5 年期聚变联合研究计划[43]，将利用欧洲联合环流器开展探索为目前在建的 ITER 提供科技支撑，并解决 2030 年建设下一代聚变示范堆（DEMO）相关的基础问题，核心是在闭合循环中生产和燃烧氚。美国也于 10 月提出了未来 10 年国内聚变科学研究的战略计划草案[44]，列出 4 项优先研究方向：控制等离子体燃烧、聚变预测建模、建设核聚变科学设施和等离子体基础科学发现，意图为美国建设新的核聚变反应堆打下良好的基础。

5. 向新能源和可再生能源为主的能源体系转型是世界各国共识

作为风能发展的领先地区，欧洲在 2014 年 3 月发布了面向 2030 年的战略研究议程和市场部署战略[45]，从外部条件（气候、波浪、土地）、风力涡轮机系统、并网、海上风能四方面提出了研发优先事项以及加强风能市场部署的优先主题，旨在使 2030 年的海上风电平准化能源成本相比 2008 年降低 50%，陆上风电降低 20%，实现到 2020 年风电占到欧盟电力消费的 12%～14%、到 2030 年达到 25% 的目标。在太阳能领域，美欧日主要国家和地区深化布局光伏发电全产业链创新，作为推进新兴产业发展的主要战略举措，通过全覆盖布局先进材料、制造和系统应用各环节研发实现平价上网目标。美国能源部 2014 年 2 月投资 2500 万美元设立"太阳能制造技术"（SO-LARMAT）项目[46]，强化中游光伏制造业能力。欧盟 7 月在第七框架计划（FP7）下投入 1300 多万欧元启动光伏材料优化（CHEETAH）联合研发项目[47]，重点在开发新的光伏材料上游环节布局。日本新能源产业技术综合开发机构（NEDO）7 月投入 16.5 亿日元经费支持"光伏大规模导入社会"开发项目[48]，重点布局系统平衡部件、多用途示范和资源回收再利用等中下游各环节技术开发应用。

在生物能源方面，美国着眼于从原料供给到转化利用全产业链布局。能源部 2014 年 11 月更新了多年期研发计划[49]，旨在到 2017 年实现至少一种先进生物燃料技术路线规模商业化，每加仑汽油当量的价格控制在 3 美元以下，温室气体排放与化石燃料相比降低 50% 以上；到 2022 年至少再有两种技术路线实现中试或示范规模生产。工作的关键内容包括：可持续、高质量生物质原料供应系统；高效热化学和生物化学转化技术研发；生物精炼技术工业规模应用示范等。

三、启示与建议

1. 开展能源科技体制机制革新，加快建立健全我国能源科技创新体系

在能源科技战略顶层设计方面，我国需要敏锐关注能源科技全价值链集成创新的发展趋势，提高集成创新能力，依托能源科技创新平台，推动重大科技成果和技术装备通过重大示范工程尽快实现自主化和产业化，推进由能源科技大国向能源科技强国的转变。

2. 利用先进勘采技术开发非常规资源保障我国油气安全

需要完善适合我国地质条件的非常规资源地质理论体系和勘探开发核心技术体系，加快工厂化、成套化技术的研发和应用。系统研究我国非常规油气开发过程中的生态与环境影响问题，采用节水、替代流体、绿色完井等先进技术以环保、智能方式进行开发。国家能源战略已提出要提高天然气消费比重，需要重视生命周期内的甲烷排放问题，未雨绸缪部署天然气输配网络系统现代化的研发工作。

3. 煤炭利用向先进高效率低排放燃烧发电和现代煤化工深加工洁净转化转型

需要在洁净煤科技发展"十二五"专项规划的基础上，提出国家层面的洁净煤技术中长期路线图，体现打造世界领先水平洁净煤产业的导向作用。加强转化基础理论、反应过程模拟、高温金属材料的基础研究，持续开发高参数能源装备和深加工洁净转化工艺，产研深入合作推进技术示范。在前沿研究上加强定向催化转化、富氧燃烧、化学链转化、直接碳燃料电池等先进技术开发。

4. 结合先进技术和科学设计构建现代化智能电力体系

积极推进包括分布式发电、智能电网、远距离大容量直流输电、储能等环节的关键技术开发，制订储能与电力系统相配套的规划，设计技术发展路线和应用导向型产业化发展模式，破除垄断体制障碍，结合国情科学设计电力市场。

5. 推进先进安全核能技术开发，建立高端材料与装备自主供应链

我国下一代先进核裂变能研发已取得重要进展，但明显的短板在于关键核能材料开发和供应链建立方面的不足，需要从加强自主供应链的角度部署相关工作和培养工程技术人才。在更长远的核聚变研究方面，紧密关注国际上聚变研究计划的发展动态，提前制订切实可行的本国聚变发展中长期规划及路线图，在等离子体理论研究、耐受强中子辐射和高热负荷材料开发和示范堆概念设计方面积极探索，建立国家级研究实验基地，推动我国聚变能自主创新发展。

6. 打造具有国际竞争力的战略性新能源产业

我国风能和光伏产业规模虽然已是世界第一，但在前沿核心技术开发上还落后于发达国家，尚不具备引领未来发展的主导权。我国先进生物燃料技术与装备开发刚刚起步，离产业化还有较长路要走。对新兴产业战略规划需要注重通过设定中长期技术

发展和应用目标加强宏观引导和考核评价，调动产学研创新单元联合开展全产业链集成创新。风电需要对平滑并网消纳、大功率风力涡轮机、海上风电等先进技术进行前瞻性部署。光伏领域需要在高效低成本超薄晶硅太阳电池和高效薄膜太阳电池产业化技术以及高倍聚光、多结、宽光谱吸收、低维纳米结构等新型太阳电池前沿研究方面做出原创性工作，提升产业核心竞争力。

先进生物燃料需要加大纤维素生物液体燃料，生物质热化学转化制燃料、工程微藻制油技术研发示范力度，力争早日实现产业化应用，在中远期能够规模化替代石油基交通燃料。

参考文献

[1] IEA. World Energy Outlook 2014. http：// www. iea. org/Textbase/npsum/WEO2014SUM. pdf ［2014-11-15］.

[2] NETL. Large-Scale Casting of Superalloy for Advanced Ultrasupercritical Steam Turbines Completed. http：// www. netl. doe. gov/File% 20Library/NewsRoom/thisweek/2014/ThisWeek01-21-14. pdf ［2014-03-01］.

[3] Alstom. Major Milestone Achieved in the Development of Advanced Ultra-Supercritical Steam Power Plants. http：// www. alstom. com/press-centre/2014/12/major-milestone-achieved-in-the-development-of-advanced-ultra-supercritical-steam-power-plants［2014-12-15］.

[4] Lin F，Nordlund D，Weng T C，et al. Phase evolution for conversion reaction electrodes in lithium-ion batteries. Nature Communications，2014，5：3358.

[5] Lin F，Markus I M，Nordlund D，et al. Surface reconstruction and chemical evolution of stoichiometric layered cathode materials for lithium-ion batteries. Nature Communications，2014，5：3529.

[6] Yadegari H，Li Y L，Banis M N，et al. On rechargeability and reaction kinetics of sodium-air batteries. Energy and Environmental Science，2014，7：3747-3757.

[7] Wan L F，Prendergast D. The Solvation Structure of Mg Ions in Dichloro Complex Solutions from First-Principles Molecular Dynamics and Simulated X-ray Absorption Spectra. Journal of the American Chemical Society，2014，136 (41)：14456-14464.

[8] Huskinson B，Marshak M P，Suh C，et al. A metal-free organic-inorganic aqueous flow battery. Nature，2013，505 (7482)：195-198.

[9] Yang B，Hoober-Burkhardt L，Wang F，et al. An Inexpensive Aqueous Flow Battery for Large-Scale Electrical Energy Storage Based on Water-Soluble Organic Redox Couples. Journal of the Electrochemical Society，2014，161 (9)：A1371-A1380.

[10] Green Car Congress. Toyota working on all-solid-state batteries as mid-term advanced battery solution；prototype cell with 400 Wh/L. http：// www. greencarcongress. com/2014/06/20140612-toyota. html ［2014-07-01］.

[11] Lee J，Urban A，Li X，et al. Unlocking the Potential of Cation-Disordered Oxides for Rechargeable

Lithium Batteries. Science,2014,343 (6170):519-522.

[12] Ghidiu M,Lukatskaya M R,Zhao M Q,et al. Conductive two-dimensional titanium carbide 'clay' with high volumetric capacitance. Nature,2014,516 (7529):78-81.

[13] Hurricane O A,Callahan D A,Casey D T,et al. Fuel gain exceeding unity in an inertially confined fusion implosion. Nature,2014,506 (7488):343-348.

[14] Physics World. Comet landing named Physics World 2014 Breakthrough of the Year. http://physicsworld. com/cws/article/news/2014/dec/12/comet-landing-named-physics-world-2014-breakthrough-of-the-year[2014-12-15].

[15] Gomez M R,Slutz S A,Sefkow A B,et al. Experimental Demonstration of Fusion-Relevant Conditions in Magnetized Liner Inertial Fusion. Physical Review Letters,2014,113:155003.

[16] Schmit P F,Knapp P F,Hansen S B,et al. Understanding Fuel Magnetization and Mix Using Secondary Nuclear Reactions in Magneto-Inertial Fusion. Physical Review Letters,2014,113:155004.

[17] Sutherland D A,Jarboe T R,Morgan K D,et al. The dynomak:An advanced spheromak reactor concept with imposed-dynamo current drive and next-generation nuclear power technologies. Fusion Engineering and Design,2014,89 (4):412-425.

[18] Martin L, Fusion C. http://www. lockheedmartin. com/us/products/compact-fusion. html[2015-01-20].

[19] Fraunhofer ISE. New world record for solar cell efficiency at 46%. http://www. ise. fraunhofer. de/en/press-and-media/press-releases/press-releases-2014/new-world-record-for-solar-cell-efficiency-at-46-percent[2015-01-05].

[20] NREL. NREL Demonstrates 45.7% Efficiency for Concentrator Solar Cell. http://www. nrel. gov/news/press/2014/15436. html[2015-01-06].

[21] UNSW. UNSW researchers set world record in solar energy efficiency. http://newsroom. unsw. edu. au/news/science-technology/unsw-researchers-set-world-record-solar-energy-efficiency[2014-12-15].

[22] Marchioro A,Teuscher J,Friedrich D,et al. Unravelling the mechanism of photoinduced charge transfer processes in lead iodide perovskite solar cells. Nature Photonics,2014,8(3):250-255.

[23] Manser J S,Kamat P V. Band filling with free charge carriers in organonietal halide perovskites. Nature Photonics,2014,8(9):737-743.

[24] Roiati V,Mosconi E,Listorti A,et al. Stark effect in perovskite/TiO_2 solar cells:Evidence of local interfacial order. Nano Letters,2014,14(4):2168-2174.

[25] Kim H S,Mora-Sero I,Gonzalez-Pedro V,et al. Mechanism of carrier accumulation in perovskite thin-absorber solar cells. Nature Communications,2013,4:2242.

[26] Noel N K,Stranks S D,Abate A,et al. Lead-free organic-inorganic tin halide perovskites for photovoltaic applications. Energy & Environmental Science,2014,7 (9):3061-3068.

[27] Hao F,Stoumpos C C,Cao D H,et al. Lead-free solid-state organic-inorganic halide perovskite solar cells. Nature Photonics,2014,8 (6):489-494.

[28] Christians J A,Fung R C M,Kamat P V. An inorganic hole conductor for organo-lead halide per-

ovskite solar cells. Improved hole conductivity with copper iodide. Journal of the American Chemical Society,2014,136(2):758-764.

［29］Qin P,Tanaka S,Ito S,et al. Inorganic hole conductor-based lead halide perovskite solar cells with 12. 4% conversion efficiency. Nature Communications,2014,5:3834.

［30］Mei A Y,Li X,Liu L F,et al. A hole-conductor-free,fully printable mesoscopic perovskite solar cell with high stability. Science,2014,345(6194):295-298.

［31］DOE. Project LIBERTY Biorefinery Starts Cellulosic Ethanol Production. http://energy. gov/articles/project-liberty-biorefinery-starts-cellulosic-ethanol-production［2014-09-03］.

［32］Mascal M,Dutta S,Gandarias I. Hydrodeoxygenation of the Angelica Lactone Dimer,a Cellulose-Based Feedstock: Simple, High-Yield Synthesis of Branched C7-C10 Gasoline-like Hydrocarbons. Angewandte Chemie International Edition. 2014,53 (7):1854-1857.

［33］Bonawitz N D,Kim J I,Tobimatsu Y,et al. Disruption of Mediator rescues the stunted growth of a lignin-deficient Arabidopsis mutant. Nature,509 (7500):376-380.

［34］Wilkerson C G,Mansfield S D,Lu F,et al. Monolignol Ferulate Transferase Introduces Chemically Labile Linkages into the Lignin Backbone. Science,2014,344 (6179):90-93.

［35］Luckerb B F,Hallb C C,Zegaracb R,et al. The environmental photobioreactor (ePBR):An algal culturing platform for simulating dynamic natural environments. Algal Research. 2014,6:242-249.

［36］DOE. U. S. Department of Energy Strategic Plan 2014-2018. http://www. energy. gov/sites/prod/files/2014/04/f14/2014_dept_energy_strategic_plan. pdf［2014-04-15］.

［37］SETIS. Towards an Integrated Roadmap:Research & Innovation Challenges and Needs of the EU Energy System. http:// setis. ec. europa. eu/system/files/Towards% 20an% 20Integrated% 20Roadmap. pdf ［2014-12-16］.

［38］DOE. Factsheet:An Initiative to Help Modernize Natural Gas Transmission and Distribution Infrastructure. http://www. energy. gov/articles/factsheet-initiative-help-modernize-natural-gas-transmission-and-distribution［2014-08-16］.

［39］DOE. New Field Laboratories and Related Research To Help Promote Environmentally Prudent Development of Unconventional Resources. http:// energy. gov/fe/articles/new-field-laboratories-and-related-research-help-promote-environmentally-prudent［2014-11-18］.

［40］European Commission Joint Research Centre. Launch of the European science and technology network on unconventional hydrocarbon extraction. https:// ec. europa. eu/jrc/en/news/launch-european-science-and-technology-network-unconventional-hydrocarbon-extraction［2014-08-01］.

［41］J-COAL. J-COAL's Coal Technology Roadmap. http:// www. worldcoal. org/extract/j-coals-coal-technology-roadmap-4283/［2014-10-08］.

［42］OECD Nuclear Energy Agency. Technology Roadmap Update for Generation IV Nuclear Energy Systems. https:// www. gen-4. org/gif/upload/docs/application/pdf/2014-03/gif-tru2014. pdf［2014-04-15］.

［43］European Commission. Europe gears up to make fusion energy a reality. http://europa. eu/rapid/

press-release_IP-14-1111_en. htm？ locale＝en［2014-10-15］.

［44］ DOE Fusion Energy Sciences Advisory Committee. Report On Strategic Planning：Priorities Assessment and Budget Scenarios. http：// science. energy. gov/～/media/fes/fesac/pdf/2014/October/FESAC_Strategic_Panel_Report_Final_Draft_Oct_10_2014. pdf［2014-10-22］.

［45］ European Wind Energy Technology Platform. The new Strategic Research Agenda and Market Deployment Strategy developed by TPWind. http：// www. windplatform. eu/fileadmin/ewetp_docs/TPWind_SRA. pdf［2014-04-01］.

［46］ DOE. Energy Department Offers ＄25 Million for U. S. Solar Manufacturing. http：// www. energy. gov/eere/sunshot/articles/energy-department-offers-25-million-us-solar-manufacturing［2014-02-15］.

［47］ CHEETAH. http：// www. cheetah－project. eu/［2014-08-01］.

［48］ NEDO. 太陽光発電の大量導入社会を支える3プロジェクトを開始—設置からリサイクルまで低コスト化を目指す— . http：// www. nedo. go. jp/news/press/AA5_100284. html［2014-08-01］.

［49］ DOE. BIOENERGY TECHNOLOGIES OFFICE MULTI-YEAR PROGRAM PLAN：NOVEMBER 2014 UPDATE. http：// energy. gov/eere/bioenergy/downloads/bioenergy-technologies-office-multi-year-program-plan-november-2014-updat-0［2014-11-30］.

Observations on Development of Energy Science and Technology

Chen Wei，Zhang Jun，Zhao Daiqing，Li Guiju，Pan Xuan

In 2014，the world energy technology development continues the trends to be green，low-carbon，smart，efficient and diversification；and so far have reached innovative achievements in advanced high-parameter combustion equipment，energy storage，advanced nuclear，solar technology and so on. Some prominent countries play a leading role by developing and timely revising the strategic plan in the field of energy science and technology，and constantly optimizing their energy science and technology innovation system，but they are all paying more attention to the innovation for the whole value chain. Finally，several constructive implications and suggestions for the development of energy science and technology in China as proposed.

4.11　材料制造领域发展观察

万　勇[1]　姜　山[1]　谭若兵[2]　黄　健[1]　潘　璇[1]　冯瑞华[1]

（1. 中国科学院武汉文献情报中心；2. 中国科学院金属研究所）

2014 年，材料与制造科技领域发展的主要特点表现为：随着全球先进材料与制造业竞争格局的变化，各国纷纷对其相关的研发战略进行动态调整，不断出台新举措；领域基础研究成果丰硕，制造技术个性化与定制化趋势明显，绿色可持续制造发展加快等。

一、重要研究进展

2014 年，材料领域在新材料开发与制备及合成技术、新材料结构与性能、材料新器件研究等方面取得了众多进展。制造领域，3D 打印原料更加多样化、应用领域更加广泛，新型智能与绿色制造技术也取得了丰硕的成果。

1. 新技术助力材料制备与合成

美国劳伦斯利弗莫尔国家实验室开发出光引导电泳沉积的新技术，使得利用多种材料在较大面积上以较高分辨率创造任意图形成为可能[1]。日本国立材料科学研究所利用组合技术，首次通过控制晶体择优取向进行摩擦材料的开发研究，加速了具有特定摩擦性能的摩擦材料的制备[2]。美国橡树岭国家实验室将传统的热处理与超导磁体产生的强磁场结合，有效控制分子取向，改变液晶环氧树脂的微结构和力学性能，实现零热膨胀系数、聚合物高度晶化[3]。三星与成均馆大学团队在大面积石墨烯合成技术上取得突破，利用锗缓冲层在硅片表面制备得到晶圆级大尺寸的单晶石墨烯[4]。

2. 材料结构与性质研究成果丰硕

过渡金属二硫属化合物、锗烯、六方氮化硼、黑磷等二维材料，从性质研究到功能开发等都成为研究热点。特别是二硫化钼（MoS_2），天然具有的半导体特性使其成为石墨烯的强力挑战者。普渡大学与英特尔团队通过掺杂解决了 MoS_2 与金属间的接触电阻问题[5]，美欧研究人员制造出基于 MoS_2 的柔性纳米发电机、纳米机械传感器[6]、调频激光器[7]等。

新加工方法使纳米材料拥有更强的结构与性能。美国加州理工学院利用三维分形结构和纳米材料的尺寸效应组合，制作出轻质、高强度及弹性的具有分形结构的微型晶格[8]。美国德雷塞尔大学与大连理工大学合作制备出可折叠的导电聚合物纳米复合材料，强度足以支撑几倍于自身重量的物体[9]。日本立命馆大学通过"组织协调控制法"对金属粉末原料表面形成的纳米级超细微结晶进行成形和烧结精加工，制造出兼具高强度和高韧性的金属材料。与传统方法相比，利用纯钛制造的新型金属材料牵拉强度和韧度分别提高了 1.5 倍和 2.2 倍[10]。

3. 材料新器件实现性能提升

在能源领域，爱尔兰利默里克大学研制出一种基于锗纳米线的电池阳极，可使锂离子电池容量翻倍，充放电 1000 次以后还能维持高性能[11]。日本东北大学将单壁碳纳米管作为电极开发出一种新型低功耗平面光源，每小时仅耗电 0.1 瓦，光效可达 60 流明/瓦[12]。在电子领域，剑桥大学开发出世界首个基于石墨烯的柔性显示器，证明石墨烯可用于制造基于晶体管的柔性装置[13]。加州大学圣巴巴拉分校开发出高性能Ⅲ-Ⅴ族金属氧化物半导体场效应晶体管，实现了 25 纳米栅长，导通电流 0.5 毫安，截止电流 100 纳安，并且工作电压只需 0.5 伏特[14]。欧洲学者利用含有铅、碳基离子和卤素离子的有机金属卤化物钙钛矿材料，通过设计二极管结构，将电荷限制在非常薄的钙钛矿薄层中，实现钙钛矿 LED 的制备[15]。在高温超导领域，日本国立聚变科学研究所利用钇系高温超导带材制造出具有特殊机械强度的高温超导线圈，在 20K 的低温下，产生了超过 10 万安培的电流，总电流密度超过 40 安培/毫米^2[16]。

4. 3D 打印技术在航空、生物等领域发展势头迅猛

在原料方面，英国金属技术公司在世界上首次使用航天合金材料 C-103 成功打印出样品，能在更短时间内制造更为复杂的几何形状[17]；英国奥雅纳（Arup）公司突破常规塑料和树脂，利用钢材打印出结构复杂、造型独特的 3D 模型[18]。韩国浦项工业大学研发出由组织或脏器经过细胞分离等处理制成的、用于 3D 打印的"生物墨水"[19]。韩国电工研究所用石墨烯打印出纳米结构，第一次验证了纯石墨稀用于 3D 打印的可能性[20]。

在打印技术方面，美国 Stratasys 公司推出刚性、柔性与透明材料相混合的打印技术[26]；美国 Arevo 实验室与马克弗吉德（Mark Forged）公司联合推出了可实现碳纤维复合材料的打印技术[22]。

在应用方面，美国洛克达因（Rocketdyne）公司打印制造的发动机可产生高达5000 磅的推力，其零部件被合并至 3 个，整个发动机设计与制造仅耗时数月，制造成本节省约 65%[23]；美国劳伦斯利弗莫尔国家实验室和麻省理工学院开发出具有近似气凝胶的超轻质量、而硬度是其 1000 倍的超轻多孔材料，可承受 16 万倍自重负荷[24]。澳大利亚与美国研究者利用蛋白质及内皮细胞等生物材料，通过 3D 打印制造

出可为人造器官供血的血管网络，该成果是最终实现人造器官过程中的重要突破[25]。美国路易斯安那理工大学通过低成本 3D 打印创造出医疗级细丝，可用来制造智能释药的医疗植入物或导管[26]。

5. 新的先进制造技术不断涌现

在光刻技术方面，美国麻省理工学院的相关研究利用电子束光刻连续制造模板，同时使用嵌段共聚物对图案中非光刻位置进行填充，速度比单纯采用电子束光刻书写全部图案快 5 倍以上[27]。美国普渡大学利用激光在金属片上进行标刻，使其变成为具有各种三维结构的结构体，其最小物理尺寸可达 10 纳米量级[28]。美国加州大学伯克利分校开发出一种新型电感制造技术，利用绝缘的纳米复合磁性材料制成的微型电感性能提高了 80%，同时物理尺寸降低了 50%[29]。美国半导体制造技术战略联盟（SEMATECH）在 100 纳米灵敏度下实现了极紫外光刻多层光掩模板的零缺陷[30]。在绿色制造技术方面，澳大利亚新南威尔士大学开发出"绿色钢铁"技术，利用废弃轮胎和塑料作为碳源代替不可再生的焦炭，在电弧炉中炼钢[31]。瑞典国家联邦实验室基于水分子自组装，无需真空即可将铝锌氧化物制成的透明导电膜生长在衬底上，不仅廉价环保，而且降低了能耗[32]。

二、重要战略规划

世界主要国家纷纷出台新材料与先进制造领域的宏观战略规划，力争占领新的制高点。

1. 美国国家制造业创新网络建设持续推进

2014 年，美国国家制造业创新网络中的下一代电力电子、轻质现代金属、数字制造与设计 3 家研究所投入运行，先进复合材料①、集成光子学、智能制造、柔性混合电子器件 4 家研究所正在招募运营方。10 月，美国总统行政办公室与总统科技顾问委员会联合发布了《加快美国先进制造业》总体报告，从 3 个方面提出了支持美国制造业发展的建议：（1）加强创新，保持制造业技术领先地位；（2）重视人才培养和流动，为制造业未来发展储备人才；（3）改善经商环境，支持中小制造业产业升级[33]。12 月，美国国家科学技术委员会制订了《材料基因组计划战略规划》，从研究范式转变、实验/计算/理论融合、数字资源获取、人才培养 4 大机遇关键领域给出了 22 项

---

① 编者注：2015 年 1 月 8 日确定，由田纳西大学率领 122 名成员组成的联盟担纲先进复合材料制造业创新研究所的建设。

行动建议，并明确了9类材料的发展突破点[34]。

2. 欧盟及其成员国布局多项战略，助力制造业以及以石墨烯为代表的新材料发展

2014年9月，为期7年、投资10亿欧元的"冶金欧洲"研究计划被纳入"尤里卡集群"正式启动，目标是开发包括金属化合物、合金、复合材料、超导体和半导体等在内的新材料[35]。7月，法国在"新工业法国"战略基础上，梳理出包括低排放汽车、电动飞机、回收和绿色材料、绿色化学、纳米电子学、机器人、未来工厂在内的34个项目作为工业复兴的支点[36]。英国借力"高价值制造"战略重振制造业，截至2014年年底已经建起7家高价值制造业加速中心，并有两家宣布将在2015年兴建[37]。德国"工业4.0"战略试图使本国制造业实现从"制造"向"智造"的升级，2014年，"工业4.0"实践致力于实体工业生产与虚拟数字世界的无缝对接，注重利用信息技术实现制造业生产过程的改造。

2014年，总投资10亿欧元、为期10年的欧盟"石墨烯旗舰计划"进入第二年，发布了首份招标公告和科技路线图。英国财政大臣乔治·奥斯本提出，石墨烯不仅要"在英国发现"，更要实现"英国制造"。9月，英国政府宣布投资6000万英镑在曼彻斯特大学成立石墨烯工程创新中心。此前，英国已投资6100万英镑在该校创建国家石墨烯研究院。这两大科研投资凸显了英国致力于维持其在该领域世界领先地位的决心和力度[38]。

3. 日韩等国也将制造业作为国家科技发展的重要领域

日本安倍政府"安倍经济学"战略的一项重要内容是产业振兴。在国际制造业酝酿新一轮变革的背景下，日本政府和产业界正在通过国家主导制造业升级、加大新能源政策改革与补贴、利用新技术改造传统产业、注重制造业与市场结合等措施，努力维持和扩大制造业的相对优势地位，以促进日本经济复苏和长期稳定发展[39]。韩国政府牵头成立了制造业创新委员会，并于2014年7月确立了打造新型制造业产业集群、全面强化产业竞争力、夯实制造业创新基础3大战略目标[40]，在2020年前建立1万家智能工厂。

加拿大政府12月发布了新一轮科技战略报告——《抓住加拿大的时遇：推进科学、技术与创新》，在原有的环境、健康与生命科学、自然资源与能源、信息与通信技术4个优先领域的基础上，新增第5个优先发展领域，即先进制造，重点关注自动化（包括机器人）、轻质材料和技术、机器制造、量子材料、纳米技术、航天技术、汽车产业等[41]。

4. 3D打印技术继续受到各国重视

继美国将3D打印技术纳入制造业创新网络，并将添加制造创新研究所更名为"America Makes"之后，其他国家纷纷将其列入未来优先发展方向，制定相应的计划或路线图，以期在未来制造业竞争中占据领先地位。例如，英国投资1530万英镑建立国家3D打印中心；韩国未来创造科学部与产业通商资源部联合发布未来10年3D打印技术路线图草案，提出15个战略技术方向[42]；日本政府划拨40亿日元实施3D打印技术制造革命计划[43]。

5. 部分国家制造模式重视资源利用

传统制造方式正在逐步被新型先进制造模式取代，强调资源的高效利用，朝着智能、绿色、可持续的生态制造发展。2014年6月，澳大利亚研究理事会推出工业转型研究中心计划，解决制造业、采矿与资源、谷物改良和水产养殖等方面面临的挑战[44]。9月，德国联邦教研部发布《创新性资源效率技术资助指南》，注重研究成果向工业应用转化[45]。12月，欧洲创新与技术学院组建了7年期泛欧原材料联盟"RawMatTERS"，旨在解决欧洲目前面临的原材料依赖问题，形成欧洲的核心战略优势。该联盟将获得4.1亿欧元的资助[46]。

三、发展启示建议

1. 以材料基因组的理念提升新材料创制并尽快走向应用

材料基因组的核心目标是缩短新材料的研发周期，降低成本，这需要高通量计算、高通量合成与快速表征以及数据信息库三部分之间的有效结合。以数字化和可重复性为标志，建立材料组分－组织－性能之间的定量关系，整合协同国内材料计算与模拟领域优势力量，在新材料设计、材料制备、加工处理过程计算模拟与工艺优化，以及材料使役环境下行为的计算模拟（特别是核辐照、太空环境等实验难以进行的极端使役环境下的材料行为的计算模拟）等方面通力合作，促进新材料尽快成熟并投入应用。美国"材料基因组计划"和欧盟"冶金欧洲"对此可提供有益的参考和借鉴。

2. 重视材料的全生命周期控制

从设计、制备、表征、成材、成器，到形成系统和装备，再到回收再利用的整个生命周期，将基于网络和大数据、云计算，融合理、化、生、机、电等多学科工程技术创新，整合理论、实验与技术仿真、大数据等方法，体现高性能、低成本、短流程、少设备、少耗材等特征。为节约资源和能源，需发展短流程制备技术、稀缺元素替代技术、近净成形技术、智能化制备与加工、结构功能一体化技术等。为减少环境压力，需着力发展环境友好材料以及材料的绿色制备、失效防护及废弃物资源化利用等技术。

3. 推动制造业模式转变

智能化、绿色化、定制化、可持续是制造业转型发展的标志与特征，其支撑技术与模式推进方式之间相互交叉、相互影响。需关注以下重点方向：

（1）智能化。在装备技术上，实现柔性、可重构、自主控制、自诊断等技术；在辅助设计和制造上，实现基于网络的虚拟制造等技术；在支撑技术上，实现海量信息处理与分析技术等。

（2）绿色化。实现绿色设计、绿色材料选择、高效节能及环境友好工艺规划、绿色包装、面向环境的回收处理等技术。

（3）定制化。3D打印技术最能体现定制化的制造业发展模式，个性化定制将推动制造方式向模块化、柔性化转变。

（4）可持续。可借鉴欧洲、韩国等提出的"未来工厂"，即新型生态工厂与绿色产品制造模式。

4. 提升装备制造业自主创新能力

制定行业创新引导机制，加强关键共性技术攻关，建立装备制造行业信息及知识共享平台，形成优势互补的产业集群，构建产业战略联盟。确立企业的创新主体地位，并重视包括技术工人在内的各类产业从业人才的培养。美国国家制造业创新网络的运行管理机制值得借鉴。

致谢：王天然院士、唐清研究员审阅了本文并提出了宝贵的修改意见，在此表示感谢。

参考文献

[1] Lawrence Livermore National Laboratory. Livermore Lab shines new light on novel additive manufacturing approach. https://www.llnl.gov/news/newsreleases/2014/Apr/NR-14-04-02.html[2014-04-10].

[2] National Institute for Materials Science. Creation of a Highly Efficient Technique to Develop Low-Friction Materials Which Are Drawing Attention in Association with Energy Issues. http://www.nims.go.jp/eng/news/press/2014/07/201406180.html[2014-06-18].

[3] Oak Ridge National Laboratory. ORNL thermomagnetic processing method provides path to new

materials. http：// www. ornl. gov/ornl/news/news-releases/2014/ornl-thermomagnetic-processing-method-provides-path-to-new-materials［2014-11-06］.

［4］ Samsung Tomorrow. Samsung Electronics Discovers Groundbreaking Method to Commercialize New Material for Electronics. http：//global. samsungtomorrow. com/? p＝35576［2014-04-04］.

［5］ Purdue University. Silicon alternatives key to future computers，consumer electronics. http：//www. purdue. edu/newsroom/releases/2014/Q2/silicon-alternatives-key-to-future-computers,-consumer-electronics. html［2014-06-04］.

［6］ Georgia Institute of Technology. Researchers Develop World's Thinnest Electric Generator. http：// www. news. gatech. edu/2014/10/15/researchers-develop-world% E2% 80% 99s-thinnest-electric-generator［2014-10-15］.

［7］ Nanotechweb. 2D metal-dichalcogenides could make thin-film lasers. http：//nanotechweb. org/cws/article/tech/59300［2014-11-18］.

［8］ Caltech. Miniature Truss Work. http：//www. caltech. edu/content/miniature-truss-work［2014-05-23］.

［9］ Drexel University. Drexel Engineers Improve Strength，Flexibility of Atom-Thick Films http：//drexel. edu/now/archive/2014/November/flexible-MXenes/［2014-11-10］.

［10］ 日刊工业新闻 . 立命館大、強度と靭性アップした金属作製法を開発―金属粉末表面に微細結晶 . http：//www. nikkan. co. jp/news/nkx0720140313eaaf. html［2014-03-18］.

［11］ University of Limerick. Researchers make breakthrough in battery technology. http：//www. ul. ie/news-centre/news/researchers-make-breakthrough-in-battery-technology/［2014-02-07］.

［12］ AIP. Beyond LEDs：Brighter，New Energy-Saving Flat Panel Lights Based on Carbon Nanotubes. http：// www. aip. org/publishing/journal-highlights/beyond-leds-flat-panel-lights-using-carbon-nanotubes［2014-10-14］.

［13］ University of Cambridge. First graphene-based flexible display produced. http：// www. cam. ac. uk/research/news/first-graphene-based-flexible-display-produced［2014-09-05］.

［14］ University of California，Santa Barbara. Researchers Report Highest Performing Ⅲ-Ⅴ Metal-Oxide Semiconductor FETs. http：//engineering. ucsb. edu/news/773［2014-06-10］.

［15］ University of Cambridge. LEDs made from 'wonder material' perovskite. http：//www. cam. ac. uk/research/news/leds-made-from-wonder-material-perovskite［2014-08-05］.

［16］ EurekAlert. Magnets for fusion energy：A revolutionary manufacturing method developed. http：// www. eurekalert. org/pub_releases/2014-07/nion-mff072514. php［2014-07-25］.

［17］ Prnewswire. Additive Manufacturing of C-103，A Niobium-Based Alloy，Taking Shape at MTI. http：// www. prnewswire. com/news-releases/additive-manufacturing-of-c-103-a-niobium-based-alloy-taking-shape-at-mti-268940191. html［2014-07-28］.

［18］ ARUP. Construction steelwork makes its 3D printing premiere. http：// www. arup. com/News/2014_06_June/05_June_Construction_steelwork_makes_3D_printing_premiere. aspx［2014-06-05］.

［19］ Nature. Printing three-dimensional tissue analogues with decellularized extracellular matrix bioink. http：

// www. nature. com/ncomms/2014/140602/ncomms4935/full/ncomms4935. html[2014-06-02].

[20] Koreatimes. World's first nano 3D printer developed by KERI team. http：// www. korea-times. co. kr/www/news/tech/2014/12/133_170196. html[2014-12-18].

[21] Stratasys. STRATASYS 新增彩色柔性数字材料，打造无与伦比的 3D 打印产品 . http：// www. stratasys. com. cn/corporate/newsroom/press-releases/asia-pacific/june-18-2014［2014-06-18].

[22] 3dprint. Arevo Labs Announces Carbon NanoTube Reinforced 3D Printing. http：//3dprint. com/ 1755/arevo-labs-announces-carbon-nanotube-reinforced-3d-printing/[2014-03-24].

[23] AerojetRocketdyne. AerojetRocketdyne Successfully Tests Engine Made Entirely with Additive Manufacturing. http：// www. rocket. com/article/aerojet-rocketdyne-successfully-tests-engine-made-entirely-additive-manufacturing[2014-06-23].

[24] Lawrence Livermore National Laboratory. Lawrence Livermore，MIT researchers develop new ul-tralight，ultrastiff 3D printed materials. https：//www. llnl. gov/news/newsreleases/2014/Jun/NR-14-06-06. html♯. U7DHGk3lodV[2014-06-19].

[25] The University of Sydney. A step closer to bio-printing transplantable tissues and organs. http：// sydney. edu. au/news/84. html? newsstoryid＝13715[2014-07-02].

[26] Louisiana Tech University. Louisiana Tech researchers use 3D printers to create custom medical implants. http：// news. latech. edu/2014/08/20/louisiana-tech-researchers-use-3d-printers-to-cre-ate-custom-medical-implants/[2014-08-20].

[27] Semiconductor Research Corporation. SRC and MIT Extend High Resolution Lithography Capa-bilities. https：//www. src. org/newsroom/press-release/2014/564/[2014-02-26].

[28] Purdue University. Nanoshaping method points to future manufacturing technology. http：//www. purdue. edu/newsroom/releases/2014/Q4/nanoshaping-method-points-to-future-manufacturing-technology. html[2014-12-11].

[29] Semiconductor Research Corporation. SRC and UC Berkeley Research Promises to Revolutionize Electronic Circuit Design with Advancements in On-Chip Inductors Using Magnetic Particles. ht-tps：//www. src. org/newsroom/press-release/2014/583/[2014-03-18].

[30] SEMATECH. SEMATECH Achieves Breakthrough Defect Reductions in EUV Mask Blanks. ht-tp：//public. sematech. org/pages/newsrelease. aspx? NewsID＝2[2014-05-06].

[31] University of New South Wales. 'Green steel' technology saves two million tyres from landfill ht-tp：//newsroom. unsw. edu. au/news/science-technology/% E2% 80% 98green-steel% E2% 80% 99-technology-saves-two-million-tyres-landfill[2014-10-16].

[32] Empa. Semiconductor industry review：next-generation chip technology roadmap. http：//www. em-pa. ch/plugin/template/empa/3/146969/---/l＝2[2014-04-29].

[33] White House. President Obama Announces New Actions to Further Strengthen U. S. Manufactur-ing. http：//www. whitehouse. gov/the-press-office/2014/10/27/fact-sheet-president-obama-ann-ounces-new-actions-further-strengthen-us-m[2014-10-27].

[34] National Science and Technology Council. Materials Genome Initiative Strategic Plan. http：// www.

whitehouse. gov/sites/default/files/microsites/ostp/NSTC/mgi_strategic_plan_-_dec_2014. pdf［2014-12-04］.

［35］European Space Agency. Europe's new age of metals begins. http：//www. esa. int/Our_Activities/Space _Engineering_Technology/Europe_s_new_age_of_metals_begins［2014-09-10］.

［36］Ministry for Industrial Renewal. The New Industrial France. http：//www. france. fr/en/working-and-succeeding-france/new-industrial-france. html［2015-02-28］.

［37］High Value Manufacturing Catapult. Boost for UK High Value Manufacturing with additional government support announced in the Autumn Statement. https：//hvm. catapult. org. uk/docu-ments/2157642/0/Autumn＋Statement＋Press＋release/c392e395-e123-4fcd-8481-5f82421a5200 ［2014-12-03］.

［38］Higher Education Funding Council for England. £60 million of public and private investment for new leading-edge graphene research facility. http：//www. hefce. ac. uk/news/newsarchive/2014/ news88239. html［2014-09-10］.

［39］Cabinet Office. Comprehensive Strategy on Science，Technology and Innovation 2014. http：// www. 8. cao. go. jp/cstp/english/doc/2014stistrategy_provisonal. pdf［2014-06-24］.

［40］Korean Culture and Information Service. President calls 2015 golden chance to boost economy,improve inno-vation. http：//www. korea. net/NewsFocus/Policies/view？ articleId＝124785［2015-01-12］.

［41］Industry Canada. Moving Forward in Science，Technology and Innovation 2014. http：//www. ic. gc. ca/eic/site/icgc. nsf/eng/07476. html［2014-12-17］.

［42］Yonhap News Agency. Gov't to set up blueprint on promoting 3D printing. http：//english. yonhap-news. co. kr/business/2014/07/16/98/0501000000AEN20140716004600320F. html［2014-07-16］.

［43］日经技术在线．日本启动新一代 3D 打印机国家项目，5 年后速度 10 倍精度 5 倍. http：// china. nikkeibp. com. cn/news/mech/69660. html？ limitstart＝0［2014-03-03］.

［44］Australian Research Council. Critical Industry Issues to Be Addressed Through Seven New Research Hubs. http：//www. arc. gov. au/media/releases/Minister_12June14. htm［2014-06-12］.

［45］BMBF. Effizienztechnologienfür die Industrie. http：//www. bmbf. de/press/3659. php［2014-09-23］.

［46］European Commission. EIT selects New Strategic Partnership：Milestone for Europe in the area of Raw Materials. http：// ec. europa. eu/programmes/horizon2020/en/news/eit-selects-new-strate-gic-partnership-milestone-europe-area-raw-materials［2014-12-18］.

Observations on Development of Advanced Materials and Manufacturing

Wan Yong，Jiang Shan，Tan Ruobing，Huang Jian，Pan Xuan，Feng Ruihua

This report reviews the progress and breakthroughs in the fields of materials and manufacturing in 2014, with two dimensions of significant research progresses and strategic plans. Lots of achievements have been accomplished in basic and application research area; graphene-like two-dimensional materials are attracting special attentions; obvious trends towards personalization and customization of manufacturing technology were observed; and moreover progress in green sustainable manufacturing is accelerating. The prominent countries, such as United States, Europe, Japan and so on, set up a series of new initiatives in the context of the fluctuating world competitive landscape, to promote various developments including fundamental material research and innovative manufacturing. At the end of this report, some inspirational suggestions are also proposed for the layout and development in the field of materials and manufacturing of China.

4.12　重大研究基础设施领域发展观察

李泽霞[1]　金　铎[2]　冷伏海[1]

（1. 中国科学院文献情报中心；2. 中国科学院）

2014 年，各国重大科技基础设施（简称"重大设施"）建设稳步推进，依托重大设施的多学科研究紧密布局，依托重大设施的亮点研究成果不断涌现。在欧、美、日等发达国家和地区积极布局、建设重大科技基础设施的同时，发展中国家也积极推动重大设施的战略布局和规划。随着 Higgs 粒子的发现，粒子物理和核物理的基础研究对加速器有了更高的要求，科学家开始筹划和支持应用于粒子物理和核物理的下一代加速器，同时对暗物质、暗能量的探索继续保持热情，核聚变科学与等离子体科学研究也重新成为欧、美科学家关注的焦点。

一、重要研究进展

1. 各国重大科技基础设施建设稳步推进

2014 年 3 月，俄罗斯最新"核子"宇宙射线研究装置完成最后的试验阶段，将帮助寻找宇宙中的反物质与暗物质[1]。4 月，南非正式启用了全球最大射电天文望远镜阵列——平方公里阵列（SKA）的前期阵列"MeerKAT"64 座天线中的第一座天线[2]。5 月，德国马普学会等离子体物理研究所（IPP）宣布建成世界上最大的核聚变装置 Wendelstein 7 - X 仿星器，进入运行准备阶段[3]。10 月，美国费米实验室 Nova 实验启动，两台相距 800 千米的大型探测器将生成世界上功能最强大的中微子束，能够更好地研究理解中微子，有助于进一步厘清宇宙的形成和演化进程[4]。10 月，具有国际水平的脉冲强磁场实验装置在华中科技大学通过国家竣工验收，装置进入正式运行阶段[5]。

2014 年 3 月，美国稀有同位素束设施（FRIB）经过 5 年的紧密筹备和设计，在密歇根大学破土动工[6]。7 月，瑞典核能监管局有条件同意在隆德建设欧洲核散裂中子源（ESS）的相关设施，该研究设施将是世界上最强大的中子源，工程预计在 2018～2019 年完工，大约 2025 年实现全面运营[7]。8 月，美国能源部重启 μ 子的实验测试探测器的设计，希望通过研究其旋转推进方式精确测量 μ 子的属性[8]；8 月，美国国家科学基金会（NSF）宣布授权美国大学天文研究协会管理大型巡天望远镜（LSST）的建设，标志着 LSST 可以动工建设[9]，计划于 2022 年 10 月开始进行观测研究。9 月，英国科学和技术设施理事会（STFC）的先进激光技术及应用中心（CALTA）将欧洲超强激光基础设施（ELI）的首个激光器头交付给捷克的物理研究所（IoP），该激光器将用于加速粒子产生 X 射线和紫外线光源以探索分子结构和固体材料，预计将于 2017 年正式运行；2018 年以前，ELI 还将在匈牙利和罗马尼亚分别建成以阿秒科学研究为目标的超快激光装置和用于核物理研究的超强激光装置[10]。10 月，目前世界上最大的光学望远镜 TMT 在夏威夷破土动工，预计 2022 年建成，届时其分辨率将达到哈勃空间望远镜的 10 倍[11]。12 月，我国 X 射线自由电子激光试验装置（SXFEL）在上海张江开工建设，标志着该工程进入全面实施阶段[12]。

我国其他重大科技基础设施建设也在稳步推进。2014 年 8 月，我国正式决定启动中国锦屏地下实验室包括 4 组共 8 个实验室及其辅助设施的二期建设，将实验室从 4000 立方米扩容到 12 万立方米[13]。8 月，我国目前为止最大的单体热室壳体在散裂中子源工地现场成功完成预安装[14]；10 月，中国散裂中子源项目的第一台设备——负氢离子源在东莞大朗"下隧道"成功安装，标志着该项目正式进入项目设备的安装阶段[15]。

2. 依托重大科技基础设施的多学科研究紧密布局

2014 年 8 月，德国结构系统生物学中心（CSSB）正式在德国电子同步加速器研究所（DESY）园区奠基，DESY 独特的光源将为相关结构生物学研究提供最佳的条件，为开展跨学科研究提供良好环境[16]。8 月，英国钻石光源（Diamond Light Source）和牛津大学宣布在哈威尔（Harwell）科学创新园区合作建设世界一流的材料表征设施，到 2018 年将现有的 24 个实验站增加到 33 个，其潜在应用范围非常广泛，包括新的聚合物、磁性材料和纳米结构材料[17]。美国斯坦福直线加速器中心（SLAC）将与美国逆设计能源前沿研究中心[18]进行深度合作，利用同步辐射光源表征用于下一代太阳能电池板和节能灯的新材料[19]。11 月，SLAC 宣布计划设计被称为大分子飞秒晶体（MFX）的新实验站，利用直线加速器相干光源（LCLS）的 X 射线激光研究蛋白质的三维结构，以扩展在健康、生物、能源和环境科学等领域的原子级探索能力[20]。

3. 依托重大科技基础设施的亮点研究成果不断涌现

德国电子同步加速器研究所在反应条件下观察到催化剂表面的原子结构，掌握了两种未来用途广泛的新材料界面特性，并在爆炸的分子中观察到电子跃迁等[21]。

英国科学家利用钻石光源，发现生物材料对阿尔茨海默病患者大脑损伤影响的证据[22]，表明其可能导致引起脑细胞损伤的铁毒的堆积。英国和法国科研人员利用钻石光源首次系统研究了细菌在缺乏营养时的争抢策略，为防治细菌感染的新药研发奠定了基础[23]。

美国、丹麦和意大利等国研究人员利用欧洲同步辐射装置（ESRF）的共振散射技术，深入研究了氧化铱基态和激发态的波函数[24]，首次发现散射截面对局域磁矩方向的依赖关系；利用硬 X 射线纳米探针，揭示了单 InGaN 纳米线的相分离[25]过程。悉尼大学的研究人员利用 ESRF 的纳米成像束线，研究了帕金森病人大脑中铜的变化和与铜相关的传输通路，发现幸存的神经元中铜的水平显著下降[26]。欧洲研究人员利用 ESRF 上的纳米尺度相差衬托 X 射线成像技术，深入理解了骨细胞网络和周围的骨组织矿化矩阵的矿物质交换原理[27]。欧洲分子生物实验室人员利用 ESRF 收集的数据，绘制了流感机器的全貌图，这项研究可能有助于设计新的药物来治疗严重的流感感染并应对流感大暴发[28]。

美国国家点火装置（NIF）首次实现了能量总增益，向生产可持续清洁能源的目标迈进了一步[29]；2014 年 7 月，NIF 利用其 176 个激光器发出了 76 万焦耳的能量，模拟土星内核超强高压（5000 万帕斯卡尔）[30]。LCLS 的科学家利用 X 射线研究，发现钇原子能滤去铂原子表面的覆盖离子，从而为铂原子留下一个致密且坚硬的极薄外壳，能极大促进燃料电池中氧分子转化为水的反应[31]；获得了病毒和细菌等的完整细胞结构[32]，并发现细菌细胞中的羧酶体在地球生命碳循环中扮演了关键作用；首次在钇钡铜氧化物材料进入室温超导状态时，瞬间抓住了其原子结构，这种致力于在室温下保持超导状态的研究一旦获得成功，将为众多领域带来意义重大的革新，如高效的电网功能更加强大、紧致的计算机[33]等。

2014 年 12 月，日本研究人员利用大型同步辐射光源 SPRING 8 上的高性能 X 射线自由电子激光装置 SACLA 详细分析了光系统 II，发现这种光合作用"单位"由 19 个蛋白质和含锰催化剂组成，并明确了其立体结构[34]。

2014 年 5 月，中国科学院大连化学物理研究所研究人员利用上海光源 BL14W1 线站对 Fe@SiO$_2$ 体系开展了原位 XAFS 实验，发现 Fe@SiO$_2$ 催化剂的性能来源于不饱和配位 Fe 原子的高活性[35]。10 月，清华大学医学院基础医学系和结构生物学中心的研究人员利用上海光源发现了一种新型组蛋白乙酰化阅读器- YEATS 结构域，揭开了组蛋白乙酰化转录调控研究的新篇章[36]。

4. 围绕重大科技基础设施的国际合作进一步深化

随着重大科技基础设施规模越来越大，成本和技术复杂程度越来越高，其研究、设计和建设过程就越来越依赖于国际合作。例如，迄今为止，有 20 多个国家的 100 多个机构参与设计和建设 SKA[37]；有 35 个国家参与国际热核聚变实验堆（ITER）项目的科技合作[38]；有 21 个国家参加了欧洲核子研究组织（CERN）的各项科研活动[39]；这些国际合作的大项目均获得了突出的合作成果。

近年来，美国、俄罗斯等科技大国越来越重视重大设施的国际合作。2013 年，美国国家航空航天局宣布参与欧洲航天局的欧几里得项目，双方将携手探索宇宙中神秘的暗物质和暗能量[40]；2014 年 1 月，以色列正式加入 CERN，成为该组织的第 21 个成员国，也是唯一的非欧洲成员国[41]；5 月，美国粒子物理学家向美国联邦咨询委员会提交了一份路线草图，建议开始建立一个比长基线中微子实验（LBNE）更雄心勃勃的国际实验，以全球化的视野重新考虑粒子物理的研究和发展[42]；6 月，俄罗斯与欧洲同步辐射光源达成合作协议，成为该装置的重要成员国之一，至此 ESRF 的合作国家达到 15 个[43]。

5. 依托重大科技基础设施群的研究中心的建设越来越受到重视

由于重大科技基础设施的投入巨大，各国希望能在基础前沿研究和高技术产业等方面最大化地发挥重大设施的作用。因此，各国围绕重大设施，进行了紧密的学科和产业部署。

欧洲的光子及中子科学中心（EPN）围绕 ESRF 和劳厄-朗之万研究所（ILL）高通量核反应堆（RHF）形成了多个科学研究中心和实验室，如生物结构研究所、强磁场研究所和欧洲分子生物实验室（EMBL）等；成立了软凝聚态物质联合体（PSCM）[44]，支持与纳米材料、环境和能源科学、生物技术等领域相关的大尺度软物质研究。此外，ILL 与 EMBL 建立了生物分子氘化试验室 D - Lab，与 ESRF 建立材料学科学支持实验室（MSSL），以支持多样化的材料工程应用。同时，还吸引了拜耳、联合利华、施耐德、辉瑞和欧莱雅等企业用户[45]。

2014 年 8 月，德国结构系统生物学中心（CSSB）正式在德国电子同步加速器研究所园区奠基[16]。

英国的哈威尔（Harwell）科学创新园区（HSIC）依托钻石光源、ISIS 脉冲中子源和英国激光设备中心等重大设施，设立了哈威尔研究综合体 RCaH（Reserch Complex at Harwell），主要从事高通量蛋白质及蛋白质制备、蛋白质晶体学计算、单分子成像、分子反应动力学、电子显微镜等方面的研究；成立了医学研究理事会（MRC）哈威尔分部，主要进行基因和疾病关系方面的研究；还吸引了大量的企业用户入驻园区，如法国空客、美国艾法斯公司等[46]。

美国国家实验室依托多个重大设施设立了交叉学科的研究中心，如布鲁克海文国家实验室依托国家同步辐射光源和相对论重离子对撞机（RHIC）设立功能纳米材料中心[47]，斯坦福直线加速器中心（SLAC）国家加速器实验室依托同步辐射光源（SSRL）和直线加速器相干光源（LCLS）设立材料和能源科学研究所、SUNCAT 表面科学和催化中心、脉冲研究所和粒子天体物理和宇宙学卡夫利研究所等[48]。

二、重要战略计划

1. 发展中国家积极推动重大科技基础设施的战略布局和建设

2013 年 12 月，阿根廷科技和生产创新部发布了"加强科技基础设施建设计划"，将资助 65 个机构加强基础设施建设，每个机构最多获得 2000 万比索资金（约合人民币 1844 万元），资助建设期限为 18 个月。2014 年 6 月，南非科技部公布了《研究基础设施路线图》，最终确定建设"人类与社会"、"健康、生物和食品安全"、"地球与环境"、"材料与制造"、"能源"、"物质科学与工程"6 大领域的 17 项研究基础设施[49]。12 月，希腊公布《研究基础设施国家路线图》，明确加强"社会与人文科学"、"E-研究基础设施"、"能源"、"生物和医药科学"、"材料和分析设施"、"物理科学和工程"和"环境科学"7 大领域的 26 项基础设施的建设[50]。

2. 欧、美科学家重新聚焦核聚变和等离子体科学

2014 年初，基于对《欧洲聚变发电 2050》报告的响应，ITER 改革了资助模式，鼓励核聚变研究团队通过竞争参与"工作包"项目，重点支持法国的国际热核实验反应堆和备战 DEMO 原型动力堆。

2014 年 8 月，美国能源部投资近 6700 万美元用于 83 个先进核能技术研发和大学研究基础设施强化项目；启动了一项耗资 3000 万美元的新计划，即"加速低成本等

离子体加热和聚集（ALPHA）"计划，用以支持产生核聚变能的新方法，替代 2013 年被取消的高能密度等离子体研究（HEDP）项目，这意味着美国的高能密度等离子体研究重获支持[52]。2014 年 10 月，美国能源部聚变研究咨询委员会（FESAC）发布未来 10 年（2015～2024 年）美国聚变科学研究的战略计划草案，制定了四个优先实施计划，包括控制有害的瞬态事件、弥合等离子体和材料的接口、经过实验验证的集成预测能力、核聚变科学子计划和设施等，将战略方向向聚变发电商业化的方向倾斜[53]。

3. 科学家讨论下一代对撞机的研发和建设

就在 LHC 运行伊始，全世界高能物理学家和加速器物理学家已经联合完成了"国际直线对撞机（ILC）"的概念设计，并于 2013 年完成工程设计。日本高能物理学界正在积极努力，提出承建 ILC，并提供 50% 的经费[54]。2013 年，中国一批科学家也开始探讨建设 250 GeV 环形正负电子对撞机（CEPC）的设想[55]。同时，CERN 的科学家们正在研发在 3TeV① 能量下运行的紧凑直线对撞机（CLIC）[56]。2014 年 2 月，约 300 名 CERN 的物理学家和工程师们讨论 LHC 下一代的加速器，计划建造一个周长为 80～100 千米的巨型圆形对撞机（TLEP），将质子加速到大约 100 TeV 的能量。研究人员计划在 2017 年前完成 TLEP 的概念设计，并把它放入欧洲粒子物理战略的下一次评议中[57]。

三、启示与建议

2014 年，在重大科技基础设施建设、学科布局稳步推进的基础上，各国更加积极筹划发展和布局重大设施。欧、美主要国家引领了重大设施领域的一系列重大研发进展。纵观国际重大设施发展的趋势特点，可以获得一些启示：

（1）各发达国家重视重大科技基础设施的规划制定和定期更新。大科学设施的建设和应用涉及大量复杂的科学问题，需要大量公共财政的投入，因此特别需要在审慎进行设施可行性及科学目标方面的前瞻性研究的基础上制定发展规划。2013 年 1 月我国正式通过了《国家重大科技基础设施建设中长期规划（2012—2030 年）》，为我国重大设施建设与发展起到了重要的指导作用。发展规划的研究是一个长期持续的工作，随着科学技术的发展，对建设目标、设施水平和涉及领域需要作相应的调整，规划也应定期更新。

---

① 太电子伏，1TeV=1000GeV。

（2）重大设施的建设和运行历来以解决重大前沿科学问题和以做出重大发现为目标，近年来各国科学界在这个目标上所付出的努力和取得的进展都非常巨大。在物理学、宇宙科学等基本问题的研究中，国际科学共同体相互配合、协调努力的局面令人印象深刻。这对我国科学界在面对重大科学问题时应如何聚焦科学目标、如何有效布局和实施依托重大设施的研究具有一定启示。

（3）重大设施的概念范围随着大科学研究的发展在不断扩大，参与重大设施的家族也在不断补充新成员，一些传统意义上的"小科学"研究逐步发展为"大科学"研究，这个过程还在继续。随着强激光功率的不断扩大（传统意义的桌面规模激光器已可产出～10PW 强光），激光装置的规模已经进入到重大科学设施范围，能够支持超出传统规模的大科学研究。欧洲敏锐地认识到这一点，启动建设世界上第一个激光大科学设施 ELI，它具有重要意义。这值得我国科学界和决策部门密切关注。

（4）我国的 X 射线自由电子激光试验装置预计于 2017 年建成，散裂中子源将于 2018 年建成，上海光源正在升级建设更多光束线站。散裂中子源和同步辐射光源、自由电子激光都是为多学科领域服务的"平台型装置"，支持物理、化学、材料科学、生命科学、纳米科学、环境科学、信息科学等的研究。国际经验表明，先进光源和中子源不仅起着支撑和凝聚众多领域科学研究和技术发展的作用，还对相关领域的产业有强大的辐射带动作用，值得给予特别的重视。

（5）各发达国家的经验表明，依托重大科学基础设施群不但有利于形成强大高效的现代科学研究中心，而且有利于吸引众多企业聚集，形成前沿科学、先进技术研究和高技术新兴产业结合的新型"科学城"。在我国实施创新驱动发展战略的大背景下，有必要全面规划这种"科学城"式的综合研究中心的布局和建设，明确功能和定位，依托重大设施，并与中下游的工作结合，从而带动区域经济社会发展。

参考文献

[1] 中国国际科技合作网. 俄罗斯研制最新宇宙射线研究装置. http：//www. cistc. gov. cn/introduction/info_4. asp？ id=84925[2014-7-2].

[2] SKA. First MeerKAT antenna and high-tech data centre launched in the Karoo. http：// www. ska. ac. za/releases/20140327. php[2014-03-27].

[3] IPP. Preparations for operation of Wendelstein 7-X starting. http：//www. ipp. mpg. de/3397401/03_14[2014-5-20].

[4] Physics World. Fermilab's NOvA neutrino experiment kicks off. http://physicsworld. com/cws/article/news/2014/oct/20/fermilabs-nova-neutrino-experiment-kicks-off[2014-10-20].

[5] 新华网. 华中科技大学脉冲强磁场实验装置通过国家竣工验收. http：//news. xinhuanet. com/yzyd/local/20141024/c_1112967054. htm[2014-10-24].

[6] FRIB. FRIB Groundbreaking Launches Civil Construction. http：// www. frib. msu. edu/content/ frib-groundbreaking-launches-civil-construction[2014-03-17].

[7] Science. European Spallation Source ready to start construction. http：// news. sciencemag. org/europe/2014/07/european-spallation-source-ready-start-construction[2014-07-07].

[8] SLAC. Rebooted Muon Experiment Tests Detector Design at SLAC. https：// www6. slac. stanford. edu/news/2014-08-05-rebooted-muon-experiment-tests-detector-design-slac. aspx [2014-08-05].

[9] LSST. Director's Corner. http：// www. lsst. org/News/enews/directors-corner-201408. html[2014-08].

[10] STFC. Central Laser Facility-CALTA supplies extremely powerful ？ 2M laser for ELI. http：// www. stfc. ac. uk/CLF/News＋and＋Events/News/44684. aspx[2014-09].

[11] China TMT. http：// www. ctmt. org/[2015-4-5].

[12] 中国科学院上海应用物理所 . X 射线自由电子激光试验装置(SXFEL)进入工程全面实施阶段 . http：// www. sinap. cas. cn/xwzx/kydt/201503/t20150330_4328580. html[2015-03-30].

[13] 人民日报海外版 . 中国最深实验室扩容 . http：// paper. people. com. cn/rmrbhwb/html/2014-08/ 02/content_1460493. htm[2014-08-02].

[14] 中国科学院高能物理研究所 . CSNS 靶站热室壳体顺利吊装就位 . http：// www. ihep. cas. cn/ xwdt/gnxw/2014/201408/t20140811_4183516. html[2014-08-11].

[15] 人民网 . 中国散裂中子源首台设备在莞安装 . http：//dg. people. com. cn/n/2014/1016/c102744- 25845302. html[2014-10-16].

[16] CSSB. A roof for interdisciplinary Centre for Structural Systems Biology CSSB. http：//www. cssb-hamburg. de/e229563/e242150/index_eng. html[2014-08-29].

[17] Diamond. New materials analysis facility under construction at Diamond. http：// www. diamond. ac. uk/Home/News/LatestNews/04-08-14. html[2014-08-14].

[18] Center for Inverse Design. http：//www. centerforinversedesign. org/[2015-4-6].

[19] SLAC. SLAC Secures Role in Energy Frontier Research Center Focused on Next-generation Materials. https：// www6. slac. stanford. edu/news/2014-08-14-slac-secures-role-energy-frontier-research-center-focused-next-generation-materials[2014-08-14].

[20] SLAC. New Project Will Expand Opportunities for Biological Discovery With SLAC's X-ray Laser. https：// www6. slac. stanford. edu/news/2014-11-13-new-project-will-expand-opportunities-biological-discovery-slac% E2% 80% 99s-x-ray-laser. aspx[2014-11-13].

[21] 教育部科技发展中心 . 2014 年世界科技发展回顾——基础研究 . http：// www. cutech. edu. cn/ cn/gwkj/2015/01/1420307242216875. htm[2015-01-04].

[22] Diamond. 'Big Science' uncovers another piece in the Alzheimer's puzzle. http：// www. diamond. ac. uk/Home/News/LatestNews/27-03-14. html[2014-03-27].

[23] Diamond. Scientists uncover bacterial war tactics. http：//www. diamond. ac. uk/Home/News/Lat-

estNews/07-04-14. html[2014-04-07].

[24] ESRF. Probing wave functions in complex oxides with X-rays. http：//www. esrf. eu/home/news/spotlight/content-news/spotlight/spotlight200. html[2014-02-11].

[25] ESRF. Phase separation in single InGaN nanowires revealed by a hard X-ray synchrotron nano-probe. http：// www. esrf. eu/home/news/spotlight/content-news/spotlight/spotlight 204. html [2014-04-25].

[26] ESRF. X-rays reveal the important role of copper in Parkinson's disease. http：//www. esrf. eu/home/news/general/content-news/general/copper-in-parkinsons-disease. html[2014-01-20].

[27] ESRF. Bone tissue mass density is determined by the canalicular network morphology. http：//www. esrf. eu/home/news/spotlight/content-news/spotlight/spotlight216. html [2014-11-07].

[28] ESRF. After 40 years, the first complete picture of a key flu virus machine is revealed. http：//www. esrf. eu/home/news/general/content-news/general/after-40-years-the-first-complete-picture-of-a-key-flu-virus-machine-is-revealed. html.

[29] 科学网. 科学家提出核聚变研究新目标. http：// paper. sciencenet. cn/htmlpaper/201421713 272566432000. shtm[2014-02-17].

[30] 科学网. 科学家模拟土星内核超高压. http：//paper. sciencenet. cn/htmlpaper/2014851234 35706 34007. shtm? id=34007[2014-08-05].

[31] SLAC. New Platinum Alloy Shows Promise as Fuel Cell Catalyst. https：//www6. slac. stanford. edu/news/2014-07-21-new-platinum-alloy-shows-promise-fuel-cell-catalyst. aspx ［2014-07-21].

[32] SLAC. SLAC X-ray Laser Brings Key Cell Structures into Focus. https：//www6. slac. stanford. edu/news/2014-11-17-slac-x-ray-laser-brings-key-cell-structures-focus. aspx[2014-11-17].

[33] SLAC. Rattled Atoms Mimic High-temperature Superconductivity. https：//www6. slac. stanford. edu/news/2014-12-04-rattled-atoms-mimic-high-temperature-superconductivity. aspx[2014-12-04].

[34] 新华网. 日本人工光合作用研究获新进展. http：// japan. xinhuanet. com/2014-12-01/c _133825235. htm [2014-12-01].

[35] 中国科学院上海应用物理研究所. 上海光源用户在甲烷高效转化研究中取得重大突破. http：//www. sinap. cas. cn/xwzx/ttxw/201405/t20140513_4119429. html[2014-05-13].

[36] 中国科学院上海应用物理研究所. 上海光源用户揭示新型组蛋白乙酰化阅读器——YEATS 结构域的结构及功能. http：// www. sinap. cas. cn/xwzx/kydt/201411/t20141103 _4236407. html ［2014-11-03].

[37] SKA. Participating Countries-SKA Telescope. https：//www. skatelescope. org/participating-countries/? qqdrsign=02bcd[2015-3-27].

[38] WIKI. ITER. http：// zh. wikipedia. org/zh/% E5% 9B% BD% E9% 99% 85% E7% 83% AD% E6% A0% B8% E8% 81% 9A% E5% 8F% 98% E5% AE% 9E% E9% AA% 8C% E5% 8F% 8D% E5% BA% 94% E5% A0% 86♯. E6. 88. 90. E5. 91. 98[2015-4-26].

［39］ CERN. http：//home. web. cern. ch/about［2015-4-27］.

［40］ NASA. NASA Joins ESA's 'Dark Universe' Mission. http：//www. nasa. gov/home/hqnews/2013/jan/ HQ_13-029_NASA_Joins_Euclid. html［2013-01-24］.

［41］ CERN. Israel joins. http：//home. web. cern. ch/about/member-states ［2014-01-06］.

［42］ DOE. building for discovery：strategic plan for u. s. particle physics in the global context. http：// science. energy. gov/～/media/hep/hepap/pdf/May% 202014/FINAL_P5_Report_Interactive_ 060214. pdf［2014-05］.

［43］ ESRF. Russia becomes Member State of the ESRF. http：//www. esrf. eu/home/news/general/ content-news/general/russia-becomes-member-state-of-the-esrf. html［2014-06-23］.

［44］ PSCM. http：//www. epn-campus. eu/users/pscm/［2015-4-7］.

［45］ ESFR. Some of our industrial clients. http：//www. esrf. eu/Industry/the-bdo/partnerships［2015- 4-8］.

［46］ Harwell Science and Innovation Campuses. http：//harwellcampus. com/organisations/at-harwell/ ［2015-4-15］.

［47］ BNL. http：//www. bnl. gov/about/［2015-4-16］.

［48］ SLAC. https：//www6. slac. stanford. edu/research［2015-4-16］.

［49］ Department of science and Technology of Republic of South Africa. The reports on 'The Integrat- ed Cyberinfrastructure System（NICIS）' and 'The Research Infrastructure Roadmap（SARIR）' are released. http：//www. dst. gov. za/index. php/media-room/latest-news/965-the-reports-on-the-inte- grated-cyberinfrastructure-system-nicis-and-the-research-infrastructure-roadmap-sarir-are-released ［2014-6-23］.

［50］ General Secretariat for Research and Technology of Greece. National Roadmap for Research Infra- structures 2014. http：//www. gsrt. gr/News/Files/New987/road-map-web_version_final. pdf ［2014］.

［51］ Science. Research on Building a Working Power Reactor. http：//www. sciencemag. org/content/ 343/6167/127. full［2014-01-10］.

［52］ Physics World. US Targets Novel Fusion Research. http：//physicsworld. com/cws/article/news/ 2014/sep/30/us-targets-novel-fusion-research［2014-09-30］.

［53］ DOE. Report On Strategic Planning：Priorities Assessment and Budget Scenarios. http：//science. ener- gy. gov/～/media/fes/fesac/pdf/2014/October/FESAC_Strategic_Panel_Report_Final_Draft_Oct_10_ 2014. pdf［2014-10-10］.

［54］ CERN. International Linear Collider in Japan. http：//indico. cern. ch/event/252791/material/slides/0? contribId＝8［2013-07-20］.

［55］ 香山会议 . 下一代高能正负电子对撞机：现状与对策 . http：//www. xssc. ac. cn/ReadBrief. aspx? ItemID＝1055［2013-06-14］.

［56］ CERN. Compact Linear Collider. http：//clic-study. web. cern. ch/［2015-4-16］.

[57] Physics World. cern-kicks-off-plans-for-lhc-successor. http://physicsworld. com/cws/article/news/2014/feb/06/cern-kicks-off-plans-for-lhc-successor[2014-02-06].

Observations on Development of Major Research Infrastructure Science and Technology

Li Zexia , Jin Duo , Leng Fuhai

In 2014, major research infrastructure made remarkable progress in facilities construction, major research infrastructure based disciplines planning, and significant research outputs have been achieved. Developing countries were actively propelling strategic layout and planning major research infrastructure. Scientists around the world were also starting to select and plan design and construction of the next generation of accelerator. Nuclear fusion and plasma science regained worldwide attentions.

第五章

中国科学的发展概况

Brief Accounts of Science Developments in China

5.1　2014 年科技部基础研究管理工作进展

陈文君　沈建磊　傅小锋　王　静　周　平

（科技部基础研究司）

2014 年，科技部基础研究司在部党组的领导下，在党的十八大和十八届三中、四中全会的精神指引下，以邓小平理论、"三个代表"重要思想、科学发展观为指导，深入学习贯彻习近平总书记系列重要讲话尤其是关于科技创新的讲话精神，紧密围绕科技部中心工作和科技计划管理改革大局，深化基础研究管理体制改革，扎实推进各项业务工作，圆满完成各项任务，推动基础研究创新发展。

一、加强战略研究和统筹规划，为全面实施创新驱动发展战略奠定基石

1. 组织开展"十三五"基础研究发展战略研究工作

全面总结"十二五"基础研究工作进展，凝练出"十三五"我国基础研究发展思路、战略目标和重大任务。

（1）组织"973"计划"十三五"战略研究工作。在农业等 9 个领域每个领域凝练出一批重点任务，形成重点方向路线图，同时继续聚焦重大科学问题，推动交叉科学战略研究，组织脑科学、合成生物学、大数据、介科学等高层次的战略研讨。为"973"计划顶层设计、突出重点、超前部署提供支撑。

（2）组织面向国际重大科学前沿的"十三五"战略研究工作。针对纳米、量子调控、蛋白质、发育与生殖、干细胞和全球变化等重大科学前沿方向，全面梳理发展现状和差距，研究发展思路和重点任务，聚焦重大科学问题，进一步加强基础研究的前瞻性部署。

（3）组织开展基础研究基地建设战略研究。完成院校、企业、军民共建国家重点实验室和国家实验室、国家野外科学观测研究站的"十三五"战略研究。

（4）组织开展科技基础性工作专项"十三五"战略研究工作。调研总结专项设立以来在各领域的工作部署、完成情况及取得的成绩，对地质与地理资源、人口与健康两个专题进行分领域研讨凝练"十三五"的主要任务和优先方向。

（5）组织开展国家磁约束核聚变能发展技术路线图编制工作。组织召开专家委员

会及技术路线图战略研讨，进一步明确总体思路和重点，全面梳理我国发展现状，比较借鉴其他国家的技术路线和部署安排，进一步聚焦和明确我国磁约束核聚变发展目标，为"十三五"及未来国内研究部署提供重要指导。

2. 积极开展基础研究调研工作

组织编译汤森路透《2014 年全球高被引科学家名单》，分析我国科学家的入选情况，并形成专报报送国务院领导参阅；组织编译美国《科学与工程指标 2014》，摘编其中主要内容和观点报送部领导参阅，形成专报报送国务院领导参阅；翻译汤森路透《2025 年的世界：十大创新预测》分析报告，形成专报报送国务院领导参阅；组织完成《中国科学技术发展报告（2014 年）》中基础研究部分的编写工作；组织编制《2014 年地方基础研究工作调研报告汇编》；组织完成《国家中长期科学和技术发展规划纲要（2006—2020 年）》基础研究领域中期评估。

3. 推动我国基础研究水平进一步提升，重大原创性成果不断涌现

我国在基础研究重点领域取得了一批具有国际影响的重大原创性成果。例如，我国鸟类起源研究成果使恐龙向鸟类的转化已成为论证最翔实的主要演化事件之一，入选《科学》杂志 2014 年十大科学突破；对食蟹猴受精卵使用基因组精确编辑技术（CRISPR/Cas9）进行体外培养，首次获得靶向基因编辑灵长类动物模型；在国际上首次实现亚纳米分辨的单分子光学拉曼成像，突破光学成像衍射极限，将具有化学识别能力的空间成像分辨率从数个纳米提高到前所未有的 0.5 纳米，具有极其重要的科学意义和实用价值；首次解析了若干重要蛋白质复合物的精细结构，为生命科学相关研究提供一系列重要的结构线索；我国在四川锦屏建立了世界上最深、宇宙线通量最小的地下暗物质实验室，自主设计探测器，使暗物质探测灵敏度提升 10 倍，得到了国际上最灵敏的实验结果；铁基超导研究成功发现了一种新的铁基超导材料，转变温度达 40K 以上，为探索更高转变温度的新型铁基超导体提供了重要思路，同时也为研究高温超导的机理提供了新的材料体系；我国蔬菜基因组研究水平已经居于国际前沿，实现"基因组－变异组－分子设计育种"创新链条的大贯穿，推动蔬菜育种由传统方式向全基因组设计育种的跨越式转变等，表明我国基础研究向国际科学前沿迈出了重要步伐。

反映基础研究水平的国际论文数量和质量不断提升。据中国科学技术信息研究所的科技论文统计结果表明，2013 年 SCI 收录中国科技论文为 20.41 万篇，排在世界第 2 位，其中表现不俗的论文有 69 064 篇，占论文总数的 33.8%，比 2012 年提升了 7.4 个百分点；高被引国际论文为 12 279 篇，占世界份额的 10.4%，排在世界第 4 位；国际热点论文数为 384 篇，占世界份额的 15.7%，排在世界第 4 位；共发表国际论文

136.98 万篇，排世界第 2 位；论文共被引用 1037.01 万次，排在世界第 4 位，比上一年度统计时又提升了 1 位，增长速度显著。

二、深入落实科技改革重大任务，积极探索和推进基础研究管理改革与创新

1. 完成国家重大科研基础设施向社会开放改革方案制订工作

按照党中央、国务院的决策部署，科技部会同财政部、发展改革委等部门组织专题调研，形成国家重大科研基础设施现状和开放调研报告，研究提出国家重大科研基础设施和大型科研仪器向社会开放的改革意见。经由中央全面深化改革领导小组第六次会议审议通过后，国务院于 2014 年 12 月 31 日印发《关于国家重大科研基础设施和大型科研仪器向社会开放的意见》。

2. 完成国家重点实验室评估改革任务

按照科技部统一部署，通过总结分析现有评估制度的成绩和不足，研究提出全面深化国家重点实验室评估改革工作的思路和方案，对评估规则进行了修订完善，并广泛征求各方意见建议。2014 年 5 月，科技部发布了新修订的《国家重点实验室评估规则》，用以指导 2014～2018 年新一轮国家重点实验室评估工作。随后确定化学领域 26 个国家重点实验室评估计划并委托中国化学会承担评估工作，评估改革工作被充分肯定。

这是第一次委托科学社会团体承担国家重点实验室评估具体工作，突出改革、成效显著，得到广泛好评。本次评估减少了现场考察工作量，只对初评前 30% 和后 20% 实验室进行现场考察；提前公示评估材料，进一步突出依托单位对实验室运行管理的法人责任；提前 48 小时公布评估专家名单；评估实现全流程痕迹管理，可查询、可追溯等。专家和实验室人员普遍反映新修订的国家重点实验室评估规则体现了深化改革的要求，评估指标体系设计科学合理，导向作用明显，能更好促进实验室的发展与创新。

3. 进一步加强科技计划间的衔接和协调

"973" 计划、"863" 计划和支撑计划联合发布指南，通过科技管理信息系统统一申报。同时，对申报项目的人员和内容进行了严格的形审和查重，避免人员重复、内容重复。

4. 完善优化评审程序，不断改进管理方式

认真落实《国务院关于改进加强中央财政科研项目和资金管理的若干意见》的相关要求，不断优化评审程序、改进管理方式：通讯评审时严格保密专家名单。会议评审时，委托第三方独立从专家库随机遴选专家，增加一线科研人员的比例，评审前3天公布专家名单，加强专家自律和公众监督。视频会议时全程录音录像。"973"计划减少评审次数，缩短会期，提高管理效率。项目复评和概算评审同步进行，将任务和经费统一考虑。

5. 继续部署青年科学家专题试点，加大青年人才培养力度

"973"计划继续推动青年科学家专题试点工作，有34个项目通过评审。国家磁约束核聚变能发展研究专项继续设立面向高校的团队指南，以吸引优秀团队参加研究，加强后备人才培养；同时继续设立人才项目，加大支持力度。

6. 规范"973"计划前期研究专项管理

继续组织"973"计划前期专项工作，面向地方基础研究需求加强部署，并实现在线申报、评审纳入科技计划管理平台，进一步规范管理。此外，推动项目基地人才相结合，支持新批准的8个省部共建国家重点实验室；经评审，资助6个项目81个课题。

三、围绕科技部中心工作和大局，扎实推进各项业务工作深入开展

1. 稳步推进"973"计划的项目部署

（1）做好"973"计划重大项目的立项和管理

"973"计划9个领域完成81个重大项目和21个青年科学家专题的立项；针对国际竞争激烈的相关领域和前沿方向，6个重大科学研究计划在"肺癌在体分子分型的新型纳米分子成像探针基础研究"等方向部署37个项目和13个青年科学家专题。

组织完成2013年立项的107个"973"计划项目、77个重大科学研究计划项目的中期评估工作。根据评估结果，对项目的研究计划、研究方案、研究队伍以及经费进行相应调整和优化，实现动态管理，完成项目调整方案。

"973"计划完成2010年立项的84个项目的结题验收工作，重大科学研究计划完成2010年立项的33个项目的结题验收工作，对取得的研究成果进行全面总结和评价。

（2）凝练重大科学问题，强化部署重大科学目标导向项目

按照"成熟一个，启动一个"的原则，加强重大科学目标导向项目的部署，不断聚焦重点领域，凝练科学目标。积极推动落实中国人类蛋白质组计划重点专项，组织实施重大科学目标导向项目"中国人类蛋白质组草图"。项目将首次建立含有个体定量信息的人体器官/组织蛋白质组表达谱，不仅为蛋白质组研究创造新的分析模式，而且可能为疾病的机理和治疗提供可靠的功能分子参照体系。

（3）推动脑科学、量子计算与量子通信研究

组织香山科学会议等专家研讨会，初步提出中国脑科学计划建议。在"973"计划部署中，重点围绕脑结构、功能及人类认知的智力本质等重大科学问题，从健康、信息和综合交叉等多个领域加大部署，支持成瘾机制、视觉编码、脑机交互、睡眠机制和脑成像等8个项目立项，抢占脑科学研究制高点。

围绕量子计量和量子通信中的重大科学问题，在量子调控重大科学研究计划中启动宏观量子态表面与界面调控、新型二维电子器件强自旋关联效应等6个项目立项。

2. 重点实验室工作取得新进展

（1）积极推动国家实验室工作

按照财政部统一部署，国家（重点）实验室引导经费纳入2013年中央财政科研经费绩效评价试点工作，基础司协助完成绩效评价工作。经财政部反馈评价结果为优秀，对试点国家实验室经费绩效和引导经费整体工作给予较高评价，建议进一步加大对国家实验室的稳定支持力度，并将结果作为改进预算管理和安排以后年度预算的重要依据。

两会期间，有3个政协提案同时聚焦加快推进国家实验室建设。全国政协非常重视，将"提升原始创新能力加快推进国家实验室建设"列为2014年全国政协重点提案，交科技部会同财政部办理，并以专题调研形式重点督办。科技部高度重视，与提案委员认真沟通，全程参加专题座谈会和专题调研，商财政部提出答复意见，协助配合全国政协形成《关于提升原始创新能力加快推进国家实验室建设的报告》。

积极推动国家实验室工作，一是部署6个试点国家实验室对试点以来的工作进行系统总结，进一步研究完善多单位联合建设实验室的体制机制、建设模式和管理方式；二是推动青岛海洋国家实验室建设试点工作，研究完善海洋国家实验室的管理结构。

（2）启动实施第三批企业国家重点实验室新建工作

将企业国家重点实验室建设分为公开申报和定向建设两种方式，同步开展工作。依托航天科技集团的"天地一体化信息技术"重点实验室通过立项论证；经调研，航天科工集团推荐的"复杂产品智能制造技术"实验室和中国电子科技集团推荐的"卫

星导航技术"实验室进行定向建设的条件比较成熟。发布第三批企业国家重点实验室建设工作申报指南，重点围绕节能环保、新一代信息技术等 16 个方向，进一步完善企业国家重点实验室布局，引领和带动行业技术进步。

（3）推进军民共建和省部共建国家重点实验室建设试点工作

批准新建军事口腔医学等 3 个军民共建国家重点实验室。对科技部与广东、福建、湖北、河南、甘肃、云南 6 省联合批准建设的 8 个省部共建国家重点实验室进行试点工作经验总结，与江西省联合批准新建 1 个省部共建国家重点实验室建设工作。

（4）推进港澳国家重点实验室伙伴实验室评估工作

澳门科技发展基金组织对 2 个澳门国家重点实验室伙伴实验室进行评估。香港科技创新署向国家重点实验室伙伴实验室及依托单位介绍评估工作的有关想法，随后在"香港国家重点实验室伙伴实验室评估工作交流会"上就评估工作初步方案征求意见。下一步，科技部将与香港创新科技署加强沟通协调。

截至 2014 年年底，国家重点实验室整体布局和体系建设更加完善，总计达到 401 个，其中院校类实验室 258 个，企业类实验室 99 个，军民共建类实验室 17 个，港澳伙伴实验室 18 个，省部共建类实验室 9 个。国家实验室（试点）达到 6 个。同时建有 105 个国家野外科学观测研究站和 98 个省部共建国家重点实验室培育基地。

3. 推进科技基础条件平台和科研条件建设

（1）加强科技基础条件平台工作

按照"以用为主，重在服务"的要求，2014 年国家科技基础条件平台大力开展科技资源共享服务工作，服务数量和质量均大幅提升，有力支撑科技创新和经济社会发展。一是进一步加强资源整合工作，聚焦科技公共服务需求，国家科技平台资源服务数量稳步增长，平台资源总体服务量平均每年递增约 20%。二是充分发挥科技平台的公共服务载体作用，积极推动科技资源深度挖掘与综合集成，组织开展多项综合性、系统性、知识化的多平台联合专题服务。三是聚焦公共服务体系建设，带动地方科技资源整合与开放共享。四是落实精细化管理，保障平台运行服务工作规范化开展。五是加强信息化建设与宣传工作，打造平台服务品牌。2013 年 8 月，科技部、财政部联合开展国家科技平台绩效考核工作，根据绩效考核结果和各平台运行服务类型、成本等，2014 年对 23 个国家科技基础条件平台共支持后补助经费 2.74 亿元。

（2）推进科研条件建设

一是落实深化科技体制改革精神，加快国家大型科学仪器中心和分析测试中心的建设和发展，大力推进仪器开放共享。二是做好实验动物行政审批制度改革，支持实验动物资源开发。继续推动《实验动物管理条例》修订工作。全面启用"国家实验动物行政许可管理服务平台"，规范全国行政许可管理，推动实验动物信息公开和共享。三是继续加强国家科技图书文献中心建设。以需求为目标，加强印本和电子资源并举的资源保障体系建设，外文印本科技文献达28 425种，全年订购网络版外文全文科技期刊 18 249 种。为重大专项，企业发展，新疆、西藏、青海等地区提供专业化和个性化服务，提高了服务成效，切实发挥科技文献资源的支撑保障作用。四是通过国家科技支撑计划支持实验动物、计量基标准研究，共安排 8 个项目，其中 5 个项目拟于 2015 年启动。

4. 抓好科技基础性工作专项

完成专项 2015 年度项目指南征集、论证、凝练、申报、形式审查、初评、复评等各项工作，从 120 个项目中遴选出 26 个项目；完成专项 2014 年度项目立项、任务书签订、专家组成立和启动工作，共批准 39 个项目，其中 32 个重点项目均成立了专家组，进一步加强和规范了项目的管理；组织做好专项设立以来已经结题项目的数据汇交工作，组织做好 2007 年度重点项目、2008 年度所有项目、2009 年度一般项目（共 48 个）的验收工作；完成专项 2013 年度绩效考核报告，评价得分为优秀；完成"材料科学数据共享网"项目技术测试和结题技术验收工作。

5. 做好磁约束核聚变能的部署和管理工作

针对我国磁约束核聚变能的发展需求，根据《国家磁约束核聚变能发展"十二五"专项规划》和已部署项目情况，在托卡马克装置升级改造、聚变工程实验堆预研等方向加强部署，完成 2015 年项目的立项评审工作。完成 2013 年 14 个项目的中期评估工作，并根据评估结果和专家组建议进行相应调整和优化。对 2011 年 11 个项目结题验收工作进行部署，结题验收工作首次增加现场验收环节，对重要指标参数予以现场确认。验收拟对已取得的研究成果进行总结和评价，为后续研究提供思路。

参加 ITER 理事会和管理咨询委员会等重要会议，参与 ITER 组织管理和重要事项的决策。推动采购包项目实施管理有序开展，中方已签署采购安排协议和补充采购协议达 17 个，已签署实物贡献额度累计达到 270.6 kIUA，占中方全部贡献额度的 96.2%。正在按计划执行采购包制造任务，进度处于参与各方前列。

6. 稳步推进人才工作

（1）负责第十一批"千人计划"重点实验室平台的形式审查工作，及时完成对重点实验室平台申报人的形式审查工作，会同教育部完成评审工作。

（2）对重点实验室平台前十批入选专家的到岗情况开展调查，与有关部门入选者就退出办法进行研讨，加强对引进人才的信息管理、跟踪服务及引才工作的总结评估。撰写"千人计划重点实验室平台宣传素材稿"，相关数据和案例被多家媒体采用，有效宣传近年来的引才成效。

7. 大力推动地方基础研究

（1）为了进一步调动地方开展基础研究工作的积极性，引导地方基础研究管理部门聚焦创新驱动发展战略，积极推进省部共建实验室。截至目前，科技部与 6 省分别联合建设 8 个省部共建国家重点实验室并进行试点实验总结；通过"973"计划前期专项面向地方基础研究需求加强了部署。

（2）在成都成功举办 2014 年基础研究管理培训班，来自各省（市、自治区）和有关部门的 80 多位基础研究管理人员参加培训。培训班采取集中授课，学员互动交流、分组讨论等教学方式，增强学员对国家重大科技政策措施的准确理解和执行能力，提升其工作思路，促进地方和部门间的交流及管理方式的转变，得到很高的评价，有效促进基础研究领域的管理改革。

Major Progress of the Work of the Department of Basic Research of Ministry of Science and Technology in 2014

Chen Wenjun, Shen Jianlei, Fu Xiaofeng, Wang Jing, Zhou Ping

This present paper reviews the progress in basic research of Ministry of Science and Technology (hereinafter referred to as MOST) in 2014: ①Strengthened strategic research and overall planning, carried out policy research and finished several reports; ②Advanced actively the reform and innovation of the basic research management system; ③Promoted the sharing of large research infrastructure; ④Advanced our work in an in-depth and all-round way in line with the missions of MOST, including the National Basic Research Program of China (973 Program), the State Key Laboratory, the National Laboratory, and the S&T Basic Work, etc.

5.2 2014 年国家自然科学基金项目
申请与资助情况

谢焕瑛

（国家自然科学基金委员会计划局）

一、项目申请与受理情况

1. 申请情况

2014 年，国家自然科学基金委共接收依托单位提交的各类项目申请 155 354 项，申请项目数呈现持续降低趋势。

在各类申请项目中，面上项目申请量继续大幅度减少，较 2013 年减少了 12 944 项，减幅为 17.95%。另有部分类型项目申请量呈现增长趋势，其中，青年科学基金项目申请增量较大，增加 4046 项，增幅 6.64%，高于 2013 年的 1.98%，申请量首次超过面上项目，居各类项目之首；地区科学基金项目申请数量也保持持续增长态势，较 2013 年同期增加 1192 项，增幅达 10.07%；重点项目申请量在近年持续稳定的基础上，2014 年申请量大幅增加，较 2013 年增加 398 项，增幅达 15.15%；重大项目、重大研究计划项目、优秀青年科学基金项目及联合基金项目等均有不同程度的增加；国家杰出青年科学基金项目申请量仍较稳定；科学仪器基础研究专款项目并入国家重大科研仪器研制项目（自由申请），申请量较 2013 年两类项目之和略少。有关统计数据见表 1。

表 1 2014 年科学基金项目申请情况（按项目类型统计）

项目类型	2013 年申请项数/项	2014 年申请项数/项	2014 年比 2013 年增加/%
面上项目	72 114	59 170	−17.95
重点项目	2 627	3 025	15.15
重大项目	44	46	4.55
重大研究计划项目	1 333	1 925	44.41
国家杰出青年科学基金项目	1 978	2 032	2.73
创新研究群体项目	86	262	204.65

续表

项目类型	2013 年申请项数/项	2014 年申请项数/项	2014 年比 2013 年增加/%
优秀青年科学基金项目	2 957	3 314	12.07
国际（地区）合作与交流项目	2 605	2 725	4.61
联合基金项目	2 288	3 598	57.26
青年科学基金项目	60 970	65 016	6.64
地区科学基金项目	11 838	13 030	10.07
海外及港澳学者合作研究基金项目	444	461	3.83
国家重大科研仪器研制项目（自由申请）	247	686	−5.64
科学仪器基础研究专款项目	480		
国家重大科研仪器研制项目（部门推荐）	50	64	28.00
国家基础科学人才培养基金项目	94	—	—
合计	160 155	155 354	−3.00

注：① 创新研究群体项目 2014 年首次实行自由申请方式。

② 科学仪器基础研究专款项目 2014 年并入国家重大科研仪器研制项目（自由申请）。

③ 国家基础科学人才培养基金项目于 2014 年起终止。

④ 重大项目申请数为项目数。

2. 受理情况

经国家自然科学基金委员会各科学部初审、计划局复核，受理项目申请共 151 041 项，由于超项、违规或手续不全等原因不予受理项目申请共 4313 项；在集中接收期，不予受理项目申请 4175 项，占集中接收期申请总数 151 445 项的 2.8%，与 2013 年持平。

3. 复审情况

在规定的期限内，各科学部共收到正式提交的复审申请 586 项，占全部不予受理项目的 14.04%，高于 2013 年的 12.87%。经科学部审核，共受理复审申请 427 项，由于手续不齐等不予受理复审申请 159 项。在正式受理的复审申请进行了审查，认为原不予受理决定符合事实、予以维持的 404 项；认为原不予受理决定有误、应继续送审的 23 项，占全部不予受理项目的 0.55%，其中 5 项通过评审予以资助。

二、资 助 情 况

经过规定的评审程序，2014 年，国家自然科学基金委员会共批准资助各类项目 36 822 项，总经费 2 445 518 万元（表 2），完成全年资助计划。

表 2　2014 年各类项目资助情况

项目类型	资助项目数/项	资助经费/万元
面上项目	15 000	1 193 487
重点项目	605	204 620
重大项目	23	39 000
重大研究计划项目	453	83 079
创新研究群体项目	78	68 160
重点国际（地区）合作研究项目	105	30 000
联合基金项目	574	73 312
青年科学基金项目	16 421	398 943
地区科学基金项目	2751	130 750
国家杰出青年科学基金项目	198	77 760
海外及港澳学者合作研究基金	143	6 640
国家重大科研仪器研制项目（自由申请）	64	45 000
国家重大科研仪器研制项目（部门推荐）	7	54 767
优秀青年科学基金项目	400	40 000
合计	36 822	2 445 518

1. 研究项目系列

面上项目资助 15 000 项，资助经费 1 193 487 万元。平均资助率为 25.35%，较 2013 年平均资助率（22.46%）提高了约 3 个百分点；平均资助强度为 79.57 万元/项，比 2013 年有所提高（2013 年为 74.10 万元/项）。

重点项目资助 605 项，资助经费 204 620 万元，平均资助强度为 338.21 万元/项，比 2013 年提高 43.35 万元/项。

重大项目资助 23 项，资助经费 39 000 万元。

重大研究计划项目资助 453 项，资助经费 83 079 万元。

重点国际（地区）合作研究项目的申请数量仍持续增长，接收申请 689 项，比 2013 年的 487 项增长了 41.48%。经评审，建议资助 105 项，资助经费 3 亿元。

2. 人才项目系列

青年科学基金项目资助 16 421 项，资助经费 398 943 万元。与 2013 年相比，项目数增加了 1054 项，增长幅度为 6.86%；平均资助率为 25.26%，比 2013 年提高了 0.6 个百分点。平均资助强度为 24.29 万元/项，比 2013 年提高了 0.21 万元。其中女性申请人获资助的为 6712 项，资助率为 21.82%，占全部青年科学基金项目的 40.87%。

地区科学基金资助项目 2751 项，资助经费 130 750 万元。与 2013 年相比，项目数增加了 254 项，增长幅度为 10.17%；平均资助率为 21.11%，与 2013 年基本持平。平均资助强度为 47.53 万元/项，比 2013 年降低了 0.53 万元/项。其中女性申请人获资助的为 905 项，占 32.90%。

优秀青年科学基金项目资助 400 人，资助经费 4 亿元。平均资助率为 12.07%，获资助人平均年龄 35.6 岁，与 2013 年基本持平，其中，女性为 71 人，占全部资助人数的 17.75%。

创新研究群体项目资助 38 项，资助经费 44 520 万元；实施 3 年的 30 个创新研究群体项目都给予第一次延续资助，资助经费 17 640 万元，实施 6 年的 28 个创新研究群体项目中有 22 个创新研究群体提出了延续资助申请，经专家评审，对 10 个创新研究群体给予第二次延续资助，资助经费 6000 万元。

国家杰出青年科学基金项目资助 198 项，资助经费 77 760 万元。自 2014 年起，为了更好地支持杰出青年科学家持续开展前沿研究工作，该项目资助强度由 200 万元/4 年提高到 400 万元/5 年。

海外及港澳学者合作研究基金两年期项目资助 122 项，资助经费 2440 万元。4 年期延续资助项目资助 21 项，资助经费 4200 万元。

3. 环境条件项目系列

国家重大科研仪器研制项目（自由申请）资助 64 项，资助经费 45 000 万元，平均资助强度 703 万元/项；国家重大科研仪器研制项目（部门推荐）资助 7 项，资助经费 54 767 万元。

联合基金项目资助 574 项目，资助经费 73 312 万元。

三、深化自然科学基金管理机制改革的若干举措

国家自然科学基金委员会按照中央全面深化改革的总体部署，加强统筹支持基础研究的战略研究和顶层设计，不断完善资助管理机制，采取了以下几方面具体措施。

1. 整合项目类型，优化资助格局

为深入贯彻落实《中共中央国务院关于深化科技体制改革加快国家创新体系建设的意见》（中发〔2012〕6 号），进一步深化科技体制改革，避免重复资助、提高资助效益，国家自然科学基金委员会进行了项目类型进行了优化整合，在原有 30 个项目类型的基础上，取消、整合了 13 个项目类型，其中取消了国家基础科学人才培养基金项目、青少年科技活动项目、科普项目、重点学术期刊项目、优秀国家重点实验室研究专项项目、留学人员短期回国工作讲学专项基金项目、国际（地区）非组织间交流项目及国际（地区）学术会议项目等 8 个项目类型；将青年科学基金－面上项目连续资助项目合并至面上项目，科学仪器基础研究专款项目合并至国家重大科研仪器研制项目，并将委主任基金项目、科学部主任基金项目、重大非共识项目及应急研究项目合并为应急管理项目。经过梳理与整合的国家自然科学基金资助格局结构更加合理、条理更加清晰。

2. 改进评审流程，规范评审活动

国家自然科学基金委员会认真贯彻落实《国务院关于改进加强中央财政科研项目和资金管理的若干意见》（国发〔2014〕11 号）精神，不断完善和改进评审程序，提高评审工作的公正性和效率。

（1）改进通讯评审

为提高评审工作质量，自 2014 年，国家自然科学基金委员会在通讯评审工作中试点推广使用评审专家智能指派辅助系统，不断探索提高评审专家指派的准确度和评审工作效率的新措施。此外，为促使评审专家认真阅读申请书进而提高通讯评审质量，部分学科试点在面上项目、青年科学基金项目和地区科学基金项目通讯评审中使用了新的专家评审意见表格。

（2）完善会议评审

为进一步提高会议评审质量和公正性，2014 年组建了会议评审专家库和会议评审专家组，一是明确要求会议评审专家参加同类项目评审不得连续超过两年，专家库每 3 年更换 1/2；二是会议评审专家名单会前公开，强化专家自律，接受同行质询和社

会监督；三是对会议答辩评审进行录音录像，实现项目评审过程可查询、可追溯；四是探索新的会议评审方式，在部分学科试行评审会前网络投票方式，从而缩短评审会议时间。

（3）简化评审程序

为提高评审工作效率，减轻科研人员负担，国家自然科学基金委员会采取多项措施对评审程序进行了简化。一是简化了资助期限为 4 年的海外与港澳学者合作研究基金延续资助项目的中期检查环节；二是将创新研究群体项目的部门推荐申请方式改为向国家自然科学基金委员会直接申请，减少了申请人获得推荐资格时的准备和答辩，同时有利于营造更加公平、公正的学术氛围；三是将创新研究群体项目的资助期限由 3 年＋3 年＋3 年改为 6 年＋3 年，简化了延续资助审批程序，减少 1 次考核评估和 1 次结题；四是减少了国家重大科研仪器研制项目专家委员会的 1 次会议评审，同时减少了申请人 1 次答辩。

3. 调整限项措施，提高资助效益

2014 年为进一步控制项目申请数量，提高申请质量，国家自然科学基金委员会采取了新的限项申请措施。面上项目开始执行连续申请两年未获资助暂停一年申请资格的限制申请措施，使得面上项目连续两年申请量大幅度减少，从而促使申请者更加注重申请质量和申报机会，减少随意性或低水平申报，同时保证了评审专家的精力和评审时间，提高评审质量；国家重大科研仪器研制项目纳入了申请和承担项目总数 3 项的限项范围；为避免重复资助，2014 年首次实行国家自然科学基金项目与国家社会科学基金项目全面查重，即同一年度内，已经申请或正在承担国家社会科学基金项目的科研人员，不得作为申请人申请除国家杰出青年科学基金项目之外的国家自然科学基金项目。

Projects Granted by National Natural Science Fund in 2014

Xie Huanying

This article gives a summary of National Natural Science Fund in 2014. The total amount of funding is about 24. 45518 billion yuan, and funding statistics for various kinds of projects are listed.

5.3 中国科学五年产出评估

——基于 WoS 数据库论文的统计分析 (2009～2013 年)

岳 婷 杨立英 丁洁兰 孙海荣

（中国科学院文献情报中心）

当前正值我国"十三五"科技发展规划制定、深化科技体制改革、实施"创新驱动发展"战略的重要时期，对中国目前的科技发展水平进行客观、准确的评估，了解中国在世界科技发展舞台上所处的地位及发展阶段，可以为科研管理者优化调整我国的科技战略布局，制定合理的科技政策及规划提供依据。

基于科研产出对科研活动进行测度，是评估国家科技发展水平的视角之一。在文献计量研究中，研究规模和学术影响力是产出分析的基础内容。此外，还可以从其他分析维度评估国家科技发展水平。本文将学术引领性、国际合作网络等模块纳入产出评估的分析框架中，从多个角度来描述中国科研产出的总体特征，以期为科研管理者全面了解中国的科研水平、制定合理的科技发展政策提供参考。

科学论文是科研产出的主要形式，也是文献计量分析方法进行科研评价的主要依据。汤森路透集团发布的 Web of Science（WoS）数据库收录了全世界 10000 余种重要科技期刊，可以较为全面地反映科研产出的概况。本文基于 WoS 数据库论文（按照国内科研界的习惯简称为 SCI 论文），对中国的科研产出进行定量分析，并与世界主要科技国家进行比较，揭示 2009～2013 年中国科学整体发展态势。

一、产出规模

2013 年，中国继续以 SCI 论文产出大国的形象活跃在世界科技舞台上：SCI 论文数量达到 21.9 万篇，占世界总量的 16.2%，进一步缩小了与美国 SCI 论文量的差距。整体而言，中国 SCI 论文保持高速增长的发展态势符合新兴科技国家处于起步阶段的典型特征。

科研规模虽然不能直接反映科研工作的成效，但却是科研活动得以开展的必要基础。在统计学意义上，论文数量与科研人员规模、科研经费规模有着较强的相关关系。因此，论文数量不仅可以直接反映科研产出的体量，还可以间接反映科学活动的研究规模。

中国在 2009～2013 年处于研究规模快速扩张期：2013 年，SCI 论文数量从 2009 年的 12.5 万篇快速攀升至 21.9 万篇（图 1），论文的年均增长率达到了 15.1%，论文产出规模与美国的差距进一步缩小。除中国外，韩国、印度、巴西等新兴科技国家的论文增长率也超过了世界平均水平（4.8%），表现出与中国类似的发展特征（图 2）。在论文量快速增长的基础上，2009～2013 年中国 SCI 论文量占世界的份额也由 11.1% 增长至 16.2%。

由于中国及新兴科技国家的迅速崛起，主要科技强国的研究规模已进入布局相对稳定的状态，其论文数量、世界份额及论文增长率均保持平稳或小幅下降（图 1）。

综上所述，2013 年，中国继续以 SCI 论文产出大国的形象活跃在世界科技舞台上。与其他新兴科技国家一样，中国 SCI 论文数量迅速增加，符合新兴科技国家处于起步阶段的典型特征。

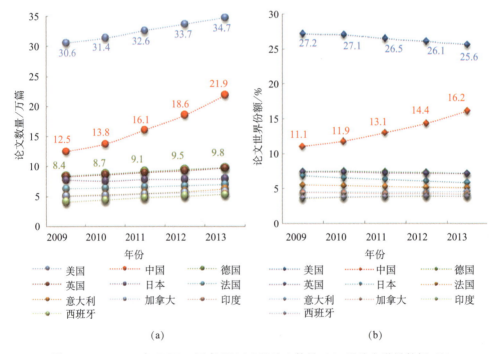

图 1　2009～2013 年 TOP10 国家/地区 SCI 论文数量（a）及论文世界份额（b）

TOP10 国家/地区按 2013 年论文数量遴选

图 2　2009～2013 年 TOP20 国家/地区 SCI 论文数量增长率
TOP20 国家/地区按 2013 年论文数量遴选

二、学术影响力

中国 SCI 论文的学术影响不断提升。2009～2013 年的引文数量列世界第 3 位；2004～2008 年、2009～2013 年这两个五年期相比，论文的篇均引文由 3.19 次增加到 4.54 次，论文引用率从 55.22% 上升至 63.35%。但数据显示，论文总量的快速增加是中国整体学术影响力提升的主要原因，与欧美科技强国相比，中国 SCI 论文的影响力仍有待提高。

论文的被引频次从一定程度上可以反映出该论文受同行关注的程度，在文献计量研究中，与引用有关的指标常用于测度学术影响力。

表1列出了2004~2008年、2009~2013年主要国家SCI论文的引文数量[①]、世界份额及世界排名。前后两个五年期相比,中国论文的引文数量增长了1.8倍,世界份额上升了5.4个百分点,世界排名由第7位上升到第3位,揭示出中国科研成果的总体学术影响有了显著提升,已经达到相当的规模。

表1　2004~2008年、2009~2013年TOP20国家/地区的SCI引文数量

国家/地区	2004~2008年				2009~2013年			
	论文	引文			论文	引文		
	数量/篇	数量/次	份额/%	世界排名	数量/篇	数量/次	份额/%	世界排名
世界	5 017 977	24 675 287	—	—	6 493 637	34 807 813	—	—
美国	1 562 260	11 118 748	45.1	1	1 816 391	14 083 185	40.5	1
英国	416 747	2 755 391	11.2	2	505 377	3 928 917	11.3	2
中国	**422 686**	**1 348 894**	**5.5**	**7**	**837 041**	**3 796 914**	**10.9**	**3**
德国	394 981	2 519 636	10.2	3	478 604	3 601 711	10.4	4
法国	284 520	1 643 890	6.7	5	338 126	2 395 515	6.9	5
日本	386 800	1 898 487	7.7	4	386 705	2 130 998	6.1	6
加拿大	234 411	1 413 990	5.7	6	296 558	2 124 586	6.1	7
意大利	219 556	1 270 218	5.2	8	281 243	1 932 665	5.6	8
西班牙	172 005	879 157	3.6	10	250 891	1 575 096	4.5	9
澳大利亚	151 847	845 798	3.4	11	228 120	1 522 305	4.4	10
荷兰	125 660	922 247	3.7	9	170 435	1 497 387	4.3	11
瑞士	91 890	748 663	3.0	12	123 267	1 177 153	3.4	12
韩国	143 562	517 627	2.1	14	225 961	1 035 832	3.0	13
印度	146 893	413 156	1.7	16	230 762	877 697	2.5	14
瑞典	88 705	605 538	2.5	13	109 460	870 477	2.5	15
比利时	70 233	459 578	1.9	15	94 195	749 961	2.2	16

---

① 引文数量:指"5年期引文指标",即国家某个5年期内发表的论文在同一时间窗收到的总被引次数。例如,中国2009~2013年的"5年期引文指标"指2009~2013年中国发表的论文在2009~2013年的总被引次数。"5年期引文指标"有效规避了由论文发表年造成的引文时间窗不同的问题,可以反映国家在某一个特定5年期之内发表论文的学术影响力。

续表

国家/地区	2004～2008 年				2009～2013 年			
	论文	引文			论文	引文		
	数量/篇	数量/次	份额/%	世界排名	数量/篇	数量/次	份额/%	世界排名
巴西	106 692	321 915	1.3	18	178 313	623 938	1.8	17
中国台湾地区	90 942	321 074	1.3	19	131 636	604 787	1.7	18
丹麦	48 257	362 080	1.5	17	67 413	585 370	1.7	19
奥地利	47 720	303 871	1.2	20	63 532	482 446	1.4	20

注：① TOP20 国家/地区按 2009～2013 年引文数量遴选和排序。
　　② 2004～2008 年的引文数量是指 2004～2008 年发表的论文在同一时间窗内收到的引文数量；2009～2013 年的引文数量是指 2009～2013 年发表的论文在同一时间窗内收到的引文数量。

　　由于论文的整体学术影响力与研究规模之间有较强的相关性，为消除论文总量对引文频次的影响，可以利用篇均引文指标来分析每篇论文的相对影响力。两个五年期相比，中国 SCI 论文的篇均引文取得了长足进步，由 2004～2008 年的 3.19 次增加到 2009～2013 年的 4.54 次。但与主要科技强国相比，中国仍存在较大差距。2009～2013 年，美国、英国、德国和法国等主要科技强国的篇均引文均在 7 次以上，远远高出中国。与世界平均线（5.63 次）相比，中国也有一定差距（图 3）。

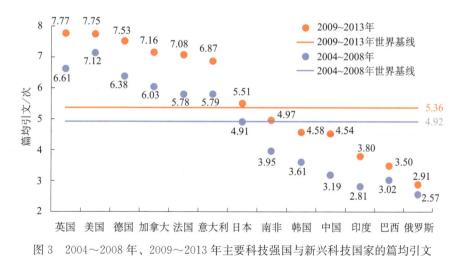

图 3　2004～2008 年、2009～2013 年主要科技强国与新兴科技国家的篇均引文

　　引用率指非零被引论文数量占本国全部论文数量的份额，可以直观地反映该国受关注论文的比例。2004～2008 年，中国 55.22% 的 SCI 论文至少被引用 1 次；2009～2013 年，该数字上升至 63.35%，表明越来越多的中国科研成果受到了同行的关注。

虽然与自身的发展基础相比，中国取得了显著进步，但是与世界基线相比，中国仍需继续努力。2009～2013 年，引用率的世界基线为 66.34%，主要科技强国的引用率多在 70% 以上，中国与之具有明显的差距（图 4）。

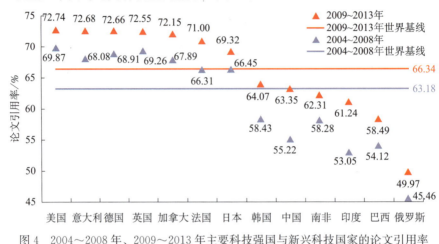

图 4　2004～2008 年、2009～2013 年主要科技强国与新兴科技国家的论文引用率

基于被引频次的指标分析可以揭示出：中国科研成果的总体影响力已经具有相当规模；成果的相对影响力及引用率也在进步之中，但与欧美科技强国相比仍然存在一定差距。这说明，中国科研成果的总体影响力主要源自中国研究规模迅速扩张带来的红利。

三、学术引领性

2008～2012 年，中国引领指数的世界排名从第 13 位上升至第 9 位，在全球引用网络中的影响力有所提高。比较引领指数与引文指标的分析结论发现，中国论文学术影响力的辐射范围相对较窄。

被引频次等引文指标从引用"强度"这一视角描述了学术影响力的高低，除"强度"之外，被引用的广泛程度反映了学术影响力的辐射范围，例如被不同数量的国家引用可以反映学术影响辐射范围的广泛程度。本节以全球主要国家的引用网络为基础，引入"引领指数"指标，从引用"强度"和"广度"两个方面来综合评估国家在引用网络中的地位。国家 j 的引领指数计算公式如下：

$$L_j = \frac{X_{j\max} - X_{0\max}}{X_{0\max}}$$

其中，$X_{0\max}$ 为矩阵 C 的最大本征值，矩阵 C 定义为 N 个国家的引用矩阵，C_{jk} 为 j 国引用 k 国的归一化引文数量。$X_{j\max}$ 为矩阵 C^{-1} 的最大本征值，矩阵 C^{-1} 定义为从矩阵 C 中去除国家 j 所在的行、列，形成的新矩阵。

　　在 2012 年引领指数得分排名 TOP10 国家中（图 5），美国的引领指数为 0.278，其余国家的得分均在 0.1 以下，这表明美国在全球引用网络中处于核心位置，学术影响力具有绝对的领先优势。英国、德国的引领指数得分均超过了 0.06，虽然不能和美国媲美，但相对于其他国家仍具有显著优势。

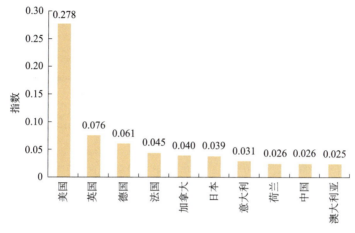

图 5　2012 年 TOP10 国家的引领指数

TOP10 国家按 2012 年引领指数遴选和排序

　　图 6 比较了 2008 年、2010 年和 2012 年主要科技强国/地区引领指数的世界排名，美国、英国、德国和法国在 3 个时间节点稳居排行榜的前 4 位。除俄罗斯外，中国、韩国、印度等新兴科技国家的引领指数排名呈现稳步上升的状态。这说明新兴科技国家正逐步走向国际科研舞台的中心位置，科研成果被引用的强度和广度都不断提升。

　　分析中国在国际引用网络中的表现可以发现，2012 年，中国的引领指数得分为 0.026，世界排名从 2008 年的第 13 位上升至 2012 年第 9 位。这说明中国在国际学术引用网络中的影响力在不断提升和加强。但与引文数量排名居世界第 3 位相比，中国论文的引领指数表现不及前者。这说明中国论文的被引总量虽高，但被其他国家引用不够广泛，学术影响力的辐射范围相对较窄。由于数据获取原因，本文未进一步采集数据分析。但是，作为世界科技舞台新锐和论文产出大国，中国的科研成果应在更为广泛的程度上影响世界科学进展。如何产出具有广泛影响力的高水平科研成果，提升中国科研工作的学术引领性，将是未来需要着力思考和关注的关键问题之一。

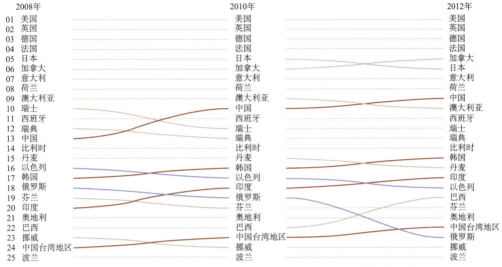

2008年	2010年	2012年
01 美国	美国	美国
02 英国	英国	英国
03 德国	德国	德国
04 法国	法国	法国
05 日本	日本	加拿大
06 加拿大	加拿大	日本
07 意大利	意大利	意大利
08 荷兰	荷兰	荷兰
09 澳大利亚	澳大利亚	中国
10 瑞士	中国	澳大利亚
11 西班牙	西班牙	西班牙
12 瑞典	瑞士	瑞士
13 中国	瑞典	瑞典
14 比利时	比利时	比利时
15 丹麦	丹麦	韩国
16 以色列	韩国	丹麦
17 韩国	以色列	印度
18 俄罗斯	印度	以色列
19 芬兰	俄罗斯	巴西
20 印度	芬兰	芬兰
21 奥地利	奥地利	奥地利
22 巴西	巴西	中国台湾地区
23 挪威	中国台湾地区	俄罗斯
24 中国台湾地区	挪威	挪威
25 波兰	波兰	波兰

图 6　2008 年、2010 年、2012 年 TOP25 国家/地区引领指数排名
TOP25 国家/地区按照 2012 年引领指数得分遴选和排序

四、国际合作

2013 年，主要科技国家/地区的国际合作率相对于 2009 年均有所提高，揭示出各国/地区积极推进国际合作研究的整体趋势。中国在 2013 年 SCI 论文的国际合作率比 2009 年上升了 1.6 个百分点，为 25.9%。同期，中国开展了更密集、更广泛的国际合作，在国际合作网络中的位置日趋核心。

国际合作和自主研究是当今科学研究的两种基本模式。世界各国既需要不断增强自主研究能力来提高本国的科技竞争力，也需要通过国际合作来实现资源互补和能力提升。分析主要国家的国际合作论文，可以揭示出国家科研工作组织模式的特点和学术交流特征。

按照国际合作论文占本国/地区全部论文的份额（即论文的国际合作率），可将 2013 年的论文产出 TOP20 国家/地区的科研模式大体划归为两种：一是以自主研究为主（国际合作率低于 50%），主要包括美国、日本和中国等新兴科技国家；二是以国际合作为主（国际合作率高于 50%），以欧洲共同体国家为代表，由于经济和地理原因，欧洲国家之间的合作非常频繁，例如瑞士、瑞典和荷兰等国的国际合作率均高于 60%（表 2）。

与 2009 年相比，上述国家/地区 2013 年的论文国际合作率均有不同程度的上升，揭示出这些国家/地区均给予国际合作研究更多的重视。大部分新兴科技国家（除巴西）的国际合作率提升幅度在 4% 以下，低于主要科技强国/地区（高于 4%）。其中，中国论文的国际合作率仅增长了 1.6 个百分点，国际合作率增长量在 2013 年论文产出 TOP20 国家/地区中最低（表 2）。

表 2　2013 年的 TOP20 国家/地区自主研究与国际合作 SCI 论文数量与份额

国家/地区	2009 年					2013 年				
	总计	自主研究		国际合作		总计	自主研究		国际合作	
	论文数/篇	论文数/篇	份额/%	论文数/篇	份额/%	论文数/篇	论文数/篇	份额/%	论文数/篇	份额/%
瑞士	20 695	7 014	33.9	13 681	66.1	22 909	6 795	29.7	16 114	70.3
瑞典	18 170	7 575	41.7	10 595	58.3	20 084	7 456	37.1	12 628	62.9
荷兰	27 292	12 618	46.2	14 674	53.8	30 182	11 904	39.4	18 278	60.6
英国	82 417	40 705	49.4	41 712	50.6	85 269	36 254	42.5	49 015	57.5
法国	61 999	30 401	49.0	31 598	51.0	60 905	26 344	43.3	34 561	56.7
德国	83 475	41 835	50.1	41 640	49.9	84 805	38 515	45.4	46 290	54.6
澳大利亚	34 210	17 883	52.3	16 327	47.7	42 182	19 722	46.8	22 460	53.2
加拿大	49 490	25 764	52.1	23 726	47.9	50 519	23 965	47.4	26 554	52.6
西班牙	41 404	23 798	57.5	17 606	42.5	46 445	23 723	51.1	22 722	48.9
意大利	50 815	29 454	58.0	21 361	42.0	54 424	28 723	52.8	25 701	47.2
美国	301 030	204 723	68.0	96 307	32.0	300 219	186 996	62.3	113 223	37.7
俄罗斯	27 726	18 909	68.2	8 817	31.8	24 508	15 795	64.4	8 713	35.6
巴西	30 148	22 388	74.3	7 760	25.7	32 061	21 992	68.6	10 069	31.4
韩国	37 048	27 545	74.3	9 503	25.7	44 080	31 330	71.1	12 750	28.9
日本	76 472	56 933	74.4	19 539	25.6	69 816	49 714	71.2	20 102	28.8
中国台湾地区	22 892	18 055	78.9	4 837	21.1	23 344	17 276	74.0	6 068	26.0
中国	**118 906**	**90 067**	**75.7**	**28 839**	**24.3**	**193 235**	**143 096**	**74.1**	**50 139**	**25.9**
伊朗	14 569	11 663	52.0	2 906	13.0	22 434	17 254	76.9	5 180	23.1
印度	39 861	32 058	80.4	7 803	19.6	47 007	36 428	77.5	10 579	22.5
土耳其	21 340	17 930	84.0	3 410	16.0	21 902	17 285	78.9	4 617	21.1

注：① 国家/地区排序按照 2013 年各国/地区的国际合作论文份额降序排列。
　　② TOP20 国家/地区按 2013 年论文产出数量遴选。

合作网络是国家间科研合作形成的网状关联。处于国际合作网络的核心或者边缘地位，可以揭示出各国在国际合作中的重要性以及影响力强弱。分析中国在国际合作网络中的位置，对于寻找有效的合作伙伴，制定科技发展战略具有重要意义。此外，本文还利用接近中心度指标揭示各国在国际合作网络中所处的位置。接近中心度是测度整体网络中节点位置重要程度的指标，这里用于揭示节点（国家）在国际合作网络中的位置，其得分越高代表节点越靠近合作网络的核心位置。

从 2009 年和 2013 年世界主要科技国家/地区的 SCI 论文国际合作网络（图 7）可以直观地看出，与 2009 年相比，2013 年的全球科技合作网络密度显著增强。按照接近中心度指标得分遴选的国际合作 TOP30 国家/地区①如表 3 所示，从中可以看出，多数国家/地区 2013 年的接近中心度得分均高于 2009 年，表明国家/地区之间的合作更为频繁。

在图 7 所示的国际合作网络中，美国始终位于该网络的核心位置，且其 2009 年和 2013 年的接近中心度指标均列各国/地区之首，表明美国在国际合作网络中处于主导地位。除美国外，世界主要科技强国，如德国、英国、法国等均在国际合作网络中发挥了重要作用（图 7、表 3）。

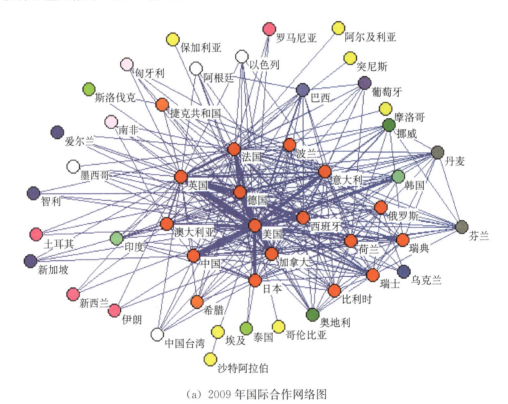

(a) 2009 年国际合作网络图

___

① TOP30 国家/地区按照相应年度国际合作网络接近中心度遴选和排序，国际合作网络阈值为 300 次。

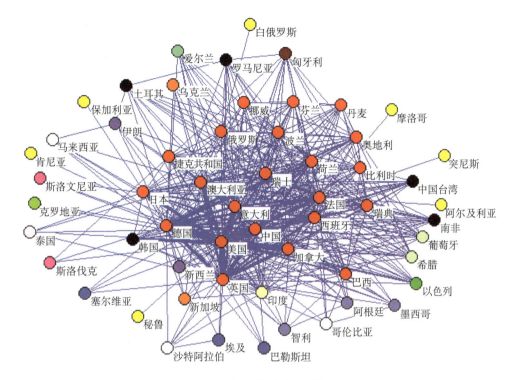

（b）2013 年国际合作网络图

图 7　2009 年、2013 年国际合作网络

①在合作频次阈值均为 300 次的前提下，2009 年国际合作网络中有 49 个国家/地区，2013 年国际合作网络中有 57 个国家/地区。②图中连线粗细代表国家/地区之间的合作频次的差异，国家节点颜色的差异表明该国合作国家的数量有所不同，可以揭示不同国家合作广泛程度的区别

表 3　2009 年、2013 年 TOP30 国家/地区的国际合作网络接近中心度

2009 年			2013 年		
国家/地区	中心度得分	中心度排名	国家/地区	中心度得分	中心度排名
美国	0.889	1	美国	0.918	1
德国	0.814	2	德国	0.862	2
法国	0.787	3	英国	0.848	3
英国	0.787	3	法国	0.800	4
加拿大	0.676	5	意大利	0.778	5
意大利	0.676	5	中国	**0.757**	**6**
西班牙	0.676	5	西班牙	0.737	7
荷兰	0.640	8	加拿大	0.718	8
澳大利亚	0.623	9	澳大利亚	0.700	9

续表

2009 年			2013 年		
国家/地区	中心度得分	中心度排名	国家/地区	中心度得分	中心度排名
日本	0.615	10	瑞士	0.691	10
瑞典	0.615	10	荷兰	0.683	11
瑞士	0.608	12	波兰	0.667	12
中国	**0.600**	**13**	俄罗斯	0.659	13
俄罗斯	0.600	13	日本	0.651	14
比利时	0.585	15	瑞典	0.651	14
波兰	0.585	15	奥地利	0.629	16
丹麦	0.571	17	比利时	0.629	16
芬兰	0.571	17	巴西	0.629	16
奥地利	0.558	19	印度	0.622	19
巴西	0.558	19	捷克	0.602	20
挪威	0.558	19	芬兰	0.602	20
印度	0.552	22	丹麦	0.596	22
韩国	0.552	22	挪威	0.589	23
捷克	0.539	24	希腊	0.571	24
葡萄牙	0.539	24	匈牙利	0.571	24
希腊	0.533	26	葡萄牙	0.571	24
阿根廷	0.527	27	韩国	0.571	24
以色列	0.527	27	土耳其	0.571	24
墨西哥	0.527	27	罗马尼亚	0.566	29
匈牙利	0.522	30	中国台湾	0.566	29

注：TOP30 国家/地区按照相应年度国际合作网络接近中心度遴选和排序，国际合作网络阈值为 300 次。

2009 年，中国的国际合作接近中心度为 0.6，位列世界第 13 位。2013 年，中国这一指标上升到 0.757，世界排名跃居至第 6 位。表明中国在这五年正在逐渐向合作网络的中心位置靠近，在国际合作中的表现日益活跃。

五、结　　语

2009～2013 年，中国的 SCI 论文表现出以下文献计量特征。

（1）中国继续以 SCI 论文产出大国的形象活跃在世界科技舞台上，稳居 SCI 论文量排行榜的世界第二位。同时，作为新兴科技国家的代表，中国表现出论文高速增长的发展态势，符合新兴国家科技起步阶段的显著特征。

（2）中国科研成果的总体影响力和相对影响力均在进步之中，但与欧美科技强国相比仍呈现出悬殊的差距。数据分析表明，中国科研成果总体影响力的进步主要源自研究规模扩张带来的红利。

（3）国家引领指数的分析表明，在中国研究规模已经达到相当体量的前提下，学术影响向其他国家扩散的广泛程度仍有待加强。如何产出具有更广泛学术辐射范围的科研成果，在世界科技舞台发挥更为广泛的影响力，是摆在中国科研人员和科研管理者面前的关键问题。

（4）国际合作的文献计量数据显示：2009～2013年，中国的国际合作率有小幅提升，国际合作正日益受到中国科研人员的重视。但与科技发达国家相比，中国的科研工作呈现出以自主研究为主的模式。在2013年的国际合作网络中，中国与更多国家开展了更为频繁的广泛合作，网络中心程度不断加强，正在逐渐靠近国际合作网络的中心位置。

中国在已经过去的十年完成科技发达国家花了更长时间才能够完成的科学积累，取得了令人瞩目的进步。但是，科学活动的规律表明：从科技起飞阶段进入科技成熟阶段需要时间的积淀，急于求成可能欲速则不达。因此需要中国科研人员的潜心钻研，更需要科研决策者客观认识中国科学所处发展阶段，摈弃"短、平、快"的发展策略，为科学家创造良好的科研环境，制定长期可持续的科技发展战略和学科发展政策。

致谢：感谢北京师范大学系统科学学院吴金闪副教授、沈哲思博士提供引领指数算法。

The Evaluation of Academic Production in China
—Based on WoS Database (2009 – 2013)

Yue Ting，Yang Liying，Ding Jielan，Sun Hairong

Based on the Web of Science(WoS) records, the report describes and evaluates the status of the China research output. The evaluation mainly includes four aspects:overall publications, general academic impact, influence in the citation network and international collaboration.

The conclusion reveals that China's current rapid increase in the number of publications is the characteristics of initial stage of science and technology development. Meanwhile, academic impact of Chinese publications is also expanding. In the global citation network, there are more countries citing Chinese output. In international cooperation network, China locates nearly to the core of the network.

第六章

中国科学发展建议

Suggestions on Science
Developments in China

6.1　关于建立"生态草业特区"探索草原牧区新发展模式的建议

中国科学院学部"探索牧区经济发展新模式的战略研究"咨询课题组[①]

改革开放以来，我国居民的膳食结构发生了显著变化，主要表现为主粮消费减少，肉奶蛋消费增加。但是，我国的农业生产结构并没有进行与之相适应的调整，对饲料（包括牧草）生产没有引起足够的重视。这一方面加剧了我国的粮食安全问题，另一方面使传统牧区的生产方式改革严重滞后，导致其生产力低下、草原长期退化。为此，中国科学院学部组织有关专家对这些问题进行了深入研讨，并在充分吸收前人研究成果的基础上，提出在我国草原牧区建立"生态草业特区"的建议。我们认为，"生态草业特区"既是生态草业及现代草原畜牧业发展的技术和制度范式，又是草原经济、社会和文化发展以及生态文明建设的一个样本。

一、我国现有农业结构的困境

近30年来，随着人民群众生活水平的日益提高，我国居民的膳食结构发生了巨大变化：年人均口粮消费由227千克减至119千克，减少了47%；而年人均动物性食品消费由18千克增至47千克，增加了161%。在我国粮食总产量中，居民食用粮消耗量逐年减少，2012年仅占27%；而饲料用粮消耗逐年增加，2012年达到近40%。这加剧了人畜争粮的矛盾，大量的粮食用作饲料也造成了作物生物产量的巨大浪费。然而，我国的农业结构和生产方式并没有适应这一变化，依然强化口粮生产，忽视了动物饲料的供应问题。

这种失衡的农业结构产生了十分严重的后果。第一，导致动物饲料（饲草）严重不足，只能用主粮来补替，这不仅严重浪费了我国本来就十分匮乏的水土等自然资源，也导致我国优质饲料严重依赖进口，威胁我国粮食安全。第二，在追求粮食增产过程中，大量使用化肥、农药和除草剂，对江河湖泊和土壤造成了污染。第三，对草业重视不够、投入过低，导致草原牧区的生产方式落后，生产力低下；草原牧区的"三牧"和"三生"[②] 问题一直未能得到根本解决。如果说"三农"是我国经济社会发展中"最薄

[①] 咨询课题组组长为方精云院士。
[②] "三牧"：牧区、牧业、牧民；"三生"：生产、生活、生态。

弱、最突出、最严重"① 的问题，那么，困扰草原牧区的"三牧"问题更为凸显。

因此，我国粮食安全问题实质上已经演变成饲料安全问题，我国农业结构和农村生产方式已经到了必须要变革的重大关口。在草原牧区和农牧交错区大力发展现代草业，在保护好草原生态的同时，大幅提高草地的生产力，是从根本上解决我国人畜争粮、动物饲料（饲草）严重不足问题的必由之路，也是实现我国牧区现代化，解决"三牧"问题的着力点。

二、发展"生态草业"是我国食品安全和生态安全的重要保障

"生态草业"是传统草产业概念的发展，它在强调"草地生态"与"草产业"双要素的同时，更关注草地的生态功能和生产功能的协调发展。

我国拥有各类草地 60 亿亩②，约占国土面积的 41%，是耕地的 3.3 倍。草地本应在维护国家食品安全和生态安全方面发挥重要保障作用，但目前我国草业的生产极其落后，生产功能十分低下，畜牧业占农业总产值的比例较低。例如，内蒙古、新疆、四川、西藏、青海、甘肃六大牧区的畜牧业产值仅占全国畜牧业产值的 16%，占全国农业总产值的 5%，但其草地面积却占全国草地总面积的 74.5%，国土面积的 30.5%。不难看出，我国草地的生产和生态功能并没有发挥应有的水平。

从生产功能上来看，我国 60 亿亩草地仅承载 1.6 亿人口，而 18 亿亩耕地却为广大城镇和农村地区近 12 亿人口提供绝大多数的粮食、蔬菜、肉、蛋、奶等食品；全国耕地生产的地上生物产业（秸秆＋粮食籽粒）达 12 亿吨，而草地生物产量仅 3 亿吨，其单位面积的生物生产力仅为耕地的 7.5%。测算表明，我国草地的生活供给能力仅为耕地的 4%～5%；如果将其提高到耕地的 10%，那么就相当于新增"耕地"5.5 亿亩，能养活 3.5 亿～4 亿人。因此，我国草地的生产潜力巨大。

从生态功能上看，"西部大开发"战略实施以来，尤其是"退牧还草"工程和"京津风沙源治理"工程的实施，草原牧区的植被恢复较明显，生态环境有很大改善，但全国草原生态仍呈"局部改善、总体恶化"的态势，国家生态补偿的压力巨大。目前，全国中度和重度退化草原面积仍占 1/3 以上，已恢复的草原生态仍很脆弱，全面恢复草原生态的任务仍然十分艰巨。

分析表明，我国草地生产与生态功能"双提升"的潜力巨大，通过统筹规划、顶层

---

① 2013 年 12 月召开的中央农村工作会议对我国农业农村经济工作作出了"最薄弱、最突出、最严重"的判断，即农业现代化滞后是我国现代化建设中最薄弱的环节，城乡二元体制障碍明显是我国经济社会体制中最突出的矛盾，城乡发展和居民收入差距过大是全面建成小康社会进程中最严重的制约。

② 1 亩＝666.66 平方米。

设计和科学管理完全能够实现。牧区发展生态草业是一个系统工程，涉及自然、经济、社会、生活和文化等多个方面，并非某一政策、某一技术、某项措施、小规模示范等就能解决。发展生态草业必须以一个完整的社会经济单元为基本单位，进行自然-经济-社会复合系统诸多要素的整体设计和调控。为此，我们提出在草原牧区建立"生态草业特区"的构想，通过8~10年的现代化治理，实现特区内生产、生活和生态的全面协调发展。

三、建立"生态草业特区"的构想

改革开放以来，我国先后建立了多个城市经济特区和农业高新技术产业示范园区，它们在我国的社会经济发展和现代化建设进程中发挥了重要带动和牵引作用。但在面积辽阔的草原地区，还没有生态草业经济技术综合示范区，牧区生态文明建设也缺乏抓手和成功的模式。按照"先试点、再推广"的通行做法，根据"特事特办"的原则，借鉴我国在特区建设方面的成功经验，在广阔的草原上建设生产和生态双赢的实验特区，即建立"生态草业特区"，是破解我国当前畜牧业发展和草地退化诸多困境的有效途径。

"生态草业特区"（下称"特区"）是指，在一个独立的县（旗）或国家划定的特定区域内，基于现代农业的发展思路，集成现代科技成果，科学规划、合理布局、精细管理，发展以人工草地和现代化畜牧业为主、多种特色生物产业和文化产业为补充，并大幅提升草地生态功能的科技先导型示范实体。它是探索具有中国特色生态草业发展模式的大型示范区，是我国草原牧区生态文明建设的样本。"特区"的"特"字主要体现在四个方面：特有的发展模式、创新的管理机制、强大的核心技术和特色的产业结构。

不同于以高新技术为发展牵引、技术密集型为生产方式的其他经济特区（如深圳），"生态草业特区"是以草原土地为保护和生产利用对象，其土地空间异质性大、自然依赖性强，生产活动需要有较大的回旋空间。因此，"特区"建设要求有足够大的面积（大于1万平方千米）。只有这样，才能充分发挥其生态功能，同时其生产的生物产品才能形成规模和市场。

"特区"建设的基本原理是，通过科学配置草地的生产功能和生态功能，实现生产和生态双赢，即利用约10%水热条件适宜的草地，建立集约化人工草地，使优质饲草产量提高10倍以上，从根本上解决草畜矛盾；对其他90%的天然草地进行保护、恢复和合理利用，提升其生态屏障和生态旅游功能。

"特区"的主要产业概括为"四产业一联营体"（简称"四业一体"），即精细人工草业、现代化肉奶业、特色生物产业、草原文化旅游产业和草-牧-科-工-贸联营体。作为联营体的终端销售平台，"特区"将在北京、上海等特大城市建立大型有机食品专卖超市，直销"特区"生产的各类有机食品。

四、建立"生态草业特区"的政策需求

基于上述思考和广泛调研,我们建议党中央、国务院批准由中国科学院与内蒙古自治区共建"生态草业特区",成立"特区"筹建领导小组和工作小组,统一协调和推进特区的筹建工作。建立"生态草业特区",需要在行政体制机制、土地管理与生产方式、资源开发与利用、社会组织化、人才引进、税收、牧民教育与培训等方面提供政策支持和资金保障。特区的建设地点初步建议在内蒙古锡林郭勒草原区(如乌拉盖开发区或正蓝旗)。具体建议如下。

第一,创新行政管理体制。由中国科学院与内蒙古自治区联合成立"建设生态草业特区"领导小组和工作小组,统一协调和推进特区的筹建工作,完成特区行政区域的选定,细化特区规划方案和产业布局,完善核心技术体系,开展生产方式与管理体制创新方面的探索与试点工作。

待"特区"筹备成熟,适时成立特区管理委员会和特区政府。特区管理委员会由科技、企业管理、经济、政策等方面的专家和当地优秀行政人员组成,决策特区的重大行政管理事项,制定特区发展规划和相关政策;特区政府执行特区管理委员会的决议,接受其指导和监督。特区管理委员会和特区政府享有充分的自主权。

第二,创新土地和草场管理体制,建立新型生产经营和牧区组织体系。开展牧区土地和草场管理体制及牧区组织化创新试点工作。按照"特区"统一的土地规划,由特区政府主导,实施新型的土地管理体制,将土地和草场经营权向专业大户、家庭牧场、牧民合作社、大型企业流转,加大对土地和草场的投入和新技术的推广应用,实现土地和草场经营的规模化、集约化和专业化。

第三,创新税收政策,完善生态补偿机制。目前,牧区矿产资源的国家与地方税收分配政策、草畜产品加工税收政策等不尽合理,难以吸引企业和社会资金投资牧区建设,也不能为牧区生产方式创新提供长期的财政和税收保障;草原生态保护补偿与奖励机制的法律法规体系还较薄弱,对利益相关者权利、义务和责任的界定不够明确,对补偿内容、方式和标准缺乏完善的规范。"特区"建设要破解这些政策瓶颈问题,积极提升其"造血功能",尽快实现"特区"由生态补偿向利税返还的转变。

第四,制定优惠的人才政策,加强牧民职业培训。对自愿到"特区"工作的大学生和研究生等各类人才,以及长期在牧区工作的技术人才和专家提供多方面的优惠政策。选拔具有相关专业训练、管理能力强、有实践经验的优秀人才担任"特区"各部门的主要技术和管理负责人;聘用优秀大学毕业生担任村、乡长官,切实执行特区政府的各项决策;建立职业学校,培养新一代草产业、畜牧业工人及技术和管理人员;积极组织牧民职业技能培训,解决牧民就业问题,促进民族团结和社会稳定。

第五,在"特区"建立一流的草业和畜牧业实用技术研发与转化中心。以此为

"特区"生产和生态功能双赢提供坚实的科技支撑和储备,在牧区实践科技创新驱动发展的理念。"特区"拥有多元的产业构成,涉及品种选育、牧草种植与收获加工、畜禽养殖、管理、产品深加工和物流等多个技术环节,需要有强大的技术体系来支撑。"中心"采取企业化运营机制,以建立资源节约、高效、低成本、环境友好的技术体系为目标,解决"特区"生产实践的现实需求和未来需求,并积极向周边牧区辐射,带动其他牧区的技术升级和经济社会的整体发展。

Building Special Zone of Ecological Prataculture, Exploring New Development Mode for Pastoral Area

Consultative Group on "Strategy Research on New Development Model for Pastoral Area's Economy", CAS Academic Divisions

Chinese existing agricultural structure, the production and ecological function of grassland are analyzed, and ecological prataculture is thought to be a guarantee for safety of both food and ecology of china. The conception of building special zone of ecological pratuaculture is proposed, which needs additional policy and funds from government to support according administrative system and institutions, land management and production mode, resources exploration and exploitation, the organizing of society, human resources, as well as the training and education of herders.

6.2 气候变化对青藏高原环境与生态安全屏障功能影响及适应对策

中国科学院学部"气候变化对青藏高原环境与生态安全屏障功能影响及适应对策"咨询课题组[①]

青藏高原对我国具有重要的环境与生态安全屏障作用。巨大的面积和高耸的海拔

---

① 咨询课题组组长为孙鸿烈院士、姚檀栋院士。

调控着高原及其周边区域的大气环流和气候格局，众多的冰川、大面积冻土、不同类型湖泊和 10 多条大江大河发挥着重要的水源补给和水源涵养作用，广阔的草地和林地吸收了大量的温室气体，成为重要的破汇所在。

一、青藏高原生态安全屏障功能的发展态势

1. 青藏高原地表热源变化影响着我国东部地区的降水空间格局

随着全球气候变暖，过去 30 年间（1982～2011 年），青藏高原海拔 4000～5000 米高度范围内年平均气温上升了 1.8℃，远高于全国平均值，并伴随风速和地表感热加热减弱以及其他气象要素的显著变化。1961～ 2008 年，青藏高原绝大部分地区极端低温事件频次显著下降，而极端高温事件频次显著上升。降水量在青藏高原的大部分地区没有显著变化。

青藏高原极端天气气候事件以及相应的地表和大气热源变化对高原周边区域天气和气候产生着重要影响。最近几十年，青藏高原夏季感热的减弱导致长江中下游及其以南地区降水增加，华北地区降水减少，青藏高原冬春季积雪以及夏季高原低涡东移发展导致下游地区的天气气候异常和旱涝灾害。例如，1998 年长江洪涝以及 2003 年夏季江淮流域的多次暴雨过程和洪涝灾害均受此影响。

2. 青藏高原冰川冻土退化影响着水源涵养和水源补给条件

30 多年来，青藏高原及其相邻地区的冰川面积由 5.3 万平方千米退缩为 4.5 万平方千米，退缩了 15%。多年冻土面积由 150 万平方千米缩减为 126 万平方千米，减少了 16%，青藏公路沿线多年冻土区地温升高，融化日数增加，活动层厚度增大。高原积雪面积总体呈减少趋势。

一方面，冰川冻土变化给青藏高原及其周边地区的水循环过程和水资源时空分布带来深刻影响。其结果之一是增加了高原地表水的面积。高原内陆封闭湖泊面积由 2.5 万平方千米增加到 3.2 万平方千米，增加了 28%，而由于冻土区冻结水的释放，草甸化湿地的面积有所增加，二者共同作用的结果可能影响青藏高原区域降水变化。其结果之二是增加了冰川融水的径流补给。最近 30 年，高原年平均冰川融水径流量由 615 亿立方米增加到 795 亿立方米，增加了 29%，不仅直接补给了高原地区的地表水，也对周边地区以冰川融水补给为主的河流产生重要影响。例如，冰川融水补给占 42% 的塔里木河，河源区近 30 年的年平均径流量由 185 亿立方米增加到 218 亿立方米，增加了 17.8%。另一方面，冰川加速融化导致冰湖数量和规模增大，冰湖溃决灾害频率增加；多年冻土退化对工程建筑影响加剧。例如，过去 10 年来，由于冻胀和

融沉作用，青藏公路的破坏率在 30% 以上。

3. 青藏高原气候变暖提高了植物群落的生物生产力，有利于发挥碳汇作用

过去 30 年间（1982～2011 年），气候变化总体有利于高原植被生长。实地调查发现，在高原东部森林区的色季拉山林线，近 30 年的森林群落密度显著增加。根据遥感影像分析，整个青藏高原地表植被覆盖度的植被生长季归一化植被指数（GSND-VI）呈上升态势。在此基础上，利用 CASA 模型计算得出青藏高原植被的净初级生产力（NPP）总体也呈上升态势，植被的碳储藏量共增加了 0.5 亿吨，增加幅度为 16.7%。通过碳收支模型模拟结果显示，青藏高原植被每年净吸收碳 0.23 亿吨，约占全国碳汇的 10% 左右，显示青藏高原是我国重要的净碳汇所在。

在青藏高原植被覆盖与初级生产力整体上升的背景下，也存在较大的区域不平衡。青藏高原东部变暖变湿使得草甸和部分草原区植被生产力显著增加，而高原西部变暖的同时相对变干，植被生产力降低。2004 年开展植被恢复措施以来，不同气候条件下的退化植被得到不同程度的恢复，恢复程度依次为：退化高寒草甸草原>退化高寒草原草甸>退化草原>农田（人工草地）。

二、保持和发挥青藏高原生态安全屏障功能的建议

为准确判断青藏高原地表过程变化对区域和周边气候格局、水源补给与水源涵养以及生态系统固碳能力的影响，合理布局与优化高原生态工程建设，建议采取以下对策。

1. 进一步查清青藏高原地表过程变化与中国东部气象灾害的相关性，据此制定应对预案

高原地表过程和大气热源变化对高原周边区域天气气候产生着重要影响。目前对青藏高原地表水热条件、冰雪分布、植被生长等地表覆被的整体分析主要是通过卫星遥感手段进行的。然而，卫星遥感反演结果应用的空间范围和下垫面条件还非常有限，难以查清青藏高原地表过程与中国东部气象灾害的相关性。因此，迫切需要开展大量的地面长期观测，实地验证卫星遥感反演的结果，促进其准确度和精度的提高，同时形成合理的空间网络结构，准确对比青藏高原地表过程变化与我国东部地区气象灾害事件，及时提出应对预案。

建议充分整合我国各部门、各系统在高原地区进行气候、环境、生态等领域监测的野外站资源，适当新建关键台站，通过国家科技基础条件平台的稳定支持，开展有关大气过程、水文过程、生态过程的联网监测，获得青藏高原生态系统与地表过程变化的长期连续资料，为我国东部地区天气气候灾害的预测、预警和减灾对策提供科学依据。

2. 开展冰川冻土变化对大型工程灾害性影响的调查，采取有效措施开展针对性防治

如采用监测、导流、避让等方法，减少冰湖溃决灾害损失，采用增大上覆土石层的厚度和路基降温等工程措施，降低气温增高对冻土的影响，保障冻土区工程的安全。气候变暖引起的冰川退缩不仅对青藏高原及其周边地区的水资源和水循环产生影响，也造成不同性质的灾害。在高山峡谷地区，冰川加速融化导致冰湖数量和规模增大，冰湖溃决灾害频率增加；在高原宽谷地区，冰川融化使得短期内大量冰融水进入湖泊，湖泊上涨淹没周边肥沃的冬春草场。冻土退化使得活动层加厚，在多年冻土区产生大幅度冻胀和融沉，不仅对现有的青藏公路产生破坏，也对具有较好防范措施的青藏铁路产生影响。

建议进一步开展较全面的冰川退缩程度与冰融水补给湖泊变化的监测，划分冰湖溃决性等级，采用监测、导流、避让等方法，减少冰湖溃决引起的灾害损失；对快速上涨的高原面上的湖泊，不在湖边建设定居点；根据冻土退化程度和气候变化趋势，有针对性地开展青藏公路破坏程度的修复。

3. 充分利用气候变暖引起草地生产力增加的条件，推进冬春季节人工草场建设，强化国家生态补偿政策，使高原畜牧业建立在有充足饲草供应的基础上

生态保护工程建设的目标是通过改变地表覆被来提高其对生态安全屏障功能的有利影响，减少不利后果。退牧还草、围封减畜、人工补育等在增加高原植被生产力、稳定和降低地表升温幅度、增加水源涵养能力方面起到了重要作用。但这些措施是否落实的关键与冬春季节草场的保护和良性循环密切相关，直接关系到高原畜牧业的发展态势和牧民的生产生活水平。

建议在气候变暖引起草地生产力增加的条件下，加强对饲草生产、储存、运输等方面的技术研发，有效缓解牧区冬春草场的放牧压力，并通过进一步完善相应的生态补偿政策，使高原畜牧业得到健康良性发展。

4. 设立科研专项，开展青藏高原气候变化过程和机制的深入研究；加强高原地表系统过程的长期监测，对青藏高原生态保护工程建设的可持续性提供科学保障

青藏高原的气候调节、水源涵养与补给、碳汇作用等生态安全屏障功能受其地表热源变化、冰冻圈过程、植被生产力等的强烈影响。目前，对这些过程的认识仍然停留在现象之间的联系上，不仅缺乏机制上的了解，而且更难以判断彼此联系的程度。同时，对青藏高原生态安全屏障的其他功能也有待进一步深化。

建议科技部设立科研专项，研究青藏高原地表覆被与其生态安全屏障功能及其空间分异的关系；研究气候变化引起的高原地表过程变化对其生态屏障功能的影响；研究过去、现在和未来气候条件下，青藏高原生态屏障功能变化的时空格局。

Impact of Climate Change on Tibetan Plateau's Function of Environmental and Ecological Security Barrier and the Adaptive Strategies for It

Consultative Group on "Impact of Climate Change on Tibetan Plateau's Function of Environmental and Ecological Security Barrier and the Adaptive Strategies for it",CAS Academic Divisions

Tibetan Plateau plays an important role as the environmental and ecological security barrier for China. The evolution of this function is analyzed based on data analysis,and the suggestions for the conservation of Tibetan Plateau's function of environmental and ecological security barrier is proposed: exploring the relationship between the changes of Tibetan Plateau land surface and the weather hazard in East China,and making the corresponding emergency response plan; Investigating the negative impact of permafrost and glacier change on large scale project, and taking active precautionary measures for prevention of that.

6.3 关于京津冀大城市群各部分功能定位及协同发展的建议

中国科学院学部"我国城镇化的
合理进程与城市建设布局研究"重大咨询课题组[①]

京津冀地区是我国社会经济持续发展新的战略支撑，其未来发展前景将是全球最

---

① 咨询课题组组长为陆大道院士。

重要的现代化大城市群和世界经济的重要增长极之一。

本报告专就京津冀大城市群范围阐述城市群各部分的功能定位及一体化发展，不包括河北省的全部范围。

一、大城市群——当今世界上最具竞争力的经济核心区

1. 大城市群的形成及基本特征

大城市群，是指以 1~2 个特大型城市为核心，包括周围若干个城市所组成的内部具有垂直和横向的经济联系、并具有发达的一体化管理的基础设施系统给以支撑的经济区域。大城市群往往是一国或一个大区域进入世界的枢纽，是世界进入该区域的门户，是一个国家或区域的增长极，也是最具发展活力和竞争力的地区。

大城市群发展的主要背景：在全球化和新的信息技术支撑下，世界经济的"地点空间"正在被"流的空间"所代替。世界经济体系的空间结构已经逐步建立在"流"、网络和节点的逻辑基础之上。一个重要结果就是塑造了对于世界经济发展至关重要的"门户城市"，即各种"流"的汇集地、连接区域和世界经济体系的节点（即控制中心）。

大城市群具有规律性的空间结构，即大城市群中的核心城市是国家或大区域的金融商贸中心、交通通信枢纽、人才聚集地和进入国际市场最便捷的通道，即资金流、信息流、物流、技术流的交汇点；土地需求强度较高的制造业和仓储等行业则扩散和聚集在核心区的周围，形成庞大的都市经济区。核心区与周围地区存在密切的垂直和横向产业联系。核心城市的作用突出地表现为生产服务业功能（如金融、商贸、中介、保险、产品设计与包装、市场营销、广告、财会服务、物流配送、技术服务、信息服务、人才培育等），而周围地区则体现为制造业和加工业基地以及交通、农业、环境、供排水等基础设施的功能。

在当今全球化和信息化迅速发展的时代，核心城市往往是跨国公司区域性（国家、国家集团、大洲）总部的首选地。大城市群在经济上是命令和控制中心（通过高端生产者服务业和跨国公司总部等载体来实现）、在空间结构上是全球城市网络重要的节点、在文化上是多元的和具有包容性的、在区域层面是全球化扩散到地方（大区域、国家集团、国家）的"门户"。

具有上述垂直和横向产业分工及空间结构的大城市群是当今世界上最具竞争力的经济核心区域，如以纽约、伦敦、巴黎、东京等为核心的大城市群。

在今天的世界上，处于世界性"流"的节点上的以高端服务业为主体的"门户城市"，其对于国家乃至世界经济发展的意义和地位比相同级别的制造业大城市要重要得多。

2. 我国三大城市群的明确定位是国家重大的区域战略

我国三大都市群，即以北京为核心城市的京津冀、以上海为核心城市的长江三角洲、以香港为核心城市的珠江三角洲等已经具备条件逐步建设成为对东亚、对世界经济有明显影响的全球性大城市群。北京、上海和香港正在成为全球性"流"的交汇地、连接国家和世界经济体系的节点和控制中心，中国进入世界的枢纽，世界进入中国的门户，也将要成为世界上最具竞争力的经济核心之一。以三大城市群及其所直接影响的经济区域来构建应对全球竞争的国家竞争力，是国家发展规划和区域性规划的重要目标。综上所述，我们建议：三大城市群的明确定位及其优化发展应当成为"十三五"及此后一个较长时期内国家的"区域战略"（重要组成部分）。三大城市群的战略定位和优化发展完全符合全中国的整体利益和长远利益。

二、京津冀之间的经济关系及经济发展特点

京津冀大城市群包括北京、天津两个直辖市及河北省的唐山市、秦皇岛市、廊坊市、保定市、张家口市和承德市等。在此区域范围内，集中了 3000 多万城市人口，2013 年 GDP 达到约 4.8 万亿元，上述城市的连接线所包围的区域约 6 万平方千米。

北京和天津两市在河北省的地理范围之内。在长时期的发展过程中，两大直辖市之间及其与直接腹地之间具有多方面的利益联系和利益矛盾，两市一省经济发展也逐步形成自身的特点和优势。分析这些问题有助于认识实现京津冀地区协同发展的重要性及途径，有助于制订科学的京津冀大城市群一体化规划。

（一）河北省与京津二市的经济利益关系及发展中的问题

1. 河北省与京津二市发展关系中的利益矛盾及影响

改革开放以来，河北省经济增长和人均经济总量水平有关指标在沿海各地区中是较低的。2007 年，河北省人均 GDP 只相当于广东省的 60%、山东省的 71%、江苏省的 72%、浙江省的 54%、福建省的 76%、辽宁省的 75%。

（1）河北省长期以来是京津二市矿产资源、电力和农产品的供应地。河北省的唐山、邯郸、邢台向京津二市供应炼焦用煤和发电等动力用煤，向首钢、天钢供应铁矿石和炼钢生铁以及大量的玻璃、水泥等建筑材料；京津二市在河北省建设迁安铁矿、涉县铁矿及钢铁厂；张家口、承德、秦皇岛、唐山地区是保障京津二市淡水供应的密云、潘家口和官厅（已基本丧失了供水功能）等水库的主要水源涵养区和径流形成区；河北省的多个大型火电厂是供应京津二市的主力电厂；河北省的张家口、廊坊等

地区是京津二市的蔬菜、肉类和部分鲜活农产品的重要供应基地。

（2）北京市和天津市的大型交通运输枢纽和交通运输系统覆盖了河北省大部分区域。以北京市和天津市为枢纽的交通运输系统，是全国性的交通运输（铁路、民航、公路和高速公路、海运）大系统的主要枢纽。国家系统在客观上导致难以形成以河北省（省会城市石家庄）为主体的运输体系。河北省大量客货运输由京津两大运输枢纽来完成。例如，石家庄机场的客流量少于全国几乎所有省市自治区首府城市机场的客运量；石家庄铁路枢纽的客流量和货运编组流量也很少；河北省没有大中型的综合性的港口（商港）。

（3）关于河北省"环京津贫困带"。20 世纪 90 年代，一些学者提出河北省"环京津贫困带"的概念。这个"带"主要包括河北省的廊坊、保定、张家口、承德及沧州的部分县。他们认为，此"贫困带"的形成主要由于京津二市，特别是北京市，不顾河北省发展利益的结果，是河北省向京津二市提供廉价资源和淡水、接纳二市大量污染物而又得不到合理补偿的结果。

2. 近年来河北省加快了经济增长的步伐：能源重化工大规模迅速扩张

近 10 年来，河北省采取了追赶战略，大规模发展能源重化工，经济增长加快了。2005 年以来，河北省 GDP 的年增长率都超过 10%，2006～2008 年，每年增长 14%，2006～2012 年，GDP 翻了一番。这种超高速的经济增长主要是依靠能源重化工的大规模扩张实现的。2005～2012 年，河北省的钢和生铁产量都翻了一番，达到 1.8 亿吨的惊人数字；水泥产量增加了 85%，达到 1.4 亿吨；火力发电量翻一番，达到 2400 亿度；全省煤炭消费量达到 2.7 亿吨标准煤。这 7 年间，河北省的电力和煤炭消费的弹性系数分别高达 1.0 和 0.85。由此，河北省成为京津冀大城市群地区的主要污染源，并酿成了相当突出的结构性问题，使"稳增长、调结构"和经济社会的持续发展陷入了困境。

3. 对河北省与京津二市间经济矛盾及其影响的分析

河北省位于我国东部沿海，但在改革开放以前的近 30 年期间，国家的重点项目并不少，经济增长较快。

河北省在京津二市（特别是北京）的国家最大型交通运输枢纽覆盖之下，没有本省大型区域性铁路枢纽、综合性的海港和以省会城市为枢纽的地方性航空运输系统，这对省域经济发展是个重大缺陷。但这种地理格局和地缘经济是客观形成的，在国家层面上是合理的。

在京津冀经济关系中，河北省付出了很大的代价。其一，在长时期的计划经济条件下，河北省是输出能源、原材料、工业半成品和农畜产品的一方。其二，基本上没有规范化的渠道使河北省得到应得的生态补偿。这些对河北省的经济发展带来一定的负面影响。

但是，这不是河北省经济发展滞后于其他沿海地区的主要原因，经济发展缓慢与省政府在发展战略和空间布局上的不当也很有关系。其一，从 20 世纪 50 年代开始，河北省的经济发展重心就置于保定以南的太行山东麓地带，而没有将重心置于沿海，是导致其经济增长较其他沿海省市发展较慢的重要原因之一。其二，近年来由于急于追赶而大搞能源重化工，导致了经济的结构性危机。

河北省"环京津贫困带"的形成，主要是由于历史因素造成的，其次是在很长时期内缺乏关于如何主动利用京津二市所提供的发展条件的具体谋划。

（二）北京和天津经济发展定位及形成的不同优势

1. 关于北京和天津经济发展定位的"争议"

在京津冀大城市群及其一体化发展中，北京和天津的功能定位是长期以来有"争议"的问题，其关键在于首都北京应不应该同时是国家的最大经济中心之一？天津能不能代替北京成为具备大规模高端服务业的京津冀大城市群的核心城市？

北京和天津之间围绕城市功能定位和项目建设等方面的"争议"主要表现在以下方面：其一，天津市强调，天津市在新中国成立前就是我国"北方的经济中心"。新中国成立以来，天津市有关部门一直要求中央政府对这样的性质和地位作明确的支持。其二，两市在新中国成立以来多个发展阶段对大型和重点工业项目的定点都有强烈的要求，在改革开放以前的 30 年间，在对工业项目争取方面北京市一般都居于优先地位。其三，按照地理位置和功能，北京的进出口物资应走天津港。但由于两市在这方面没有很好协调和配合，北京市于 20 世纪 80 年代又在河北省乐亭联合建设了京唐港。其四，20 世纪 90 年代初天津市就一直要求国家决策在天津滨海建立与浦东同样的新区（天津滨海新区）。该项申请终于在 2006 年获得国家批准。但这时北京作为国家重要的金融商贸等高端服务业中心之一的地位实际上已经确立了。

中华人民共和国成立初期，毛泽东主席亲自制定了变北京消费城市为生产城市的方针。20 世纪 50～70 年代，北京建设了一批重大和重点工业项目，工业总产值有较快的增长。而根据毛泽东在"论十大关系"[①] 中关于沿海和内地关系的要求，天津市始终（基本）没有新建大型工业项目，只有钢铁、化工等改扩建。因此天津市的工业基础在较长时期内没有得到充分利用和发挥。到 60 年代末，北京市的工业产值开始超过天津市。

从 20 世纪 70 年代起（特别是从 80 年代起），天津市的大型钢铁工业、石油化学工业和通信设备制造业等基础原材料和先进制造业发展很快，作为北方重要的航运中

---

① 毛泽东于 1956 年 4 月 25 日在中共中央政治局扩大会议上的讲话。

心的地位也得到确立。从这个时期开始，天津市的发展符合其本身的发展优势和发展潜力，也与其地缘经济的地位相适应。但北京市的经济增长一直超过天津市，且差距以扩大的态势在发展。

2. 首都北京正在成为以高端服务业为主体的国家经济中心

北京，作为国家的首都，随着国家经济实力的迅速强盛，正在成为金融、商贸、高技术以及大规模研发、信息、中介等高端服务业的基地。这一重要性质是由首都的功能决定的，有些也是长期发展态势的自然延伸。30多年来，总部设在北京的金融机构占据中国金融资源的半壁江山，还有数家拥有国内前十位最大规模资产的企业。它们的总部设在首都北京，也就自然会产生大规模的总部经济。

北京市已经成为全球拥有500强企业数量最多的城市。2012年经国家商务部认定的各类跨国公司地区总部累计达到127家，其中世界500强地区总部84家。2013年，北京市有48家企业入选"财富"世界500强，成为全球聚集世界500强企业总部最多的城市。这说明，北京市是全球大企业最向往的城市之一。这些情况突出地表明，北京已经是大批国内外特别是国际经济机构的云集之地。北京高端服务业的持续发展，正在为我国大规模融入世界经济体系创造极为重要的机遇和条件。近年来，北京金融业的GDP也已经超过了上海市。

许多发达国家的首都也都是由于这种功能而发展成为国际大都市和国际性金融和商贸中心的，如东京、巴黎、伦敦、首尔等。这种情形是客观规律的反映。

作为全球第二大经济体，中国必然会逐步形成2～3个具有国际意义的金融中心城市，并与若干个次级金融中心组成布局合理的金融中心体系。北京，作为我国的政治中心，具有成为国际意义的金融中心的重要优势。

3. 天津的发展优势、特点与北京、上海及香港等三大城市群的核心城市明显不同

今天的天津具有相当强大的多部门的制造业、航运业、原材料生产等，是我国华北地区的经济中心城市，也是东北亚地区重要的航运中心之一，是我国进出关及京津冀与华北及西北内陆的铁路交通枢纽之一。但就经济总量（2012年GDP接近13 000亿元）而言，天津市仅属于全国第二梯级大都市范畴。就产业特点而言，天津市明显以第二产业为主体（53%），总部经济远远不及北京、上海和香港。因此，天津的经济辐射力和影响力在国内基本上是大区域性的。

天津发展及滨海新区开发的目标和方向也不宜与上海（及其浦东）、香港类比。上海的腹地几乎包括大半个中国，上海在历史上也都是这样很大区域的门户和枢纽。上海正在成为全国乃至国际性的金融、商贸、中介服务及市场营销、广告服务的中

心，综合性的交通通信枢纽、人才聚集地和培育中心以及进入国际市场最便捷的通道和门户。香港已经是世界级的以高端服务业为主体的核心城市。

将天津定位于京津冀城市群以高端服务业为主的经济中心城市，不符合天津的优势、区位条件及发展现状（特点）。

4. 北京地区的污染和人口规模过大不是"经济中心"所致

经过以往 20 多年的不懈努力，北京现在的经济结构已经发生了根本性的转变：第三产业增加值已经占到全部三次产业的 70% 以上。第二产业只占不到 1/4 的比重，而且是以轻型制造业为主。北京地区的污染已经不是首都北京"经济中心"的功能带来的。

北京市人口规模过大，高端服务业的发展肯定不是主要因素之一。恰恰相反，在单位国民经济增加值所需要的就业岗位中，高端服务业仅仅是制造业和其他服务业的 1/3～1/5。建设以高端服务业为主体的"经济中心"有利于优化经济结构，减轻环境污染。北京城市的外围多年来聚集了大量污染环境的中小企业，是需要也是可以解决的。

三、关于河北省和京津二市战略定位的建议

京津冀两市一省在改革开放以来的发展中，已经形成了相当明显的各自特点和优势。京津冀两市一省的战略定位，需要根据其各自的特点、优势和最符合国家利益等重要原则来确定。对功能定位有如下建议。

1. 首都北京

关于首都北京在京津冀大城市群中的定位，2005 年 1 月 12 日，时任国务院总理温家宝主持召开国务院常务会议，讨论并原则通过的《北京城市总体规划（2004—2020 年）》"总则"中要求，"实现首都经济社会的持续快速发展，解决城市发展中面临的诸多矛盾和问题，迫切需要为城市未来的长远发展确定新的目标，开拓新的空间，提供新的支撑条件。"在关于"城市性质"中明确"北京是中华人民共和国的首都，是全国的政治中心、文化中心，是世界著名古都和现代国际城市。"强调"以建设世界城市为努力目标，不断提高北京在世界城市体系中的地位和作用。"根据这些论述和几十年来首都北京发展所形成的巨大优势，我们建议：

在北京的"城市性质"中，明确补充强调"首都北京是以高端服务业为主体的国家经济中心城市。"这样的定位完全体现了"现代国际城市"的内涵，也是为北京发展确定"新的目标"和开拓"新的空间"。

我们希望中央政府能对北京作为中国最主要的金融、商贸等高端服务业中心作出明确决策和定位。这样明确的定位，将会使北京和以北京为核心的京津冀大城市群较快成

为全球经济的核心区之一，从而大大提高中国在世界经济体系中的竞争力和影响力。

2. 天津市（及滨海新区）

天津是我国华北地区的经济中心城市。天津港已经是具有国际意义的大型港口，是我国北方最主要的航运中心，其腹地范围包括华北和部分西北地区；天津市的制造业已有强大的基础，研发力量强；大规模建设所需要的土地资源可以得到保障。根据这样的发展优势和特点，天津市发展的战略定位可以强调以下几点：

（1）进一步加强综合性先进制造业及其所需要的基础原材料、新材料的发展。重点可以包括航空航天设备、海洋工程设备、交通运输工具、电子元器件及通讯设备、石油化工和精细化工、精密仪器仪表、化学和生物制药等，继续加强这些产业的研发和技术创新。

（2）加强作为东北亚重要的航运中心功能建设。包括新的远洋新航线的开辟、发展后方的集疏运及仓储系统，调整进出货物结构（减少散装货物的运量）等。在国内，扩大与加强和腹地的经济联系及协调工作，特别是为首都北京的进出口海运发挥更大作用。

（3）为与我国华北地区经济中心城市地位相适应，发展中高端的金融、商贸、中介、保险、产品设计与包装、市场营销、财会服务、网络经济和物流配送、技术服务、信息服务、人才培育等服务业。发展为大城市群服务的其他生产型服务业。调整滨海新区的有关规划。

3. 河北省

从发挥大城市群内河北省部分的特点和优势考虑，其未来发展有以下战略重点：

（1）对现有的能源原材料工业实行大幅度结构调整、规模调整和技术更新。

（2）发展海洋工程装备、先进轨道交通装备和新型（钢铁、合金和陶瓷等）材料工业，并注重与京津大型制造业相关产业链、产业基地相结合。

（3）大力发展现代农业、畜牧业以及农畜产品加工。

（4）瞄准城市群发展的要求发展生产性服务业，发展滨海、山区和山麓地带的旅游业。

（5）加强对京、津及其他城市的生态服务功能的建设。

河北省要将沿海地区和环京津二市区域的现代化建设作为省内未来发展的重点区域。通过产业对接、交通通讯同城化等，使京津冀更好地融为一体。上述关于京津冀大城市群发展的国家目标和各个部分的功能定位，将使京津冀地区和京津冀大城市群能够各展其长、优势互补；同时，也有助于逐步解决现阶段两市一省可持续发展面临的困难和问题，从而可以发挥协同发展的巨大综合效益。

四、关于京津冀大城市群的一体化发展及规划的建议

1. 发展目标

京津冀大城市群的发展目标是成为世界性的"资金流""信息流""物流""人才流"等"流"的重要节点，影响乃至控制世界经济体系的大城市群之一，成为中国在国际经济体系中强大竞争力的最主要支撑平台。

2. 基本理念

为达到此目标，城市群及其一体化发展（规划）的基本理念有以下几点：

（1）把握世界大城市群发展的趋势，以高水平、高效率规划建设具有强大竞争力的世界经济核心区。

（2）对京津冀大城市群各部分做出科学定位，并制订能够发挥各自优势和特点的总体规划。这既符合国家的战略利益，也是实现京津冀协同发展的基本要求。

（3）城市群地域结构符合地域有机体发展的客观要求，并促进在地域分异基础上的高度整体性。

（4）合理划分城市群的地域范围，控制并逐步减轻城市群对生态环境的压力（规模）。

3. 主要任务

发展和一体化规划的主要任务和内容有以下几点：

进一步加强服务于国内外的金融、商贸、信息服务、中介、保险、财会服务、物流配送等高端服务业的发展和基础设施建设。发展服务于华北地区和航运中心的金融商贸中介等功能建设。在整个城市群范围内发展生产性服务业，并使生产性服务业和制造业融合发展。在适当时候，京津冀共建自由贸易区。

针对我国具有世界第一制造业规模但还不是制造业强国的状况，京津冀应瞄准国际趋势，发挥科技资源和研发力量较强的优势，要在装备制造领域和电子信息系统领域成为国家级新型工业化产业示范基地，建立若干个有重要影响力的产业聚集区，逐步建成具有强大竞争力的产业体系和重点产业链。

促进空间重组和整合，有效引导人口、产业适度集中。编制、落实关于产业集聚区的发展规划。逐步建立京津冀科技创新联动机制，加强科技协同创新。

优化城乡土地利用结构，严格保护耕地。积极治理大气污染及水污染。要将环境治理置于特殊位置，按照世界级大城市群和世界级经济核心区的要求，大幅度改善水

环境质量。不以 GDP 的规模为发展目标。

加强区域性基础设施（由多种运输方式组成的交通运输、能源供应、供排水、环境保护等系统）的统一规划建设和一体化管理。为此，必须坚决跨越现行体制（各城市对基础设施行业的分块管理）的"门槛"。在加强生态建设的同时，要下决心在京津二市和河北省之间建立生态补偿制度，并付诸实施。

根据国家关于不同规模城市户籍制度改革的要求，发展中小城市，重点是河北省的廊坊、保定、张家口、承德及若干县级市和县城。严格控制京津二市的人口规模。

Suggestions for Function Orientation and coordinating development of sub-regions within Jing-Jin-Ji Urban Agglomeration

Consultative Group on "Research on China Urbanization Processes and City Layout Planning", CAS Academic Divisions

From the perspectives of the goal of coordinating development of Jing-Jin-Ji and critical problems initiated from it, the development background of world urban agglomeration as well as the significance of clear orientation of 3 urban agglomerations in China are analyzed. Based on the analysis of economic relation and interest conflict among stakeholders in Jing-Jin-Ji urban agglomeration, suggestions for strategic orientation and goals of urban agglomeration development are proposed and demonstrated.

6.4 关于进一步深化我国医药卫生体制改革的建议

中国科学院学部"我国国民健康需求以及
对我国医疗卫生体系的影响"咨询课题组[①]

本课题组曾于 2008 年代表中国科学院向国务院提出了"关于我国医疗卫生体制

---

① 咨询课题组组长为曾益新院士。

改革的建议"，提出"完善基本医疗保险、加强基层医疗机构建设、规范医学教育和医师培训制度、强化对医疗行业的监管"等建议。在新的形势下，本课题组再次对目前我国医疗卫生体系所面临的形势、存在的问题和挑战进行分析，并再次提出工作建议，供有关领导和部门决策参考。

一、目前我国医改所面临的形势和存在的问题

（一）基本形势判断

我国新一轮医改启动 5 年以来，以"保基本、强基层、建机制"为重点，在建立基本保险制度、推行基本药物制度、加强基层医疗机构建设、推进公共卫生均等化和公立医院改革等方面都有长足进步，尤其是在短时间内建立起高达 95% 覆盖率的城乡居民基本医疗保险，号称世界奇迹。但医改本身是一项长期艰巨的系统工程，很多问题难以在短期内解决。党的十八届三中全会在《中共中央关于全面深化改革若干重大问题的决定》中提出要"深化医药卫生体制改革"，并提出了明确而具体的要求。我们必须在这些指导意见的基础上，深入研究存在的问题、仔细探寻解决的方法，从体系、制度和政策等方面进行科学和合理的设计，稳妥而有力地推进我国的医改。

（二）医疗卫生服务的公平性有待进一步提高

医疗卫生事业的公益性的一个主要体现就在于公平性，没有公平性就谈不上公益性。而公益性主要表现在政府主办的医疗保险对于人民群众的普惠性和公有医疗资源分布的均等化。

1. 医疗保险的筹资能力及内部统筹协调能力有待加强

城乡居民医疗保险的筹资能力有待进一步提高。目前，我国医疗保险总体保障能力和水平比较低下，而且社会医疗保险之间待遇差距大，难以体现"公平的国民健康权利"的理念。

医疗保险的管理体制有待进一步理顺。当前在我国新型农村合作医疗主要由卫生计生系统管理，城镇职工和城镇居民医疗保险由人力资源和社会保障部门管理。这种状况不利于整体医保政策的协调统一。

医疗保险对医疗服务的监督作用还没有充分发挥。目前，一方面，医保的监督还不能通过信息化手段对每个（或一定比例）病人的诊治情况进行全程和专业化的分析和评价，以确保医疗安全和质量。另一方面，对参保人员的就医行为也缺乏有效约束。

商业性医疗保险有待进一步推广。商业医保和社会力量办医对于促进整个健康产业的发展具有巨大的潜力，需要政府更好地规划和引导。

2. 医疗资源的分布有待进一步调整

医疗资源的分布不均是一个长期的历史问题。1985 年以后，随着市场主导的思想在医疗卫生行业占据主要地位，基层医疗网络受到严重冲击。而大城市的大医院，由于生活和工作环境好、薪酬待遇高、政府给予的支持也相对较大，得到了快速的发展。这种大医院和基层医疗机构的差别农村比城市更明显，西部地区比东部地区更明显。

目前基层医疗机构的建设和管理较薄弱，基层合格的全科医生人数很少，基层医生岗位的吸引力太弱，基层医疗机构分流病人的潜能还未充分发挥，还难以真正实现"首诊在基层、分级诊疗、双向转诊"。

（三）医疗卫生服务的便利和可及性有待进一步改善

1. 基层医疗机构的组织管理有待加强

村卫生室是我国整个医疗卫生体系的网底，肩负着为广大农民健康服务和体现医疗公平的重任。但目前的村医普遍存在技术水平偏低、年龄结构老化和生活缺乏基本保障的问题。有的村卫生室达不到国家要求的基本工作条件。值得肯定的是，有的地方在基层医疗服务网络建设方面开展了有效的探索，如"县乡村一体化管理"增加了最基层医务人员的归属感和岗位吸引力。

2. 技术力量明显不足

在乡镇卫生院、村卫生室和社区卫生服务中心里具有正规学历和执业医师资格的人员较少，经过正规学历教育和规范化全科培训的全科医生就更少了。

3. 基层医务人员待遇偏低

医务人员的行业平均收入水平不高，而且在医务人员内部还存在较大的收入差距。医务人员的收入呈现小医院比大医院低、农村比城市低、偏远地区比发达地区低的普遍现象。

4. 服务效率有待进一步提高

有的地方要求严格的"收支两条线"，减少甚至取消绩效工资，在医务工作风险较大且医患关系大环境不是很好的情况下，必然会对医务人员工作积极性造成负面影响，从而降低基层医疗机构的服务效率。

（四）医学人才的培养体系和评价体系亟待完善

1. 医学人才的教育和毕业后培训有待进一步规范

医学教育是由院校教育、毕业后培训和继续医学教育三个阶段组成的连续统一体。但从现行的管理体制来看，三个阶段的教育工作各自为政，没有做到很好的衔接。专科医生的培训和继续医学教育还不够规范。

2. 科学合理的考核评价体系有待建立

目前，我国对医务人员的评价还处于比较粗放的状态，没有一个权威的、独立的、针对各级各类医疗机构的科学合理的评价体系。

（五）一些医疗卫生制度设计的科学性和合理性有待加强

1. 亟待建立符合行业特点的医务人员薪酬体系

医疗行业存在社会贡献大、教育和培训周期长、技术含量高、执业风险和工作压力大、工作时间长且不固定等特点。在发达国家，医生的薪酬都居于各行各业的前列，比社会平均水平高 3~5 倍。我国目前的情况是，一方面整体水平偏低，2011 年全国医疗卫生行业人均收入排在各个行业中的第 8 位；另一方面是城乡差别大，越往基层待遇越低。

2. 亟待建立科学合理的医疗付费制度

科学合理的付费制度有利于引导医务人员的工作追求与病人的利益保持一致。应该把建立适应不同职能医疗机构的合理付费制度作为一个重要的任务。

二、我国医疗卫生事业发展所面临的挑战

（一）人口老龄化

2012 年，我国大陆总人口达到 13.5 亿人，其中 65 岁及以上人口数量从 1982 年的 4991 万人增加到 1.27 亿人，年均增加 257.4 万人。我国快速发展的人口老年化已经并将继续对医疗卫生系统提出越来越旺盛的需求。

（二）疾病谱发生显著变化

近些年，城乡居民的主要死亡原因已由过去的传染病为主发展成慢性非传染性疾病。这些疾病又随着年龄的增长而发病率越来越高，所带来的刚性医疗需求也迅速增加。与此同时，医疗保险广覆盖释放出更多的医疗需求，使得我国医疗资源总体还处于紧缺状态。全社会医疗支出占 GDP 的比例为 5.57%，远低于美国的近 18%，也低于大部分国家的 8%～12%。医生队伍除了总量不足之外，其中基层医疗机构急需的全科医生所占的比例更是严重偏低。

（三）医疗需求呈现多元化

随着社会经济的发展，中国已经形成一个先富裕起来的人群，而这个人群对医疗保健服务提出了更高的要求。政府应该鼓励社会力量分别开办高端医院和兴办提供普通服务的医疗机构。

（四）医院管理的精细化

随着医疗需求的快速增长，如何发挥信息化的优势、利用信息化的手段，建立基于信息化的精细化医院管理体系，已经成为一个非常迫切的任务。

三、对我国今后一个阶段深化医改工作的建议

（一）组建国家医疗保险局，使之成为推进医改的重要抓手

医疗保险具有筹集医疗资金、制定医保政策和建立科学的支付制度三大功能，并监督医疗行为，从而推动医疗卫生事业健康发展。

1. 继续加大城乡居民医疗保险的筹资水平

应建立与 GDP、人均收入和物价同步增长的综合指数来调控全社会医疗总费用，争取在 2020 年达到 GDP 的 8% 左右，人均 800～1200 元/年（包括各级政府投入和个人投入），报销比例争取达到实际医疗费用的 70% 左右，并逐渐实行个人付费封顶制度。对于仍然实行公费医疗制度的部分公务员和事业单位人员，应该尽快全部纳入城镇职工医保体系。

2. 组建国家医疗保险局，强化医保政策的监督和引导作用，推动医改进程

在坚持大部制前提下组建国家医疗保险局，将三种政府主办的医疗保险进行统一

管理，并对商业性医疗保险进行宏观引导。医保局可以设置在卫生行政部门下面，也可以单独建制，具有制定医保政策和领导医保经办机构的职责，使之成为国家推进医改的重要抓手。

国家医保局下设两类机构：一类是医保经办机构，可在全国组建 10 家左右具有竞争关系的医保经办机构，供地方和投保人自由选择；另一类是医保政策的研究和咨询机构（建议命名为"国家卫生与保健评价研究院"），负责研究和制定医保政策。发挥医疗保险对医疗服务行为的精细化、专业化监督作用。取消医保个人账户，鼓励门诊治疗。扩大分级报销比例，推动分级诊疗。在大中型医院推行"按病种付费"制度，在基层医疗机构，试行"按人头付费"制度。

（二）加强基层医疗机构的管理和建设，完善基层网络化服务体系

一个合理的医疗体系应该是医疗卫生资源呈金字塔形多层次配置，特别是必须有强大的基层医疗机构；在"强基层"的过程中，要特别关注最底层的村医、村卫生室和乡镇卫生院的管理和建设。

1. 理顺基层医生和医疗机构的管理体制

要健全村医准入制度，至 2020 年达到所有医生均有合法行医的持照。对在村医室工作的村医要加强培训。要鼓励村医个体开业。在有条件的地方可以探索乡村一体化或县乡村一体化管理模式。

2. 确保政府对基层医疗机构的投入和激励机制到位

要确保基层医疗卫生机构历史债务得到及时化解，确保中央政府明确规定的各项补偿经费落实到位。要进一步完善绩效考核和激励机制，改进基本药物制度在基层的实施方案。

（三）大力加强全科医师队伍建设

建设一支高素质的全科医师队伍，是实现"基层首诊、分级诊疗、双向转诊"的人才和技术保障。

1. 提高全科医生薪酬待遇

要发展全科医师制度，首先就要提高其岗位吸引力，包括薪酬、职业发展、激励机制、就业环境、社会地位等。在薪酬方面，从长远来看，有赖于国家建立符合行业特点的薪酬体系，并对在基层工作的全科医生给予较大倾斜；从近期来看，国家应加大对全科医生特岗计划的支持力度。

2. 鼓励社会力量兴办全科诊所

国家对社会力量开设全科诊所应给予政策支持，包括牌照发放、税收优惠等。

3. 制定基层全科医生职称晋升条例

应该有一个专门针对基层全科医师的职称晋升条例，不考评外语和论文，主要考核工作业绩和能力，尤其是健康管理、疾病预防和基层医疗机构所需要的临床能力。

4. 加强全科医学教育和培训

增加为农村免费培养定向医学生的名额，组织医学生毕业后参加全科培训；在医学院的课程中增加关于全科医学的内容；在二级和三级综合医院设立全科医学科；鼓励具备条件的综合性教学医院与社区卫生服务中心或乡镇卫生院联合建立全科医师培训基地。对于国家拨款建设的全科医师培训基地，要按期验收，及时招生。

5. 提升全科医生的社会地位

要广泛宣传全科医师的重要性。对于全科医师队伍中的优秀分子，更应多渠道宣传和表彰。

（四）推行按病种付费和医院分类评价制度，建立公立医院运行新机制

付费制度牵涉到医院的经济命脉，评价制度影响到医院和院长的声誉和利益，由此入手，可以引导医院朝健康方向发展。

1. 大力推行按病种付费制度

按病种付费制度通过限定每个病种的最高付费额度，可以控制全社会医疗总费用的持续上涨，可以引导医院和医生尽量使用便宜、适用的药物和技术。推行按病种付费的一个前提是必须合理测算各个病种的费用。在这方面，国外有成功的经验可以借鉴。要出台每个病种的诊疗规范和临床路径，并由卫生行政部门和医保经办机构予以监督。

2. 建立科学合理的医院分类评价体系

评价体系是"指挥棒"，可以以评促建，引导医院健康发展。医院评价应为医院提供一套完整、翔实的技术标准和管理标准，为医院运行提供可供参照和遵循的原则和规范，能够促进医院设置、环境、管理、服务、医疗、护理等各方面的质量优化和

标准化。针对不同职能的医院设立科学合理的评价体系，评价结果与医院和院长的绩效考评紧密关联，并向社会公布。

（五）规范在校医学教育，健全毕业后培训制度

要加强医教协调，教育部门应该依据医疗行业对医学人才的数量需求来规划在校教育的医学生数量、毕业后进入临床医学硕士专业学位学习（住院医师培训）和临床医学博士专业学位学习（专科医师培训）的数量。改革医学教育和培训的专业设置、知识结构和教学方式，提升医务人员的岗位胜任能力。要加大对国家紧缺的护理、全科、儿科和精神心理科人才的培养力度。应该尽快在全国范围内建立起专科医师的培训制度，从而形成一整套5＋3＋X（5年本科、3年住院医师培训、2～5年的专科医师培训）的医学教育和毕业后培训体系。合理界定培训期间住院医师和专科医师的"非学生、非工作人员"的培训生身份，给予培训生适当的生活补助。

（六）建立适合行业特点的医务人员薪酬体系

适当提高各级政府对医疗卫生行业的总投入。政府新增的投入既要充分考虑支持硬件建设，也要给予人员费用，尤其要注意改变基层医务人员收入偏低的现象。

在政府逐渐加大对医院建设和发展支持力度的前提下，提高医院支出中人员费用所占比例，从目前的 25%～35% 逐步提高到 40%～50%。医疗机构在发放医务人员薪酬时，要合理分配职级工资和绩效工资的比例，使基于工作量的绩效工资至少占个人总收入的50%以上。

在立足国情的基础上，借鉴国际上的经验，将医务人员的总体薪酬水平设定到当地平均水平的3～5倍，并向偏远、艰苦地区执业的医务人员进行倾斜，以达到引导医疗人才资源合理配置的目的。对于人才紧缺的领域和专业，应通过薪酬体系予以引导，如全科、儿科、精神心理科、病理科、影像科等。

（七）大力发展社会力量办医

在政策方面，要明确社会力量办医准入的详细规定，并向社会公布。对举办全科诊所和医养结合的养老机构者，在符合准入要求的基础上实施备案制。在医疗用地、医保定点等各项政策方面，享受与公立医院同等待遇。其医务人员，应该和公立医院的医务人员一样，由卫生行政部门受理职称评定和职称晋升。

在起步阶段，由于医疗行业专业性强，投资回报周期长，可以适当鼓励社会资本与公立医院进行合作。在放松社会力量办医的门槛和审批程序后，必须建立严格的专业化监管制度。监管的范围应该包括卫生政策、环境政策、服务水平、医疗安全和医疗质量、费用控制等各个方面。

鼓励社会力量进入医疗卫生系统，不仅可以兴办保健、医疗和养老机构，也可以研发和生产医疗设备、药品、试剂、耗材和其他医疗用品，还可以发展基于网络技术的教育、培训、咨询、会诊、技术帮扶等。

Suggestions for Deepening Reform of Medical and Health System

Consultative Group on "Research on National Health Care Needs and Its Impact on China Medical and Health System", CAS Academic Divisions

Status quo of China medical and health system, its problems as well as challenges for medical and health enterprise development are analyzed. Based on international experience, suggestions for deepening reform of medical and health system in near future are proposed, such as establishing State Medical Insurance Bureau, which acts as the key promoter of medical and health system reform; strengthening the management and construction of primary medical and health institutions for better networked service system; strengthening the cultivation of general doctors.

6.5 关于实施"材料基因组计划"推进我国高端制造业材料发展的建议

中国科学院学部"材料基因组计划"咨询课题组[①]

中国科学院和中国工程院于 2011 年开始了我国"材料基因组计划"的战略研讨和咨询建议，并提出了有关"材料基因组计划"的咨询建议。在此基础上，为进一步深入分析研究我国高端制造业所需关键材料存在的问题，夯实未来制造业快速、低耗、创新发展的科学基础，中国科学院学部于 2013 年成立了"材料基因组计划"咨询研究组。经过深入研究，2014 年形成了本报告。

---

① 咨询课题组组长为王崇愚院士。

一、研究意义与主要问题分析

新材料的研发与应用在科技创新总体布局中具有重要的地位，关系到国家重大需求和国家安全，其水平反映了一个国家的科技实力和创新能力。从人类社会发展历史看，新材料的发现以及材料研发部署的变革往往会引发影响人类文明进程的重大历史事件。2011 年以来，美、欧、日等发达国家和地区纷纷部署材料基因组研究，超前布局，抢占竞争制高点。

当前我国高端制造业的先进材料与国际先进水平差距明显。重大需求及国家安全方面急需的高端制造业的大部分关键材料或部件仍依赖进口，关键材料自给率只有约14%。国家急需的大多材料处于较少创新的跟踪模仿状态。

加强研发高端制造业先进材料，追赶国际先进水平，向制造业强国转型必须夯实材料创新的科学基础，抓紧实施"材料基因组"战略研究。

（一）高端制造业关键材料创新存在的问题及关键点

我国在高端制造业关键材料创新方面急需解决的问题包括：

（1）航空发动机涡轮叶片材料。关键问题是发展具有高推重比特性的超高承温能力及优异综合力学特性的航空发动机涡轮叶片材料。

（2）核科学及核能材料。关键问题包括对库存材料的检测能力和性能预测能力、外壳及核反应堆材料在高温高压强辐照和强腐蚀等极端条件下的材料行为，尤其是提高抗蚀特性以及抗强辐射能力问题等。

（3）稀土磁性材料。发展超高性能新型稀土磁性材料迫在眉睫。

（4）催化材料。当前急需解决我国催化材料的自主设计研发。

（5）能源材料。当前尚待研发兼具高能量密度和高功率密度以及电化学性能优异的锂离子电池材料以及超级电容器材料。

（6）生物医用材料。当前急需变革研发模式，揭示设计和构建可诱导组织再生材料的基本要素（基因）及分子机制。

（7）先进电子材料。新型材料，新型电子器件，特别是先进量子材料器件的研发尤其重要。Ⅲ/Ⅴ半导体材料、石墨烯、碳管、拓扑绝缘体、有机发光材料等的研究日益重要。先进量子材料与技术可能会引起电子与信息工业革命性的变革。

（二）解决高端制造业先进材料创新问题的关键在于夯实材料创新综合基础

为根本改变我国在先进材料与技术研发方面的落后状态，加速高端制造业发展步伐，必须转变传统研发模式，建立以材料基因组理念为背景的材料创新综合基础。

当前我国材料研发存在的主要科技问题包括：

（1）缺乏多学科、多算法、多软件以及跨尺度集成研究体系。

（2）尚待建立计算（包括理论）与实验及数据库相融合的研发模式。

（3）尚待建立高通量自动流程多通道并发式集成计算系统及自动驱动智能化引擎系统。

（4）缺乏与超级计算机计算能力相应的硬件及软件系统以及具有特殊功能的专业软件和中间件软件。组建材料基因组研究中心需自行建设超级计算机系统。

（5）尚待建立高通量并行方式材料组合芯片实验以及适应于多种材料的芯片组合表征技术。

（6）缺乏统一科学规划及设计理论与计算模拟软件相配套的数据库；尚待建立数据共享机制以及自主研发的驱动力。

（7）需集中优势力量创新发展的计算材料物理算法和实用性专业及实验软件。

我们认为，实施"材料基因组计划"，变革传统离散式经验试错法研发模式，建立实验-计算（包括理论）-数据库相融合、相协同的新的研究方式，以揭示元素周期表中化学元素组合规律、探索元素组合中电子组态的复杂状态，以及预测多元复杂体系的原子结构、认知控制材料物性最基本因素（材料基因）、建立基因-基因组合-材料物性关联机制，发现新材料、预期新效应，实现按需设计材料为科学目标。建设材料创新基础与研发高端制造业先进材料是"材料基因组计划"的核心理念，也是我国向制造业强国转型的科学及物质基础。我们建议，果断变革研发模式，建设国家材料创新基础，及时部署国家重大需求高端制造业先进材料研发体系。

二、建设国家材料创新基础

材料创新基础以高通量自动流程集成计算、高通量材料组合实验、数据库及数据科学、微观结构分析及表征以及算法与软件开发为核心内涵，相互关联、相互融合，为快速、低耗创新发展、预测、发现新材料提供科学基础，并关系到国家高端制造业发展、国家安全、人类健康以及教育与人才等。

1. 建设高通量自动流程集成计算材料预测系统

高通量自动流程集成计算以第一原理计算为基础，关键在于洞察目标材料物理、捕捉关键参量，结合数据挖掘及微观结构实验构建计算模型；其挑战性在于设计万量级并发式作业，既需体现模型间相对独立性，又需内含模型间的物性关联。于此基础根据统计学原理自动生成计算作业，建立自动流程集成算法及驱动引擎软件，实现自动响应、自动监控和自动调整；其基本模式为计算方法与物理模型分离式布置、计算作业平行、专业软件并行，集成独立格式的高通量数据信息，通过开放式界面接口实现数据传递与关联，探寻材料组分—结构—物性间的内在关联规律，为材料设计提供创新基础，加速新材料研发与应用。自动流程计算系统的挑战性之一在于定制式硬件设计与系统软件相匹配问题以及计算模型设计中可能存在的物理不自洽或病态几何问题。

高通量自动流程集成计算以定制式专用集群机操作系统及单一映像管理系统，与通用驱动计算软件高度协同计算为基础，实现材料设计自动化、智能化和按需化，将新材料的发现、发展和设计提高到一个新的高度，这一目标极具挑战性。

2. 发展高通量组合材料实验方法和技术

高通量组合材料实验的概念在 1970 年提出，到 1993～2000 年期间，由美国劳伦斯伯克利国家实验室科学家赋予实施。该实验方法以并行处理方式大幅度提高实验通量，从而实现材料基础数据和知识的快速积累，并带来了材料创新质的改变。受集成电路芯片与基因芯片启发，在一块基片上集成生长和表征数十个至数百万个不同组分的新材料，并相应开发了自动化的微区表征平台，实现了高效率的材料筛选及"材料相图"的系统描绘工作。高通量组合材料实验核心特征：在同一基片上、在相同或不同的热力学参数下一次性地合成覆盖大范围组分或整个二元/三元"相图"组分的样品；建立自动化、高速度、综合性微区表征平台及完整的数据库并找出大量数据中隐含的规律。

组合材料实验已逐渐发展为材料科学领域所接受的方法，相关的制备与表征技术得到了扩充与发展，并在多项研究与工业应用中取得了成功，例如化工催化剂、固体荧光材料、航空发动机高温合金（通用电器公司）、发动机尾气催化剂和储氢合金（宝马汽车公司和通用汽车公司）、相变存储合金和高介电材料（英特尔公司和三星公司）等。近年来的趋势是更强调实验设计的重要性，同时注重计算模拟与实验相协同。

高通量组合材料实验目前面临的主要挑战：急需建立原位高通量样品制备及原位物性表征方法及技术，以及建立大型科学装置（如同步辐射光源）和样品尺度原则。

3. 建立统一规划的材料数据库与材料数据科学

材料数据库作为材料科学研究与工程应用数据的存储与分析载体，是材料创新研究的智慧积累，也是"材料基因组计划"的基础之一，在支撑快速研发高性能新材料方面具有不可替代的作用。应特别关注微观结构与材料物性内在关联规律的分析方面的支持。改变传统数据库建设模式，以数据科学为指导思想，建设自主创新科学、系统、安全高效的材料科学数据库系统。瑞士、日本、美国分别发展了 PAULING-FILE、NIMS、NIST、相图、热动力学等内涵丰富的材料科学数据库。但不同尺度计算和模拟的数据库目前对我国用户全部关闭，无法解读和补充数据。我国材料数据库数据量严重不足，数据库结构落后，导致数据的作用和价值难于充分显现。

在先进材料开发和高端制造业重大需求的牵引下，以"材料基因组计划"为契机，进行顶层规划和科学布局，协同高通量计算资源，研究建立自主创新的国家材料科学数据库系统，是当前我国材料科学发展的迫切需求。我们应当凝聚优势，建设"材料基因组计划"的材料数据库顶层构架体系，建立数据库建设标准规范和数据开放与共享机制；整合材料实验和计算模拟数据，探索材料化学组元、组分、微观结构、宏观物性等数据间相关规律，加深对物质构成的认识，辅助实验和计算快速发现新材料；结合高通量自动流程集成计算，研发材料数据的存储以及数据在不同尺度计算中无障碍传输的接口技术，形成全流程、跨尺度一体化材料计算的数据支撑体系。

4. 发展微观结构实验及表征分析技术

（1）微观结构实验及表征技术

实践证明，微观结构分析在协同物性测量、计算建模、实验验证等方面具有重要的作用，体现着材料基因组计划工作模式的重要核心内涵。特别地，界面微观结构、界面扩散，界面晶格错配及其与化学因素的跨层次关联，应在理论分析、计算模拟、实验表征的融合中探索解决。

材料基因组研发模式中，建立可靠的、基于实验观察的初始原子构型是提高高通量集成计算效率的关键之一。利用离散三维成像方法，球差校正电镜可精确测定空间三维原子结构。三维原子探针在多组元复杂体系、原子尺度相分布、相择位、界面原子分布及元素定量表征方面极为重要，可为材料模型设计及多组元协同效应提供直接的信息，也能为相关计算提供实验验证。扫描隧道显微镜与原子力显微镜在液氮温度下已实现了表面原子自旋分布观察。材料结构与物性的原位电镜表征对研究材料在外场下结构与物性关联具有直接效应，应予关注和发展。

（2）高通量原位统计分布分析表征技术

高通量表征技术可以获得数以百万计材料各原始位置组成状态的原始信息，结合全视场金相技术、显微硬度、电镜等微区分析技术，可实现材料中点对点各原始信息对应的高通量原位表征，为筛选、验证材料计算设计，改性、工艺优化提供有用参考信息，并可大大丰富数据库信息。

材料介观尺度组成结构、性能及其工艺与宏观材料具有很好的相似性，可为材料计算设计、改性与优化的高通量筛查与验证提供保证。研究跨尺度原位统计分布分析表征和评价的新方法，解决实际材料跨尺度表征问题，进而建立适用性能、性能迁移和演变的数学模型等相关的检测表征技术和原位统计模拟评价方法至关重要。

（3）材料中局域原子序与同步辐射实验

短程序结构为化学成键提供了重要信息，敏感影响材料的强度。实验精确确定短程序，对于理解结构和性能关系至关重要。同步辐射衍射实验是研究短程序的重要方法之一。

5. 创新发展材料基因组算法与开发自主产权软件

自主软件算法创新发展重点应集成量子力学、热力学、动力学以及多尺度跨层次模拟算法，并与材料数据库智力挖掘及结构预测算法发展相结合，体现多学科多尺度多算法多数据库相集成。量子力学计算方法应与材料基因组科学内涵相统一，着重基本物理问题及基本物理参量的引入及相关算法发展。以第一性原理密度泛函方法为基础，发展多组元缺陷体系多尺度算法、线性标度大尺度算法、无轨道大尺度量子力学算法，以及多组元缺陷体系结构预测算法。目标在于寻找和揭示物质时—空跨越行为与其电子结构及结构演化行为的内在关联机制，为创新发展先进材料提供科学基础。动力学计算方法包括：发展多组元多体原子间相互作用势，时间多尺度分子动力学算法，量子蒙特卡洛算法等。在介观或近宏观层次上，发展连续介质相场方法、器件多尺度模型算法，以及工程工艺过程大型部件制备模拟与仿真软件。

软件开发和应用方面重点应置于建立高通量计算自动驱动引擎软件、中间件计算软件、复杂结构预测软件、计算热力学与动力学软件。同时发展实现复杂数据的逻辑分析、管理与集成（知识表示、知识挖掘、机器学习和推理、专家系统等智能技术）的软件。

三、研发高端制造业先进材料

基于材料基因组变革研发模式的理念及科学内涵，报告预测并提出重点发展几类关系国家重大需求、国家安全以及具有重大突破意义的高端制造业关键材料，包括航空发动机叶片材料、核科学及核能与极端条件下的材料、稀土材料、光电材料、能源材料、生物医用材料、催化材料、高强高韧合金及轻质合金，以及先进量子材料及前沿材料等。报告对上述材料的研发现状、未来应用需求、研发面临的瓶颈问题，以及解决方案等方面进行了研究。

四、相关政策建议

（1）建议成立国家层面的"材料基因组"战略研究指导委员会，对研究的实施进行顶层设计。尽快实施"材料基因组与高端制造业先进材料"重大专项计划，从国家战略层面为先进材料的发现、发展、开发、产业化和应用创造良好基础。将其中的国家目标、具体重点内容和核心科技问题等上网公布（涉密内容仅表述其科学内涵和科学目标），通过国家组织的专业专家队伍研讨和投票决定具体科技实施方案。对具有重大开创性和巨大产业化前景的材料研发项目可制定相应的产品标准和评价体系，建立和制定产品标准及评价新体系，实施新的促其发展的政策。

（2）选取影响国家安全、国家经济发展重大战略需求以及具有重大突破意义的高端制造业关键材料，作为材料基因组战略研究的突破点。对科技含量极高、技术难度极大、用途特殊材料的研发部署应不同于对一般材料的研究部署。同时，在相关研究的实施中，应注重集中高级专业人才建设具有跨学科、跨尺度功能的专业软件以及能实施高通量自动化、智能化、多通道功能的系统软件的超级计算机系统。

（3）创新研究组织模式，探索适合材料基因组的研发组织体制。鉴于材料基因组与高端制造业先进材料相互依存的自然和必然性关系，材料基因组的研发应当尽力避免离散分隔，需集中人力及财力于整体部署。国家重大需求的高端制造业关键材料研发任务可依托于国家重点材料研发单位和企业，通过材料基因组研究中心的方式与相关高校及科研院所实现一体协同创新。

（4）加强人才培养和人才队伍建设，注重强化责任意识。建议根据"材料基因组计划"核心科学内涵及长远战略考虑开设相关课程、研讨班，改革教学方式，培养具有材料设计新思维、掌握材料设计新方法的创新人才。应特别支持跨学科的交流，材料科学家、计算机软件开发者等各类专业人才队伍之间的融合。承担国家重大任务的单位和个人应签订承担国家重大专项的具体责任书，同时制定合理的评价政策，强调考核考察研究人员的实际贡献，注重实效，破除盲目追求显示度的倾向，激励科技人员的求实创新。

Implementing Strategic Research on "Materials Genome", and Promoting Material Development for Advanced Manufacturing Industry

Consultative Group on "Materials Genome Initiative", CAS Academic Divisions

The problems and the critical points for key material innovation of advanced manufacturing industry are analyzed, which are strengthening the infrastructure for national material innovation, and developing advanced materials for high-end manufacturing industry. Countermeasures and suggestions are proposed: establishing committee of materials genome strategic research at state level to make the top-level design of the research; selecting key materials for advanced manufacturing industry as the breaking points of materials genome strategic research, which are not only in great strategic need for national security and economic development, but also of great significance of breakthrough.

（因篇幅有限，本章文章均有删节）

附 录

Appendix

附录一　2014 年中国与世界十大科技进展

一、2014 年中国十大科技进展

1. 探月工程三期再入返回飞行试验获圆满成功

国防科技工业局宣布，2014 年 11 月 1 日 6 时 42 分，再入返回飞行试验返回器在内蒙古四子王旗预定区域顺利着陆，中国探月工程三期再入返回飞行试验获得圆满成功。再入返回飞行试验器于 2014 年 10 月 24 日在中国西昌卫星发射中心发射升空，进入地月转移轨道。科研人员将对飞行试验获得的数据进行深入研究，为优化完善"嫦娥"五号任务设计提供技术支

撑。试验器服务舱将继续在太空飞行，并开展一系列拓展试验。首次再入返回飞行试验圆满成功，标志着中国已全面突破和掌握航天器以接近第二宇宙速度的高速再入返回关键技术，为确保"嫦娥"五号任务顺利实施和探月工程持续推进奠定了坚实基础。

2. 4500 米级深海遥控作业型潜水器海试成功

"海马"号的研制是"863"计划支持的重点项目，是我国迄今为止自主研发的下潜深度最大、国产化率最高的无人遥控潜水器系统，并实现了关键核心技术国产化。国土资源部作为该项目的主持部门，广州海洋地质调查局作为业主单位牵头，联合上海交通大学、浙江大学、青岛海洋化工研究院、同济大学和哈尔滨工程大学等共同协作完成研制与海试。在南海进行的三个阶段的海

试中，"海马"号共完成 17 次下潜，3 次到达南海中央海盆底部进行作业试验，最大下潜深度 4502 米，完成 91 项技术指标的现场考核，并通过专家组验收。此次海试的成功标志着我国掌握了大深度无人遥控潜水器的关键技术，是继"蛟龙"号之后又一标志性成果。

3. 量子通信安全传输创世界纪录

中国科学技术大学潘建伟院士及其团队与中科院上海微系统与信息技术研究所和清华大学合作，通过发展高速独立激光干涉技术，结合高效率、低噪声超导纳米线单光子探测器，将可以抵御黑客攻击的远程量子密钥分发系统的安全距离扩展至 200 千米，并将成码率提高了 3 个数量级，创下新的世界纪录。2014 年 11 月 7 日出版的《物理评论快报》（*Physical Review Letters*）杂志发表了这一重要成果，审稿人评论认为"实用量子密钥分发的重要里程碑"和"物理和技术上的重大进展"，并被选为"编辑推荐"论文。同时，欧洲物理学会下属网站《物理世界》也以"安全的量子通信传输到远距离"为题，对其进行了报道。

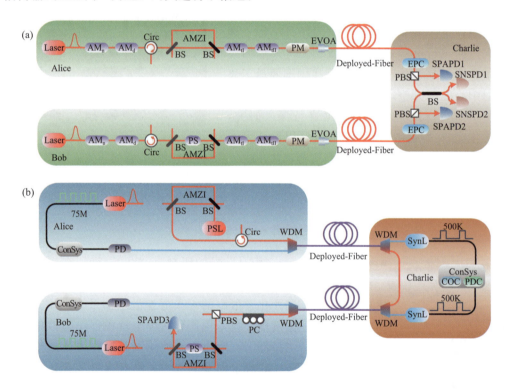

4. 甲烷高效转化研究获重大突破

中国科学院大连化学物理研究所包信和院士领衔的团队基于"纳米限域催化"的新概念，创造性地构建了硅化物晶格限域的单中心铁催化剂，成功实现了甲烷在无氧条件下选择活化，一步高效生产乙烯、芳烃和氢气等高值化学品。与天然气转化的传统路线相比，该技术彻底摒弃了高耗能的合成气制备过程，大大缩短了工艺路线，反应过程本身实现了二氧化碳的零排放，碳原子利用效率达到100%。相关成果发表在《科学》杂志上。有关专家认为：这是一项"即将改变世界"的新技术，未来的推广应用将为天然气、页岩气的高效利用开辟新的途径。目前，这项技术相关的专利申请已进入美国、俄罗斯、日本、欧洲等国家和地区。

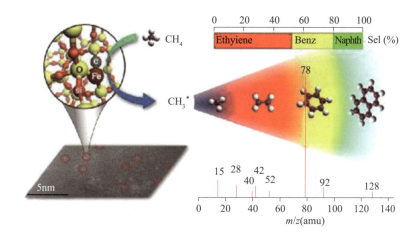

5. 超级稻亩产首破千公斤

由湖南杂交水稻研究中心袁隆平院士团队牵头的国家"863"计划课题"超高产水稻分子育种与品种创制"取得重大突破。2014年9月24日和10月10日，分别由中国科学院院士谢华安任组长的专家组和农业部测产专家组组长、中国水稻研究所所长程式华等专家，在牛形村和红星村现场测产，平均亩产分别达到1006.1公斤和1026.70公斤，首次实现了超级稻

百亩片过千公斤的目标，创造了一项里程碑式的世界纪录。这是农业部首次针对超级稻千公斤攻关品种组织的国家级测产验收。2014年，"Y两优900"在全国13个省市自治区的30个示范片开展高产示范攻关，在较为不利的气候下仍获得丰收。

6. 能量最高质子回旋加速器首次出束

2014年7月4日，中国原子能科学研究院承建的100兆电子伏质子回旋加速器首次出束，这标志着国家重点科技工程——串列加速器升级工程的关键设施全面建成。

该加速器是国际上最大的紧凑型强流质子回旋加速器，也是我国自行研制的能量最高质子回旋加速器。其设计突破70兆电子伏以上能区回旋均采用分离扇或螺旋扇的国际惯例，表明我国已掌握该领域一系列创新技术。工程建成后将填补我国中能强流质子回旋加速器的空白，使我国成为少数几个拥有新一代放射性核束加速器的国家。在国防核科学研究、新核素合成、天体物理研究、医用同位素研发、治癌技术研究等前沿领域中有望取得突破性成果。

7. 首次获人源葡萄糖转运蛋白结构

清华大学医学院颜宁教授研究组在世界上首次解析了人源葡萄糖转运蛋白 GLUT1 的晶体结构，初步揭示了其工作机制及相关疾病的致病机理。据介绍，该成果不仅是针对葡萄糖转运蛋白研究取得的重大突破，同时为理解其他具有重要生理功能的糖转运蛋白的转运机理提供了重要的分子基础，揭示了人体内维持生命的基本物质进入细胞膜转运的过程，对于人类进一步认识生命过程具有重要的指导意义。该成果在《自然》杂志

发表后，诺贝尔化学奖得主布莱恩·克比尔卡评价，针对人类疾病开发药物，获得人源转运蛋白结构至关重要，因此这是一项伟大的成就。该成果对于研究癌症和糖尿病的意义不言而喻。

8. 光通信技术取得新突破

"超高速超大容量超长距离光传输基础研究"国家"973"项目在武汉通过验收，在国内首次实现一根头发丝般粗细的普通单模光纤中以超大容量超密集波分复用传输80千米，传输总容量达到100.23太比特/秒，相当于12.01亿对人在一根光纤上同时通话。这一项目由武汉邮电科学研究院牵头，华中科技大学、复旦大学、北京邮电大学、

西安电子科技大学等单位参与，实现了我国光传输实验在容量上的突破。网络传输容量是衡量国家网络承载能力和水平的关键性指标。这一项目致力于打造超高速度超大容量超长距离传输网络，为下一代光传输网络进行的技术储备，推动我国在光通信领域保持国际领先地位。

9. 首次揭示阿尔茨海默病致病蛋白三维结构

清华大学生命科学院施一公院士研究组在世界上首次揭示了与阿尔茨海默病发病直接相关的人源 γ 分泌酶复合物（γ-secretase）精细三维结构，为阿尔茨海默病的发病机理提供了重要线索。相关成果以长文形式在线发表于《自然》杂志。阿尔茨海默病俗称老年痴呆症，不但给患者及家属造成极大痛苦，也给社会带来沉重的负担。该研究组利用瞬时转染技术，在哺乳动物细胞中成功过量表达并纯化出纯度好、性质均一、有活性的 γ-secretase 复合体。同时，通过对获得的复合物样品进行冷冻电镜分析，最终获得了分辨率达 4.5 埃的 γ-secretase 复合物三维结构。据此，科学家对阿尔茨海默病的研究将开启新篇章。

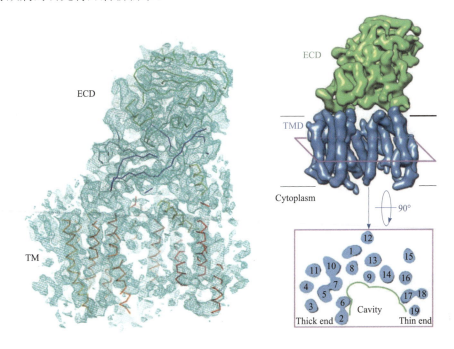

10. 首套 30 米分辨率全球地表覆盖遥感制图数据集成功研制并捐赠联合国

由国家测绘地理信息局完成的这一"863"重点项目研究成果涵盖全球陆域范围和两个基准年（2000 年和 2010 年），包括水体、耕地和林地等十大类地表覆盖信息，

提供着全球地表覆盖空间分布与变化的详尽信息，将同类全球数据产品的空间分辨率提高了10倍，是全球环境变化研究、可持续发展规划等不可或缺的重要基础资料。2014年9月22日，国务院副总理张高丽将这一成果赠送给联合国秘书长潘基文，供联合国系统、各成员国和国际社会免费使用。《自然》杂志也对此做了专题报道。目前已有来自全球70多个国家的上千名科技工作者和用户下载和使用了超过3万幅数据，成果正在全球环境变化监测和可持续发展等方面发挥重要作用。

二、2014 年世界十大科技进展

1. 研制出新一代模仿人脑计算机芯片

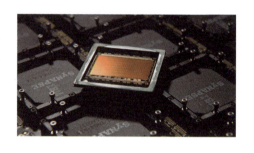

美国国际商用机器公司（IBM）于2014年8月7日宣布，模仿人脑结构和信息处理方式研制出新一代计算机芯片"真北"，可能给计算机行业带来革命。相关论文刊登在《科学》杂志上。据介绍，"真北"包含54亿个晶体管，按此衡量是IBM制造的最大芯片。根据人脑神经系统中神经元和神经突触的结构，"真北"模拟了100万个神经元和2.56亿个神经突触，具有4096个处理核。这些处理核相互连接，形成一个网状结构。与传统芯片总是在运行不同，"真北"只在需要时运行，使所消耗能量和运行环境温度大为降低。它运行期间功率仅为70毫瓦，其运算能力可折合为每瓦功率下每秒460亿次。

2. "菲莱"成功登陆彗星

欧洲空间局位于德国达姆施塔特的欧洲空间运转中心2014年11月12日确认，欧航局彗星着陆器"菲莱"已成功登陆彗星"丘留莫夫-格拉西缅科"。"菲莱"成功着陆令欧航局专家兴奋不已。"这是人类文明的一大步，"欧洲空间局局长让-雅克·多尔丹说。同样在欧洲空间运转中心等待登陆结果的德国联邦参议院议长福尔克

尔·布菲耶表示，"菲莱"成功着陆具有划时代意义。载有"菲莱"的彗星探测器"罗塞塔"于 2004 年 3 月升空。经过 10 年追赶，终于在 2014 年 8 月追上彗星"丘留莫夫-格拉西缅科"。这是人造探测器首次登陆一颗彗星。科学家希望通过了解形成于太阳系形成初期的彗星，进一步探究太阳系甚至人类的起源。

3. 确认 117 号元素

一个国际科研小组利用新实验成功证实了 117 号元素的存在，这一成果使得该超重元素向正式加入元素周期表更近了一步。117 号元素是以俄罗斯杜布纳联合核研究所为首的一个国际团队于 2010 年首次成功合成的。但此后，只有 2012 年曾成功重复这一实验。最新实验在德国亥姆霍兹重离子研究中心进行，欧洲、美国、印度、澳大利亚和日本等多个国家和地区的研究人员参与。他们在粒子加速器中用钙离子轰击放射性元素锫，成功生成 117 号元素。该成果发表在《物理评论快报》上。

4. 基因疗法首次降伏 HIV 或可促"功能性治愈"艾滋病

美国费城宾夕法尼亚大学研究人员，第一次使用一种名为锌指核酸酶（ZFN）的酶瞄准并破坏了 12 名艾滋病病毒（HIV）携带者免疫细胞中的一种基因，从而增强了它们抵抗病毒的能力。该项研究成果发表在 2014 年 3 月 6 日出版的《新英格兰医学杂志》上。研究人员报告说，他们从 12 名 HIV 感染者体内提取未被感染的 T 细胞，并对该细胞的 CCR5 基因进行改造，让 HIV 无法通过其合成的 CCR5 蛋白质受体进入这些细胞。这项研究表明，可以安全有效地改造 HIV 感染者自身的 T 细胞，模拟针对 HIV 的抵抗性，这些细胞注回感染者体内后会维持一段时间，即使不服药也能将 HIV 拒之体外。改造 T 细胞是免于终身使用抗反转录病毒药物、促使"功能性治愈"艾滋病的关键。美国分子生物学家 John Rossi 说："这是 HIV 基因疗法的第一个重大进步。"

5. 用激光束从太空传回高清视频

太空的宽带时代就要到来了吗？美国国家航空航天局 2014 年 6 月 6 日宣布，该机构利用激光束把一段高清视频从国际空间站传送回地面，成功完成一种可能根本性

改变未来太空通信的技术演示。这一通信试验名为"激光通信科学光学载荷"（OPALS）。据美国国家航空航天局发布的消息，在 5 日进行的技术演示中，一段时长 37 秒、名为"你好，世界！"的高清视频，只用了 3.5 秒就成功传回，相当于传输速率达到每秒 50 兆，而传统技术下载需要至少 10 分钟。据介绍，OPALS 利用极为细小的激光束传输数据，速率可比现有基于无线电波的通信方式提高 10 倍到 1000 倍。"这就好比从拨号上网升级到了宽带上网。"负责这一项目的工程师波格丹·瓦伊德说。

6. "猎户座"载人飞船成功首飞

2014 年 12 月 5 日，全世界最大型的火箭第一次将新型的"猎户座"载人飞船从佛罗里达州肯尼迪航天中心发射升空。作为航天飞机的替代产品，此次飞行并没有将宇航员送上天，在环绕地球运行两圈即进行约 4 个半小时的飞行后，在 3 个主降落伞的拖曳下，"猎户座"平稳落入美国加利福尼亚州海岸以西的太平洋海域，等待在那里的美国海军帮助回收飞船。此次试飞的最大高度达到距离地面 5800 千米，是国际空间站距离地面高度的 15 倍。"猎户座"载人飞船的成功降落标志着人类第一艘以深空探索为目标的载人飞船首次试飞取得成功。美国国家航空航天局称，这是火星探索之旅的重大里程碑，"猎户座"有能力超越以往任何的美国宇宙飞船。

7. 首个埃博拉疫苗通过临床试验安全有效

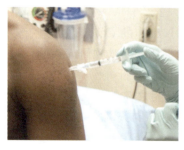

美国国立卫生研究院（NIH）2014 年 11 月 26 日宣布，首个埃博拉疫苗成功通过临床试验，被证实安全有效。这一成果当天发表在美国的一家医学杂志上。文章称，NIH 下属的过敏与传染病研究院与葛兰素史克公司的研究人员从埃博拉病毒中提取出部分基因，并植入人体细胞内，最终制成疫苗。虽然这种疫苗目前被证实安全有效，但研究显示，人体免疫系统需要大剂量的疫苗才能产生出足够的抗体，这意味着短期内该疫苗的产量还无法满足需求。

8. 受控核聚变研究首次实现能量总增益

受控核聚变是人类安全利用核能的终极目标。美国利弗莫尔劳伦斯国家实验所研究人员于 2014 年 2 月 12 日在《自然》杂志网络版上报告说，他们在实验中先将极少量的氢同位素核燃料均匀地裹在一个直径 2 毫米的球状颗粒上，核燃料的厚度仅相当于一根头发丝，然后将小球装入一个微型"胶囊"。研究人员利用激光将"胶囊"迅速加热到比太阳还高的温度，使其内部发生剧烈爆炸，最终释放出的能量超出了整个实验所投入的能量，首次在完成"点火"时实现了能量"盈余"。

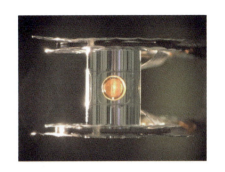

9. 最新研究成果显示暗物质可能存在

美籍华人物理学家丁肇中于 2014 年 9 月 18 日公布阿尔法磁谱仪项目最新研究成果，进一步显示宇宙射线中过量的正电子可能来自暗物质。根据研究小组在《物理评论快报》上发布的数据，阿尔法磁谱仪观察到的 410 亿个宇宙射线事件中，约有 1000 万个是电子或正电子。正电子似乎来源于宇宙空间的各个方向，而不是某个特定方向。研究人员说，观测到的正电子分布特征与暗物质理论的某个模型一致，该模型认为暗物质由一种称为"中轻微子"的粒子组成。此外，瑞士洛桑联邦理工学院粒子物理和宇宙学系的奥列格·瑞查尔斯基和阿列克谢·波雅尔斯基带领的科研团队称，他们通过分析英仙座星系团和仙女座星系发出的 X 射线，可能发现了被科学家苦苦追寻的暗物质的信号。相关研究发表在《物理评论快报》上。

10. 绘制最详尽海底地图

多国科学家利用欧美民用卫星数据，制作出历来最详尽的海底地图，令 2 万座位处深海的神秘山峰曝光，一些深海海沟面貌也可呈现人前。专家指出，新海图有助于军事、能源开发及地质考古等方面的应用。新海图采用的地引力模型准确程度较 1997 年的上一个版本旧海图高出 1 倍。此前的海图只能显示海洋中超过 2 千米高的约 5000 座山峰，而

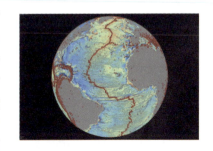

新海图则可望包罗超过 1.5 千米高的海底山峰资料，并能标示出被海洋沉积物覆盖的地貌。研究报告发表于《科学》杂志。

附录二 香山科学会议 2014 年学术讨论会一览表

序号	会次	会议主题	执行主席			会议日期
1	483	地球深部过程与成矿作用	孙鸿烈 翟裕生 滕吉文 莫宣学 马福臣			3 月 19～20 日
2	S20	我国脑科学研究发展战略研究	强伯勤 蒲慕明 杨雄里 范 明			3 月 22～23 日
3	484	特提斯构造带演化与资源能源效应	朱日祥 张国伟 李曙光 金振民 莫宣学			3 月 25～26 日
4	485	可持续发展能源化工的科学基础：绿色碳科学与绿色氢科学	谢在库 孙予罕 韩布兴 何鸣元			3 月 26～28 日
5	486	城市地下空间火灾安全基础科学问题	范维澄 李家春 袁 亮 张和平			4 月 1～2 日
6	487	文化遗产空间观测与认知	郭华东 廖小罕 赵 辉 林 珲			4 月 2～4 日
7	488	太赫兹波在生物医学应用中的科学问题与前沿技术	姚建铨 杜祥琬 孔祥复 王正国 刘仑理			4 月 8～10 日
8	489	国家大型健康队列建设与应用	李立明 王 辰 俞顺章 金 力			4 月 11～13 日
9	490	地球系统动力环境变量可预报性研究的进展和挑战	苏纪兰 丑纪范 石耀霖 穆 穆 唐佑民			4 月 15～17 日
10	491	中国"玻璃地球"建设的核心技术及发展战略	李德仁 王家耀 成秋明 董树文 吴冲龙			4 月 16～18 日
11	492	大宗化学品可持续化工生物融合转化过程的关键科学问题	刘会洲 何鸣元 欧阳平凯 曾安平			4 月 22～23 日
12	493	含重金属传统药物与安全	张伯礼 王 夔 江桂斌 吴以岭 魏立新			4 月 24～25 日
13	494	高强度环境变化下我国南方地区水安全面临的新挑战	王 浩 张建云 康绍忠 陈晓宏			5 月 6～8 日
14	495	基因组修饰前沿技术：应用、生物安全与伦理	朱作言 包 刚 张 博			5 月 10～12 日
15	496	混合医学成像：理论、技术及应用	唐孝威 郭爱克 田 捷 刘华锋			5 月 18～19 日
16	497	适应全球气候变化问题研究	符淙斌 吴国雄 张建云 林而达			5 月 20～21 日
17	498	古今对话——分子遗传和古生物信息的整合研究	杨焕明 周忠和 舒德干			5 月 22～23 日
18	499	空间太阳能电站发展的机遇与挑战	王希季 李 明 余梦伦 葛昌纯			5 月 27～28 日

续表

序号	会次	会议主题	执行主席			会议日期
19	500	中国特色新型城镇化的科学认知与区域战略	陆大道　傅伯杰　孟　伟 樊　杰　刘彦随			6月4～6日
20	501	基于地面大型望远镜和空间设备的射电光谱学	李　菂　南仁东　王　娜 史生才　陈学雷			6月17～19日
21	S21	中国射电天文学发展与平方公里阵列望远镜（SKA）	严　俊　杨　戟　徐仁新 吴曼青　彭　勃			7月17～18日
22	502	我国核物理和核科学装置发展研讨	柳卫平　叶沿林　王乃彦 沈文庆　肖国青			8月28～29日
23	503	网络社会集群行为的多学科探究	张文军　牛文元　汪寿阳 杨晓光			9月3～4日
24	504	雾霾颗粒物的健康效应	唐孝炎　柴之芳　江桂斌 赵进才　赵宇亮			9月23～24日
25	505	超导技术在未来电网中的应用	严陆光　周孝信　甘子钊 赵忠贤　程时杰　肖立业			9月24～26日
26	506	国际脑重大疾病高峰论坛*	王晓民　蒲慕明 Max Cynader			10月11～13日
27	507	科学大数据的前沿问题	郭华东　张先恩　黄向阳			10月22～24日
28	508	新型航天器中的力学问题	杜善义　郑晓静　胡海岩 李椿萱			10月28～29日
29	509	生物大分子修饰及其功能的化学干预	张礼和　何　川　陈国强 徐　涛			10月30～31日
30	S22	法医科学与国家安全	李生斌　刘　耀　杨焕明 翟恒利			11月4～5日
31	510	合成生物学与中药资源的可持续利用	黄璐琦　陈晓亚　杨胜利 张学礼			11月11～12日
32	511	纳米技术与癌症干细胞靶向治疗	陈凯先　Max S Wicha 赵宇亮　柳素玲			11月18～19日
33	512	手性科学与技术	丁奎岭　周其林　涂永强 刘鸣华			11月19～20日
34	513	体育活动与国民体质和健康	田　野　陈君石　刘德培 苏国辉			11月25～26日
35	514	三维细胞培养的前沿科学问题	胡文瑞　林炳承　段恩奎 周哲玮			12月2～4日
36	515	持久性有毒污染物（PTS）的环境暴露与健康效应	江桂斌　陈宜瑜　陈洪渊 魏复盛　赫　捷			12月4～5日

续表

序号	会次	会议主题	执行主席			会议日期
37	516	氮化物半导体电子器件	郝　跃　杨　辉　沈　波　陈　敬			12月7～8日
38	517	页岩气开发中的工程科学问题	郑哲敏　黄克智　程耿东　谢和平　李　阳			12月10～11日
39	S23	紧凑型硬X射线自由电子激光装置及其应用	杨国桢　陈佳洱　方守贤　陈森玉　赵振堂			12月14～15日
40	S24	罕见遗传病（例）与重大疾病研究	王　辰　张　学　张灼华　王　擎			12月17～18日
41	518	宇宙线起源的天文和物理交叉研究前沿	曹　臻　田文武　韩占文　沈志强　常　进			12月17～19日

＊为国际会议

附录三　2014 年中国科学院学部 "科学与技术前沿论坛"一览表

序号	会次	论坛名称（主题）	执行主席/召集人	会议日期
1	33	季风与气溶胶相互作用	黄荣辉　吴国雄	1 月 5～6 日
2	34	大气灰霾追因与控制	丁仲礼	3 月 1 日
3	35	地球关键带科学	刘丛强　傅伯杰	5 月 9～11 日
4	36	拓扑绝缘体与未来信息技术	朱邦芬	5 月 15～16 日
5	37	应用数学发展	马志明	6 月 7～8 日
6	38	我国空间科学的发展战略	顾逸东	7 月 11 日
7	39	海洋科技发展战略	焦念志	8 月 10～11 日
8	40	化工学科发展与协同创新	段　雪　田　禾	9 月 18～19 日
9	41	水利科学前沿与水安全论坛	张楚汉　王光谦	9 月 20 日
10	42	化学生物学前沿战略研讨	张礼和	10 月 28～29 日
11	43	理论与计算化学	黎乐民	11 月 1～2 日
12	44	计算机硬件学科发展战略	周兴铭　杨学军	11 月 4 日
13	45	计算机软件技术发展与展望	林惠民	11 月